高职高专煤化工专业规划教材
编审委员会

"十二五"职业教育国家规划教材
经全国职业教育教材审定委员会审定

炼焦化学产品回收与加工

第二版

何建平　主编　　朱占升　主审

化学工业出版社
·北京·

内容提要

本书系统阐述了以煤为原料高温干馏得到炼焦化学产品回收与加工的生产方法、基本原理、工艺过程、操作条件与参数分析、主要设备结构、岗位操作、生产故障排除等知识。主要内容有煤气的初冷和煤焦油氨水的分离，煤气的输送和煤焦油雾的清除，煤气中氨和粗轻吡啶的回收，焦炉煤气中硫化氢和氰化氢的脱除，粗苯回收与制取、粗苯的精制，煤焦油的初步蒸馏，工业萘及精萘的生产，粗酚、粗重吡啶及粗蒽的提取和精制等。

本书可作为高等学校煤化工、煤炭深加工与利用等专业学生的教材，也可供从事能源、燃气、煤化工、煤炭综合利用等有关生产的工程技术人员参考。

图书在版编目(CIP)数据

炼焦化学产品回收与加工/何建平主编．—2版．—北京：化学工业出版社，2015.9（2024.11重印）

普通高等教育规划教材

ISBN 978-7-122-25023-0

Ⅰ．①炼…　Ⅱ．①何…　Ⅲ．①炼焦-化工产品-回收-高等职业教育-教材②炼焦-化工产品-加工-高等职业教育-教材
Ⅳ．①TQ522.5

中国版本图书馆 CIP 数据核字（2015）第 201895 号

责任编辑：张双进　　　　文字编辑：李　玥
责任校对：王素芹　　　　装帧设计：王晓宇

出版发行：化学工业出版社（北京市东城区青年湖南街 13 号　邮政编码 100011）
印　　装：北京盛通数码印刷有限公司
787mm×1092mm　1/16　印张 19½　字数 450 千字　2024 年 11 月北京第 2 版第 12 次印刷

购书咨询：010-64518888　　　　售后服务：010-64518899
网　　址：http：//www.cip.com.cn
凡购买本书，如有缺损质量问题，本社销售中心负责调换。

定　价：49.00 元　

前 言

我国已成为世界焦炭生产、消费、出口第一大国，近5年来，中国焦炭占世界焦炭产量的60%～68%。焦化行业经历国家一系列宏观调控，政策措施实施，《焦化行业准入条件》的规范管理和引导，焦化行业工艺技术装备管理水平不断提高，对煤化工类的高素质技能型人才提出新的需求。同时，近几年高职教育快速发展，煤化工类专业教育教学改革对教材的要求也在不断提高，我们从岗位的工作要求和职业技能规范出发，着重体现职业人和岗位所要求的专业知识、操作技能和工作规范，对《炼焦化学产品回收与加工》教材进行修订。

本次修订是在第一版内容的基础上，进行了全面修订，删除了已淘汰的落后工艺（如酸洗法精制粗苯、鼓泡式饱和器等），全书采用中国现行产品的最新质量标准，主要补充了焦炉煤气的资源化利用、脱硫废液的处理、真空碳酸钾法脱硫、粗（轻）苯加氢原理和主要化学反应、轻苯加氢用催化剂、催化加氢用氢气、高温（苯托法）加氢净化精制工艺、低温（K-K法）加氢精制工艺、萃取精馏等内容，改写了粗苯的精制一章的内容。其他内容也有细节上的更新与修改。

本书由何建平任主编；池永庆、马茹燕、薛新科任副主编；参加编写的还有李辉、王春玉、王翠平、杨俊英、宋现朝、张腾飞。全书由何建平统稿与整改。河北联合大学朱占升教授主审，并提出了许多宝贵意见，在此谨致衷心的感谢。

本书在编写过程中参考了已出版的相关专业文献，在此谨向各位作者深表谢意。限于编者水平，书中不当之处，恳请读者和同行批评指正。

编者

2015年6月

第一版前言

本教材是根据高职高专教育专业人才的培养目标和规格及高职高专煤化工专业规划教材编审委员会审定的编写提纲编写的。

全书共分十章，介绍了中国炼焦化学工业生产的化学产品及应用情况，煤气净化与回收加工炼焦化学产品的典型流程，系统阐述了中国先进和常规的炼焦化学产品回收与加工的方法原理、生产过程、岗位操作等内容，同时也介绍了一些较成熟的新工艺、新技术。全书采用了中国现行产品的最新质量标准，对涉及的一些物质特性数据进行了精确的选取和核算，各章增加了生产故障排除内容，本书着重学生基本理论的应用，实际操作能力的培养，具有实用性、实际性和实践性。

本书由河北工业职业技术学院何建平任主编，编写第一章、第二章；晋中职业技术学院马茹燕任副主编，编写第四章、第五章；山西综合职业技术学院工贸分院薛新科任副主编，编写第八章、第十章；河北工业职业技术学院李辉编写第六章；山西省煤炭职业技术学院王翠平编写第七章；太原科技大学化学与生物工程学院李红晋编写第三章；山西大同大学工学院白玉花编写第九章；邯郸钢铁股份有限公司焦化厂杨俊英编写了第四至六章的岗位操作和事故处理。全书由何建平统稿与整改。河北理工大学朱占升教授主审，对全书进行了仔细审改，提出许多宝贵意见，在此谨致衷心的感谢。

本书在编写过程中参考了国内外出版的多种文献，在此谨向有关单位和作者深表谢意。限于编者水平和时间仓促，书中难免有深浅不当和疏漏错误之处，祈望广大读者和同行赐教指正。

编者

2005 年 1 月

目　录

第一章 概 述

第一节 炼焦化学产品概述

一、炼焦化学

炼焦化学是研究以煤为原料，经高温干馏获得焦炭和荒煤气（或称粗煤气），并用经济合理的方法将荒煤气分离和精制成化学产品的技术和工艺原理的学科。以煤为原料，经过高温干馏生产焦炭，同时获得煤气、煤焦油、并回收其他化工产品的工业是炼焦化学工业。生产和经营炼焦化学产品的单位是炼焦化学工厂。在中国钢铁联合企业能耗中，焦炭和焦炉煤气提供的能源占60%以上，所以大部分焦化厂设在钢铁联合企业中，是钢铁联合企业的重要组成部分，另有一部分是设在民用煤气或化工部门。

二、炼焦化学产品

煤是一种结构复杂的由很多苯环缩合起来的多环结构物质，煤中的价键以碳原子结合为主，氢、氧、氮、硫等原子镶嵌在苯环之间。在加热时能黏结成块的煤种，通常称之为炼焦煤。

炼焦煤于炼焦炉内在隔绝空气高温加热条件下，煤质发生一系列的变化，除生成固态焦炭外，还裂解生成挥发性产物简称为荒煤气。荒煤气中含有许多种化合物，包括常温下的气态物质如氢、甲烷、一氧化碳、二氧化碳等；C_1～C_6 直链烃类和氢等裂解成焦炉煤气的主要成分。缩环裂解后，含一个苯环的为苯系化合物，包括苯、甲苯、乙基苯和二甲苯、三甲苯的同分异构物；含两个苯环的为萘系化合物，包括萘和甲基萘、二甲基萘的异构物，也包括芴、联苯及苊等；含三个苯环的为蒽系化合物，包括蒽、菲和荧蒽等；含四个和四个以上苯环的为多环系化合物，包括芘、䓛、苯并荧蒽等。煤结构中除碳、氢元素外的氮、氧、硫等成分，在裂解中除了一部分生成一氧化碳、氰化氢、硫化氢、氨等进入焦炉煤气外，其余部分是与苯环和多环化合物结合，形成一系列复杂化合物。例如：含氧的苯环生成酚、甲酚、二甲酚等酸性物质；含氧的萘环生成萘酚、萘二酚等；氧也能生成杂环含氧化合物，如古马隆、氧芴等；氮在裂解时可生成吡啶、甲基吡啶等碱性物质；也可生成喹啉、异喹啉等；此外，还可生成咔唑、吲哚、苯胺、萘胺等化合物。硫与碳原子直接结合组成二硫化碳，存在于焦炉煤气中；另外，硫还能与直链化合物生成噻吩，与苯环缩合生成硫杂芴，与萘化合成萘硫酚等。煤高温下裂解转入荒煤气的物质有上万余种，目前有些国家生产的炼焦化学产品品种已达500多种。中国目前经过生产试制，包括小批量生产的大约为150余种，正式生产的有70多个品种。这70多个品种的含量约占煤中所含化学产品的95%，搞好这些炼焦化学产品的回收与精制，对经济建设将起到重大作用。

三、回收炼焦化学产品的重要意义

炼焦化学产品在国民经济中占有重要的地位，炼焦化学工业是国民经济的一个重要部门，是钢铁联合企业的主要组成部分之一，是煤炭的综合利用工业。煤在炼焦时，除有75%左右变成焦炭外，还有25%左右生成多种化学产品及煤气。

来自焦炉的荒煤气，经冷却和用各种吸收剂处理后，可以提取出煤焦油、氨、萘、硫化氢、氰化氢及粗苯等化学产品，并得到净焦炉煤气。

氨可用于制取硫酸铵和无水氨；煤气中所含的氢可用于制造合成氨、合成甲醇、双氧水、环己烷等，合成氨可进一步制成尿素、硝酸铵和碳酸氢铵等化肥；所含的乙烯可用作制取乙醇和二氯乙烷的原料。

硫化氢是生产单斜硫和元素硫的原料，氰化氢可用于制取黄血盐钠或黄血盐钾。同时，回收硫化氢和氰化氢对减轻大气和水质的污染，加强环境保护以及减轻设备腐蚀均具有重要意义。

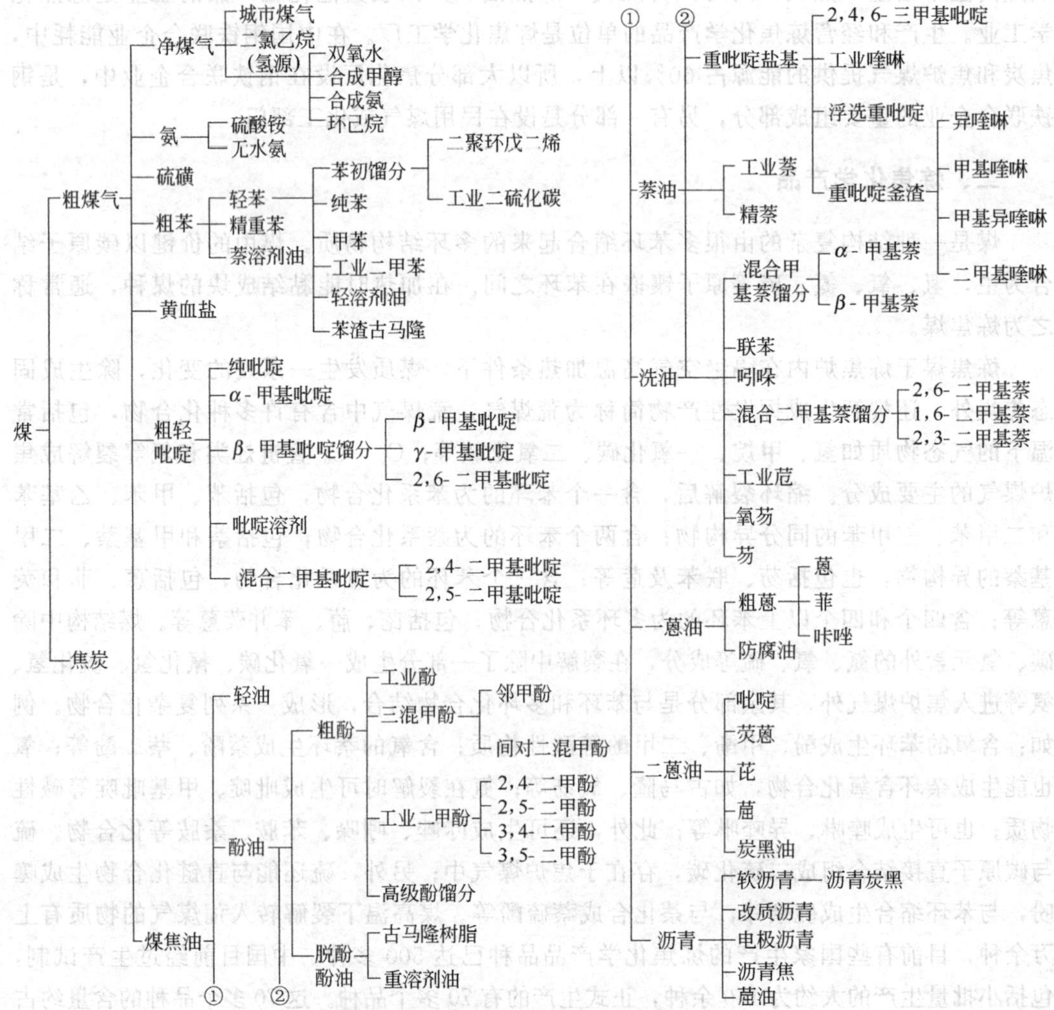

图1-1　国内生产的主要炼焦化学产品

粗苯和煤焦油都是组成很复杂的半成品，经精制加工后，可得到的产品有：二硫化碳、苯、甲苯、二甲苯、三甲苯、古马隆、酚、甲酚、萘、蒽和吡啶盐基及沥青等。这些产品具有极为广泛的用途，是塑料、合成纤维、染料、合成橡胶、医药、农药、耐辐射材料、耐高温材料以及国防工业的重要原料。

在钢铁联合企业中，经过回收化学产品的焦炉煤气是具有较高热值的冶金燃气，是钢铁生产的重要燃料。焦炉煤气除满足钢铁生产自身的需要外，其余部分经深度脱硫后，可供民用或送往化工厂用作合成原料气。

由于石油和天然气的化学加工和合成技术的发展，炼焦化学产品受到竞争，但石油储量有限，开采量加大，按目前耗用速度，石油使用年限估计为几十年。而煤的使用年限估计在几百年。世界各国都重视炼焦化学工业的发展，以从中取得化学工业的原料。一些重要化工原料，主要来自炼焦化学工业，如全世界萘需求量的90%来自煤焦油，作为染料原料的精蒽也几乎全来自煤焦油，生产碳素电极的电极沥青绝大部分来自煤焦油沥青。近年来，为了进行经济上的竞争和加强环境保护，炼焦化学工业在改进生产工艺、生产优质多品种的炼焦化学产品、降低生产成本和减少单位投资等方面均取得了很大进展。中国已从焦炉煤气、粗苯、煤焦油中提取出百余种产品（详见图 1-1）。今后，在中国丰富的煤炭资源基础上，煤的综合利用将更加合理和高效地发展。

第二节　炼焦化学产品的生成、组成和产率

一、炼焦化学产品的生成

煤料在焦炉炭化室内进行高温干馏时，煤质发生了一系列的物理化学变化。

装入煤在 200℃以下蒸出表面水分，同时析出吸附在煤中的二氧化碳、甲烷等气体；随温度升高至 250～300℃，煤的大分子端部含氧化合物开始分解，生成二氧化碳、水和酚类，这些酚主要是高级酚；至约 500℃时，煤的大分子芳香族稠环化合物侧链断裂和分解，产生气体和液体，煤质软化熔融，形成气、固、液三相共存黏稠状的胶质体，并生成脂肪烃，同时释放出氢。

在 600℃前从胶质层析出的和部分从半焦中析出的蒸汽和气体称为初次分解产物，主要含有甲烷、二氧化碳、一氧化碳、化合水及初煤焦油（简称初焦油），氢含量很低。

初焦油主要的族组成（质量分数）大致如下：

烷烃(脂肪烃)	烯烃	芳烃	酸性物质	盐基类	树脂状物质	其他
8.0%	2.8%	58.9%	12.1%	1.8%	14.4%	2%

初焦油中芳烃主要有甲苯、二甲苯、甲基萘、甲基联苯、菲、蒽及其甲基同系物，酸性化合物多为甲酚和二甲酚，还有少量的三甲酚和甲基吲哚；链烷烃和烯烃皆为 C_5～C_{32}的化合物，盐基类主要是二甲基吡啶、甲苯胺、甲基喹啉等。

炼焦过程析出的初次分解产物，在炭化室内的流动途径如图 1-2 所示，约 85%的产物是通过赤热的半焦及焦炭层和沿温度为 1000℃左右的炉墙到达炭化室顶部空间的，其余约 25%的产物则通过温度一般不超过 400℃，处在两侧胶质层之间的煤料层逸出。

通过赤热的焦炭和沿炭化室炉墙向上流动的气体和蒸汽，因受高温而发生环烷烃和烷烃的芳构化过程（生成芳香烃）并析出氢气，从而生成二次热裂解产物。这是一个不

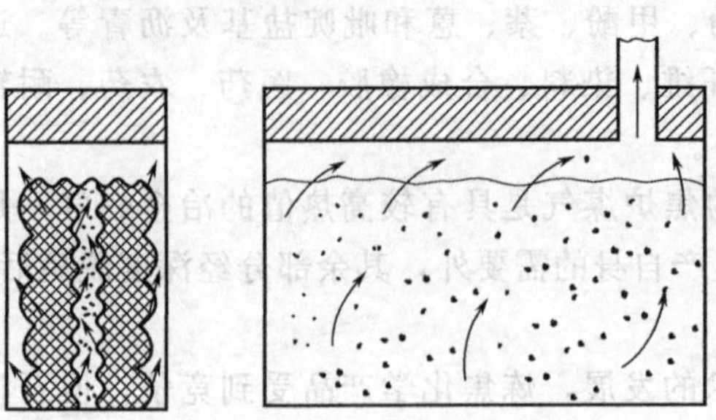

图 1-2　炼焦期间煤气在炭化室内的流动途径

可逆反应过程，由此生成的化合物在炭化室顶部空间则不再发生变化。与此相反，由煤饼中心通过的挥发性产物，在炭化室顶部空间因受高温发生芳构化过程。因此，炭化室顶部空间温度具有特殊意义。此温度在炭化过程的大部分时间里 800℃左右。大量的芳烃是在 700～800℃的范围内生成的。使初次分解产物受高温作用，进一步热分解，称为二次裂解。

当发生二次热裂解时，碳氢化合物分子结构会发生以下几种变化。

① C—C 键断裂引起结构缩小反应。C—C 键断裂所需的能量较低，先于 C—H 键的断裂。烷烃的 C—C 键在焦炭的催化作用下，约在 350℃时断裂。在此反应中，较高分子的碳氢化合物裂解为低分子产物和形成较小的自由基。例如：

$$CH_3—CH_2—CH_2—CH_2—(CH_2)_9—CH_3 \rightarrow \begin{cases} CH_3—CH_2—CH{=}CH_2 \\ CH_3—CH_2(CH_2)_8—CH_3 \end{cases}$$

烷烃裂解时，除可生成分子较小的烷烃外，还可生成二烯烃或两个烯烃分子。

② C—H 键裂解引起脱氢反应。C—H 键发生裂解的温度在 400～550℃之间。饱和碳氢化合物裂解生成烯烃，同时析出氢气，例如：

$$CH_3CH_2CH_2CH_3 \longrightarrow CH_2{=}CHCH_2CH_3+H_2 \longrightarrow CH_2{=}CHCH{=}CH_2+2H_2$$

在 500℃时开始产生脱氢现象，至 650℃时氢的生成量已很多，在高于 800℃时，烯烃产生二次裂解，例如部分乙烯将裂解为甲烷、氢和碳。

③ 按异构化进行的重排反应。在此反应中，碳氢化合物裂解时产生的是复合异构化，即裂解的原始物质要受到异构作用、环化作用及脱氢作用，而不是单纯的异构化(即氢-烃基团的互换)。

④ 聚合、歧化、缩合引起的结构增大反应。高分子烷烃进行裂解所生成的烯烃和二烯烃及原料中的烯烃之间易进行反应，从而通过聚合或环化生成环烯烃类化合物脱氢而得到芳香族化合物，例如：

$$CH_2{=}CH_2+CH_2{=}CH—CH{=}CH_2 \longrightarrow \underset{\text{环已二烯}}{C_6H_8}+H_2$$

$$C_6H_8 \longrightarrow \underset{\text{苯}}{C_6H_6}+H_2$$

通过上述许多复杂反应和其他反应，煤气中的甲烷和重烃（主要为乙烯）的含量降低，氢的含量增高，煤气的密度变小，并形成一定量的氨、苯族烃、萘和蒽等，在炭化室顶部空间最终形成一定组成的焦炉煤气。

二、炼焦化学产品的组成

从每个炭化室逸出的荒煤气组成随各自炭化室不同的炭化时间而变化。由于炼焦炉操作是连续的，所以整个炼焦炉组产生的煤气组成基本是均一稳定的。

荒煤气中除净焦炉煤气外的主要组成如下：

水蒸气/(g/m^3)	250～450	硫化氢/(g/m^3)	6～30
煤焦油气/(g/m^3)	80～120	其他硫化物/(g/m^3)	2～2.5
苯族烃/(g/m^3)	30～45	氰化氢等氰化物/(g/m^3)	1.0～2.5
氨/(g/m^3)	8～16	吡啶盐基/(g/m^3)	0.4～0.6
萘/(g/m^3)	8～12		

经回收化学产品和净化后的煤气，称为净焦炉煤气，也称回炉煤气。其组成如表 1-1 所示。

表 1-1　净焦炉煤气组成

名　称	组　成/%						
	$\varphi(H_2)$	$\varphi(CH_4)$	$\varphi(CO)$	$\varphi(N_2)$	$\varphi(CO_2)$	$\varphi(C_nH_m)$	$\varphi(O_2)$
干煤气	54～59	24～28	5.5～7	3～5	1～3	2～3	0.3～0.7

由表 1-2 可见，净煤气的组分有最简单的烃类化合物、游离氢、氧、氮及一氧化碳等，这说明煤气是分子结构复杂的煤质分解的最终产品。煤气中氢、甲烷、一氧化碳、不饱和烃是可燃成分，氮、二氧化碳、氧是惰性组分。净焦炉煤气的低热值为 17580～18420kJ/m^3，密度为 0.45～0.48kg/m^3。

三、炼焦化学产品的产率

炼焦化学产品的数量和组成随炼焦温度和原料煤质量的不同而波动。在工业生产条件下，煤料高温干馏时各种产物的产率（对干煤的质量）：

焦炭/%	70～78	苯族烃/%	0.8～1.4
净焦炉煤气/%	15～19	氨/%	0.25～0.35
煤焦油/%	3～4.5	其他/%	0.9～1.1
化合水/%	2～4		

其中化合水是指煤中有机质分解生成的水分。

从炭化室逸出的荒煤气（也称出炉煤气）所含的水蒸气，除少量化合水外，大部分来自煤的表面水分。

四、影响化学产品产率和组成的因素

炼焦化学产品的产率取决于炼焦配煤的性质和炼焦过程的技术操作条件。一般情况，炼焦煤的性质和组成对初次分解产物组成影响较大，而炼焦的操作条件对最终分解产物组成影响较大。

1. 配煤性质和组成的影响

煤焦油产率取决于配煤的挥发分和煤的变质程度。在配煤的干燥无灰基（daf）挥发分 V_{daf}=20%～30%的范围内，可依下式求得煤焦油产率 X（%）：

$$X=-18.36+1.53V_{daf}-0.026V_{daf}^2 \tag{1-1}$$

苯族烃的产率随配煤中的 C/H 的增加而增加。且配煤挥发分含量越高，所得粗苯中甲苯的含量就越少。在上述配煤的干燥无灰基挥发分范围内，可由下式求得苯族烃的产率Y（%）：

$$Y=-1.6+0.144V_{daf}-0.0016V_{daf}^2 \tag{1-2}$$

氨来源于煤中的氮。一般配煤约含氮2%左右，其中约60%存在于焦炭中，15%～20%的氮与氢化合生成氨，其余生成氰化氢、吡啶盐基或其他含氮化合物。这些产物分别存在于煤气和煤焦油中。

煤气中硫化物的产率主要取决于煤中的硫含量。一般干煤含全硫0.5%～1.2%，其中20%～45%转入荒煤气中。配煤挥发分和炉温越高，则转入煤气中的硫就越多。

化合水的产率同配煤的含氧量有关。配煤中的氧有55%～60%在干馏时转变为水，且此值随配煤挥发分的减少而增加。经过氧化的煤料能生成较大量的化合水。由于配煤中的氢与氧化合生成水，将使化学产品产率减少。

煤气的成分同干馏煤的变质程度有关。变质程度轻的煤干馏时产生的煤气中，CO、C_nH_m 及 CH_4 的含量高，氢的含量低。随着变质程度的增加，前三者的含量越来越少，而氢的含量越来越多。因此，配煤成分对煤气的组成有很大的影响。

煤气的产率 Q（%）同配煤挥发分有关，可依下式求得：

$$Q=a\sqrt{V_{daf}} \tag{1-3}$$

式中 a——系数（对气煤 $a=3$，对焦煤 $a=3.3$）；

V_{daf}——配煤的干燥无灰基挥发分，%。

由于湿煤的含水量不稳定，不易做基准，所以上述产率均是对干煤的质量分数。

2. 焦炉操作条件的影响

炼焦温度、操作压力、挥发物在炉顶空间停留时间、焦炉内生成的石墨、焦炭或焦炭灰分中某些成分的催化作用都影响炼焦化学产品的产率及组成，最主要的影响因素是炉墙温度（与结焦时间相关）和炭化室顶部空间温度（也称炉顶空间温度）。

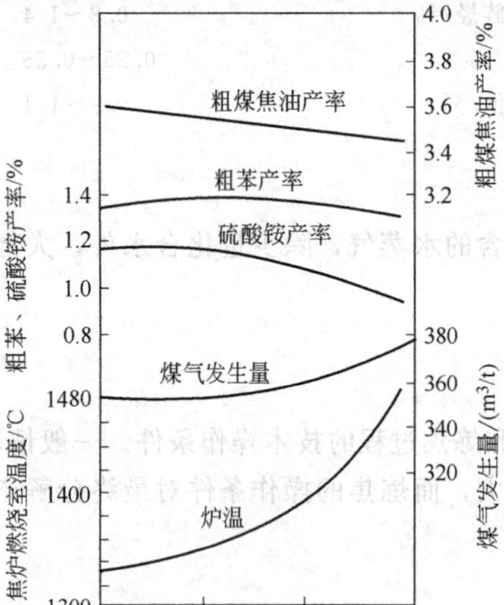

图1-3　化学产品产率同结焦时间的关系

（炭化室宽为450mm）

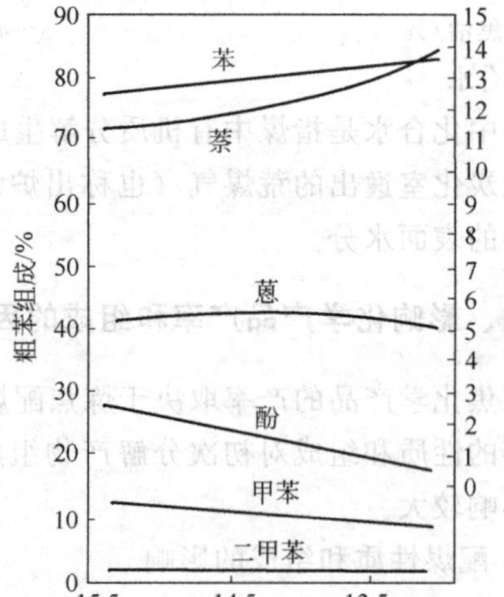

图1-4　化学产品组成同结焦时间的关系

炭化室顶部空间温度在炼焦过程中是有变化的。为了防止苯族烃产率降低，特别是防止甲苯分解，炉顶部空间温度不宜超过800℃。如果过高，则由于热解作用，煤焦油和粗苯的产率均将降低，化合水产率将增加，氨在高温作用下，由于进行逆反应而部分分解，并在赤热焦炭作用下生成氰化氢，氨的产率降低。高温会使煤气中甲烷及不饱和碳氢化合物含量减少，氢含量增加，因而煤气体积产量增加，热值降低。

炉温、结焦时间对炼焦化学产品产率及组成的影响，可由如图 1-3 及图 1-4 所示曲线表明。化学产品的产率和组成还受焦炉操作压力的影响，炭化室内压力高时，煤气会漏入燃烧系统而损失；当炭化室内形成负压时，空气被吸入，部分化学产品燃烧，氮和二氧化碳含量增加，煤气热值降低。因此，规定焦炉集气管必须保持一定压力。

第三节 回收与加工化学产品的方法及典型流程

从焦炉炭化室生成的荒煤气需在化学产品回收车间（简称化产回收车间）进行冷却、输送，回收煤焦油、氨、硫、苯族烃等化学产品，同时净化煤气。这一方面是为了得到有用的化学产品，另一方面是为了便于煤气顺利地输送、储存和用户的使用。

煤气中除氢、甲烷、乙烷、乙烯等成分外，其他成分含量虽少，却会产生有害的作用。如萘会以固体结晶析出，堵塞设备及煤气管道；煤焦油气存在，有害于氨和苯族烃的回收；氨水溶液会腐蚀设备和管路，生成的铵盐会引起堵塞，燃烧时产生的 NO_x 污染大气；硫化氢及硫化物会腐蚀设备，生成的硫化铁会引起堵塞，拆开设备检修时遇空气会自燃；一氧化氮及过氧化氮能与煤气中的丁二烯、苯乙烯、环戊二烯等聚合成复杂的化合物——煤气胶，不利于煤气输送和使用；不饱和烃类化合物（苯乙烯、茚等）在有机硫化物的催化剂作用下，能聚合生成“液相胶”而影响使用。对上述影响使用的物质，根据煤气的用途不同而有不同程度的清除要求，在选择净化方法时，应本着既满足净化要求，又符合因地制宜、化害为利的原则，通过综合评价确定，使得从煤气中回收化学产品及精制处理的方法和流程有所不同。

焦化厂一般采用冷却、冷凝的方法除去煤气中的煤焦油和水；利用鼓风机抽吸和加压输送煤气；用电捕方法除少量的煤焦油雾；煤气中其他成分的脱除大多采用吸收法；对于净化程度要求高的场合，可采用吸附法或冷冻法。

一、在正压下操作的焦炉煤气处理系统

在钢铁联合企业中，如焦炉煤气只用作本企业冶金燃料时，除回收煤焦油、氨、苯族烃和硫等外，其余杂质只需清除到煤气在输送和使用中都不发生困难的程度即可。比较典型的处理方法和工艺系统有两大类。根据鼓风机设置位置不同分为正压和半负压工艺系统。

1. 正压操作系统

焦炉煤气净化精制处理系统中鼓风机设在初冷器的后面，如图 1-5 所示。

2. 半负压操作系统

焦炉煤气净化精制处理系统中鼓风机设在电捕（煤）焦油器（习惯称电捕焦油器，下同）的后面，如图 1-6 所示。

对民用焦炉煤气，其中的杂质必须清除到较彻底的程度，处理系统与上述基本相同，另加干法脱硫以达到深度脱除硫化氢和氰化氢的目的。如需远距离输送，在煤气储柜后需加压缩机和深冷脱湿。

经处理后的煤气净制程度可达到表 1-2 所列标准。

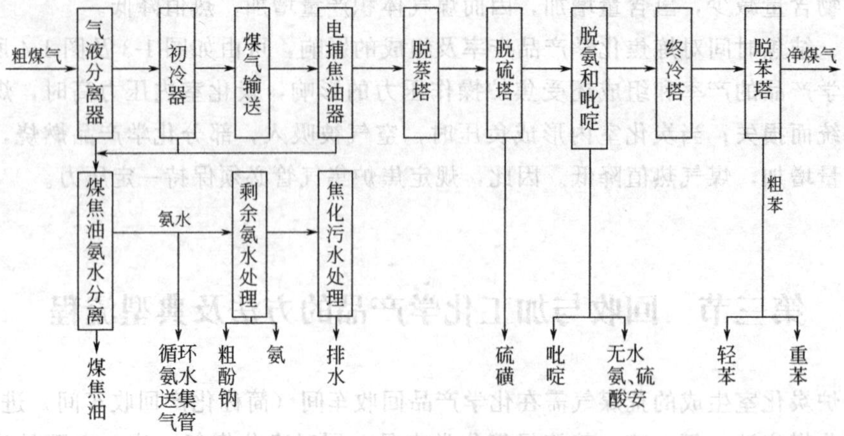

图 1-5　正压下操作的焦炉煤气处理系统

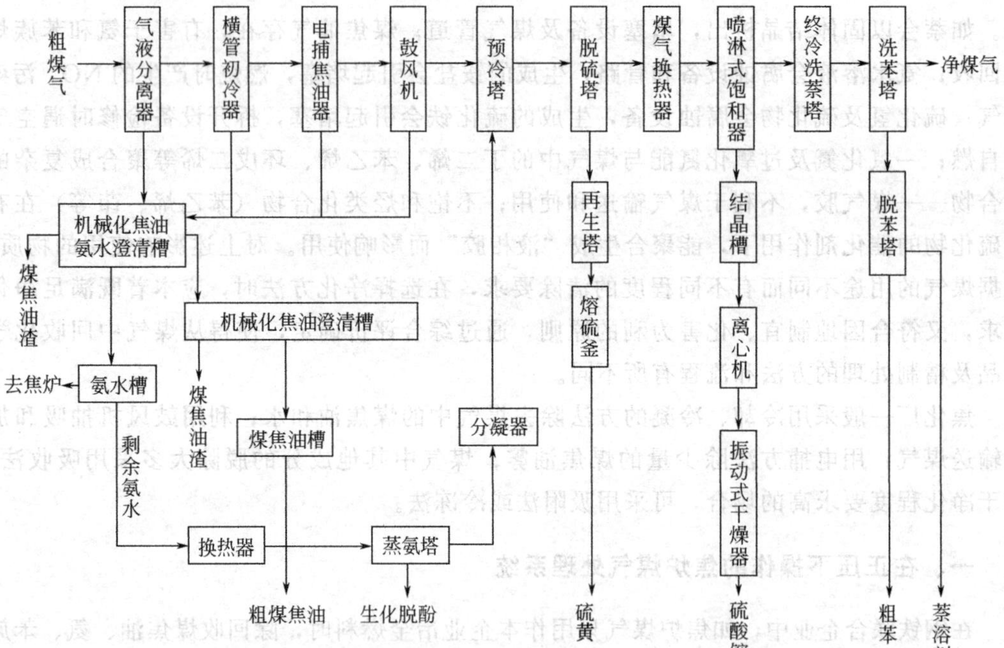

图 1-6　半负压下操作的焦炉煤气处理系统

表 1-2　焦炉煤气的净制程度

煤气用途	煤气成分/(g/m³)						
	氨	苯类	萘	煤焦油	硫化氢	有机硫	氰化氢
工业燃气	<0.1	2～4	<0.5	<0.05	<0.25	<0.5	<0.05～0.5
城市民用	<0.05	2～4	<0.05～0.2	<0.01	0～0.02	0.05～0.2	0～0.01

在图 1-5、图 1-6 所示处理系统中，鼓风机分别位于初冷器后或电捕焦油器的后面，自鼓风机以后的全系统均处于正压下操作。由于鼓风机后煤气温升到 50℃左右，对选用半直接饱和器法（需 55℃左右）或冷弗萨姆法（需 55℃）回收氨的系统

特别适用。又因在正压下操作，煤气体积小，有关设备及煤气管道尺寸相应较小；吸收氨、苯族烃等的吸收推动力较大，有利于提高吸收速率和回收率。

目前我国焦化厂广泛采用在半负压下操作的焦炉煤气净化系统，如图 1-5 所示，采用正压脱硫，脱硫设置在鼓风机后，也有些企业从节能和提高产品收率及质量角度出发，采用如下方法改进流程。

① 负压脱硫，将脱硫设置在鼓风机前，电捕焦油器后，脱硫在负压下操作，可以省去正压脱硫系统中的预冷塔和喷淋式饱和器前的煤气预热器，节省了设备费和操作费。

② 真空碳酸钾法脱硫，装置设在洗苯塔后，副产硫黄或硫酸。

③ 负压洗苯，将洗苯设置在初冷后，可以省去洗苯前终冷洗萘环节，个别小焦化厂采用。

二、在负压下操作的焦炉煤气处理系统

在采用水洗氨的系统中，因洗氨塔操作温度尽可能低些（22～25℃）为宜，故鼓风机可设在煤气净化系统的最后，这就是全负压工艺流程。负压下操作的焦炉煤气处理系统如图 1-7 所示。

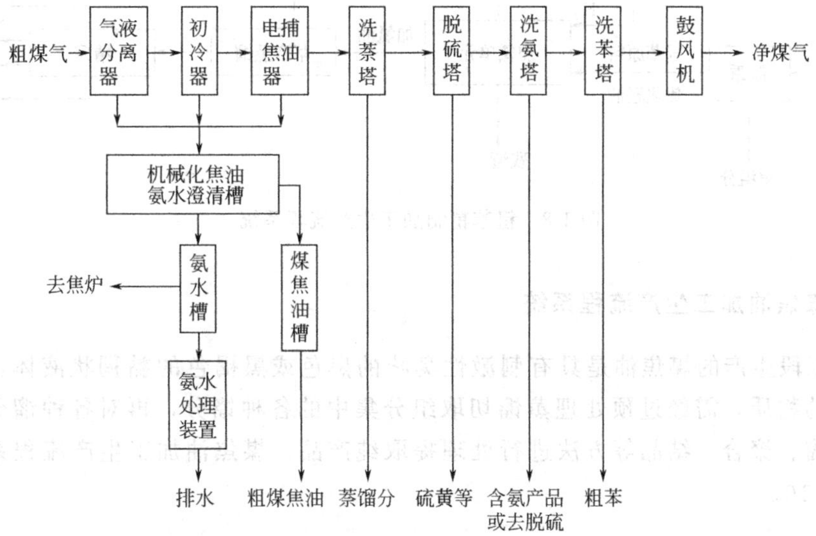

图 1-7　负压下操作的焦炉煤气处理系统

全负压流程中的设备均处于负压下操作，鼓风机入口压力为－7～－10kPa，机后压力为 15～17kPa。此种系统发展于德、法等国，目前中国也有采用。

全负压处理系统具有如下优点：

① 不必设置煤气终冷系统和黄血盐系统。

② 可减少低温水用量，总能耗亦有所降低。

③ 净煤气经鼓风机压缩升温后，成为过热煤气，远距离输送时，冷凝液甚少，减轻了管道腐蚀。

全负压处理系统也存在如下缺点：

① 负压状态下，煤气体积增大，有关设备及煤气管道相应增大。例如洗苯塔直径增加 7%～8%。

② 负压设备与管道越多，漏入空气的可能性越大，需特别加强密封。

③ 在较大的负压下，煤气中硫化氢、氨和苯族烃的分压也低，减少了吸收推动力。据计算，负压操作下苯族烃回收率比正压操作时降低2.4%。

综上所述，全负压回收工艺可供采用水洗氨工艺或弗萨姆法生产无水氨工艺的回收系统选用。

化产回收车间回收的煤焦油和粗苯，均是组成复杂的液体混合物，进一步加工精制可得到各种有用产品，也可作为商品出售。

三、粗苯加工生产流程系统

粗苯工段生产的粗苯，经两苯塔分馏为轻苯和重苯。苯、甲苯、二甲苯的绝大部分和硫化物的大部分及50%的不饱和化合物聚集于轻苯中，苯乙烯、古马隆和茚等高沸点不饱和化合物聚集于重苯中。轻苯和重苯分别加工。粗苯精制加工生产流程系统见图1-8。

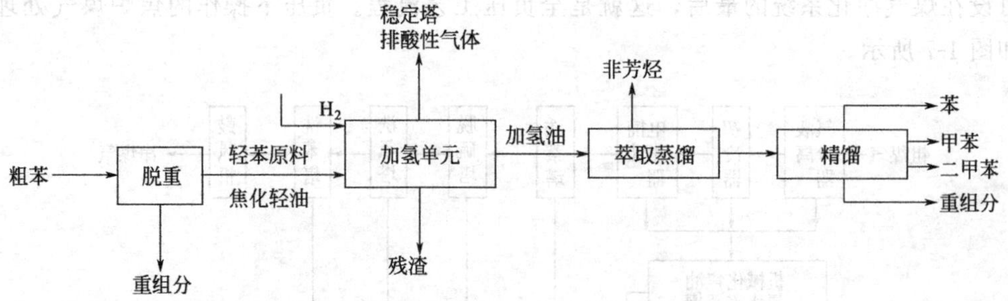

图1-8　粗苯精制加工生产流程系统

四、煤焦油加工生产流程系统

冷凝工段生产的煤焦油是具有刺激性臭味的黑色或黑褐色的黏稠状液体，其中含有上万种的物质，需经过预处理蒸馏切取组分集中的各种馏分，再对各种馏分用酸碱洗涤、蒸馏、聚合、结晶等方法进行处理提取纯产品。煤焦油加工生产流程系统见图1-9和图1-10。

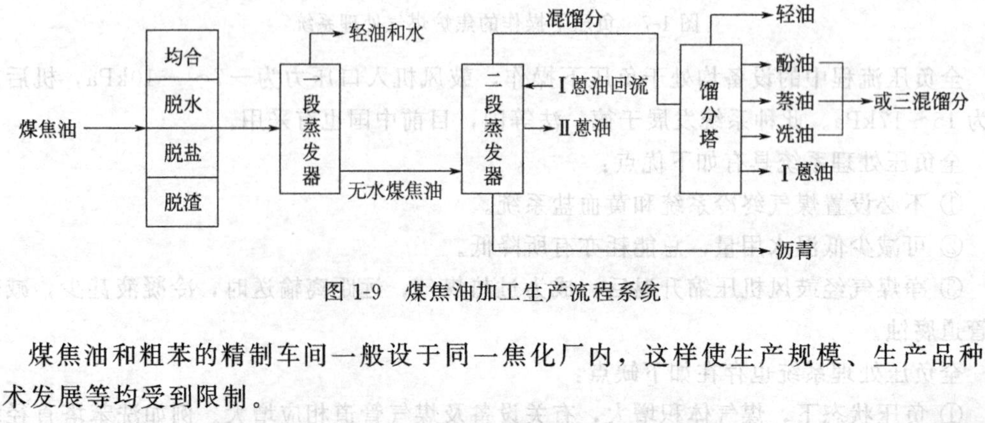

图1-9　煤焦油加工生产流程系统

煤焦油和粗苯的精制车间一般设于同一焦化厂内，这样使生产规模、生产品种及技术发展等均受到限制。

近年来的发展趋势是将焦化厂生产的粗煤焦油和粗苯集中加工。目前有些国家的

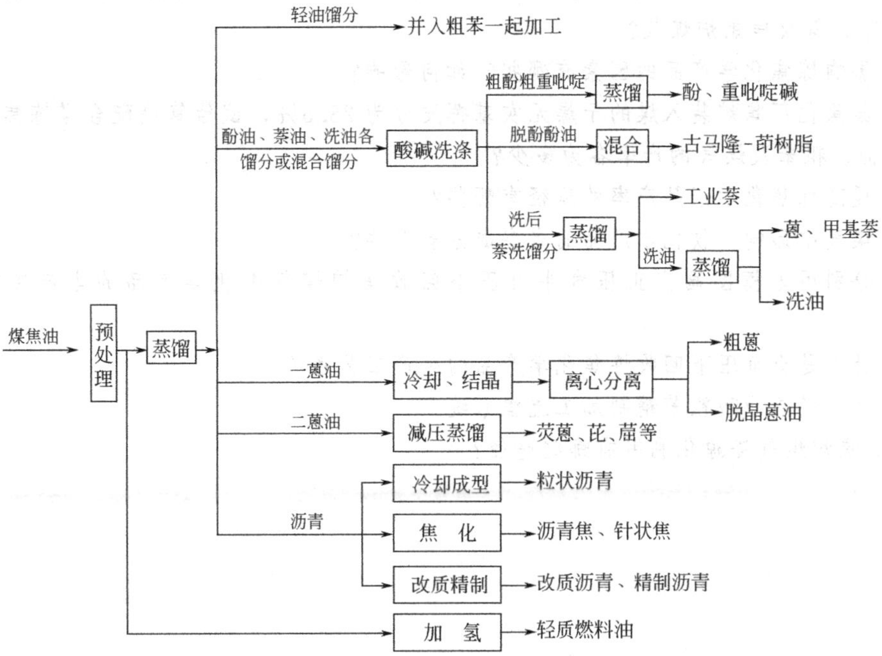

图 1-10 煤焦油馏分精制加工系统

煤焦油加工厂的处理能力达到每年 150 万吨煤焦油以上，产品品种超过 200 种，质量优良。粗苯的集中加工处理能力也达到了每年 28 万吨，且采用加氢精制技术，可生产出多种优质产品。集中加工可合理利用新技术，劳动生产率高，有利于环境保护，特别是可以从中提取出浓度很低，产量不大，而价值却较高的物质。现已逐步在许多国家得到利用。目前中国已投产的煤焦油加工机组能力达到每年 30 万吨，粗苯加工机组能力达到每年 10 万吨。

五、焦炉煤气的资源化利用

焦炉煤气的利用目前主要是作为燃料用于城市煤气、工业窑炉或发电。焦炉煤气作为城市煤气具有良好的社会效益和环境效益，但随着我国的天然气和石油液化气的开发利用，逐渐取代了焦炉煤气；作为工业窑炉的燃料，适合于产品具有较高附加值的企业；发电则效率较低，经济效益较差。因此，将焦炉煤气作为原料气，进一步深加工则是其综合利用的较好途径。焦炉煤气作为原料气，可以生产合成氨、尿素，可以生产甲醇，甲醇是一碳工业原料，可以作为很多重要化工产品的原料，同时还可以作为汽车燃料，以解决汽油的紧缺；还可以用焦炉煤气制氢用于燃料电池；用焦炉煤气制压缩天然气（CNG），制液化天然气（LNG），这些工业化生产在我国已被应用。焦炉煤气热裂解为还原性气体，可以用来生产海绵铁，这将是当今钢铁生产中的一场重大革命。所以焦炉煤气作为原料气利用，无论从环境保护还是战略需要来看，都有着不可估量的前景。

复习思考题

1. 什么是炼焦化学？

2. 炼焦化学产品是如何生成的？1t 干煤在炼焦过程中将大约得到多少焦炭、煤焦油、粗苯、氨及净焦炉煤气？

3. 影响炼焦化学产品的因素有哪些？如何影响？

4. 某焦化厂焦炉装入煤的干燥无灰基挥发分为 28.5%，试估算该配合煤炼焦后将得到煤焦油、粗苯及煤气的产率各为多少？

5. 提高炼焦化学产品产率的途径有哪些？

6. 煤气中影响回收化学产品的有害成分有哪些？

7. 分别用方框图画出正压和半负压下回收焦炉煤气中化学产品的生产工艺流程系统。

8. 什么是全负压下回收炼焦化学产品的生产工艺系统？

9. 熟悉煤焦油和粗苯精制加工流程系统。

10. 焦炉煤气资源化利用有哪些途径？

第二章 煤气的初冷和煤焦油氨水的分离

焦炉煤气从炭化室经上升管逸出时的温度为650～750℃。此时煤气中含有煤焦油气、苯族烃、水汽、氨、硫化氢、氰化氢、萘及其他化合物，为回收和处理这些化合物，首先应将煤气冷却，原因如下。

① 从煤气中回收化学产品和净化煤气时，多采用比较简单易行的冷凝法、冷却法和吸收法，在较低的温度下（25～35℃）才能保证较高的回收率；

② 含有大量水汽的高温煤气体积大（例如由附表1查得0℃时$1m^3$干煤气，在80℃经水蒸气饱和后的体积为$2.429m^3$，而在25℃经水汽饱和的体积为$1.126m^3$，前者比后者大1.16倍），显然所需输送煤气管道直径、鼓风机的输送能力和功率均增大，这是不经济的。

③ 在煤气冷却过程中，不但有水汽冷凝，且大部分煤焦油和萘也被分离出来，部分硫化物、氰化物等腐蚀性介质溶于冷凝液中，从而可减少回收设备及管道的堵塞和腐蚀。

如图2-1所示，煤气的初步冷却分两步进行：第一步是在集气管及桥管中用大量循环氨水喷洒，使煤气冷却到80～90℃；第二步再在煤气初冷器中冷却。在初冷器中将煤气冷却到何种程度，随化学产品回收与煤气净化所选用的工艺方法而异，经技术经济比较后确定。例如若以硫酸或磷酸作为吸收剂，用化学吸收法除去煤气中的氨，初冷器后煤气温度可以高一些，一般为25～35℃；若以水作吸收剂，用物理吸收法除去煤气中的氨初冷后煤气温度要低些，一般为25℃以下。

第一节 煤气在集气管内的冷却

一、煤气在集气管内的冷却

1. 冷却的机理

煤气在桥管和集气管内的冷却，通常是将75℃左右的循环氨水（在150～200kPa表压下）经过喷头强烈喷洒形成细雾状液滴，与桥管进口650～750℃煤气在直接接触条件下进行的。细雾状液滴为气-液两相提供了很大的接触面积；起初，两相间温差很大；既存在对流传热，又有辐射传热，联合传热系数很大。因此，煤气向氨水的传热速率将会很高，煤气温度会迅速下降。但入口高温煤气中水蒸气分压却远低于氨水温度下的饱和蒸气压，氨水则会快速汽化。于是，在气、液两相间形成了煤气向氨水快速传热而降温、氨水向煤气快速传质而增湿的过程。由于煤气的平均比热容远低于水的汽化潜热以及水的比热容，所以煤气温度虽急剧降低，但氨水温升却不多。

煤气急剧降温，与氨水间温差减小，煤气增湿，煤气中水蒸气分压增大。气-液两相间传热和传质速率会降低。煤气降温的极限是与氨水温度相等；煤气增湿的极限是煤气中水蒸气分压与氨水最终温度下的饱和蒸气压相等。此时氨水温度就是增湿达到饱和的煤气露点温度。

由于气-液两相在桥管和集气管的接触时间很短，两相间达不到上述平衡关系，煤气的温度一般冷却到比露点温度高1～3℃。

煤气急剧降温，放出的是显热，传递给了氨水；部分氨水汽化，又以潜热的形式被蒸汽带回了气相。因此，增湿后煤气的总含热量比高温进口煤气的总含热量低不了多少。根据实测数据计算，煤气从650～750℃降温到80～85℃所放出的热量中，约10%经管壁散失在大气中。由此不难得知，煤气在桥管和集气管中的冷却，主要是降温，而排放热量的冷却作用则是在煤气初冷器中完成的。

不过，煤气温度从650～750℃降温到80～85℃的过程中，有60%左右的煤焦油蒸汽冷凝下来；煤气中夹带的粉尘大都被冲洗下来，并形成焦油渣。

综上所述，煤气在桥管和集气管中的冷却过程，主要是降温、增湿以及初步净化作用。

从集气管排出的物料，除湿煤气外，还有未汽化的循环氨水以及冷凝的部分煤焦油和焦油渣。在进一步冷却煤气之前，应当先把它们分离。

2. 煤气露点与煤气中水汽含量的关系

煤气的冷却及所达到的露点温度同下列因素有关：进集气管前煤气中的水蒸气含量（主要决定于煤料的水分）和温度，循环氨水量、进口温度以及集气管压强、氨水喷洒效果等。其中以煤料水分影响最大，在一般生产条件下，煤料水分每降低1%，露点温度可降低0.6～0.7℃。显然，降低煤料水分，对煤气的冷却很重要。煤气露点与煤气中水汽含量之间的关系如图2-2所示。

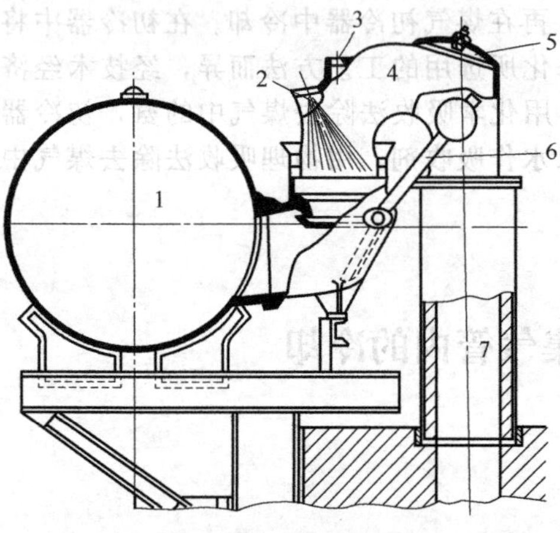

图2-1 上升管、桥管和集气管的工作原理

1—集气管；2—氨水喷嘴；3—无烟装煤用蒸汽入口；4—桥管；5—上升管盖；6—水封阀翻板；7—上升管

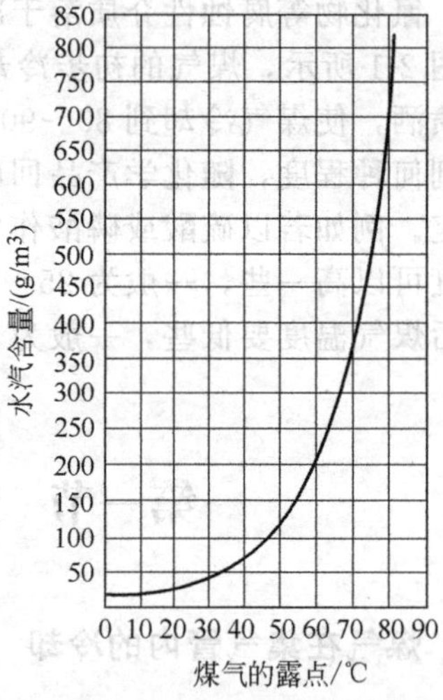

图2-2 煤气露点与煤气中水汽含量的关系（总压101.33kPa）

由于煤气的冷却主要是靠氨水的蒸发，所以，氨水喷洒的雾化程度好，循环氨水的温度较高（氨水液面上水汽分压较大），氨水蒸发量大，煤气则冷却得较好，反之则差。

二、煤气在集气管内冷却的技术要求

1. 集气管技术操作指标

集气管技术操作的主要数据（中国沿海地区数据）如下：

集气管前煤气温度/℃	650～750	煤气露点/℃	79～83
离开集气管的煤气温度/℃	80～85	循环氨水量/(m^3/t 干煤)	5～6
循环氨水温度/℃	72～78	蒸发的氨水量(占循环氨水量)/%	2～3
离开集气管氨水的温度/℃	74～79	冷凝煤焦油量(占煤气中煤焦油量)/%	约 60

由上述数据可见，煤气虽然已显著冷却，但集气管内不仅不发生水蒸气的冷凝，相反由于氨水蒸发，使煤气中水分增加。但煤气仍未被水汽所饱和，经冷却后煤气温度仍高于煤气的露点温度。

2. 技术要求

① 集气管在正常操作过程中用氨水而不用冷水喷洒，因冷水温度低不易蒸发，使煤气冷却效果不好，所带入的矿物杂质会增加沥青的灰分。此外，由于水温很低，使集气管底部剧烈冷却、冷凝的煤焦油黏度增大，易使集气管堵塞。氨水呈碱性，能中和煤焦油酸，保护了煤气管道。氨水又有润滑性，便于煤焦油流动，可以防止煤气冷却过程中煤粉、焦粒、煤焦油混合形成的煤焦油渣因积聚而堵塞煤气管道。

② 进入集气管前的煤气露点温度主要与装入煤的水分含量有关，煤料中水分（化合水及配煤水分，约占干煤质量的 10%）形成的水汽在冷却时放出的显热约占总放出热量的 23%，所以降低煤料水分，会显著影响煤气在集气管冷却的程度，当装入煤全部水分为 8%～11%时，相应的露点温度为 65～70℃。为保证氨水蒸发的推动力，进口水温应高于煤气露点温度 5～10℃，所以采用 72～78℃的循环氨水喷洒煤气。

③ 对不同形式的焦炉所需的循环氨水量也有所不同，生产实践经验确定的定额数据为：对单集气管的焦炉，每 1t 干煤需 $5m^3$ 循环氨水，对双集气管焦炉需 $6m^3$ 的循环氨水。近年来，国内外焦化厂已普遍在焦炉集气管上采用了高压氨水代替蒸汽喷射进行无烟装煤，个别厂还采用了预热煤炼焦，设置了独立的氨水循环系统，用于专设的焦炉集气管的喷洒，则它们的循环氨水量又各不同。

④ 集气管冷却操作中，应经常对设备进行清扫，保持循环氨水喷洒系统畅通，氨水压力、温度、循环量力求稳定。

三、集气管的物料平衡与热平衡

通过集气管的物料平衡和热平衡的计算，可以了解集气管内物料转移的情况以及求得冷却后的煤气温度。若冷却后的煤气温度已确定，就可以求得必需的循环氨水用量及其蒸发量，也可用以评定集气管操作的好坏。

下面以中国某焦化厂实际生产数据为例，计算煤气被冷却至一定温度时循环氨水的蒸发水量和集气管出口煤气的露点温度。

1. 某厂实际生产数据

(1) 产品产率（占干煤质量）

焦炉煤气/%	15.80	氨/%	0.3
化合水/%	2	硫化氢/%	0.3
煤焦油/%	4.0	焦炭/%	76.5
粗苯/%	1.1	总计/%	100.0

配合煤水分按每 100kg 湿煤含水 8kg 计算。

(2) 操作指标

冷凝煤焦油量占总煤焦油量/%	60	进入集气管的煤气温度/℃	650

离开集气管的煤气温度/℃	82	标准状态下的煤气密度/(kg/m^3)	0.465
进入集气管的循环氨水温度/℃	75	集气管内压力(绝压)/Pa	1.013×10^5
离开集气管的循环氨水温度/℃	78		

(3) 热量分配情况(占总放出热量)

氨水蒸发所吸收的热量 Q_1/%	75	集气管的散热损失 Q_3/%	10
氨水升温所吸收的热量 Q_2/%	15		

(4) 各种组分在 82～650℃之间的平均比热容(由有关图表查到)

焦炉煤气/[kJ/(m^3·℃)]	1.591	硫化氢/[kJ/(kg·℃)]	1.147
水汽/[kJ/(kg·℃)]	2.010	煤焦油气/[kJ/(kg·℃)]	2.094
苯族烃/[kJ/(kg·℃)]	1.842	82℃时煤焦油平均汽化潜热/(kJ/kg)	330.8
氨/[kJ/(kg·℃)]	2.613	水在 82℃时的汽化潜热/(kJ/kg)	2303.3

2. 循环氨水量的计算

以 1t 干煤做计算基准,煤气在集气管内进行冷却时放出的总热量(以 0℃为基准),可按如下计算。

煤气放出的显热:

$$1000\times0.158\times\frac{1.591}{0.465}\times(650-82)=307060\ (\text{kJ})$$

煤焦油气放出的显热:

$$1000\times0.04\times2.094\times(650-82)=47576\ (\text{kJ})$$

煤焦油气放出的冷凝热:

$$1000\times0.04\times0.6\times330.8=7939\ (\text{kJ})$$

水汽放出的显热:

$$1000\times0.107\times2.010\times(650-82)=122160\ (\text{kJ})$$

式中,0.107 为 1t 干煤产生的总水分。

苯族烃放出的显热:

$$1000\times0.011\times1.842\times(650-82)=11509\ (\text{kJ})$$

氨放出的显热:

$$1000\times0.003\times2.613\times(650-82)=4453\ (\text{kJ})$$

硫化氢放出的显热:

$$1000\times0.003\times1.147\times(650-82)=1954\ (\text{kJ})$$

放出的总热量为:

$$Q=307060+47576+7939+122160+11509+4453+1954=502651\ (\text{kJ})$$

根据热平衡,则得: $Q=Q_1+Q_2+Q_3=502651\ (\text{kJ})$

因循环氨水蒸发所吸收的热量 $Q_1=0.75Q$,所以蒸发水量为:

$$m_1=\frac{Q_1}{2303.3}=\frac{0.75\times502651}{2303.3}=164\ (\text{kg})$$

因氨水升温所吸收的热量 $Q_2=0.15Q$,则循环氨水量为:

$$m_2=\frac{Q_2}{4.187\times(78-75)}=\frac{0.15\times502651}{4.187\times(78-75)}=6003\ (\text{kg})$$

式中,4.187 为水的比热容,kJ/(kg·℃)。

所以,以 1t 干煤计的循环氨水总量为 $164+6003=6167\ (\text{kg})$

氨水蒸发量占循环氨水总量 $\frac{164}{6167}\times100\%=2.66\%$

3. 煤气露点温度的确定

根据已知数据及计算结果，可求得离开集气管的煤气露点温度。

进入集气管的气态炼焦化学产品按体积计数量为：

$$\frac{1000\times0.158}{0.465}+1000\times\left(\frac{0.107}{18}+\frac{0.04}{200}+\frac{0.011}{83}+\frac{0.003}{17}+\frac{0.003}{34}\right)\times22.4=486\ (\mathrm{m^3/t}\text{ 干煤})$$

式中，18、200、83、17、34分别为水、煤焦油、苯族烃、氨及硫化氢的相对分子质量。

在集气管内冷凝的煤焦油体积为：

$$1000\times\frac{0.04}{200}\times0.6\times22.4=2.7\ (\mathrm{m^3/t}\text{ 干煤})$$

在集气管内蒸发的氨水体积为：

$$164\times\frac{22.4}{18}=204\ (\mathrm{m^3/t}\text{ 干煤})$$

在无烟装煤时喷射的蒸汽量对干煤的质量分数为：单集气管1.5%；双集气管3%，现按双集气管的喷射蒸汽量求得体积为：

$$1000\times0.03\times\frac{22.4}{18}=37.3\ (\mathrm{m^3/t}\text{ 干煤})$$

离开集气管的水汽总体积为：

$$1000\times\frac{0.107\times22.4}{18}+204+37.3=374.5\ (\mathrm{m^3/t}\text{ 干煤})$$

离开集气管的煤气总体积为：

$$486+204+37.3-2.7=724.6\ (\mathrm{m^3/t}\text{ 干煤})$$

集气管出口煤气中水汽分压为：

$$p=1.013\times10^5\times\frac{374.5}{724.6}=52.3\times10^3\ (\mathrm{Pa})$$

由附表1查得相应的煤气饱和温度（露点）为82.5℃。

第二节 煤气在初冷器的冷却

出炭化室的荒煤气在桥管、集气管用循环氨水喷洒冷却后的温度仍高达80～85℃，且包含有大量煤焦油气和水蒸气及其他物质。由于煤焦油气和水蒸气很容易用冷却法使其冷凝下来，而且将它们先从煤气中除去，对回收其他化学产品，减少煤气体积，节省输送煤气所需动力，都是有利的，所以让煤气由集气管沿吸煤气主管流向煤气初冷器进一步冷却，煤气在沿吸煤气主管流向初冷器过程中，吸煤气主管还起着空气冷却器的作用，煤气可降温1～3℃。

煤气冷却和煤焦油气、水蒸气的冷凝，可以采用不同形式的冷却器。被冷却的煤气与冷却介质直接接触的冷却器，称为直接混合式冷却器，简称为直接冷却器或直接冷却（直冷）；被冷却的煤气与冷却介质分别从固体壁面的两侧流过，煤气将热量传给壁面，再由壁面传给冷却介质的冷却器，称为间壁式冷却器，简称为间接冷却器或间接冷却（间冷）。由于冷却器的形式不同，煤气冷却所采取的流程也不同。

煤气冷却的流程可分为间接冷却、直接冷却和间冷-直冷混合冷却三种。上述三种流程各有优缺点，可根据生产规模、工艺要求及其他条件因地制宜地选择采用。中国目前广泛采用的是间接冷却。

一、煤气的间接冷却

1. 立管式冷却器间接冷却工艺流程

如图 2-3 所示为立管式煤气初冷工艺流程。焦炉煤气与循环氨水、冷凝煤焦油等沿吸煤气主管先进入气液分离器，煤气与煤焦油、氨水、煤焦油渣等在此分离。分离下来的氨水和煤焦油一起进入机械化（煤）焦油氨水澄清槽（习惯称机械化焦油氨水澄清槽，下同），利用密度不同经过静置澄清分成三层：上层为氨水（密度为 1.01～1.02kg/L），中层为煤焦油（密度为 1.17～1.20kg/L），下层为煤焦油渣（密度为 1.25kg/L）。沉淀下来的煤焦油渣由刮板输送机连续刮送至漏斗处排出槽外。煤焦油则通过液面调节器流至煤焦油中间槽，由此泵往煤焦油储槽，经初步脱水后泵往煤焦油车间。氨水由澄清槽上部满流至氨水中间槽，再用循环氨水泵送回焦炉集气管以冷却荒煤气。这部分氨水称为循环氨水。

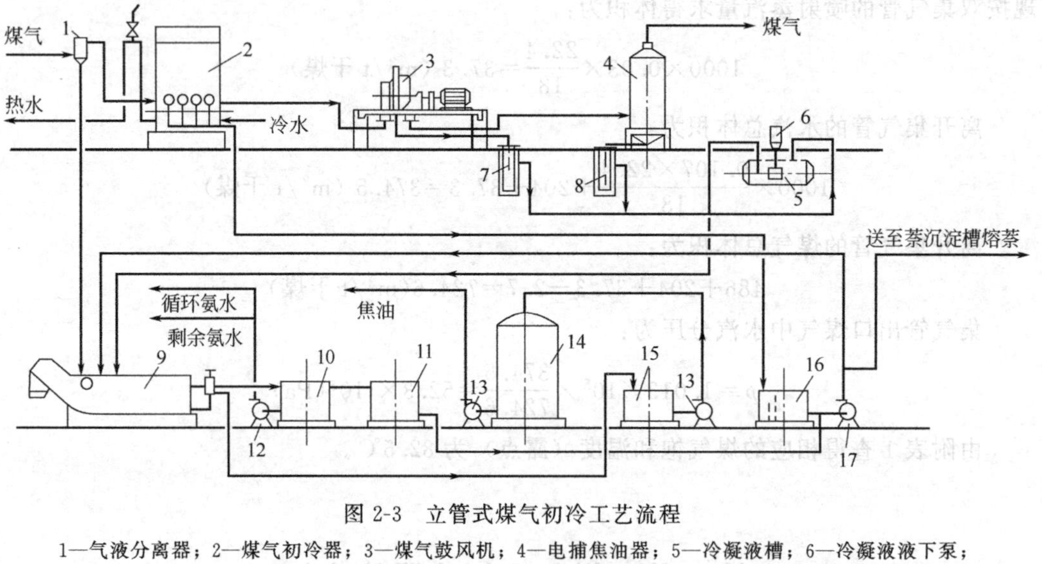

图 2-3 立管式煤气初冷工艺流程

1—气液分离器；2—煤气初冷器；3—煤气鼓风机；4—电捕焦油器；5—冷凝液槽；6—冷凝液液下泵；7—鼓风机水封槽；8—电捕焦油器水封槽；9—机械化焦油氨水澄清槽；10—氨水中间槽；11—事故氨水槽；12—循环氨水泵；13—煤焦油泵；14—煤焦油储槽；15—煤焦油中间槽；16—初冷冷凝液中间槽；17—冷凝液泵

经气液分离后的煤气进入数台并联立管式间接冷却器（初冷器），用水间接冷却，煤气走管间，冷却水走管内。从各台初冷器出来的煤气温度是有差别的，汇集在一起后的煤气温度称为集合温度，这个温度依生产工艺的不同而有不同的要求：在生产硫酸铵系统中，要求集合温度低于 35℃，在水洗氨生产系统中，则要求集合温度低于 25℃。随着煤气的冷却，煤气中绝大部分煤焦油气、大部分水汽和萘在初冷器中被冷凝下来，萘溶解于煤焦油中。煤气中一定数量的氨、二氧化碳、硫化氢、氰化氢和其他组分溶解于冷凝水中，形成了冷凝氨水。

煤焦油和冷凝氨水的混合液称为冷凝液。冷凝氨水中含有较多的挥发铵盐［NH_3 与 H_2S、HCN、H_2CO_3 形成的铵盐，如 NH_4HS、NH_4CN、NH_4HCO_3 等］，固定铵盐［如 NH_4Cl、

NH_4SCN、$(NH_4)_2SO_4$ 和$(NH_4)_2S_2O_3$等] 的含量较少。当其溶液加热至100℃即分解的铵盐为挥发铵盐，需加热到 220～250℃或有碱存在的情况下才能分解的铵盐叫固定铵盐。循环氨水中主要含有固定铵盐，在其单独循环时，固定铵盐含量可高达 30～40g/L。为降低循环氨水中固定铵盐的含量，以减轻对煤焦油蒸馏设备的腐蚀和改善煤焦油的脱水、脱盐操作，大多采用两种氨水混合的分离流程，混合氨水固定铵盐含量可降至 1.3～3.5g/L。如图 2-3 所示，冷凝液自流入冷凝液槽，再用泵送入机械化焦油氨水澄清槽，与循环氨水混合澄清分离。分离后所得剩余氨水送去蒸氨，蒸氨废水还应经生化处理后才能外排。

由管式初冷器出来的煤气尚含有 1.5～2g/m³ 的雾状煤焦油，被鼓风机抽送至电捕焦油器除去其中绝大部分煤焦油雾后，送往下一道工序。

当冷却煤气用的冷却水为直流水时（水源充足的地区），初冷器后的热水直接排放（或用作余热水供热）。如为循环水时，则将热水送到凉水架冷却后循环使用，冷却后的温度随地区、季节不同而异，在冬季自然冷却，在夏季靠轴流风机强制冷却，一般至 25～33℃，再送回初冷器。

上述煤气间接初冷流程适用于生产硫酸铵工艺系统，当水洗氨生产时，为使初冷后煤气集合温度达到 20℃左右，宜采用两段初冷。

两段初冷可采用具有两段初冷功能的初冷器，将其中前四个煤气通道作为第一段，后两个煤气通道作为第二段。在第一段用 32℃循环冷却水将煤气冷却到约 45℃，第二段用 18℃低温水将煤气冷却到 25℃以下。

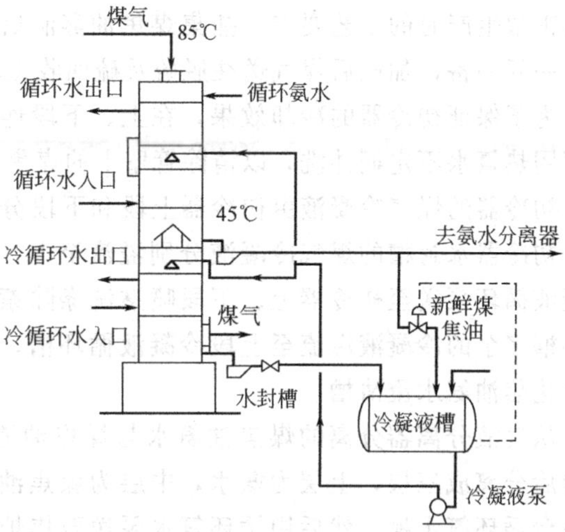

图 2-4 横管式煤气初冷工艺流程

也可采用初冷器并串联实现煤气两段初冷。例如用“二串一”。即煤气先通过作为第一段的两台并联的初冷器，再汇合通过作为第二段的一台初冷器，简称为“二串一”，第一段用循环水冷却，第二段用低温水冷却，可将煤气冷却到 25℃以下。或用“三串一”工艺。

2. 横管式初冷器间接初冷工艺流程

横管式煤气初冷器冷却，煤气走管间，冷却水走管内。水通道分上下两段（或三段：热水段、循环水段、低温水段），上段用循环水冷却，下段用制冷水冷却，将煤气温度冷却到 22℃以下。横管式初冷器煤气通道，一般分上、中、下三段，上段用循环氨水喷洒，中段和下段用冷凝液喷洒，根据上、中、下段冷凝液量和热负荷的计算可知：上段和中段冷凝液量约占总量的 95%，而下段冷凝液量仅占总量的 5%；从上段和中段流至下段的冷凝液由 45℃降至 30℃的显热及喷洒的冷凝液冷却显热，约占总热负荷的 60%；下段冷凝液的冷凝潜热及冷却至 30℃的显热，约占总热负荷的 20%；下段喷洒冷凝液的冷却显热，约占总热负荷的 20%。由此可见，上段和中段喷洒的氨水和冷凝液全部从下段排出，显著地增加了下段负荷。为此推荐如图 2-4 所示的横管式煤气初冷工艺流程。

该流程上段和中段冷凝液从隔断板经水封自流至氨水分离器，下段冷凝液经水封自流至冷凝液槽。下段冷凝液主要是轻质煤焦油，作为中段和下段喷洒液有利于洗萘。喷洒液不足时，可补充煤焦油或上段和中段的冷凝液。该流程最突出的优点是横管式初冷器下段的热负荷显著降低，低温冷却水用量大为减少。

目前焦化厂广泛采用半负压回收系统横管式初冷器间接冷却煤气工艺流程，如图 2-5 所示。从焦炉来的煤焦油氨水与煤气的混合物约 80℃入气液分离器，煤气与煤焦油氨水等在此分离。分离出的粗煤气并联进入三台横管式初冷器，当其中任一台检修或吹扫时，其余两台基本满足正常生产时的工艺要求。初冷器分上、下两段，在上段用循环水将煤气冷却到 45℃，然后煤气入初冷器下段与制冷水换热，煤气被冷却到 22℃，冷却后的煤气并联进入两台电捕焦油器，当一台电捕焦油器检修或冲洗时，另一台电捕焦油器基本满足正常生产时的工艺要求。捕集煤焦油雾滴后的煤气送煤气鼓风机进行加压，煤气鼓风机一开一备，加压后煤气送往脱硫及硫回收工段。

为了保证初冷器的冷却效果，在上、下段连续喷洒煤焦油氨水混合液。此外，在其顶部用热氨水不定期冲洗，以清除管壁上的煤焦油、萘等杂质。

初冷器的煤气冷凝液由初冷器上段和下段分别流出，并分别进入各自的初冷器水封槽，初冷器水封槽的煤气冷凝液分别溢流至上、下段冷凝液循环槽，再分别由上、下段冷凝液循环泵送至初冷器上、下段喷淋洗涤除萘及煤焦油，如此循环使用。下段冷凝液循环槽多余的冷凝液溢流至上段冷凝液循环槽，上段冷凝液循环槽多余部分由泵抽送至机械化焦油氨水澄清槽。

从气液分离器分离的煤焦油氨水与煤焦油渣并联进入三台机械化焦油氨水澄清槽。澄清后分离成三层，上层为氨水，中层为煤焦油，下层为煤焦油渣。分离的氨水并联进入两台循环氨水槽，然后用循环氨水泵送至焦炉冷却荒煤气及初冷器上段和电捕焦油器间断吹扫喷淋使用。多余的氨水去剩余氨水槽，用剩余氨水泵送至脱硫工段进行蒸氨。分离的煤焦油靠静压流入机械化焦油澄清槽，进一步进行煤焦油与煤焦油渣的沉降分离，煤焦油用煤焦油泵送至酸碱油品库区煤焦油槽。分离的煤焦油渣定期送往煤场掺入煤中炼焦。

半负压横管式间接初冷工艺与上述间接初冷工艺流程的主要区别之一，是将电捕焦油器置于鼓风机之前。这样配置的优点是：煤气初冷器冷却过程中生成的煤焦油雾，可在电捕焦油器中彻底清除，为鼓风机对煤气加压以及其后的化学产品回收创造良好的条件。若将鼓风机放在初冷器与电捕焦油器之间，本来已经液化成雾滴的煤焦油，则因煤气被压缩而又升温过程中，又汽化为蒸气，在管道和以后工序中遇到冷却则又会冷凝，造成堵塞。一般新建焦化厂均采用如图 2-5 所示的配置工艺。

3. 剩余氨水量的计算

在氨水循环系统中，由于加入配煤水分和炼焦时产生的化合水，使氨水量增多而形成所谓的剩余氨水。这部分氨水从循环氨水泵出口管路上引出，送去蒸氨。其数量可由下列估算确定。

（1）原始数据

装入煤量/(t 湿煤/h)	150	配煤水分/%	8.5
干煤气产量/(m^3/t 干煤)	340	化合水(干煤)/%	2
初冷器后煤气温度/℃	30		

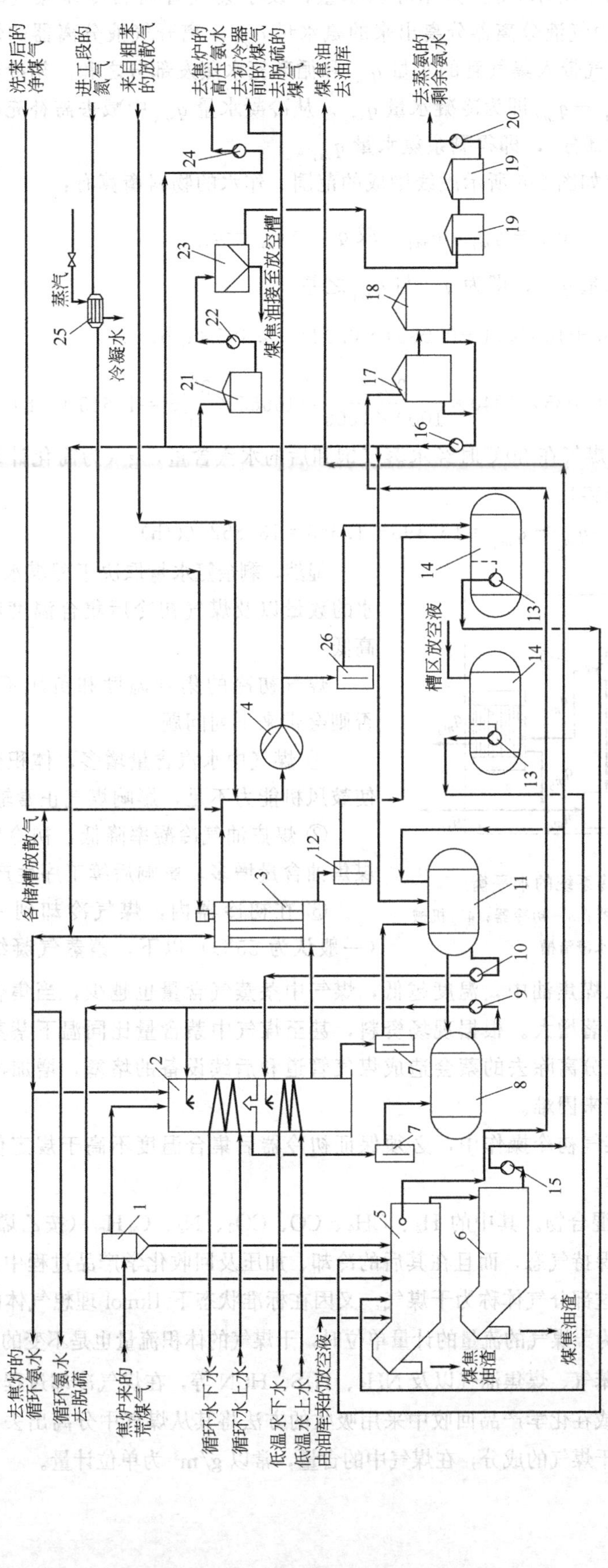

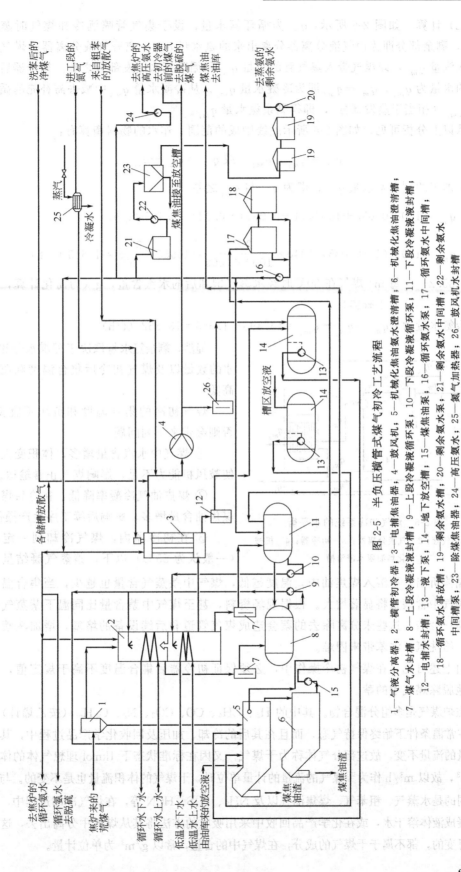

图 2-5 半负压横管式煤气初冷工艺流程

1—气液分离器；2—横管初冷器；3—电捕焦油器；4—鼓风机；5—机械化焦油氨水澄清槽；6—机械化焦油澄清槽；7—煤气水封槽；8—上段冷凝液液封槽；9—上段冷凝液循环泵；10—下段冷凝液循环泵；11—下段冷凝液液封槽；12—电捕水封槽；13—液下泵；14—地下放空槽；15—煤焦油泵；16—循环氨水泵；17—循环氨水中间槽；18—循环氨水事故槽；19—剩余氨水槽；20—剩余氨水泵；21—剩余氨水中间槽；22—剩余氨水中间槽泵；23—除煤焦油器；24—高压氨水；25—氨气加热器；26—鼓风机水封槽

(2) 计算　如图 2-6 所示，q_{m_8} 为循环氨水量，设于集气管喷洒冷却煤气时蒸发了 2.6%，剩余部分即为由气液分离器分离出来的氨水量 q_{m_2}。离开气液分离器的煤气中所含的水汽量 q_{m_3}，即煤气带入集气管的水量 q_{m_1} 和循环氨水蒸发部分之和。初冷器后煤气带走的水量为 q_{m_4}，$q_{m_3}-q_{m_4}$ 即为冷凝水量 q_{m_5}。从冷凝水量 q_{m_5} 中减去需补充的循环氨水量 q_{m_6}（相当于蒸发部分），即得剩余氨水量 q_{m_7}。

从以上分析可见，如图 2-6 所示虚线围成的范围，作水的物料衡算有：

$$q_{m_1}=q_{m_7}+q_{m_4}\text{，或 } q_{m_7}=q_{m_1}-q_{m_4}$$

则送去加工的剩余氨水量 q_{m_7}，即为 q_{m_1} 与 q_{m_4} 之差。

$$q_{m_1}=150\times0.085+150\times(1-0.085)\times0.02=15.495\ (\text{t/h})$$

$$q_{m_4}=150\times(1-0.085)\times340\times\frac{35.2}{1000\times1000}=46665\times\frac{35.2}{10^6}=1.643\ (\text{t/h})$$

式中　35.2——每 m^3 煤气在 30℃时经水蒸气饱和后的水汽含量，g（为简化计算，由附表 1 查得）。

则剩余氨水量为　$q_{m_7}=q_{m_1}-q_{m_4}=15.495-1.643=13.852\ (\text{t/h})$

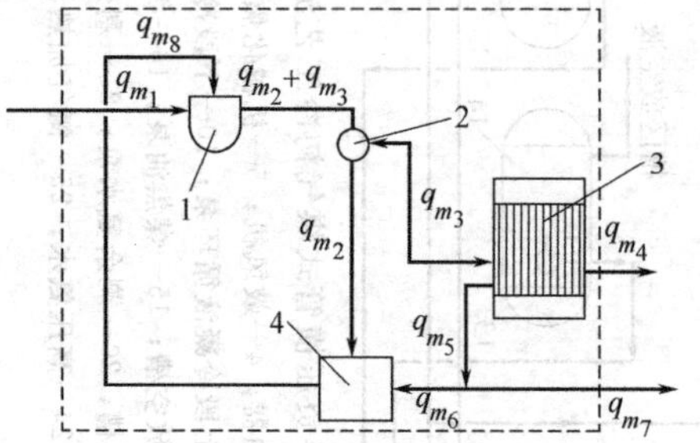

图 2-6　煤气初冷系统的水平衡

1—集气管；2—气液分离器；3—初冷器；4—机械化焦油氨水澄清槽

显然，剩余氨水量取决于配煤水分和化合水的数量以及煤气初冷后集合温度和压力的高低。

煤气初冷的集合温度和负压不宜偏高，否则会带来下列问题。

① 煤气中水汽含量增多，体积变大，致使鼓风机能力不足，影响煤气正常输送。

② 煤焦油气冷凝率降低，初冷后煤气中煤焦油含量增多，影响后续工序生产操作。

③ 在初冷器内，煤气冷却到一定程度（一般认为 55℃）以下，萘蒸气凝结呈细小薄片晶体析出，可溶入煤焦油中，温度越低，煤气中萘蒸气含量也越少，当集合温度高时，煤气中含萘量将显著增大。根据现场资料，甚至煤气中萘含量比同温下萘蒸气饱和含量高1～2倍。这些未分离除去的萘会造成煤气管道和后续设备的堵塞，增加洗萘系统负荷，给洗氨、洗苯带来困难。

由上述可见，在煤气初冷操作中，必须保证初冷器后集合温度不高于规定值，并尽可能地脱除煤气中的萘。

焦炉煤气是多组分混合物。其中的 H_2、CH_4、CO、CO_2、N_2、C_nH_m（按乙烯计）、O_2 等，在常温条件下始终保持气态，而且在其后的冷却、加压及回收化学产品过程中，其总物质的量的流量不变，故这部分气体称为干煤气。又因在标准状态下 1kmol 理想气体的体积为 22.4m^3，故以 m^3/h 作为干煤气的流量的计量单位时，干煤气的体积流量也是不变的。与干煤气不同的是水蒸气、粗苯气、煤焦油气以及 NH_3、H_2S、HCN 等，在煤气冷却过程中，有的会冷凝成液体溶于水，或在化学产品回收中采用吸收的方法将其从煤气中分离出去，这些成分是可变的，都不属于干煤气的成分，在煤气中的含量，常以 g/m^3 为单位计量。

二、煤气的直接冷却

煤气的直接冷却，是在直接式煤气初冷塔内由煤气和冷却水直接接触传热完成的。中国在 20 世纪 80 年代前有些小型焦化厂大都用直接初冷却流程，如图 2-7 所示。

由图 2-7 可见，由焦炉来的 80～85℃的煤气，经过气液分离器进入并联的直接式煤气初冷塔，用氨水喷洒冷却到 25～28℃，然后由鼓风机送至电捕焦油器，电捕除焦油雾后，将煤气送往回收氨工段。

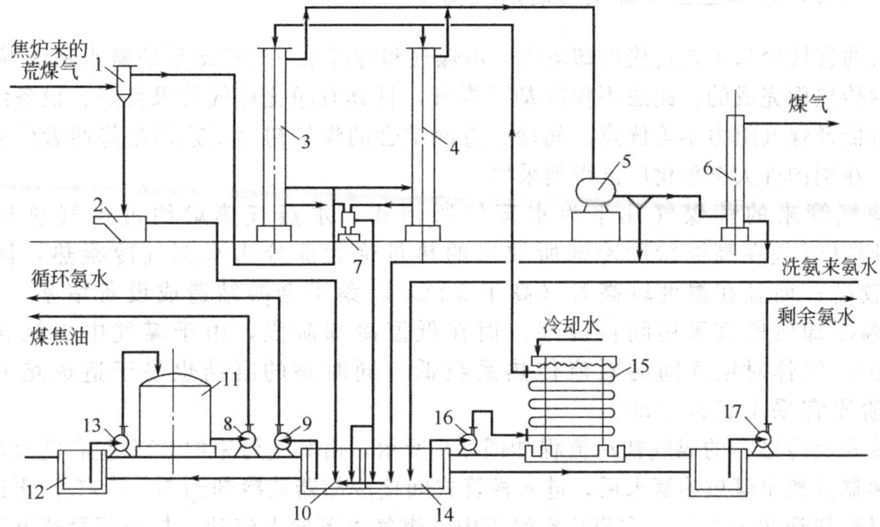

图 2-7　煤气直接初冷工艺流程

1—气液分离器；2—煤焦油盒；3，4—直接式煤气初冷塔；5—罗茨鼓风机；6—电捕焦油器；7—水封槽；8—煤焦油泵；9—循环氨水泵；10—焦油氨水澄清池；11—煤焦油槽；12—煤焦油池；13—煤焦油泵；14—初冷循环氨水澄清池；15—初冷循环氨水冷却器；16—初冷循环氨水泵；17—剩余氨水泵

由气液分离器分离出的氨水、煤焦油和煤焦油渣，经煤焦油盒分出煤焦油渣后流入焦油氨水澄清池，从澄清池出来的氨水用泵送回集气管喷洒冷却煤气。澄清池底部的煤焦油流入煤焦油池，然后用泵抽送到煤焦油槽，再送往煤焦油车间加工处理。煤焦油盒底部的煤焦油渣由人工捞出。

初冷塔底部流出的氨水和冷凝液经水封槽进入初冷循环氨水澄清池，与洗氨塔来的氨水混合并在澄清池与煤焦油进行分离。分离出来的煤焦油与上述煤焦油混合。澄清后的氨水则用泵送入冷却器冷却后，送至初冷塔循环使用。剩余氨水则送去蒸氨或脱酚。

从初冷塔流出的氨水，由氨水管路上引出支管至煤焦油氨水澄清池，以补充焦炉用循环氨水的蒸发损失。

煤气直接冷却，不但冷却了煤气，而且具有净化煤气的良好效果。据某厂实测生产数据表明，在直接式煤气初冷塔内，可以洗去 90%以上的煤焦油，80%左右的氨，60%以上的萘，以及约 50%的硫化氢和氰化氢。这对后面洗氨洗苯过程及减少设备腐蚀都有好处。

同煤气间接冷却相比，直接冷却还具有冷却效率较高，煤气压力损失小，基建投资较少等优点。但也具有工艺流程较复杂，动力消耗较大，循环氨水冷却器易腐蚀、易堵塞，各澄清池污染严重，大气环境恶劣等缺点，因此目前大型焦化厂还很少单独采用这种煤气直接冷却流程。在以人为本，建设和谐社会的今天，这类严重污染环境的工艺已不允许使用。

国外一些大型焦化厂也有采用煤气直接冷却流程的，空喷塔和冷却器等采取防腐措施，各澄清池皆配有顶盖，排放气体集中洗涤。空喷塔用经过冷却的氨水煤焦油混合液喷洒。在冷却煤气的同时，还将煤气中夹带的部分萘除去。由初冷塔流出来的冷凝液进入专用的焦油氨水澄清槽进行分离，澄清后的氨水供循环使用，并将多余部分送去蒸氨加工。

三、间接冷却和直接冷却结合的煤气初冷

煤气的直接冷却是在直接冷却塔内，由煤气和冷却水（经冷却后的氨水焦油混合液）直接接触传热而完成的。此法不仅冷却了煤气，且具有净化煤气效果良好、设备结构简单、造价低及煤气阻力小等优点。间冷、直冷结合的煤气初冷工艺即是将两者优点结合的方法，在国内外大型焦化厂已得到采用。

自集气管来的荒煤气几乎为水蒸气所饱和，水蒸气热焓约占煤气总热焓的94%，所以煤气在高温阶段冷却所放出的热量绝大部分为水蒸气冷凝热，因而传热系数较高；而且在温度较高时（高于52℃），萘不会凝结造成设备堵塞。所以，煤气高温冷却阶段宜采用间接冷却。而在低温冷却阶段，由于煤气中水汽含量已大为减少，气体对壁面间的对流传热系数低，同时萘的凝结也易于造成堵塞。所以，此阶段宜采用直接冷却。

间冷和直冷结合的煤气初冷流程如图 2-8 所示，由集气管来的 82℃左右的荒煤气经气液分离器分离出煤焦油氨水后，进入横管式间接冷却器被冷却到 50～55℃，再进入直冷空喷塔冷却到 25～35℃。在直冷空喷塔内，煤气由下向上流动，与分两段喷淋下来的氨水煤焦油混合液逆流密切接触而得到冷却。

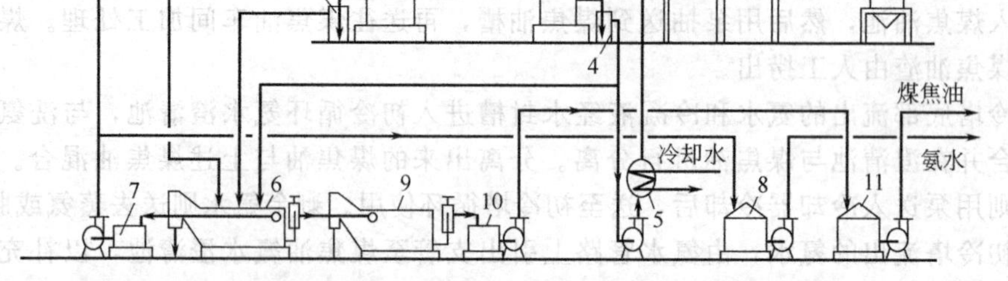

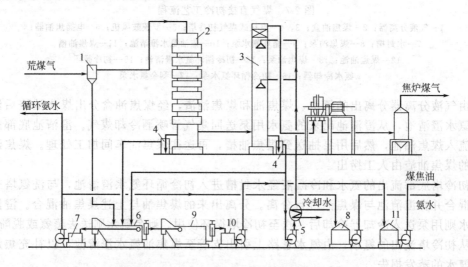

图 2-8　间冷和直冷结合的煤气初冷工艺流程

1—气液分离器；2—横管式间接冷却器；3—直冷空喷塔；4—液封槽；5—螺旋换热器；6—机械化焦油氨水澄清槽；7—氨水槽；8—氨水储槽；9—煤焦油分离器；10—煤焦油中间槽；11—煤焦油储槽

聚集在塔底的喷洒液及冷凝液沉淀出其中的固体杂质后，其中用于循环喷洒的部分经液封槽用泵送入螺旋板换热器，在此冷却到 25℃左右，再压送至直冷空喷塔上、中两

段喷洒。相当于塔内生成的冷凝液量的部分混合液，由塔底导入机械化焦油氨水澄清槽，与气液分离器下来的氨水、煤焦油以及横管初冷器下来的冷凝液等一起混合后进行分离。澄清的氨水进入氨水槽后，泵往焦炉喷洒，剩余氨水经氨水储槽泵送脱酚及蒸氨装置。初步澄清的煤焦油送至煤焦油分离槽除去煤焦油渣及进一步脱除水分，然后经煤焦油中间槽泵入煤焦油储槽。

直冷空喷塔内喷洒用的洗涤液在冷却煤气的同时，还吸收硫化氢、氨及萘等，并逐渐为萘饱和。采用螺旋板换热器来冷却闭路循环的洗涤液，可以减轻由于萘的沉积而造成的堵塞。

在采用氨水混合分离系统时，循环氨水中挥发氨的浓度相对增加，而循环氨水的温度又高，因而氨的挥发损失将增大。为防止氨的挥发损失及减少污染，澄清槽和液体槽均应采用封闭系统，并设置排气洗净塔，以净化由槽内排出的气体。

第三节　煤焦油氨水的分离

近年来，对煤焦油氨水的分离引起了重视，一方面是由于采用预热煤炼焦和实行无烟装煤给这一分离过程带来了新问题，另一方面是因为要求提供无煤焦油氨水和无渣低水分煤焦油的需要，同时还要求尽量减少煤焦油渣中的煤焦油含量以增产煤焦油。

一、煤焦油氨水混合物的性质及分离要求

在用循环氨水于集气管内喷洒冷却荒煤气时，约60%的煤焦油冷凝下来，这种集气管煤焦油是重质煤焦油，其相对密度（20℃）为1.22左右，黏度较大，其中混有一定数量的煤焦油渣。煤焦油渣是固体微粒与煤焦油形成的混合物。固体微粒包括煤尘、焦粉，炭化室顶部热解产生的游离碳及清扫上升管和集气管时所带入的多孔物质。煤焦油渣中的固体含量为30%，其余约70%为煤焦油。

煤焦油渣量一般为煤焦油量的0.15%～0.3%，当实行蒸汽喷射无烟装煤时，其量可达0.4%～1.0%，在用预热煤炼焦时，其量更高。

煤焦油渣内固定碳含量约为60%，挥发分含量约33%，灰分约4%，气孔率约63%，真密度为1.27～1.3kg/L。因其与集气管煤焦油的密度差小，粒度小，易与煤焦油黏附在一起，所以难以分离。

煤气在初冷器中冷却，冷凝下来的煤焦油为轻质煤焦油，其轻组分含量较多。在两种氨水混合分离流程中，上述轻质煤焦油和重质煤焦油的混合物称之为混合煤焦油。混合煤焦油20℃密度可降至1.15～1.19kg/L，黏度比重质煤焦油减少20%～45%，煤焦油渣易于沉淀下来，混合煤焦油质量明显改善。但在煤焦油中仍存在一些浮煤焦油渣，给煤焦油分离带来一定困难。

煤焦油的脱水直接受温度和循环氨水中固定铵盐含量的影响，在80～90℃和固定铵盐浓度较低的情况下，煤焦油与氨水较易分离。因此，在独立的氨水分离系统中，集气管煤焦油脱水程度较差，而在采用混合氨水分离流程时，混合煤焦油的脱水程度较好，但只进行一步澄清分离仍不能达到要求的脱水程度，还需在煤焦油储槽内保持80～90℃条件下进一步脱水。在图2-9所示流程中采用两步澄清分离设备，可达到要求的质量标准。

目前中国焦化厂生产的煤焦油质量标准见表2-1。经澄清分离后的循环氨水中煤焦油物质含量越低越好，最好不超过100mg/L。

表 2-1　煤焦油质量标准（YB/T 5075—93）

指标名称	指标		指标名称	指标	
	一级品	二级品		一级品	二级品
密度(ρ_{20})/(kg/L)	1.15～1.21	1.13～1.22	水分/% ≤	4.0	4.0
甲苯不溶物(无水基)/%	3.5～7.0	≤9	黏度(E_{80}) ≤	4.0	4.2
灰分/% ≤	0.13	0.13	萘含量(无水基)/% ≥	7.0	7.0

注：萘含量指标不作质量考核依据。

二、煤焦油氨水混合物的分离方法和流程

大中型焦化厂一般采用图 2-3、图 2-5 所示的煤焦油氨水分离流程。近年来，为改善煤焦油脱渣和脱水提出了许多改进方法，如用蒽油稀释；用初冷冷凝液洗涤；用微孔陶瓷过滤器在压力下净化煤焦油；在冷凝工段进行煤焦油的蒸发脱水；以及振动过滤和离心分离等。其中以机械化焦油氨水澄清槽和离心分离相结合的方法应用较为广泛，其工艺流程如图 2-9 所示。

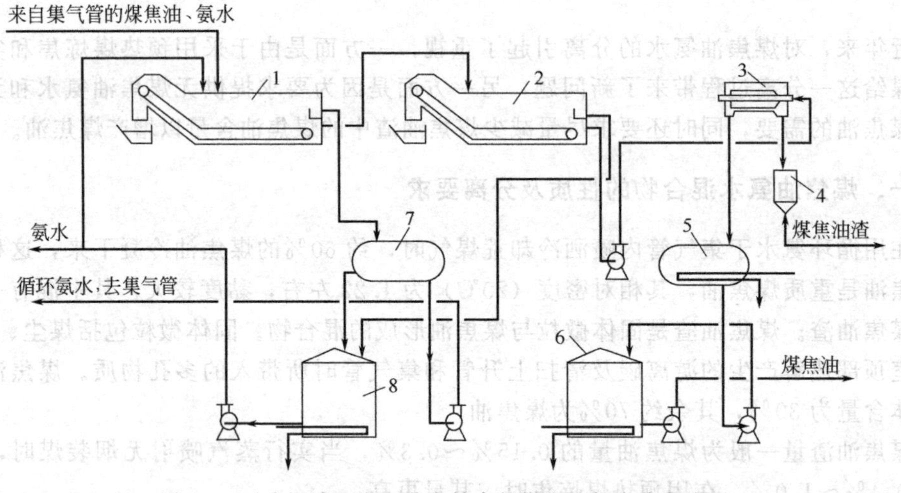

图 2-9　重力沉降和离心分离结合的煤焦油氨水分离流程

1—机械化焦油氨水澄清槽；2—煤焦油脱水澄清槽；3—卧式连续离心沉降分离机；4—煤焦油渣收集槽；5—煤焦油中间槽；6—煤焦油储槽；7—氨水中间槽；8—氨水槽

由集气管来的液体混合物先进入机械化焦油氨水澄清槽 1，分离了氨水的煤焦油由此进入煤焦油脱水澄清槽 2，然后泵送至卧式连续离心沉降分离机 3 除渣，分离出的煤焦油渣放入煤焦油渣收集槽 4，净化的煤焦油放入煤焦油中间槽 5，再送入煤焦油储槽 6。

卧式连续离心沉降分离机的操作情况如图 2-10 所示，温度为 70～80℃的煤焦油经由中空轴送入转鼓内，在离心力作用下，煤焦油渣沉降于鼓壁上，并被设于转鼓内的螺旋卸料机［见图 2-10（b）］连续地由一端排到机体外，澄清的煤焦油也连续地从另一端排出。

用离心分离法处理煤焦油，分离效率很高，可使煤焦油除渣率达 90%左右，但基建费用及动力消耗较大。

在采用预热煤炼焦时，为不使煤焦油质量变坏，在焦炉上可设两套集气管装置，将装炉时发生的煤气抽到专用集气管内，并设置较简易的专用氨水煤焦油分离及氨水喷洒循环系统。由装炉集气管所得到的煤焦油（约占煤焦油总量的 1%）含有大量煤尘，这部分煤焦油一般只供筑路或作燃料用，也可与集气管下来的氨水在混合搅拌槽内混合，

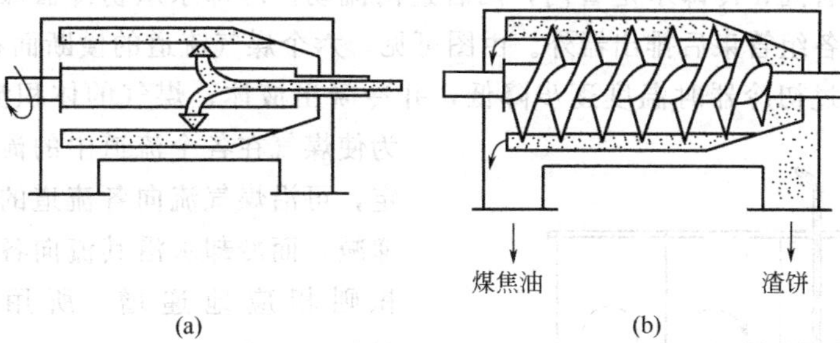

图 2-10　卧式连续离心沉降分离机操作示意图

再经离心分离以回收煤焦油。

此外，还可采用在压力下分离煤焦油中水分的装置。将经过澄清仍然含水的煤焦油，泵入一卧式压力分离槽内进行分离，槽内保持 81～152kPa，并保持温度为 70～80℃。在此条件下，可防止溶于煤焦油中的气体逸出及因之引起的混合液上下窜动，从而改善了分离效果，煤焦油水分可降至 2%左右。

三、煤焦油质量的控制

由表 2-1 可见，煤焦油中水分、灰分、甲苯不溶物是煤焦油质量的重要指标，它主要取决于冷凝工序的生产操作。操作中应注意如下几点：

① 机械化焦油氨水澄清槽内应保持一定的煤焦油层厚度，一般为 1.5～2m，排出煤焦油时应连续均匀，不宜过快，要求夹带的氨水和煤焦油渣尽可能少，最好应装有自动控制装置。

② 严禁在机械化焦油氨水澄清槽内随意排入生产中的杂油、杂水，以利于煤焦油、氨水、煤焦油渣分层，便于分离。

③ 静置脱水的煤焦油储槽，严格控制温度在 80～90℃，保证静置时间在两昼夜以上。同时应按时放水，向精制车间送油时应均匀进行，且保持槽内有一定的库存量。

④ 严格控制初冷器后的集合温度符合工艺要求，避免因增大鼓风机吸力而增加煤粉和焦粉的带入量。另外，焦炉操作应力求稳定，严格执行各项技术操作规定，尽量减少因煤粉、焦粉带入煤气而形成煤焦油渣，防止煤焦油氨水分离困难。

⑤ 机械化焦油氨水澄清槽氨水满流情况、煤焦油压油情况、油水界面升降，减速机、刮渣机运行情况保持正常。

⑥ 严格控制装炉煤细度；采用高压氨水喷射或蒸汽喷射实现无烟装煤技术的厂家，要严格控制高压氨水或蒸汽压力，压力不宜太高。

第四节　煤气冷却和冷凝的主要设备

一、煤气冷却设备

1. 立管式间接初冷器

（1）构造及性能　如图 2-11 所示，立管式间接初冷器的横断面呈长椭圆形，直立的钢管束装在上下两块管栅板之间，被五块纵挡板分成六个管组，因而煤气通路也分成六个流道。煤气走管间，冷却水走管内，两者逆向流动。冷却水从初冷器煤气出口端底部进入，依次通过各组管束后排出器外。由图可见，六个煤气流道的横断面积是不一样的，这是因为煤气流过初冷器时温度逐步降低，并冷凝出液体，煤气的体积流量逐渐减小。为使煤气在各个流道中的流速大体保持稳定，可沿煤气流向各流道的横断面积依次递减，而冷却水沿其流向各管束的横断面积则相应地递增。所用钢管规格为 ϕ76mm×3mm。

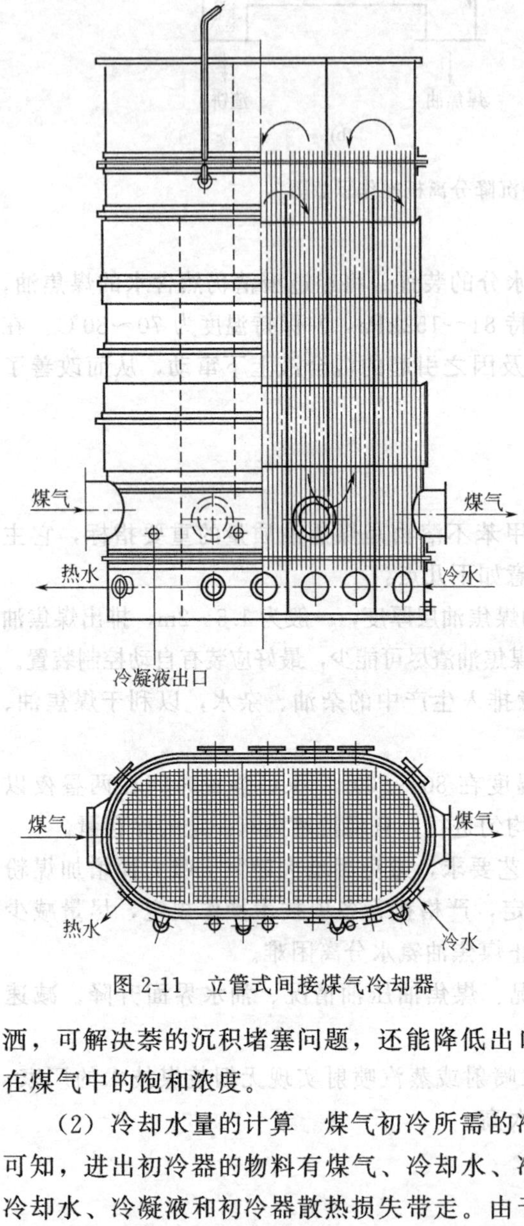

图 2-11　立管式间接煤气冷却器

立管式冷却器一般均为多台并联操作，煤气流速为 3～4m/s，煤气通过阻力为0.5～1kPa。

当接近饱和的煤气进入初冷器后，即有水汽和煤焦油气在管壁上冷凝下来，冷凝液在管壁上形成很薄的液膜，在重力作用下沿管壁向下流动，并因不断有新的冷凝液加入，液膜逐渐加厚，从而降低了传热系数。此外，随着煤气的冷却，冷凝的萘将以固态薄片晶体析出。

在初冷器前几个流道中，因冷凝煤焦油量多，温度也较高，萘多溶于煤焦油中；在其后通路中，因冷凝煤焦油量少，温度低，萘晶体将沉积在管壁上，使传热系数降低，煤气流通阻力亦增大。在煤气上升通路上，冷凝物还会因接触热煤气而又部分蒸发，因而增加了煤气中萘的含量。上述问题都是立管式初冷器的缺点。为克服这些缺点，可在初冷器后几个煤气流道内，用含萘较低的混合煤焦油进行喷洒，可解决萘的沉积堵塞问题，还能降低出口煤气中的萘含量，使之低于集合温度下萘在煤气中的饱和浓度。

(2) 冷却水量的计算　煤气初冷所需的冷却水量可通过热平衡计算求得。由图 2-11 可知，进出初冷器的物料有煤气、冷却水、冷凝液。煤气在初冷器中放出的总热量应由冷却水、冷凝液和初冷器散热损失带走。由于净煤气冷却及水汽冷凝所放出的热量约占总放出热量的 98%以上，所以在实际计算中可近似地用初冷器的入口和出口温度下饱和煤气焓差来计算煤气放出的总热量，再据此求得冷却水量。

设：干焦炉煤气量为 48220m^3/h，进入初冷器的饱和煤气温度为 82℃，离开初冷器的饱和煤气温度为 30℃。从附表 1 查得在 82℃和 30℃时饱和煤气总热焓分别为 2327.94kJ/m^3 及 134.98kJ/m^3，则得煤气在初冷器中放出的总热量为：

$$48220\times(2327.94-134.98)=1.0574\times10^{8}\ (\text{kJ/h})$$

设冷却器表面散热损失为煤气总放出热量的 2%，则散热损失的热量为：

$$1.0574\times10^{8}\times2\%=2.115\times10^{6}\ (\mathrm{kJ/h})$$

煤气在初冷器中冷却产生的冷凝液以冷凝水计，其他组分量少，忽略不计，则冷凝水量为：

$$q_m=\frac{48220\times(832.8-35.2)}{1000}=38460\ (\mathrm{kg/h})$$

式中　832.8、35.2——每 m^3 煤气在 82℃、30℃时经水蒸气饱和后的水汽含量，g（由附表 1 查得）。

冷凝水带走的热量为：　$Q_{冷凝水}=q_m c_p \bar{t}$

式中　c_p——水的比热容，取 4.1868，kJ/(kg·K)；

$\bar{t}$——冷凝水（液）的平均温度，采用冷凝水的加权平均（或混合）温度，℃。

竖管初冷器内的冷凝液是在不同温度下从煤气中冷凝出来的，而且是从不同位置引出的，冷凝水（液）的平均温度应按下式计算。

严格计算，冷凝水（液）的平均温度按 $\bar{t}=\dfrac{c_p\int_{(q_mt)_1}^{(q_mt)_2}\mathrm{d}(q_mt)}{c_pq_m}$

近似计算，即加权平均（或混合）温度按 $\bar{t}=\dfrac{c_p\int_{(q_mt)_1}^{(q_mt)_2}\mathrm{d}(q_mt)}{c_pq_m}\approx\dfrac{\sum_{i=1}^{n}\Delta(q_mt)_i}{q_m}$

式中，$\Delta(q_mt)_i$ 为将温度自 82～30℃分成 n 段，$\Delta(q_mt)_i$ 为第 i 段冷凝水（液）量与第 i 段冷凝水（液）平均温度的乘积；当 $n\to\infty$时，即为严格值。取的 n 越小，计算越容易，但 $\bar{t}$ 的准确性越差，$\bar{t}=\dfrac{\sum(q_mt)_i}{q_m}$是指：冷凝液总量 q_m 一定，第 i 段的 $(q_mt)_i$ 值越大，在平均 $\bar{t}$ 中占的比例越大，分配的权力越大；$(q_mt)_i$ 值越小，在平均 $\bar{t}$ 中占的比例越小，分配的权力越小，故称为加权平均温度。所谓混合温度，是把不同温度的冷凝液混合在一起，计量混合后的温度。

例如，将 82～30℃，每隔 4℃为一段，共分 13 段，分别计算每段的 $\bar{t}_i=\dfrac{\bar{t}_i+\bar{t}_{i+1}}{2}$，$q_{m_i}$，$(q_mt)_i=q_{m_i}\bar{t}_i$，再计算 $q_m=\sum q_{m_i}$，$\sum(q_mt)_i$（计算过程数据略，所需数据由附表 1 查得）有：

$$q_m=38444.32\mathrm{m^3/h};\ \sum(q_mt)_i=2649717.89;\ \bar{t}=68.9℃$$

冷却水进出口温度分别为 25℃及 45℃，则所需冷却水量为：

$$q_m=\frac{1.0574\times10^{8}\times(1-0.02)-4.1868\times68.9\times38444.32}{(45-25)\times1000\times4.1868}=1105\ (\mathrm{m^3/h})$$

每冷却 $1000m^3$ 煤气所需冷却水量为：

$$\frac{1105}{48220}\times1000=22.92\ (\mathrm{m^3})$$

当用 32℃的直流水时，可取为 $1000m^3$ 煤气 $40m^3$ 水。为减轻水垢的生成，出口水温一般不得高于 45℃。

(3) 传热特点及传热系数 煤气在初冷器内的冷却是包含对流给热和热传导的综合传热过程，在煤气冷却的同时还进行着：水汽的冷凝、煤焦油气的冷凝、冷凝液的冷却。故比一般传热过程复杂。因此，这一过程不仅是在变化的温度下，且是在变化的传热系数下进行的。

据传热计算，可求得立管式初冷器煤气入口处的传热系数 K 值可达 840kJ/(m^2·h·℃)，而在出口处仅为 210kJ/(m^2·h·℃)。在初冷器第一段流道中，由于 K 值大，煤气与水之间的温度差也大，虽然其传热面积仅占总传热面积的 21%强，但所移走的热量要占煤气冷却放出总热量的 50%以上。第一段通路是冷却器中对煤气冷却过程起决定性作用的部分，在计算一段初冷工艺的冷却面积时，可取平均 K 值为 500～520kJ/(m^2·h·℃)。

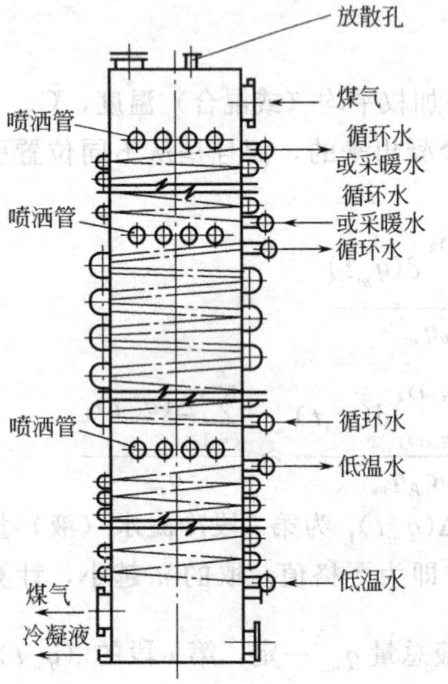

图 2-12 横管式初冷器

2. 横管式间接初冷器

(1) 构造及性能 如图 2-12 所示，横管初冷器具有直立长方体形的外壳，冷却水管与水平面呈 3°角横向配置。管板外侧管箱与冷却水管连通，构成冷却水通道，可分两段或三段供水。两段供水是供低温水和循环水，三段供水则供低温水、循环水和采暖水。煤气自上而下通过初冷器。冷却水由每段下部进入，低温水供入最下段，以提高传热温差，降低煤气出口温度；在冷却器壳程各段上部，设置喷洒装置，连续喷洒含煤焦油的氨水，以清洗管外壁沉积的煤焦油和萘，同时还可以从煤气中吸收一部分萘。

在横管初冷器中，煤气和冷凝液由上往下同向流动，较为合理。由于管壁上沉积的萘可被冷凝液冲洗和溶解下来，同时于冷却器上部喷洒氨水，自中部喷煤焦油，能更好地冲洗掉沉积的萘，从而有效地提高了传热系数。此外，还可以防止冷凝液再度蒸发。

在煤气初冷器内 90%以上的冷却能力用于水汽的冷凝，从结构上看，横管式初冷器更有利于蒸汽的冷凝。

横管初冷器用 ϕ54mm×3mm 的钢管，管径细且管束小，因而水的流速可达 0.5～0.7m/s。又由于冷却水管在冷却器断面上水平密集布设，使与之成错流的煤气产生强烈湍动，从而提高了传热系数，并能实现均匀的冷却，煤气可冷却到出口温度只比进口水温高 2℃。横管初冷器虽然具有上述优点，但水管结垢较难清扫，要求使用水质好的或加有阻垢剂的冷却水。

横管初冷器与竖管初冷器两者相比，横管初冷器有更多优点，如对煤气的冷却、净化效果好，节省钢材，造价低，冷却水用量少，生产稳定，操作方便，结构紧凑，占地面积省。因此，近年来，新建焦化厂广泛采用横管初冷器，已很少再用竖管初冷器了。

(2) 横管初冷器的计算 按间冷、直冷相结合的煤气初冷系统的间接初冷器计算。煤气处理量及操作条件如图 2-13 所示。(假设：喷洒液进出口温度相同。)

① 冷凝的水汽量。由附表1查得，在82℃及55℃时，$1m^3$ 干煤气经水汽饱和后所含水汽分别为832.8g及148.1g，因此可求得冷凝的水汽量为：

$$48220\times\frac{832.8-148.1}{1000}=33016\ (kg/h)$$

据此计算，此量占煤气冷却到30℃时全部冷凝水量的86%。

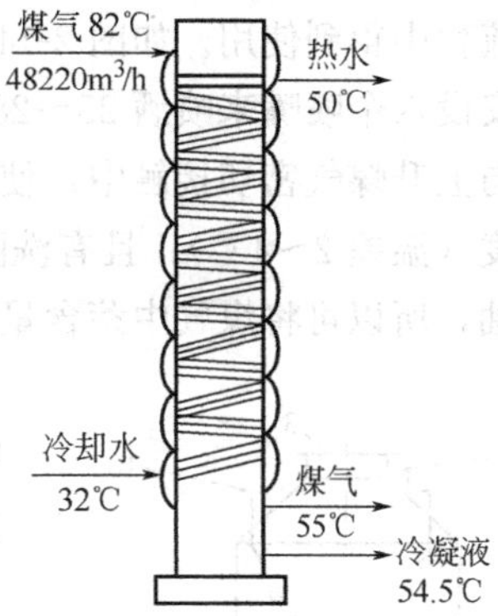

图 2-13　横管初冷器操作示意图

② 从横管初冷器内移走的热量。煤气放出的显热（以0℃为基准）为：

$$48220\times1.424\times(82-55)\approx1854000\ (kJ/h)$$

式中　1.424——焦炉煤气在相应温度区间的平均比热容，$kJ/(m^3\cdot K)$。

水汽放出的热量为：

$$48220\times\left[\frac{832.8}{1000}\times(2491+1.834\times82)-\frac{148.1}{1000}\times(2491+1.825\times55)\right]=87565846\ (kJ/h)$$

式中　2491——水的蒸发潜热，kJ/kg；

1.834，1.825——水蒸气在相应温度时的比热容，kJ/(kg·K)。

煤焦油气放出热量（设有85%焦油气冷凝下来）计算如下。

进入横管初冷器的煤焦油气量（所生成的煤焦油蒸气在集气管中已冷凝60%）：

$$155\times(1-0.085)\times1000\times0.04\times(1-0.6)=2269\ (kg/h)$$

$$2269\times[(368.4+1.407\times82)-(1-0.85)\times(368.4+1.369\times55)]=946672(kJ/h)$$

式中　368.4——煤焦油的气化潜热，kJ/kg；

155——装煤量（湿煤），t/h；

1.407，1.369——煤焦油蒸气在相应温度时的比热容，kJ/(kg·K)；

0.085——每t湿煤含水分量，t。

对其余组分及散热损失均略而不计，因喷洒液进出口温度不变，则喷洒液带入带出热量相同，但冷凝液却带走热量。冷凝液中煤焦油带走的热量忽略不计，冷凝水带走的热量，按55℃计：

$$33016\times4.1868\times55=7602726\ (kJ/h)$$

则放出的总热量为：

$$87565846+1854000+946672-7602726=82763592\ (kJ/h)$$

③ 冷却水用量。设冷却水用量为 q_m (kg/h)，则：

$$4.1868\times(50-32)q_m=82763592$$

$$q_m=1098.2\ (m^3/h)$$

每小时 $1000m^3$ 煤气的冷却水用量为：

$$\frac{1098.2\times1000}{48220}\approx22.8\ (m^3)$$

3. 直接式冷却塔

直接式冷却塔是指煤气与冷氨水直接接触换热的冷却器。用于煤气初冷的直接式冷却塔有木格填料塔、金属隔板塔和空喷塔等多种形式，其中空喷塔已在大型焦化厂的间接-直接初冷流程中得到使用。如图2-14所示，空喷塔为钢板焊制的中空直立塔，在塔的顶段和中段各安设六个喷嘴来喷洒25～28℃的循环氨水，所形成的细小液滴在重力作用下于塔内降落，与上升煤气密切接触中，使煤气得到冷却。煤气出口温度可冷却到接近于循环氨水入口温度（温差2～4℃）；且有洗除部分煤焦油、萘、氨和硫化氢等效果。由于喷洒液中混有煤焦油，所以可将煤气中萘含量脱除到低于煤气出口温度下的饱和萘的浓度。

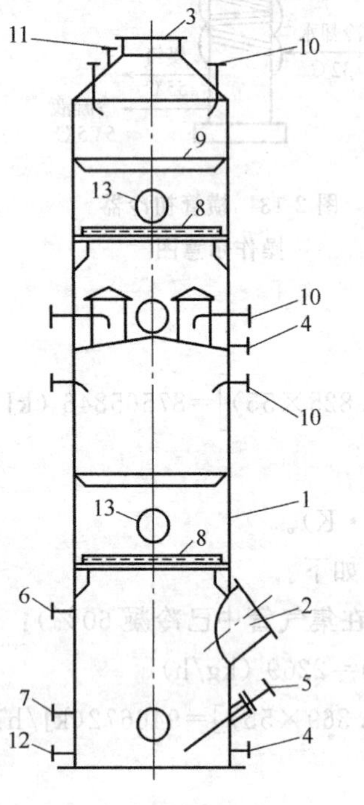

图2-14 空喷初冷塔

1—塔体；2—煤气入口；3—煤气出口；4—循环液出口；5—煤焦油氨水出口；6—蒸汽入口；7—蒸汽清扫口；8—气流分布栅板；9—集液环；10—喷嘴；11—放散口；12—放空口；13—人孔

空喷冷却塔的冷却效果，主要取决于喷洒液滴的黏度及在全塔截面上分布的均匀性，为此沿塔周围安设6～8个喷嘴，为防止喷嘴阻塞，需定时通入蒸汽清扫。

二、澄清分离设备

煤焦油、氨水和煤焦油渣组成的液体混合物是一种悬浮液和乳浊液的混合物，煤焦油和氨水的密度差较大，容易分离。因此所采用的煤焦油氨水澄清分离设备多是根据分离粗悬浮液的沉降原理制作的。主要有卧式机械化焦油氨水澄清槽、立式焦油氨水分离器、双锥形氨水分离器等。广泛应用的是卧式机械化焦油氨水澄清槽，较新的发展是将氨水的分离和煤焦油的脱水合为一体的斜板式澄清槽。

1. 卧式机械化焦油氨水澄清槽

卧式机械化焦油氨水澄清槽的作用是将煤焦油氨水混合液分离为氨水、煤焦油和煤焦油渣。其结构如图2-15所示，机械化焦油氨水澄清槽是一端为斜底，断面为长方形的钢板焊制容器，由槽内纵向隔板分成平行的两格，每格底部设有由传动链带动的刮板输送机，两台刮板输送机用一套由电动机和减速机组成的传动装置带动。煤焦油、氨水和煤焦油渣由入口管经承受隔室进入澄清槽，使之均匀分布在煤焦油层的上部。澄清后的氨水经溢流槽流出，沉聚于槽下部的煤焦油经液面调节器引出。沉积于槽底的煤焦油渣由移动速度为0.03m/min的刮板刮送至前伸的头部漏斗内排出。

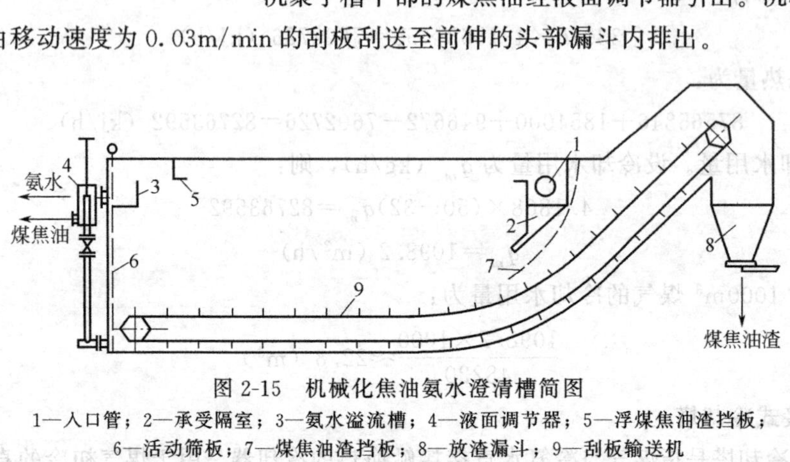

图2-15 机械化焦油氨水澄清槽简图

1—入口管；2—承受隔室；3—氨水溢流槽；4—液面调节器；5—浮煤焦油渣挡板；6—活动筛板；7—煤焦油渣挡板；8—放渣漏斗；9—刮板输送机

为阻挡浮在水面的煤焦油渣，在氨水溢流槽附近设有高度为0.5m的木挡板。为了防止悬浮在煤焦油中的煤焦油渣团进入煤焦油引出管内，在氨水澄清槽内设有煤焦油渣挡板及活动筛板。煤焦油、氨水的澄清时间一般为0.5h。

在采用氨水混合流程时，由于混合煤焦油的密度较小，在保持槽内煤焦油温度为70～80℃和煤焦油层高度为1.5～1.8m的情况下，煤焦油渣沉降分离效果较好。但在采用蒸汽喷射无烟装煤时，由于浮煤焦油渣量大，煤焦油的分离需分为两步：第一步为与氨水分离，第二步为煤焦油氨水和细粒固体物质的分离。即采用两台煤焦油氨水澄清槽。一台用作氨水分离，而另一台用于煤焦油脱渣脱水。

煤焦油渣占全部分离煤焦油的0.2%～0.4%，焦炉装煤如采用无烟装煤操作时可达1.5%以上。煤焦油渣中的煤粉、焦粉有70%以上为2mm以下的微粒，所以很黏稠。为防止煤焦油渣在冬天结块发黏，漏嘴周围应设有蒸汽保温。对于地处北方的焦化厂，澄清槽整体最好采取保温措施，这样有利于氨水、煤焦油、煤焦油渣的分离。

机械化焦油氨水澄清槽有效容积一般分为210m³、187m³、142m³三种。以187m³为例，列出主要技术特性如下：

有效容积/m^3	187	刮板输送机速度/(m/h)	1.74
长/m	16.2	电动机功率/kW	2.2
宽/m	4.5	氨水停留时间/min	20
高/m	3.7	设备质量/t	46.7

机械化焦油氨水澄清槽一般适用于大中型焦化厂的煤焦油氨水分离。

2. 立式焦油氨水分离器

如图2-16所示，立式焦油氨水分离器上部为圆柱形，下部为圆锥形，底部由钢板制成（有的又称为锥形底氨水澄清槽）。冷凝液和煤焦油氨水混合液由中间或上部进入，经过一扩散管，利用静置分离的办法，将分离的氨水通过器边槽接管流出。上部接一挡板，以便将轻煤焦油由上部排出。煤焦油渣为混合物中最重部分，沉于器底。立式焦油氨水分离器下部设有蒸汽夹套，器底设闸阀，煤焦油渣间歇地放出至带蒸汽夹套的管段内，并设有直接蒸汽进口管，通入适量蒸汽通过闸阀将煤焦油渣排出。

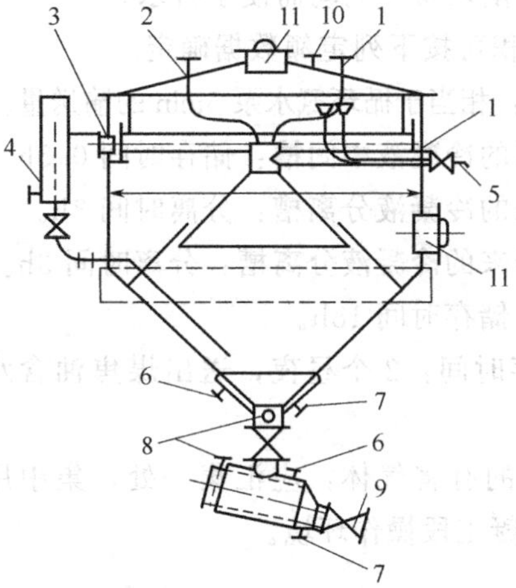

图2-16　立式焦油氨水分离器

1—氨水入口；2—冷凝液入口；3—氨水出口；4—煤焦油出口；5—轻油出口；6—蒸汽入口；7—冷凝水出口；8—直接蒸汽入口；9—煤焦油渣出口；10—放散管；11—人孔

立式焦油氨水分离器一般有直径为3.8m和6m两种。其中直径为3.8m的分离器的主要技术特性为：氨水在器内停留时间39min；锥底煤焦油沉积高度1.2m；截面流速0.0007m/s；工作温度80℃；夹套内蒸汽压力40kPa。

立式焦油氨水分离器由于容积较小，一般适用于小型焦化厂的煤焦油氨水分离。

三、冷凝液水封槽和接收槽

冷凝液水封槽是化学产品回收车间最为常见的设备之一。为了排除煤气管道和煤气设备中由于煤气冷却时所形成的冷凝液，同时又不使煤气漏入大气或空气漏入煤气设备和管道，需要在冷凝液聚积处设置冷凝液排出装置——水封槽。

水封槽的结构如图 2-17 所示。水封槽是由钢板焊成的直立圆筒形设备，主要设有冷凝液排入管和冷凝液排出管。另外，还设置了蒸汽导入管，供加热和吹扫用。特别是冬天，由于煤焦油黏度很大，萘容易结晶析出而堵塞水封槽，故必须经常通入蒸汽进行吹扫。图 2-17 中 H 是煤气管道正压时的水封高度，其水封高度 H 应大于煤气设备内可能产生的最大压力（表压）。对于鼓风机前的水封槽（如初冷器水封槽），由于处于负压状态，其水封高度不以图中的 H 值表示，而是指水封槽冷凝液排出管液面至煤气设备内冷凝液面之间的距离。由于大气压力高于煤气系统中的压力，管 1 中的冷凝液液面就会高出水封槽液面，其高度取决于煤气吸力。水封高度必须大于可能产生的最大吸力，否则，冷凝液水封槽中的冷凝液就会排空，使空气吸入煤气系统而发生事故。

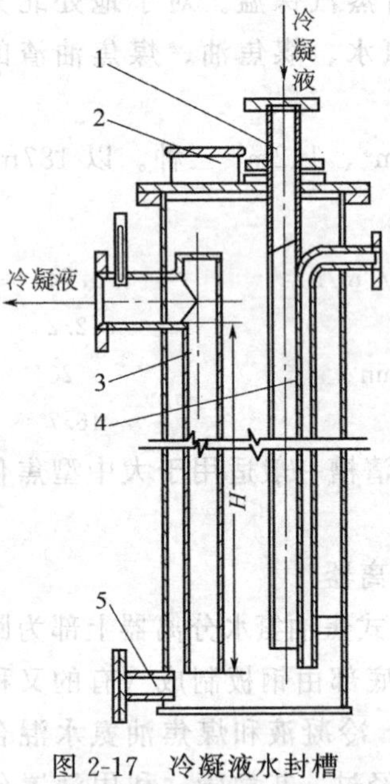

图 2-17　冷凝液水封槽
1—冷凝液入口管；2—检查孔；3—冷凝液排出管；4—蒸汽管；5—放空管

冷凝工段所用接收槽大部分用钢板焊制而成，均设有放散管、放空管、人孔、满流口和液面测量计等。煤焦油储槽底部设置了保温加热用蛇管间接加热器，将煤焦油加热并保持在 80～90℃，使之易于流动而便于排水。

接收槽和储槽的容积可按下列定额数据确定。

① 循环氨水中间槽：相当于循环氨水泵 5min 的输送量。

② 由管式初冷器来的冷凝液中间槽：储存时间 0.5h。

③ 由管式初冷器来的冷凝液分离槽：分离时间 3h。

④ 由直接式初冷器来的冷凝液分离槽：分离时间 3h。

⑤ 剩余氨水储槽：储存时间 18h。

⑥ 煤焦油储槽储存时间：2 个昼夜，送出煤焦油含水量小于 4%。

各储槽放散管放出的有害气体，应汇集一处，集中用水或油洗涤除去并回收有害物质后再排放，以改善冷凝工段操作环境。

第五节　煤气初冷操作和常见事故处理

一、煤气初冷操作

以横管式煤气初冷工艺为例。

（一）初冷的操作

1. 初冷器的正常操作

① 经常检查初冷器上、下段的冷却负荷，及时调整循环水和制冷水进出口流量和温

度，使之符合工艺要求。

② 经常检查初冷器前、后煤气温度和煤气吸力，并控制符合工艺要求。

③ 定时检查并清扫初冷器上、下段排液管及水封槽，保持其排液畅通。

④ 定期分析初冷器后煤气含萘量，使之符合技术要求。

⑤ 经常检查上、下段冷凝液循环泵的运转情况和循环槽液位、温度和上、下段冷凝液循环喷洒情况。

⑥ 定期分析上、下段冷凝液含煤焦油量及含萘情况。

⑦ 经常检查下段冷凝液循环槽连续补充轻质煤焦油情况。

⑧ 经常注意初冷器阻力，定期清扫初冷器。

2. 初冷器的开工操作

① 检查初冷器各阀门均处于关闭状态。

② 检查初冷器上、下段水封液位，并注满水。

③ 上、下段冷凝液循环槽初次开工注入冷凝液为冷凝液循环槽容量的 2/3。

④ 检查初冷器上、下段下液管排液畅通，必要时可用蒸汽吹扫。

⑤ 打开初冷器顶部放散，用氮气或蒸汽赶出器内空气，经分析排气含氧合格后，关闭放散。

⑥ 赶净空气后立即开启煤气进出口阀门，使煤气顺利通过初冷器。

⑦ 在开启初冷器煤气进出口阀门的同时，顺序打开循环水进出口阀门，打开制冷水出口阀门，慢开制冷水进口阀门，并调节初冷器煤气出口温度符合工艺要求。

⑧ 开通初冷器上、下段冷凝液循环泵泵前泵后管道，按规程操作启动上、下段冷凝液循环泵，并根据工艺要求调整循环流量。

⑨ 初冷器开工后，要对初冷器前后煤气吸力、温度以及循环给水、回水、制冷给水、回水的温度进行跟踪检查，并逐步调整，最终达到工艺要求。

3. 初冷器的停工操作

① 关闭初冷器煤气进出口阀门。

② 关闭初冷器制冷水、循环水进出口阀门，并放空初冷器内冷却水。

③ 关闭初冷器上、下段冷凝液喷洒管，停止喷洒。

④ 检查下液管畅通，并用蒸汽清扫下液管。

⑤ 用热氨水冲洗初冷器上段及下段。

⑥ 打开初冷器顶部的放散管阀门，用蒸汽吹扫初冷器。吹扫完毕待冷却后关闭放散管阀门，放空上、下段水封槽液体，并把水封槽底部清扫干净，重新注入软水，初冷器经 N_2 惰性化后处于备用状态。

4. 初冷器的换器操作

按初冷器开工步骤先投入备用初冷器，当备用初冷器投入正常后，按初冷器停工步骤，停下在用初冷器。

5. 初冷器的清扫

当初冷器阻力增大时，投入备用初冷器，再对停下的初冷器进行清扫处理。

① 检查上、下段下液管，保证畅通，放空初冷器内存水。

② 打开初冷器顶部热氨水喷洒阀门，对初冷器上段管间进行冲洗。

③ 上段用热氨水冲洗完毕后，打开初冷器顶部放散和下部蒸汽阀门对初冷器进行蒸

汽吹扫。吹扫前应关闭下液管，防止冲破水封。

④ 蒸汽吹扫一段时间后，关闭蒸汽，排放冷凝液后，再关闭下液管，开蒸汽吹扫。如此反复吹扫操作，直到排出冷凝液基本不带油为止，初冷器清扫完毕。

⑤ 清扫完毕后，待初冷器温度降低至<50℃时，关闭各阀门，如有条件最好向初冷器内充氮气或净煤气，保持初冷器微正压备用。

（二）冷凝液系统操作

1. 机械化氨水澄清槽的开工操作

① 关闭澄清槽各放空阀门。

② 检查人孔及备用口是否已经上好堵板。

③ 打开各路氨水、冷凝液入槽阀门，把煤焦油氨水、冷凝液引入澄清槽。

④ 当氨水将满槽时启动链条刮板机运行。

⑤ 氨水满槽后打开氨水出口阀门，把氨水引进循环氨水槽。

⑥ 调整调节器控制合适的油水界面，保证循环氨水不带油，煤焦油不带水，并把煤焦油连续压入煤焦油中间槽。

2. 煤焦油中间槽煤焦油脱水操作

① 当煤焦油入槽，油面高度超过槽内加热器后，打开加热器蒸汽阀门和蒸汽冷凝水引出阀门，并检查冷凝水排出是否正常。

② 控制煤焦油脱水温度在90～95℃。

③ 当槽中煤焦油液位升到槽上部排水口时，打开排水阀门，把煤焦油上层分离水排入废液收集槽，然后用液下泵间断送入机械化氨水澄清槽。

④ 排出煤焦油分离水后，把煤焦油泵送到酸碱油品库。

（三）排气洗净塔操作

① 向尾气液封槽注满水。

② 从洗净塔上部向塔注入循环水，使塔底循环槽水位达到液位指示2/3处。

③ 打开排气洗净泵循环管路上的全部阀，开通循环管线。

④ 关闭洗净泵出口阀门，按规程操作启动洗净泵，并调节循环喷洒量，满足排气洗净要求。

⑤ 打开排气风机入口阀门，启动排气风机，把各储槽放散排气送入洗净塔。

⑥ 待排气洗涤循环正常后，适当打开送生化处理装置阀门，适量排出洗涤污染废液送生化处理装置，并向塔内等量注入新鲜循环水，保持塔底液位稳定。

（四）各水泵、油泵的操作

循环氨水泵、剩余氨水泵、上段冷凝液循环泵、下段冷凝液循环泵、排气洗净泵、凝结水泵及煤焦油泵和液下泵的操作大致雷同。

1. 开泵前的准备工作

① 检查泵及电动机地脚螺栓是否紧固，电动机接地是否可靠。

② 检查联轴器连接是否良好，盘车转动是否灵活，检查同轴度是否良好和有无蹭、卡现象，装好安全防护罩。

③ 检查轴承油箱油质、油位。

④ 煤焦油泵需用蒸汽清扫泵前泵后管道，冬季还需用蒸汽预热油泵至盘泵灵活。

⑤ 检查泵出口阀门、压力表取压阀、排气阀、放空阀均处于关闭状态，检查各法兰

连接牢固可靠。

2. 开泵操作

① 打开泵前阀门和排气阀门，引液体赶净泵前管道内的空气后关闭排气阀。

② 启动水泵（或油泵），缓慢打开压力表取压阀，当压力表上压后缓慢打开泵出口阀，并调整其开度，使泵流量满足工艺要求。

③ 泵运转正常后要经常巡检、点检泵和电动机的运转声响、振动情况，轴承及电动机温度和润滑情况，介质温度、压力、流量情况。

3. 停泵操作

① 关闭泵出口阀门。

② 按停泵按钮停泵。

③ 关闭泵进口阀门。

④ 待压力表指针复零位后，关闭取压阀。

⑤ 冬季要放空泵及管道内液体，防止冻坏设备。

⑥ 煤焦油泵停泵后需用蒸汽吹扫泵前、泵后管道，防止堵塞。

4. 换泵操作

① 按开泵操作开启备用泵。

② 缓慢开启备用泵出口阀门的同时，缓慢同步关闭在用泵出口阀门。

③ 待备用泵运行稳定并符合工艺要求后，按停泵操作停在用泵。

二、煤气初冷常见事故处理

1. 初冷器冷却效果变差

间接初冷器使用一段时间后，冷却效果变差，主要原因是管外壁和管内壁沉积了污物或生长了水垢，从而降低了传热效率，在生产中，通常采用下面的方法提高冷却效果。

(1) 管外壁清扫　冷却水管的外壁沉积的萘、煤焦油、粉尘等，致使初冷器壳程阻力增大。主要是由高压氨水喷射无烟装煤氨水压力太高；煤料细度过大；喷洒氨水煤焦油混合液中含萘高；低温段水温太低；长时间未清扫等原因引起。针对问题生产的原因进行处理：降低无烟装煤氨水压力；降低煤料细度；在喷洒氨水煤焦油混合液中补加轻质煤焦油；降低低温水量；清扫初冷器，可用水蒸气或煤气清扫。但最好用热煤气清扫，因为用水蒸气清扫时会增加酚水的处理量，另外，煤焦油气化后会在管壁上沉积一层不易清除的油垢。而用热煤气清扫操作简单，不产生废水。方法是：先将初冷器内的冷却水放空，开大煤气入口阀，出口阀保持一定的开度，使初冷器内温度维持在 55～75℃（煤气的流量 700～1000m^3/h），这样，粘在管壁上的萘、煤焦油等便被热煤气熔化除去。

(2) 管内壁的清扫　初冷器直管或横管内通过冷却水，故管内壁往往有水垢和沉砂等沉积物，主要是由冷却水水质差和水温过高引起。这种沉积物一般用机械法和酸洗法清扫。机械法清扫劳动强度大。酸洗法是用质量分数为3%的盐酸，加入0.2%的质量分数为4%的甲醛或每升酸中加入1～2g六亚甲基四胺[$(CH_2)_6N_4$，又名乌洛托品] 作缓蚀剂，在50℃左右的温度下冲洗管内壁，水垢中的碳酸盐和盐酸反应生成可溶性的氯化钙和二氧化碳，水垢消失。

$$CaCO_3 + 2HCl \longrightarrow CaCl_2 + CO_2 + H_2O$$

(3) 改进初冷器冷却水的水质　为防止在冷却器内管子的内壁结垢，可采取下述措施。

① 根据冷却水的硬度控制初冷器出水的温度，硬度越高，初冷出水的温度应越低。一般情况下，硬度（德国度）为10°dH(5.6°dH=1mmol/L)时，出水温应低于50℃；硬度为15°dH时，出水水温应低于45℃；硬度20°dH以上，冷却器出水的水温应低于40℃。

② 掺入部分含酚废水，即可补充水的蒸发损失，也可防止结垢和长青苔。

③ 在进水主管安装永磁器，使水以一定的速度通过磁场，这样水中的一些碳酸盐在切割磁力线的过程中受到磁化，结晶生长受到破坏，亦即水垢生成困难。

④ 有些焦化厂对循环冷却水进行水质处理，也达到减少或防止结垢的目的。例如加入防垢剂，使水中的物质不结硬垢，而变成沉渣排除。

(4) 用间冷和直冷合一的煤气初冷器　在管式初冷器的最后一段（按煤气流向），采用冷凝液直冷方法，可以减少油垢的沉积，提高煤气的冷却效果。流程如图2-18所示。

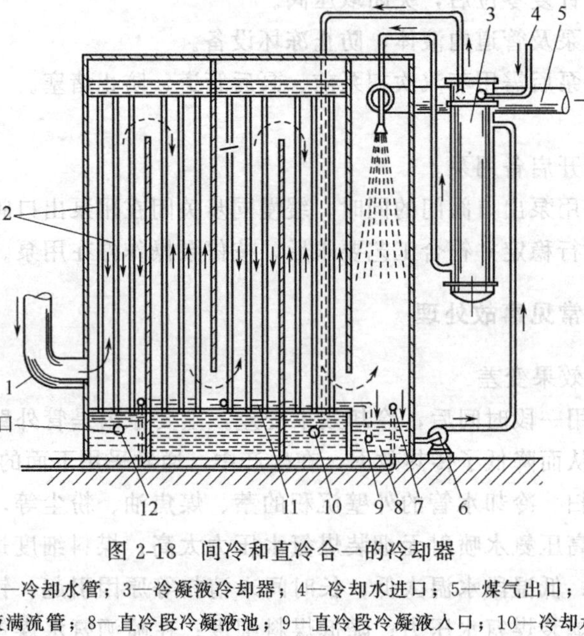

图2-18　间冷和直冷合一的冷却器

1—煤气入口；2—冷却水管；3—冷凝液冷却器；4—冷却水进口；5—煤气出口；6—冷凝液泵；7—冷凝液满流管；8—直冷段冷凝液池；9—直冷段冷凝液入口；10—冷却水进口；11—去直冷段的冷凝液管；12—冷却水出口

2. 冷器冷凝液下液管堵塞

下液管堵塞引起下液管下液不畅通，煤气阻力增大，主要原因是煤料细度太大。处理方法：开备用初冷器，清理已停初冷器下液管；请调度协调。

3. 循环氨水不清洁

到集气管、桥管去的循环氨水比较脏，会给喷洒氨水带来不利，由此而使煤气冷却效果降低。循环氨水不清洁的主要原因是煤焦油与氨水分离不好，煤焦油被带入循环氨水中。如果煤焦油氨水澄清槽内循环水量不够，煤焦油未及时压出，则循环氨水中更容易带入煤焦油。为此，应确保循环氨水量正常，不跑水。此外，应定时将煤焦油从澄清槽压送出去，最好采用连续压送煤焦油的操作。

复习思考题

1. 荒煤气为什么首先要进行初步的冷却？应分几步进行？各是什么？

2. 简述煤气在集气管内的冷却机理。
3. 集气管冷却煤气的技术要求是什么？正常操作时为什么不用冷水冷却煤气？
4. 目前国内采用的煤气初步冷却的方式有哪几种？普遍采用的是哪一种？
5. 画出立管式与横管式煤气间接初冷的工艺流程简图。
6. 已知某焦化厂的实际生产操作数据如下：

焦炉装入湿煤量/(t/h)	100	集气管中氨水蒸发率/%	2.5
煤气产量/(m^3/t 干煤)	340	配煤水分/%	8.0
初冷器后煤气温度/℃	30	化合水(对于煤)/%	2.0
循环氨水量/(m^3/t 干煤)	5.5		

估算该厂剩余氨水量。
7. 初冷的集合温度在生产操作中为什么要保持规定值？
8. 说明煤焦油的质量标准。
9. 简要说明煤气初冷的直接冷却和间冷直冷混合冷却的工艺流程。
10. 掌握间接立管式初冷器冷却水量和冷却面积的计算方法。
11. 煤气初冷和冷凝的主要设备有哪些？说明各设备的结构和作用。
12. 改善煤气初冷操作的主要途径有哪些？
13. 解释如下概念：
① 固定铵盐和挥发铵盐　　② 重质煤焦油和轻质煤焦油
③ 剩余氨水　　④ 集合温度
⑤ 循环氨水单独分离和混合分离
14. 掌握初冷器的开、停、倒换操作，各种泵的开、停、倒换操作。
15. 煤气初冷的常见事故是什么？产生的原因及处理措施有哪些？

第三章 煤气的输送和煤焦油雾的清除

第一节 煤气输送系统及管路

煤气由炭化室出来经集气管、吸气管、冷却及煤气净化、化学产品回收设备直到煤气储罐或送回焦炉或到下游用户，要通过很长的管路及各种设备。为了克服设备和管道阻力及保持足够的煤气剩余压力，需设置煤气鼓风机。同时，在确定化产回收工艺流程及选用设备时，除考虑工艺要求外，还应该使整个系统煤气输送阻力尽可能小，以减少鼓风机的动力消耗。

一、煤气输送系统及阻力

煤气输送系统的阻力，因回收工艺流程及所用设备的不同而有较大差异，同时也因煤气净化程度的不同及是否有堵塞情况而有较大波动。现将大型焦化厂三种流程情况比较介绍列于表 3-1。

表 3-1 煤气输送系统的阻力

阻力项目	系统Ⅰ阻力/kPa	系统Ⅱ阻力/kPa	系统Ⅲ阻力/kPa
鼓风机前的阻力(吸入方)			
集气管到鼓风机的煤气管道	1.471～1.961	1.471～1.961	4.4～5.9
煤气初冷：(1)并联立管冷却器	0.981～1.471		
(2)横管间冷及空喷直冷		0.490～0.981	1.5～2.0
煤气开闭器	0.490～1.471	0.490～1.471	0.490～1.471
合计	2.942～4.903	2.452～4.413	
鼓风机后的阻力(压出方)			
鼓风机到煤气储罐的煤气管道	2.942～3.923	2.942～3.923	
电捕焦油器	0.2942～0.490	0.2942～0.490	0.4～0.5
氨的回收：(1)鼓泡式饱和器	5.394～6.374		
(2)喷淋式饱和器	(2.0～2.2)		
(3)空喷式酸洗塔		0.981～1.961	
(4)洗氨塔			0.8～1.0
油洗萘塔		0.490～0.981	
煤气最终冷却器：(1)隔板式	0.4905～0.981		
(2)空喷式	0.7845～1.177	0.0981～0.392	
洗苯塔：(1)填料式(2～3台)	1.471～1.961		2.0～2.5
(2)空喷式(2台)		0.1961～0.7845	

续表

阻力项目	系统Ⅰ阻力 /kPa	系统Ⅱ阻力 /kPa	系统Ⅲ阻力 /kPa
脱硫塔：(1)特拉雷特填料		1.765～2.256	
(2)木格填料	1.471～1.961		
(3)钢板网填料			1.0～1.5
剩余煤气压力	3.923～4.903	3.923～4.903	
吸气机前的阻力合计			10.59～14.871
吸气机后煤气压力			7.0～9.0
合计	16.769～21.77 (13.375～17.596)	10.689～15.691	7.0～9.0

注：括号内数据为使用喷淋式饱和器时的阻力。

吸入方（机前）为负压，压出方（机后）为正压，鼓风机的机后压力与机前压力差为鼓风机的总压头。

上述系统Ⅰ为目前国内有些大型焦化厂所采用的较为典型的正压（半负压）生产硫酸铵的工艺系统，鼓风机所应具有的总压头为20～26（半负压18～24)kPa。系统Ⅱ是生产硫的回收工艺系统（脱硫工序可设于氨回收工序之前），由于多处采用空喷塔式设备，鼓风机所需总压头仅需13.24～20.10kPa，可以显著降低动力费用。系统Ⅲ是全负压水洗氨进行氨分解生产低热值煤气的工艺系统，鼓风机所需总压头为18～24kPa。

鼓风机一般设置在初冷器后面。这样，鼓风机吸入的煤气体积小，负压下操作的设备和煤气管道少。有的焦化厂将油洗萘塔及电捕焦油器设在鼓风机前，进入鼓风机的煤气中煤焦油、萘含量少，可减轻鼓风机及以后设备堵塞，有利于化学产品回收和煤气净化。

二、煤气输送管路

煤气管道管径的选用和管件设置是否合理及操作是否正常，对焦化厂生产具有重要意义。煤气输送管路一般分为出炉煤气管路（炼焦车间吸气管至煤气净化的最后设备）和回炉煤气管路；若焦炉用高炉煤气加热，还有自炼铁厂至焦炉的高炉煤气管路。这些管路的合理设置与维护都是至关重要的。

1. 煤气管道的管径选择

管道的管径一般根据煤气流量及适宜流速按下列公式确定：

$$S=\frac{\pi D^2}{4}=\frac{q_V}{3600v}$$

或

$$D=\sqrt{\frac{4q_V}{3600\pi v}} \tag{3-1}$$

式中　S——煤气管道截面积，m^2；

D——煤气管道管径，m；

v——选用的煤气流速，m/s；

q_V——实际煤气量，m^3/h。

当焦炉的生产能力和配煤质量一定时，炼焦煤气量 $q_{V干}$ 即为一定值。对于煤气管道同部位的实际流量 q_V，可按下式计算：

$$q_V=q_{V干}K\frac{101.3}{101.3+p} \tag{3-2}$$

式中　K——把 $1m^3$ 干煤气换算成在 t℃和 101.3kPa 下被水汽所饱和的煤气体积系数（见附表 1）；

p——煤气的表压（当煤气压力低于大气压力时 p 取负值），kPa。

由式（3-1）可知，当选用的煤气流速大时，管道直径可减小，钢材耗量也相应降低，节省基建投资，但会使管路阻力增大，因而鼓风机的动力消耗也随之增大；当流速小时，情况则相反。所以，选用的适宜流速应该是折旧费、维修费和操作费构成的总费用最低，对应的流速需多方案计算确定，一般设计中是根据长期积累的丰富经验确定；也可用试差法选择适宜的煤气流速，为了确定适宜的煤气管道管径，可按表 3-2 所列数据选用适宜流速。使计算的管道直径与煤气流速符合表 3-2 的对应数据。

表 3-2　煤气管道直径与流速

管道直径/mm	流速/(m/s)	管道直径/mm	流速/(m/s)
≥800	12～18	200	7
400～700	10～12	100	6
300	8	80	4

注：对于吸煤气主管，允许流速是指除去冷凝液所占截面积后的流速。对于 ϕ800mm 以上的煤气管道，较短的直管可取较高的流速，一般可取为 14m/s。

2. 管道的倾斜度

煤气管道应有一定的倾斜度，以保证冷凝液按预定方向自流。吸气主管顺煤气流向倾斜度 0.010，鼓风机前后煤气管道顺煤气流向倾斜度为 0.005，逆煤气流向为 0.007，饱和器后至粗苯工序前煤气管道逆煤气流向倾斜度为 0.007～0.015。

3. 管路的热延伸和补偿

管路随季节的变化以及管内介质和保温情况的不同，有温度的变化。当温度升高和降低时，管路必然发生膨胀或收缩，其数值可由计算得出。如果管路可以自由变形，则不会产生热应力。但实际管路是固定安装在支架和设备上，它的长度不能随温度任意变化，因此会产生热应力，此热应力作用于管路两端的管托或与管路连接的设备上。在装牢的管路上，如温度变化所引起的热应力大于材料的抗张应力（或抗压应力），则因热应力过大会导致煤气管的焊缝破裂、法兰脱落或管子弯曲变形。因此，在温度变化较大的管路上不得将其装牢，并需采用一种能承受管路热变形的装置，即热膨胀补偿器。

在焦炉煤气管道上一般采用填料函式补偿器，在高炉煤气管道上一般采用鼓式补偿器。直径较小的煤气管道可用 U 形管自动补偿，对于小型焦化厂的煤气管道，由于直径较小、转弯较多等特点，则可以充分利用弯管的自动补偿。

4. 安装自动放散装置

在全部回收设备之后的回炉煤气管道上，设有煤气自动放散装置，如图 3-1 所示。该装置由带煤气

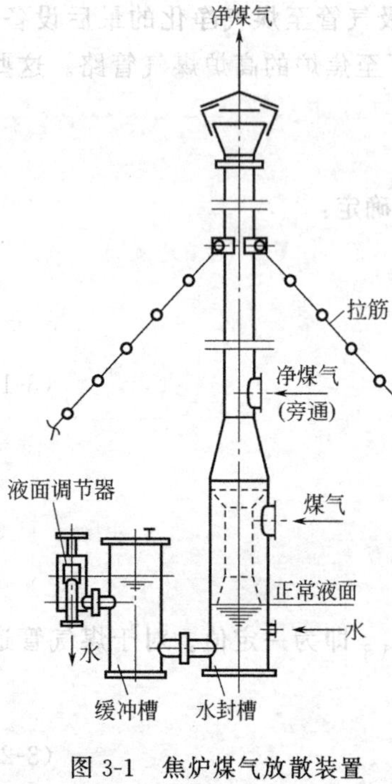

图 3-1　焦炉煤气放散装置

放散管的水封槽和缓冲槽组成，当煤气运行压力略高于放散水封压力（两槽水位差）时，水封槽水位下降，水由连通管流入缓冲槽，煤气自动冲破水封放散；当煤气压力恢复到规定值时，缓冲槽的水靠位差迅速流回水封槽，自动恢复水封功能。水封高度用液面调节器按煤气压力调节到规定液面。煤气放散会污染大气，随着电子技术的发展，带自动点火的焦炉煤气放散装置，已取代水封式煤气放散装置，煤气放散压力根据鼓风机吸力调节的敏感程度确定，以保持焦炉集气管煤气压力的规定值。

5. 其他辅助设施

由于萘能够沉积于管道中，所以在可能存积萘的部位，均设有清扫蒸汽入口。此外，还设有冷凝液导出口，以便将管内冷凝液放入水封槽。另煤气管道上还应在适当部位设有测温孔、测压孔、取样孔等。

第二节　鼓风机及其操作性能

焦化厂用于煤气加压输送的鼓风机有离心式和容积式两种。离心式用于大中型焦炉，容积式常用的是罗茨式鼓风机，用于小型焦炉或用于净焦炉煤气的压送。

一、离心式鼓风机

1. 离心式鼓风机的构造及工作原理

离心式鼓风机又称涡轮式或透平式鼓风机，由电动机或汽轮机驱动。其构造如图 3-2 所示，离心式鼓风机由导叶轮、外壳和安装在轴上的三个工作叶轮组成。煤气由吸入口进入高速旋转的第一工作叶轮，在离心力的作用下，增加了动能并被甩向叶轮外面的环形空隙，于是在叶轮中心处形成负压，煤气即被不断吸入。由叶轮甩出的煤气速度很高，当进入环形空隙后速度减小，其部分动能变成静压能，并沿导叶轮通道进入第二叶轮，产生与第一叶轮及环隙相同的作用，煤气的静压能再次得到提高，经出口连接管被送入管路中。

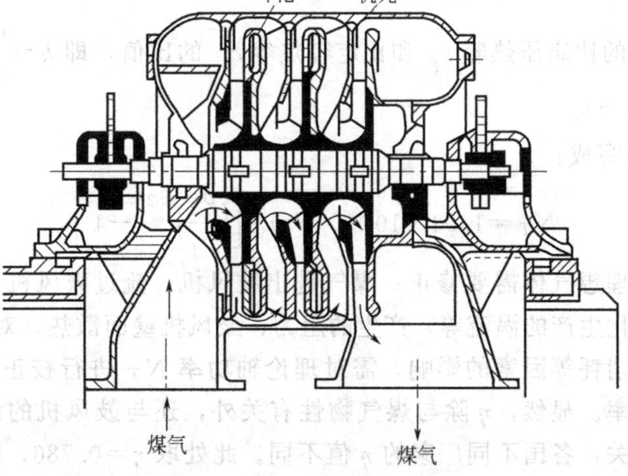

图 3-2　离心式鼓风机示意图

煤气的压力是在转子的各个叶轮作用下，并经过能量转换而得到提高。

显然，叶轮的转速越高，煤气的密度越大，作用于煤气的离心力越大，则出口煤气的压力也就越高。大型离心式鼓风机转速在 5000r/min 以上，电动机驱动时，需设增速器以提高转速。

离心式鼓风机按进口煤气流量的大小分为 $150m^3/min$、$300m^3/min$、$750m^3/min$、$900m^3/min$ 和 $1200m^3/min$ 等各种规格，产生的总压头为 29.5～34.3kPa。

2. 鼓风机输气能力及轴功率的计算

焦化厂所需鼓风机的输气能力可根据煤气发生量按下式计算：

$$q_V=\frac{101.3Vq_mT\alpha}{273(p-p_{机前}-p_s)} \tag{3-3}$$

式中 q_V——鼓风机前煤气的实际体积流量，m^3/h；

V——每吨干煤的煤气发生量，m^3；

q_m——干煤装入量，t/h；

T——鼓风机前煤气的热力学温度，K；

p——大气压力，kPa；

p_s——鼓风机前煤气中的水汽分压，kPa；

$p_{机前}$——鼓风机前吸力，kPa；

α——焦炉装入煤的不均衡系数，取为 1.1。

焦化厂鼓风机的输气能力及压头必须能承受焦炉所发生的最大煤气量的负荷，所以在确定鼓风机的输气能力时，应取在最短结焦时间下每吨干煤的最大煤气发生量进行计算，并记入焦炉装煤的不均衡系数。

煤气鼓风机轴功率 N_T（kW）可按绝热压缩过程所耗的功来计算，即 $pV^K=$常数，对理想气体可导出所需理论轴功率，$N_T=\int_{p_1}^{p_2}q_V\mathrm{d}p$ 积分，可得：

$$N_T=\frac{k}{k-1}p_1q_{V_1}\left[\left(\frac{p_2}{p_1}\right)^{\frac{k-1}{k}}-1\right]\times\frac{1}{3600} \tag{3-4}$$

式中 p_1——鼓风机吸入口的绝对压力，kPa；

p_2——鼓风机出口的绝对压力，kPa；

q_{V_1}——进入鼓风机的煤气实际体积流量，m^3/h；

k——气体的比定压热容 c_p 和比定容热容 c_V 的比值，即 $k=\frac{c_p}{c_V}$，对于炼焦煤气 $k=1.37$。

式（3-4）也可写成：

$$N_T=1.03\times10^{-3}\times p_1q_{V_1}\left[\left(\frac{p_2}{p_1}\right)^{0.27}-1\right] \tag{3-5}$$

由于煤气为非理想气体需要修正；煤气进出鼓风机、流过鼓风机（流速大小和方向变化及伴随这些变化生产的涡流等）产生的阻力；鼓风机壁面散热，对煤气温度的影响；鼓风机本身的机械消耗等因素的影响，需对理论轴功率 N_T 进行校正，引入 η（绝热总效率）作为综合效率。显然，η 除与煤气物性有关外，还与鼓风机的设计、制造、安装水平等多种因素有关，各国不同厂家的 η 值不同。此处取 $\eta=0.786$，则鼓风机实际轴功率（简称轴功率）为：

$$N=\frac{N_T}{\eta} \tag{3-6}$$

将式（3-5）和 η 值带入式（3-6）有：

$$N=1.31\times10^{-3}\times p_1 q_{V_1}\left[\left(\frac{p_2}{p_1}\right)^{0.27}-1\right] \tag{3-7}$$

随着科学技术的发展，中国鼓风机综合技术水平会不断提高，η 值也会逐步增大。

鼓风机所需原动机功率要大于计算所得轴功率，如以蒸汽透平机为原动机时，需增15%，如为电动机时，需增 20%～30%。

由式（3-7）可知，鼓风机轴功率主要取决于鼓风机前的煤气实际体积。显然，如初冷器后集合温度高，将使鼓风机功率消耗显著增大。

当煤气初冷器采用串联流程时，由于阻力增大，鼓风机前吸力增大，煤气在鼓风机内的压缩比（p_2/p_1）较并联流程增大，因之轴功率也随之增加。但在串联流程中，集合温度降低，进鼓风机的煤气实际体积相应变小，因而串联系统的鼓风机功率消耗比并联流程只增 3%左右。另外，为了降低鼓风机的功率消耗，吸气管的管径不宜过小和过长，在操作中要防止吸气管和初冷器的堵塞。

3. 煤气在鼓风机中的温升

在离心式鼓风机内，煤气被压缩所产生的热量，绝大部分被煤气吸收，只有小部分热量散失。因此，煤气在鼓风机内的压缩过程可以近似地视为绝热过程。经压缩后的煤气最终温度，可按下式计算：

$$T_2=T_1\left(\frac{p_2}{p_1}\right)^{\frac{k-1}{k}} \tag{3-8}$$

式中　T_1，T_2——气体压缩前后的热力学温度，K。

将炼焦煤气的 k 值代入上式可得：

$$T_2=T_1\left(\frac{p_2}{p_1}\right)^{0.27} \tag{3-9}$$

或煤气经过鼓风机的温升：

$$\Delta t=T_2-T_1=T_1\left[\left(\frac{p_2}{p_1}\right)^{0.27}-1\right] \tag{3-10}$$

正如鼓风机轴功率 N 计算中所述，式（3-10）是由理想气体绝热压缩导出的。实际操作中机壳散热损失，是 Δt 减小的因素；但煤气被鼓风机吸入至排出，需要的轴功率比理想过程的轴功率大，多消耗的功转变成了热，则是煤气 Δt 升高的因素。在实际生产中，煤气实际温升 $\Delta t_{实}$ 大于或小于 Δt 的计算值，要看以上两因素何者是主导因素。一般而言，$\Delta t=15\sim25$℃是正常的。若 Δt 大于 35℃，则说明功率消耗太大了，应认真分析，查明原因，并采取措施解决。

二、离心式鼓风机的性能与调节

焦化厂中鼓风机操作非常重要，既要输送煤气，又要保持炭化室和集气管的压力稳定。在正常生产情况下，集气管压力用压力自动调节机调节，但当调节范围不能满足生产变化的要求时，即需对鼓风机操作进行必要的调整。

鼓风机在一定转速下的生产能力与总压头之间有一定的关系，可用图 3-3 所示鼓风机 q_V-H 特性曲线来表示。

由图 3-3 可见，曲线有一最高点 B，相应于 B 点压头（最高压头）的输送量称为临界输送量。鼓风机不允许在 B 点的左侧范围内操作，因在此范围内鼓风机输送量波动，

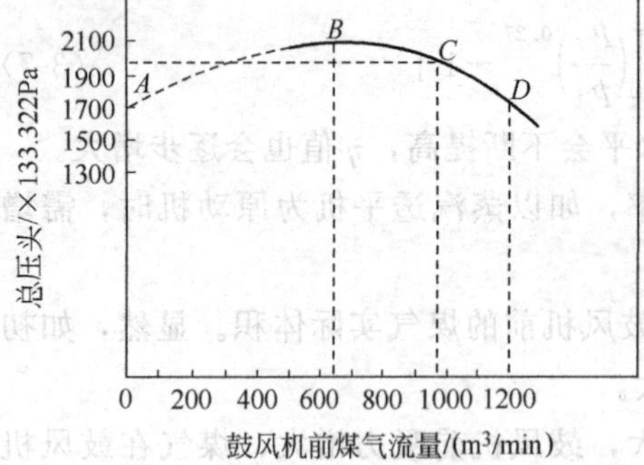

图 3-3　转速不变时鼓风机的 q_V-H 特性曲线

并会发生振动，产生“飞动”现象。只有在 B 点右侧延伸的特性曲线范围内操作才是稳定的。所以，B 点右侧的特性曲线范围是鼓风机的稳定工作区，B 点的左侧为鼓风机的不稳定工作区。

当鼓风机的运行工况改变时，要用调节的手段使鼓风机处于稳定工作区，维护其稳定运行。常用的调节方法有以下几种。

(1) 改变转速　当改变鼓风机转速时，流量与性能曲线相应改变。此法调节范围宽，经济性好，是离心式鼓风机的最佳调节手段。当鼓风机的转速由 n 变为 n_1（r/min）时，则鼓风机的输气能力 q_V、总压头 H 及轴功率 N 依下列关系式作相应改变。

输气能力
$$\frac{q_V}{q_{V_1}}=\frac{n}{n_1} \tag{3-11}$$

总压头
$$\frac{H}{H_1}=\left(\frac{n}{n_1}\right)^2 \tag{3-12}$$

轴功率
$$\frac{N}{N_1}=\left(\frac{n}{n_1}\right)^3 \tag{3-13}$$

在额定转速的50%～125%范围内，离心鼓风机的 q_V-H 特性曲线如图 3-4 所示。由图可见，随转速的降低，鼓风机的不稳定工作区范围缩小，即使在煤气输送量很小的情况下也不易产生“飞动”现象。

鼓风机允许的最大转速值称为额定转速，鼓风机的运转速度在一定范围内，会出现工作不均衡，输气量波动，并发生振动等现象，该转速称为临界转速。

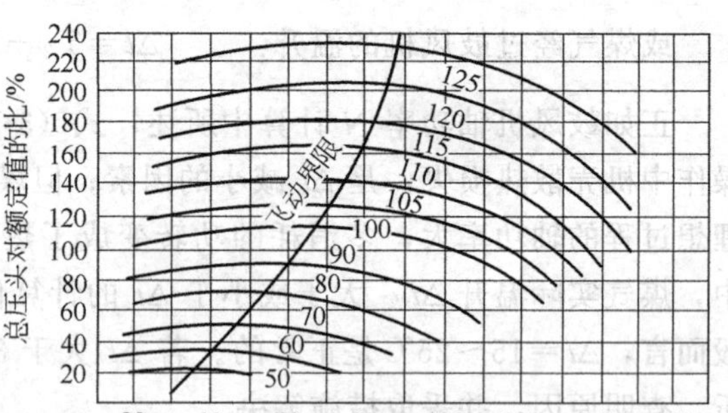

图 3-4　转速变更时鼓风机的 q_V-H 特性曲线

改变转速适用于汽轮机和变速电动机驱动的鼓风机或安装有液力耦合器的鼓风机。当用蒸汽透平机带动鼓风机时，只要改变进入透平机的蒸汽量，即可改变透平机的转速，亦即改变鼓风机的转速；当用变频电动机作原动机时，通过改变电动机的转速，即可改变鼓风机转速；液力耦合器是以液体为介质来传递功率的传动装置，通过改变液力耦合器工作腔内液体的充满度，在原动机转速不变的条件下，实现鼓风机的无级变速。调速液力耦合器功能：无级调速、过载保护、减缓冲击、隔离振动、空载启动、缓慢加速、高效传动。

在特性曲线稳定工作区内，可用调节鼓风机前后煤气阀门开度的方法来改变输气量和压力。对于电动机带动的鼓风机，由于转子的转速一定，最简单的方法就是用开闭器进行调节。

(2) 进口节流　调节鼓风机吸入口的阀门开度时，鼓风机的特性曲线随之改变。如图 3-5 所示，当吸入开闭器的开度变小时，鼓风机的不稳定工作范围随之变小，鼓风机的输送能力及总压头也均相应减小。此调节方法简单，适用于固定转速机组的调节，但由于鼓风机前吸力增大，会使压缩比（p_2/p_1）变大，则鼓风机轴功率消耗及煤气温升增高，故较少采用此法。

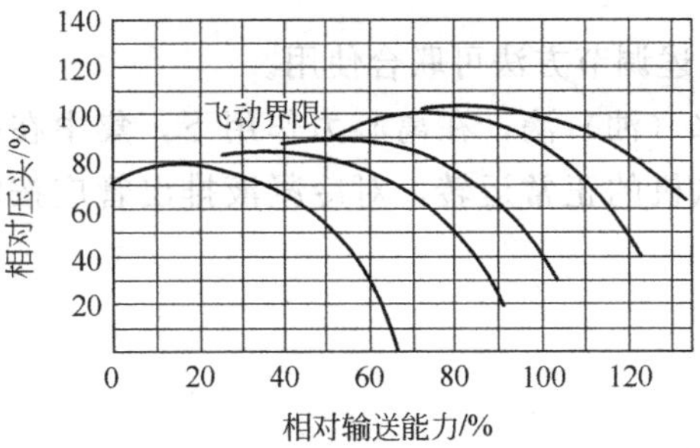

图 3-5　以吸力管开闭器调节时鼓风机的特性曲线

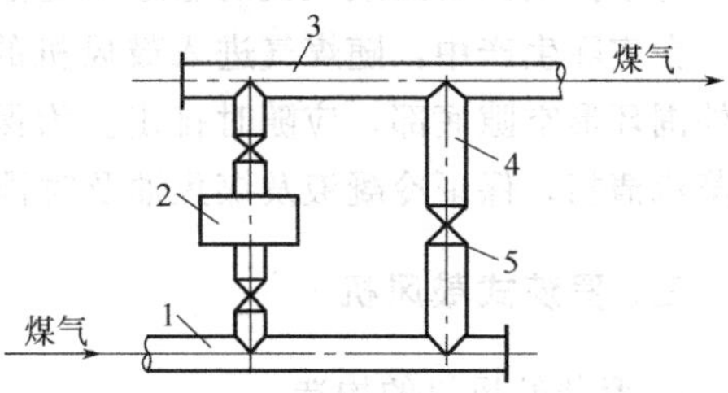

图 3-6　煤气“小循环”调节

1—煤气进口管；2—鼓风机；3—煤气出口管；4—煤气小循环管；5—调节阀门

(3) 出口节流　调节鼓风机出口的阀门开度，调节方法简单，但经济性差，适用于小功率机组的调节。

电动鼓风机如果用出入口开闭器进行调节时，应特别注意鼓风机电动机电流的变化，一般操作电流不应小于电动机额定电流的 60%，以防止发生“飞动”现象。

(4) 交通管调节　当煤气流量减少时，调节交通管的阀门开闭度，使一部分出口煤气返回吸入口，以维持鼓风机的正常运行。交通管调节有“大循环”和“小循环”两种方式。

当鼓风机能力较大，而输送的煤气量较小时，为保证鼓风机工作稳定，可用如图 3-6 所示的小循环管来调节鼓风机的操作。改变调节阀门开度的大小，使由鼓风机压出的煤气部分重新回到吸入管，这种方法称为“小循环”调节。

“小循环”调节方法很方便，但显然鼓风机能量有一部分白白浪费在循环煤气上。此外，因为有部分已被压缩而升温的煤气返回鼓风机入口并经再次压缩，出口煤气温升会更高。如某厂用能力为 1200m^3/min 的鼓风机抽送一座焦炉的煤气发生量为 28000m^3/h 时，采用鼓风机“小循环”调节，曾使煤气升温接近 90℃，鼓风机轴瓦温度近 70℃，发生了轴瓦损坏事故。所以，“小循环”调节是很有限的。

当焦炉刚开工投产或因故大幅度延长结焦时间时煤气发生量过少，低于“小循环”调节的限度时，则易采用“大循环”调节方法。

如图 3-7 所示，“大循环”调节就是通过“大循环”调节阀门将鼓风机压出的部分煤气经煤气大循环管送到初冷器前的煤气管道中，经过冷却后，再回到鼓风机去。根据实际生产经验获知，当煤气量为鼓风机额定能力的 1/4～1/3 时，就需采用煤气“大循环”调节措施。显然“大循环”

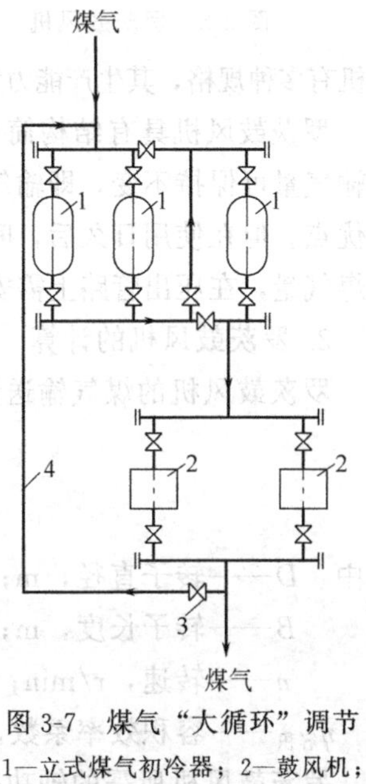

图 3-7　煤气“大循环”调节

1—立式煤气初冷器；2—鼓风机；3—调节阀门；4—煤气大循环管

调节方法可较好地解决煤气温升过高的问题，但同样要增加鼓风机能量的消耗，同时会增加初冷器的负荷及冷却水的用量。如果进入鼓风机的煤气量过小时，经过风机多次循环后，鼓风机后煤气温度仍会发生升温过高，这时应适当调整鼓风机煤气出口开闭器开度，以防轴瓦损坏。

为了扩大离心式鼓风机的稳定工况范围，上述调节方法可联合使用。

在实际生产中，随煤气进入鼓风机的微小水（油）滴，在离心力作用下，集中在叶轮外围环形空隙底部，应随时排出。为保证鼓风机的正常运转，对冷凝液排出管应按时用蒸汽清扫，保证冷凝液及煤焦油及时排出。

三、罗茨式鼓风机

1. 罗茨鼓风机的构造

罗茨鼓风机是利用转子转动时的容积变化来吸入和排出煤气，用电动机驱动，其构造见图 3-8。

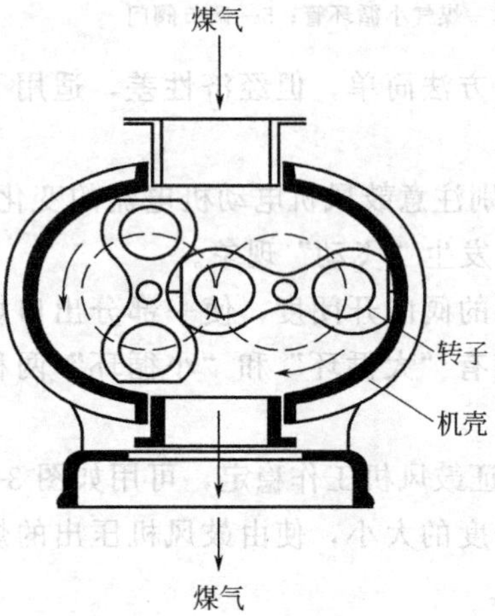

图 3-8　罗茨鼓风机

罗茨鼓风机有一铸铁外壳，壳内装有两个“8”字形的用铸铁或铸钢制成的空心转子，并将汽缸分成两个工作室。两个转子装在两个互相平行的轴上，在这两个轴上又各装有一个互相咬合、大小相同的转子，当电动机经由皮带轮带动主轴转子旋转时，主轴上的转子又带动了从动轴上的转子，所以两个转子做相对反向转动，此时一个工作室吸入气体，由转子推入另一个工作室而将气体压出。每个转子与机壳内壁及与另一个转子表面均需紧密配合，其间隙一般为 0.25～0.40mm。间隙过大即有一定数量的气体由压出侧漏到吸入侧，有时因漏泄量大而使机身发热：罗茨鼓风机因转子的中心距及转子长度的不同，其输气能力可以在很大的范围内变动：在中国中小型焦化厂应用的罗茨鼓风机有多种规格，其生产能力为 28～300m³/min，所生成的额定压头为 19.61～34.32kPa。

罗茨鼓风机具有结构简单、制造容易、体积小，且在转速一定时，如压头稍有变化，其输气量可保持不变，即输气量随着风压变化几乎保持一定，可以获得较高的压头，这都是优点。但在使用日久后，间隙因磨损而增大，其效率降低，此种鼓风机只能用循环管调节煤气量，在压出管路上需安装安全阀，以保证安全运转。此外，罗茨鼓风机的噪声较大。

2. 罗茨鼓风机的计算

罗茨鼓风机的煤气输送量 q_V，可按下式计算：

$$q_V = \eta_{容积} \frac{\pi D^2}{4} Bn \tag{3-14}$$

式中　D——转子直径，m；

B——转子长度，m；

n——转速，r/min；

$\eta_{容积}$——容积效率系数，取 0.7～0.8。

罗茨鼓风机所需的轴功率可按下式计算：

$$N=1.666\times10^{-2}\times\frac{q_V H}{\eta_{总}} \tag{3-15}$$

式中　q_V——煤气输送量，m^3/min；

H——总压头，$H=p_{压出}-p_{吸入}$，kPa；

$\eta_{总}$——总效率系数，取0.7～0.8。

煤气在罗茨鼓风机中的温升较小，为3～5℃。

罗茨鼓风机在转速一定时，其输气能力随着压缩比的增高而有所下降，这是由于煤气通过转子之间以及转子与壳体之间漏泄量增多所致。其轴功率则随总压头的增高而增大。

此外，鼓风机转速变大，所输送的煤气量也随之增多，但一般最大转速以不超过额定转速的10%为宜。

冬季因气温较低，煤气中的煤焦油容易粘住转子，而出现鼓风机启动困难、运转负荷加大，甚至破坏转子平衡等情况。此时从煤气入口处加入溶剂油或重油进行清洗，可有较好效果。

第三节　鼓风机的操作管理

鼓风机是焦化厂极其重要的设备，俗称焦化厂的“心脏”，对其操作管理必须予以高度重视。下面以电动离心式鼓风机半负压生产工艺为例说明其操作管理。

一、鼓风机系统的操作

1. 正常操作与开停车倒机操作

(1) 正常操作　为了保证鼓风机的正常运转工况，按技术规定完成接受和输送出焦炉煤气的任务，操作人员要做好以下常规工作，保证煤气入口和出口的温度、压力、煤气流量稳定；轴承轴瓦及电机温升合理。

① 经常巡检、检查鼓风机运行声响、振动、温度、润滑等情况，发现问题及时处理并向值班长汇报。

② 认真检查油站的工作情况，包括油箱油温、油箱油位、油泵油压、滤后压力、冷却器后油温、油压、油质等。

③ 检查润点和高位油箱的回油情况。

④ 保证进油冷却器水压低于油压，防止油冷却器油水串漏，水进入油中，使油乳化损坏鼓风机事故的发生。

⑤ 保证鼓风机各下液管排液畅通，每班清扫一次下液管。

⑥ 定期向各阀门润滑点加油，保持灵活好用。

⑦ 定期分析化验稀油站润滑油的黏度、水及杂质含量、酸值、闪点等性能指标，定期过滤杂质或更换新油。

⑧ 定期对过滤器进行清洗和更换。

⑨ 备用鼓风机每班在转动灵活的情况下盘车1/4转。

⑩ 按时填写操作记录，搞好鼓风机、电动机卫生。

（2）鼓风机的开机操作

① 鼓风机开机前必须与值班长、中控室进行联系，通知厂调度和电工、仪表工、维修工到场，通知焦炉上升管和地下室，通知煤气下游操作岗位。

② 暖机：用蒸汽清扫下液管，暖机温度不超过70℃，暖机时利用出口蒸汽管管道和各下液管的蒸汽进行暖机，暖机时阀门开度要小，时间不能太长（第一次开机不需暖机）。

③ 暖机过程要不断进行盘车，并且要把暖机产生的冷凝水随时放掉。

④ 开电加热器使油箱油温高于25℃，然后启动工作油泵，使油系统投入运行，并检查各润滑点及高位油箱回油情况，油冷却器给排水情况。

⑤ 检查变频调速器操作面板各参数符合要求。

⑥ 打开鼓风机进口煤气阀门，关闭鼓风机前后泄液管阀门。

⑦ 接到中控室或值班长指令后，手动操作启动鼓风机，待鼓风机运转正常后，逐渐增加液力耦合器油位，提高鼓风机的转速。

⑧ 当鼓风机后压力接近4～5kPa时，逐渐开启鼓风机出口阀门，同时继续增加液力耦合器油位。当接近鼓风机临界转速区时，迅速增速越过临界转速区，使鼓风机在临界转速区外运行。

⑨ 开工过程中由于煤气量少，为了保证集气管压力稳定和鼓风机的正常运行，应以大循环管来进行调整，此后随煤气量的增大逐渐关小大循环，直至完全关闭。

⑩ 当鼓风机运行稳定后，与中控室及焦炉上升管、地下室联系，把鼓风机和焦炉吸气弯管翻板、地下室翻板由手动切换为自动。

⑪ 鼓风机运行稳定后，打开鼓风机前后下液管阀门，并定期清扫下液管，保证下液管泄液畅通。

⑫ 鼓风机启动后，要认真进行检查轴承温度、机体振动、油温、油压，有问题及时处理（仪表工要把各联锁加上）。

⑬ 鼓风机运行正常后转入正常生产，应坚持巡回检查，并认真做好开鼓风机记录。

（3）鼓风机停机操作

① 与煤气用户和相关生产岗位联系，并通知调度，共同做好停鼓风机和停煤气准备。

② 接到值班长停鼓风机指令后，降低鼓风机转速。同时慢关鼓风机出口阀门，然后按停鼓风机按钮停鼓风机，关闭鼓风机煤气进口阀门。

③ 微开蒸汽阀门清扫风机机体内部及泄液管（清扫温度不超过70℃），同时进行盘车，把转子上的附着物清扫干净。

④ 鼓风机停机后工作油泵继续运行至少半小时后停油系统。

⑤ 清扫完毕停蒸汽、凉机，放掉冷凝液，关闭排液阀门。

⑥ 长时间停鼓风机，应关闭油冷却器冷却水阀门，并放空油冷却器内液体，冬季防止冻坏设备。

（4）鼓风机换机操作

① 换鼓风机操作前应先与调度、值班长、中控室取得联系，并通知有关部门和相关生产岗位，共同做好换鼓风机操作准备。

② 中控室把在运鼓风机由自动切换为手动。

③ 做好备用鼓风机启动前的准备工作。

④ 在值班长的指挥下，中控室及鼓风机司机按鼓风机开机操作步骤启动备用鼓风机，在开备用鼓风机出口阀门同时同步关在用鼓风机出口阀门，在逐渐升高备用鼓风机转速同时，逐渐降低在用鼓风机转速。在换鼓风机操作过程中，要始终保持初冷器前煤气吸力和焦炉集气管压力稳定。

⑤ 鼓风机换机操作完毕，备用鼓风机运行正常后，按停鼓风机操作步骤停在运鼓风机。

⑥ 做好换鼓风机操作记录。

2. 特殊操作

(1) 鼓风机的紧急停机　鼓风机处于下列情况之一时，可紧急停机。

① 鼓风机内部有明显的金属撞击声或强烈震动。

② 轴瓦处冒烟。

③ 油系统管道设备破裂，无法处理，辅油泵油压低于 0.05MPa，油箱液位快速下降。

④ 轴瓦达 65℃并以每分钟 1～2℃速度增高。

⑤ 吸力突然增大，无法调节。

⑥ 鼓风机后着火，鼓风机前着火。

(2) 突然停电

① 突发全厂性大面积停电，应立即断开电源，并关闭全部在运行水泵、油泵的出口阀门。

② 突发停电应立即关闭鼓风机煤气出口阀门，在停电后鼓风机惯性运转期间所需润滑油改由高位油箱提供。

③ 鼓风机停机后应用蒸汽清扫鼓风机机体和各下液管。

④ 停电后应立即向值班长汇报，并与调度联系，询问停电原因和恢复供电的时间，并做好来电后的开工准备。

⑤ 做好突然停电记录。

(3) 突然停水

① 突然停循环水

a. 请示值班长把稀油站油冷却器由循环水冷却切换为制冷水或临时水源；

b. 询问停水原因及恢复供水时间，认真做好记录；

c. 做好恢复供循环水后恢复正常生产操作的准备。

② 突然停制冷水

a. 如果稀油站油冷却器是采用制冷水冷却，此时应切换为循环水（或临时水源）冷却，增加冷却水量，维持生产；

b. 询问停水原因及恢复供制冷水时间，并做好恢复供制冷水后，恢复正常生产操作的准备。

3. 鼓风机岗位主要注意事项

① 鼓风机岗位是安全防爆的要害岗位，非本岗位操作人员未经有关部门批准，不得进入鼓风机室，经批准后，进行登记方可进入。

② 生产中严禁烟火，任何人不得以任何借口带入任何火种。设备检修动火时必须经安全保卫部门批准，采取有效措施后，并有消防人员在场监护，方可检修。

③ 输送的煤气属于易爆炸气体，应严防爆炸事故发生。操作中严禁煤气系统吸入空气或漏出煤气，发现不严密部位应立即处理。鼓风机前煤气系统设备，管道如发现着火时，应立即停机，通蒸汽灭火；如鼓风机后煤气设备管道着火，严禁停鼓风机，应立即降低鼓风机后压力（一般保持正压 1kPa）后通蒸汽灭火。操作室内一切电器设备应符合防爆要求，并定期进行检查。

④ 严禁鼓风机长时间超负荷或“带病”运转，发现异常应立即换机和停机检修。检修后的鼓风机应空运转一昼夜，并全部更换符合要求的新润滑油。

⑤ 鼓风机运转中不准检修，拆卸有关附属设备，危险部位不得随意擦洗。

⑥ 鼓风机操作中应严格遵守各项技术操作规定。

二、鼓风机的常见事故及处理

鼓风机发生的一些常见事故特征、产生的可能原因和一般的处理方法见表 3-3。

表 3-3 鼓风机事故特征、产生的可能原因及一般的处理方法

事故特征	产生的可能原因	一般的处理方法
鼓风机振动增大，响声不正常	轴承内油温过高或过低 鼓风机负荷急剧变化，机体内有煤焦油等杂质 鼓风机轴瓦损坏 鼓风机、电动机水平度或中心度被损坏 转子失去动平衡	调整油温 调整煤气负荷，疏通排液管 停机检修，换轴瓦 停机调整水平和中心度 停机做转子动平衡处理，重新刮研轴瓦
轴承温度升高	轴承缺油 冷凝液或其他杂质进入润滑油，使其变质 轴颈与轴瓦间摩擦过度，使渣子堵塞轴承 轴间力增大，使其轴承温度升高	按油系统故障处理，严重时停机处理 根据化验结果分析，可调换润滑油 调整鼓风机负荷，停车清理，并检查两者粗糙度 停车检查是否符合设计要求
油压剧烈下降	滤油网堵塞 油管泄漏或损坏 主油泵故障 压力计失灵	根据情况酌情处理，严重时可停机检修
风机震动大，鼓风机前吸力增加且温度超过规定	煤气负荷太小	检查煤气开闭器的开启情况，可开大交通管开闭器
鼓风机吸入侧或排出侧发生脉冲	冷凝液排泄管失灵，造成煤气管道积存冷凝液	疏通冷凝液排出管。当脉冲剧烈时，应首先减少煤气负荷
鼓风机温度压力增高，超过技术规定	出口开闭器故障 焦炉出焦过于集中 洗涤系统阻力增加	检查出口开闭器 与炼焦、洗涤联系，共同解决

第四节 煤气中煤焦油雾的清除

一、煤气中煤焦油雾的形成和清除目的

煤气中的煤焦油雾是在煤气冷却过程中形成的。荒煤气中含煤焦油气 80～120g/m^3，在初冷过程中，除有绝大部分冷凝下来形成煤焦油液体外，还会形成煤焦油雾，以内充煤气的煤焦油气泡状态或极细小的煤焦油滴（ϕ1～17μm）存在于煤气中。由于煤焦油雾滴又轻又小，其沉降速度小于煤气运行速度，因而悬浮于煤气中并被煤气带走。

初冷器后煤气中煤焦油雾的含量一般为 2～5g/m^3（竖管初冷器后）或 1.0～2.5

g/m³（横管冷却器后或直接冷却塔后）。而化学产品回收工艺要求煤气中所含煤焦油量最好低于0.02g/m³，以保证化学产品质量，并保证回收过程顺利进行。清除煤气中焦油雾滴有多种方法，但从煤焦油雾滴的大小及所要求的净化程度来看，采用电捕焦油器最为经济可靠。

二、电捕焦油器

1. 电捕焦油器的工作原理

根据板状电容的物理原理，如在两金属板间维持很强的电场，使含有尘灰或雾滴的气体通过其间，气体分子发生电离，生成带有正电荷或负电荷的离子，正离子向阴极移动，负离子向阳极移动。当电位差很高时，具有很大速度（超过临界速度）和动能的离子和电子与中性分子碰撞而产生新的离子（即发生碰撞电离），使两极间大量气体分子均发生电离作用。离子与雾滴的质点相遇而附于其上，使质点带有电荷，即可被电极吸引而从气体中除去。但金属平板形成的是均匀电场，当电压增大到超过绝缘电阻时，两极之间便会产生火花放电，这不仅会导致电能损失，且能破坏净化操作。为了避免火花放电或发生电弧，应采用如图3-9（b）、（c）所示的不均匀电场。图3-9（a）为均匀电场；图3-9（b）为管式电捕焦油器所采用的不均匀电场，用金属圆管和沿管中心安装的拉紧导线作为正、负电极；图3-9（c）为环板式电捕焦油器采用的不均匀电场，是以同心圆环形金属板和设置其间的金属导线作为正、负电极。

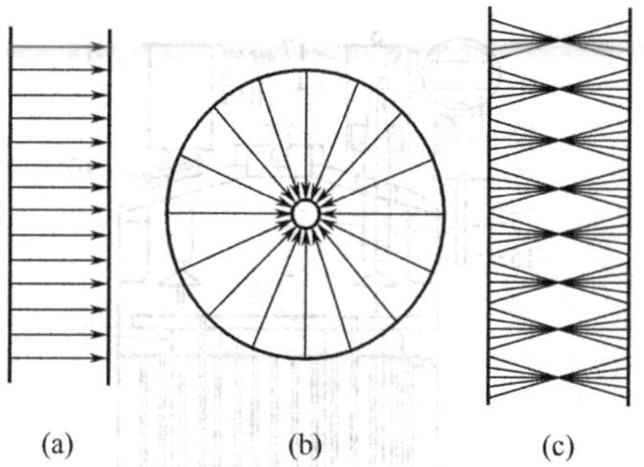

图3-9 不同电极的电场分布情况

在不均匀电场中，当两极间电位差增高时，电流强度并不发生急剧的变化。这是因在导线附近的电场强度很大，导线附近的离子能以较大的速度运动，使被碰撞的煤气分子离子化，而离导线中心较远处，电场强度小，离子的速度和动能不能使相遇的分子离子化，因而绝缘电阻只在导线附近电场强度最大处发生击穿，即形成局部电离放电现象，这种现象称为电晕现象，导线周围产生电晕现象的空间称为电晕区，导线即成为电晕极。

由于在电晕区内发生急剧的碰撞电离，形成了大量正、负离子。负离子的速度比正离子大（为正离子的1.37倍），所以电晕极常取为负极，圆管或环形金属板则取为正极，因而速度大的负离子即向管壁或金属板移动，正离子则移向电晕极。在电晕区内存在两种离子，而电晕区外只有负离子，因而在电捕焦油器的大部分空间内，煤焦油雾滴只能成为带有负电荷的质点而向管壁或板壁移动。由于圆管或金属板是接地的，荷电煤焦油质点到达管壁或板壁时，即放电而沉淀于板壁上，故正极也称为沉淀极。

由于存在正离子的电晕区很小，且电晕区内正负离子有中和作用，所以电晕极上沉积的煤焦油量很少，绝大部分煤焦油雾均在沉淀极沉积下来。煤气离子经在两极放电后，则重新转变成煤气分子，从电捕焦油器中逸出。

初冷器后煤气中绝大部分煤焦油是以煤焦油雾的状态存在的，所以在电捕焦油器正常操作情况下，煤气中煤焦油雾可被除去99%以上。

2. 电捕焦油器的构造

我国电捕焦油器采用的结构形式，按沉淀极不同分为管式和蜂窝式、同心圆式三种，现在普遍采样前两种形式电捕焦油器，同心圆式电捕焦油器一般只用在小焦化厂。

① 管式电捕焦油器，其构造如图3-10所示。其外壳为圆柱形，底部为凹形或锥形并带有蒸汽夹套，沉淀管管径为250mm（或横断面为正六边形的管状），长3500mm，在每根沉淀管的中心悬挂着电晕极导线，由上部框架及下部框架拉紧；并保持偏心度不大于3mm。电晕极可采用强度高的$\phi 3.5\sim4$mm的碳素钢丝或$\phi 2$mm的镍铬钢丝制作。煤气自底部进入，通过两块气体分布筛板均匀分布到各沉淀管中去。净化后的煤气从顶部煤气出口逸出。从沉淀管捕集下来的煤焦油聚集于器底排出，因煤焦油黏度大，故底部设有蒸汽夹套，以利于排放。

电捕焦油器顶部设有三个绝缘箱，高压电源即由此引入，其结构如图3-11所示。

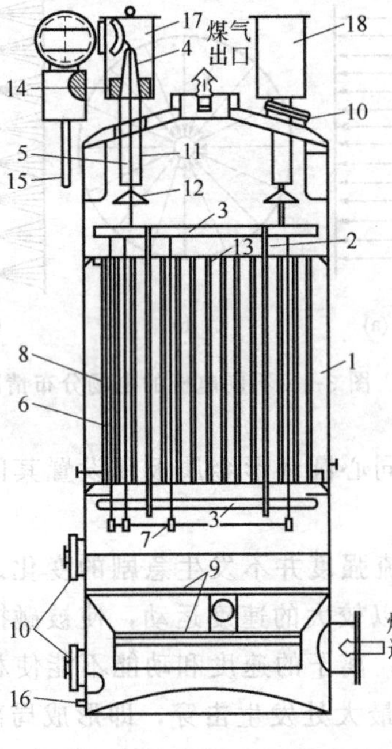

图3-10　管式电捕焦油器

1—壳体；2—下吊杆；3—上、下吊架；4—支撑绝缘子；5—上吊杆；6—电晕线；7—重锤；8—沉淀管；9—气体分布板；10—人孔；11—保护管；12—阻气罩；13—管板；14—蒸汽加热器；15—高压电缆；16—煤焦油氨水出口；17—馈电箱；18—绝缘箱

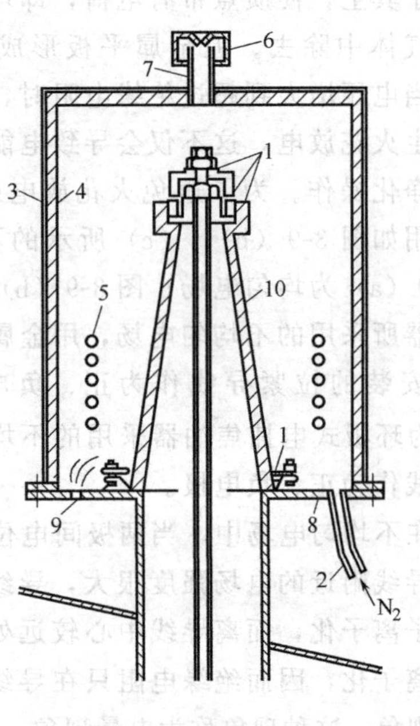

图3-11　电捕焦油器绝缘箱结构

1—O形密封圈；2—充氮气口；3—绝缘箱外壳；4—绝缘箱内壁泡沫塑料保温层；5—蛇管加热器；6—排气阀；7—排气管；8—绝缘箱底板；9—在绝缘箱底板上设置的通气孔；10—瓷瓶

管式电捕焦油器的工作电压为50000～60000V，工作电流依型号不同分别为<200mA和<300mA。引入高压电源的绝缘子（高压电瓷瓶）常会受到渗漏入绝缘箱内的煤气中所含煤焦油、萘及水汽的沉积污染，绝缘性能降低，以致在高压下发生表面放电而被击穿，引起绝缘箱爆炸和着火，还会因受机械振动和由于绝缘箱温度的急剧变化而碎裂，因而常造成电捕焦油器停工。

为了防止煤气中煤焦油、萘及水汽等在绝缘子上冷凝沉积，一是将压力略高于煤气压力的氮气充入绝缘箱底部，使煤气不能接触绝缘子内表面，二是在绝缘箱内设有蛇管蒸汽加热器，操作时保持绝缘箱温度在 90～110℃范围，并在绝缘箱顶部设调节温度用的排气阀，在绝缘箱底设有与大气相通的气孔，这样既能防止结露，又能调节绝缘箱的温度，煤气在管式电捕焦油器沉淀管内的适宜流速为 1.5m/s，电量消耗约为 1kW·h/1000m^3（煤气）。电捕焦油器的安装位置，可在鼓风机前，也可在鼓风机后。安装在鼓风机后的电捕焦油器处于正压下操作，较为安全。但由于电捕焦油器内煤气压力较大，绝缘子的维护更要严格注意。新建厂电捕焦油器一般设在鼓风机前。

为了保证电捕焦油器的正常工作，除对设备本身及其操作要求外，主要是要维护好绝缘装置，控制好绝缘箱温度，保证氮气的压力及通入量，定期擦拭清扫绝缘子。此外，还要经常检查煤气含氧量，目前有些厂增加了煤气含氧量自动检测装置用以控制，并将煤气中氧的体积分数控制在 1.0%以下。

② 蜂窝式电捕焦油器，其构造如图 3-12 所示，与管式电捕焦油器不同之处是蜂窝式沉淀管为不锈钢板制的六边形，顶角呈 120°，它们相互并联，没有管程、壳程之分，材料利用好（两侧均可作沉淀极），沉淀极的极间距稍有差异，拉杆不占据沉淀极管内电晕极的位置，整个蜂窝体内没有电场空穴，有效空间利用率高，净化效率可以达到 99%以上。

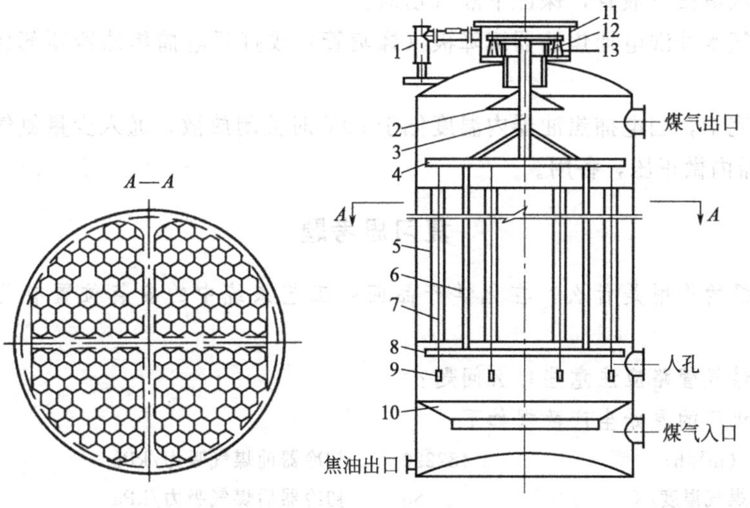

图 3-12　蜂窝式电捕焦油器

1—馈电箱；2—阻气帽；3—上吊杆；4—上吊架；5—沉降极；6—下吊杆；7—电晕极；8—下吊架；9—重锤；10—再分布板；11—绝缘箱；12—绝缘缸；13—支柱绝缘子

3. 电捕焦油器的操作

（1）正常操作

① 经常观察电捕焦油器绝缘箱温度并保持在 90～110℃，煤气中氧含量控制在安全范围内。

② 经常检查疏水器工作是否正常，防止系统积水影响绝缘箱温度。

③ 经常观察电捕焦油器煤气进出口吸力，判断电捕焦油器阻力。

④ 经常检查和清扫下液管，保证电捕焦油器排液畅通。

⑤ 经常观察电捕焦油器的二次电流和电压，保证电捕焦油器处于正常的工作状态。

(2) 电捕焦油器开工操作

① 电捕焦油器开工前认真检查电气系统绝缘性能，使其符合技术要求，必须检查各阀门处于关闭状态。

② 电捕焦油器开工前进行气密性试验。

③ 向水封槽注满水确认电捕焦油器下液管畅通。

④ 用氮气置换电捕焦油器中空气，使含氧合格 [$\varphi(O_2)<1\%$]。

⑤ 打开绝缘箱加热系统蒸汽阀门，使绝缘箱温度达到 90℃以上（最好提前 2h 开蒸汽升温）。

⑥ 打开电捕焦油器煤气进出口阀门，使煤气通过电捕焦油器，并向绝缘箱通入氮气保护。

⑦ 最后按下电捕焦油器启动按钮，逐级升压，直至升压到 50～60kV 和电流、电压稳定在工艺要求范围。

(3) 电捕焦油器停工操作

① 按下停电捕焦油器按钮切断电源，把三点式开关转为接地。

② 打开电捕焦油器旁通阀，关闭电捕焦油器煤气进出口阀门，使煤气走旁通。

③ 关闭电捕焦油器绝缘箱氮气阀门。

④ 用蒸汽清扫下液管，保证下液管畅通。

⑤ 用热氨水冲洗电捕焦油器沉降极（蜂窝管）或打开电捕焦油器顶部放散，用蒸汽吹扫电捕。

⑥ 清扫完毕，当电捕焦油器内温度低于 60℃时关闭放散，通入少量氮气或净煤气保持电捕焦油器内微正压，备用。

复习思考题

1. 鼓风机的作用是什么？在化学产品回收工艺系统中的安装位置有几种？各有何特点？

2. 设计煤气管路应注意些什么问题？

3. 某焦化厂的原始生产数据如下：

干煤气量/(m^3/h)	482220	初冷器前煤气吸力/kPa	3.5
初冷器前煤气温度/℃	85	初冷器后煤气吸力/kPa	5
初冷器后煤气温度/℃	25		

计算初冷器前后的煤气管道直径。

4. 说明离心式鼓风机的构造、工作原理和特性。

5. 影响离心式鼓风机轴功率的因素有哪些，生产中采取什么措施可降低鼓风机的功率消耗？

6. 鼓风机后煤气温升高的原因是什么？如何解决？

7. 某焦化厂生产原始数据如下：

鼓风机输送的干煤气量/(m^3/h)	482220	冬天初冷器后煤气平均温度/℃	20
鼓风机前吸力/kPa	5	夏天初冷器后煤气平均温度/℃	26
鼓风机后压力/kPa	20		

求：(1) 鼓风机夏季比冬季所耗功率应增加多少？

(2) 鼓风机夏季和冬季的温升应各为多少?

8. 离心式鼓风机调节方法有几种,有何特点,都适合在什么情况下使用?分别画出煤气的"大循环"和"小循环"调节简图。

9. 鼓风机的正常操作和特殊操作项目和内容是什么?

10. 鼓风机操作岗位的主要生产注意事项有哪些?

11. 为什么要清除煤气中的煤焦油雾?清除煤焦油雾主要有哪些设备?

12. 简述电捕焦油器的构造和工作原理。

13. 电捕焦油器正常操作过程中应注意哪些工作?

第四章 煤气中氨和粗轻吡啶的回收

在高温炼焦过程中，炼焦煤中所含的氮有10%～12%转变为氮气，约60%残留于焦炭中，有15%～20%生成氨，有1.2%～1.5%转变为吡啶盐基。所生成的氨与赤热的焦炭反应则生成氰化氢。

在煤气初步冷却的过程中，一些高沸点的吡啶盐基溶于煤焦油氨水，沸点较低吡啶盐基几乎全部留在煤气中。氨则分配在煤气和剩余氨水中。初冷器后煤气含氨约4～6g/m³，氨是一种制造氮肥的原料，但合成氨工业规模很大，焦炉煤气中的氨回收与否对氨生产与使用的平衡影响不大。不过，焦炉煤气中的氨必须脱除，因为氨易溶于水，焦炉煤气中的水蒸气冷凝时，冷凝液中必含氨。为保护大气和水体，含氨的水溶液不能随便排放；焦炉煤气中的氨与氰化氢、硫化氢化合，对管道和设备腐蚀严重；煤气中氨在燃烧时会生成氧化氮；氨在粗苯回收中能使洗油和水形成乳化物，影响油水分离等。为此，焦炉煤气中的氨含量不允许大于0.03g/m³。

目前，中国焦化厂回收煤气中氨的方法主要是生产硫酸铵，也有的焦化厂是用磷酸吸收氨，再加工成无水氨。过去有些小型焦化厂生产浓氨水，因氨易挥发损失，污染环境，产品运输困难，已被淘汰。

轻吡啶盐基的重要用途是做医药的原料和合成纤维的溶剂，在焦化厂粗轻吡啶盐基都是在生产硫酸铵的工艺中从硫酸铵母液中提取回收的。

第一节 硫酸吸收法回收煤气中的氨

一、硫酸铵的质量指标及特性

国家对硫酸铵的质量规定了严格的标准，各生产厂都必须认真执行，见表4-1。

硫酸铵的主要性质如下。

① 纯态的硫酸铵为无色长菱形结晶体，焦化厂生产的硫酸铵，因混有杂质而呈现浅的绿色、蓝色、灰色，多为片状、针状甚至粉末状结晶。

② 硫酸铵晶体的密度为1766kg/m³，含一定水分的硫酸铵的堆积密度取决于晶体颗粒的大小，一般波动在720～800kg/m³ 范围内。

③ 硫酸铵的结晶热为10.87kJ/mol。温度变化对溶解度影响不大，硫酸铵溶于水要

吸收热量。19.6℃时，1mol硫酸铵溶于1L水时要吸收热量8.36kJ。

表4-1 硫酸铵质量标准（GB 535—1995）

项目		指标		
		优等品	一等品	合格品
外观		白色结晶,无可见机械杂质	无可见机械杂质	无可见机械杂质
氮含量(干基)/%	≥	21.0	21.0	20.5
水分含量/%	≤	0.2	0.3	1.0
游离酸(以硫酸计)含量/%	≤	0.03	0.05	0.20
铁含量/%	≤	0.007	—	—
砷含量/%	≤	0.00005	—	—
重金属(以铅计)含量/%	≤	0.005	—	—
水不溶物含量/%	≤	0.01	—	—

注：硫酸铵用于农业时可不检验铁、砷、重金属和水不溶物含量等指标。

④ 硫酸铵的结晶区位于硫酸含量较低的区域，当温度为60℃时，硫酸含量小于18.5%时，才有可能得到固体硫酸铵；当高于39.9%时，得到的完全是NH_4HSO_4；当硫酸的含量为18.5%～39.9%时得到的也主要是NH_4HSO_4。

⑤ 硫酸铵易吸潮结块。硫酸铵是一种强酸弱碱盐，具有一定酸性，农田长期施用硫酸铵，会使土质逐渐酸化；硫酸根易与土壤中的钙、镁等离子生成硫酸盐残留于土壤中，使土壤板结，因此硫酸铵适用于碱性和中性土壤。

⑥ 硫酸铵易溶于水，其水溶液呈弱酸性，1%的溶液pH值为5.7。硫酸铵溶于水时要吸收热量，每溶解1kg硫酸铵吸收热量约63kJ。其溶解度如表4-2所示。

表4-2 不同温度下硫酸铵在水中的溶解度

温度/℃	在1kg水中硫酸铵的溶解量/g	硫酸铵在饱和溶液中的含量		饱和溶液液面上的蒸气压/kPa
		1kg溶液/g	1L溶液/g	
30	781	438	540	0.247
40	812	448	555	0.425
50	843	457	570	0.705
60	874	466	585	1.177
70	905	475	600	1.716
80	941	485	615	2.550
100	1020	505	645	5.394
108.6	1060	515	655	7.453

二、原料性质

1. 氨的性质

在常温常压下，氨是无色、有强烈刺激性气味的气体，密度为0.771kg/m³，比空气密度小。氨容易液化，在常压下冷却至−35℃或在常温下加压至11.2MPa时气态氨就液化成无色透明液体。氨为易溶于水的气体，其水溶液呈碱性。

氨是一种重要的化工产品，是生产氮肥、制造硝酸和铵盐等化工产品的重要原料。

2. 硫酸铵生产的原料和产品

用硫酸吸收煤气中的氨即可反应生成硫酸铵。焦化厂所用的硫酸，有的厂是自产，有的则由硫酸厂供应。75%～98%硫酸的主要物理性质见表4-3。

根据国家规定的硫酸铵质量标准（表4-1），硫酸铵中氮含量（干基）≥21%，水分含量≤0.2%，游离酸（以硫酸计）含量≤0.03%可以得知，硫酸铵产品中几乎全部是$(NH_4)_2SO_4$结晶；而NH_3与H_2SO_4反应，在温度60℃的母液中，只有游离硫酸小于18.5%才有可能得到固体硫酸铵，实际生产中为得到$(NH_4)_2SO_4$结晶，母液中游离硫酸含量在5%左右。特别应该指出的是：在硫酸制造和使用过程中，不同浓度的硫酸在不同温度范围，对设备、管路材质腐蚀性的变化是很大的。例如，65%～80% H_2SO_4以及92%～98%H_2SO_4在常温下可用碳钢材质制造的设备，而在生产硫酸铵的生产条件下，必须用衬铅或耐酸瓷砖或不锈耐酸钢（00Cr17Ni14Mo2）等作为防腐材质。通常焦化厂自产硫酸浓度75%左右，硫酸厂则生产92%～93%或98%硫酸。无论采用哪种硫酸，加入反应器（饱和器或吸收塔）之前，都要加水或母液进行稀释；还要注意的是：稀释过程是放热的；稀释的方法是将硫酸缓缓注入水面下，不许将水倾入硫酸中。

表4-3　硫酸的物理性质

$w(H_2SO_4)$/%	密度(20℃)/(kg/m³)	结晶点/℃	沸点/℃	黏度(20℃)/×10³Pa·s	$w(H_2SO_4)$/%	密度(20℃)/(kg/m³)	结晶点/℃	沸点/℃	黏度(20℃)/×10³Pa·s
75	1669.2	−41.0	179	13.9	87	1795.1	+4.1	239.0	—
76	1681.0	−28.1	182.7	—	88	1802.2	+0.5	245.5	23.5
77	1692.7	−19.4	186.2	—	89	1808.7	−4.3	255.1	23.3
78	1704.3	−13.6	190.1	—	90	1814.4	−10.2	258.9	23.1
79	1715.8	−3.2	194.1	—	91	1819.5	−17.3	266.9	23.0
80	1727.2	−3.0	200.2	23.2	92	1824.0	−25.6	274.7	23.05
81	1738.3	+1.5	205.2	—	93	1827.9	−35.0	282.6	23.1
82	1749.1	+4.8	210.4	23.6	94	1831.2	−30.8	291.4	23.2
83	1759.4	+7.0	215.7	—	95	1833.7	−21.8	301.3	23.4
84	1769.3	+8.0	221.3	23.7	96	1835.5	−13.6	311.5	23.9
85	1778.6	+7.9	227.1	23.7	97	1836.3	−6.3	322.0	24.8
86	1787.2	+6.6	233.0	23.6	98	1836.5	+0.1	322.4	25.8

三、硫酸铵生产方法和生产原理

1. 硫酸铵生产的方法

用硫酸吸收焦炉煤气中的氨生产硫酸铵按煤气中氨与硫酸母液接触的方式不同分为三种：半直接法、间接法和直接法，其中应用最广泛的是半直接法。

半直接法：将焦炉煤气首先冷却至25～35℃，经鼓风机加压后，再经电捕焦油器除去煤焦油雾，然后进入硫酸铵饱和器内与硫酸母液充分接触生成硫酸铵，同时将初冷时生产的剩余氨水进行蒸馏，蒸出的氨也通入饱和器内与硫酸接触，氨被硫酸吸收生成硫酸铵。此法工艺过程简单，生产成本低，在国内外焦化厂已得到广泛应用。通常人们所说的饱和器法生产硫酸铵就是这种方法。

间接法：经初冷器后的煤气在洗氨塔内用水洗氨，将得到的稀氨水与冷凝工段来的剩余氨水一起送入蒸氨塔蒸馏，蒸出的氨气全部进入饱和器被硫酸吸收生成硫酸铵。这种方法得到的硫酸铵质量好，但要消耗大量的蒸汽，而且蒸馏设备较庞大，生产上应用受到一定的限制，中国个别焦化厂配合煤气脱硫已采用此法，并在负压下回收工艺系统中生产出了高质量的硫酸铵。

直接法：由集气管来的焦炉煤气经初冷器冷却到60～70℃，进入电捕焦油器除去煤焦油雾。然后进入饱和器，煤气中的氨被硫酸吸收而生成硫酸铵。煤气离开饱和器后，再冷却到适宜的温度进入鼓风机。此法在初冷器得到的冷凝氨水正好全部补充到循环氨水中，由于没有剩余氨水产生，因而可省去蒸氨设备和节省能量。但由于处于负压状态下的设备太多，要求设备性能好，在生产上不够安全，故在工业生产上暂未被采用。

硫酸铵生产按采用的设备不同有饱和器法和酸洗塔法。饱和器法是生产硫酸铵的主要方法，过去多用鼓泡式饱和器，现在新建和改建焦化厂多用喷淋式饱和器。

2. 硫酸铵生产的原理

(1) 硫酸铵生成的化学原理　氨与硫酸发生的中和反应为：

$$2NH_3+H_2SO_4 \longrightarrow (NH_4)_2SO_4 \quad \Delta H=-275kJ/mol$$

上述反应是不可逆放热反应，当用硫酸吸收煤气中的氨时，实际的热效应较小。通过实验得知，如氨和游离酸度为7.8%的硫酸饱和母液相互作用时，其反应热效应为：

温度/℃	47.4	66.3	76.1
硫酸铵热效应/(kJ/mol)	240.9	245.9	249.2

用适量的硫酸和氨进行反应时，生成的是中式盐 $(NH_4)_2SO_4$，当硫酸过量时，则生成酸式盐 NH_4HSO_4，其反应为：

$$NH_3+H_2SO_4 \xrightarrow{\text{酸过量}} NH_4HSO_4 \quad \Delta H=-165kJ/mol$$

随溶液吸氨量增加，酸式盐又可转变为中式盐：

$$NH_4HSO_4+NH_3 \longrightarrow (NH_4)_2SO_4$$

溶液中酸式盐和中式盐的比例取决于母液中游离硫酸的含量，这种含量以质量分数表示，称之为酸度。当酸度为1%～2%时，主要生成中式盐。酸度升高时，酸式盐的含量也随之提高。

饱和器中同时存在两种盐时，由于酸式盐较中式盐易溶于水或稀硫酸中，故在酸度不大的情况下，从饱和溶液中析出的只有硫酸铵结晶。

由硫酸铵和硫酸氢铵在不同含量的硫酸溶液（60℃）内的溶解度比较可知，在酸度小于19%时，析出的固体结晶为硫酸铵；当酸度大于19%而小于34%时，则析出的是硫酸铵和硫酸氢铵两种盐的混合物；当酸度大于34%时，得到的固体结晶全为硫酸氢铵。

饱和器中被硫酸铵和硫酸氢铵所饱和的硫酸溶液称为母液。正常生产情况下母液的大致规格为：

密度/(kg/L)	1.275～1.30	$w[(NH_4)_2SO_4]$/%	40～60
游离硫酸含量/%	4～6	$w(NH_4HSO_4)$/%	10～15
NH_3 含量/(g/L)	150～180		

母液的密度是随母液的酸度增加而增大的。

(2) 硫酸铵生成的结晶原理　在饱和器内硫酸铵形成晶体需经过两个阶段：第一阶段是在母液中细小的结晶中心——晶核的形成；第二阶段是晶核（或小晶体）的长大。通常晶核的形成和长大是同时进行的。在一定的结晶条件下，若晶核形成速率大于晶体成长速率，当达到固液平衡时，得到的硫酸铵晶体粒度较小；反之，则可得到大颗粒结晶体。显然，如能控制这两种速率，便可控制产品硫酸铵的粒度。

溶液的过饱和度既是硫酸铵分子由液相向结晶表面扩散的推动力，也是硫酸铵晶核生成的推动力。当溶液的过饱和度低时，这两个过程都进行得很慢，晶核生成的速率相对更慢一些，故可得到大颗粒硫酸铵。当过饱和度过大时，这两个过程进行得较快，硫酸铵晶核生成的速率要更快一些，因而得到的是小颗粒硫酸铵。因此，为了制得大颗粒硫酸铵，必须控制溶液的过饱和度在一定范围内，并且要控制足够长的结晶时间使晶体长大。图 4-1 表示了晶核在溶液中自发形成与溶液温度、浓度之间的关系。

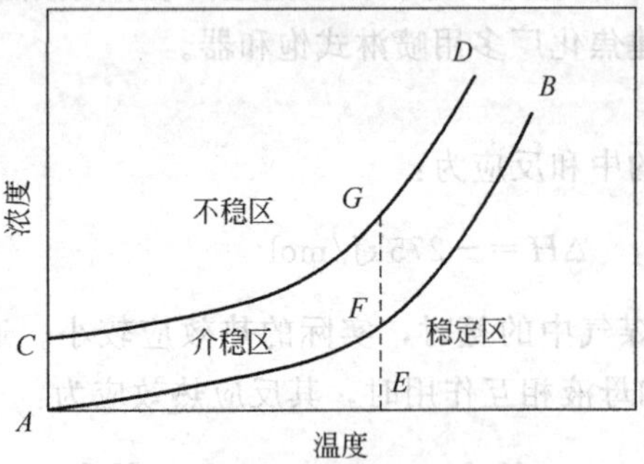

图 4-1　溶液温度、浓度和结晶过程之间的关系

AB—溶解度曲线；*CD*—超溶解度曲线

由图 4-1 可见，*AB* 溶解度曲线与 *CD* 超溶解度曲线大致平行。在 *AB* 曲线的右下侧，因溶液未达到饱和，在此区域内不会有硫酸铵晶核形成，称之为稳定区或不饱和区。在 *CD* 线的左上侧为不稳区，此区域内能自发形成大量晶核。在饱和器内，母液温度可认为是不变的。*AB* 与 *CD* 间区域称为介稳区，在此区域内，晶核不能自发形成。如母液原浓度为 *E*，由于连续进行的中和反应，母液中硫酸铵分子不断增多，其浓度逐渐增至 *F*，硫酸铵达到饱和。此时理论上可以形成结晶，但实际上还缺乏必要的过饱和度而无晶核形成。当母液浓度提高到介稳区时，溶液虽已处于过饱和状态，但在无晶种的情况下，仍形不成晶核。只有当母液浓度提高至 *G* 点后才能形成大量晶核，母液浓度也随之降至饱和点 *F*。在上述过程中，晶核的生成速率远比其成长速率大，因而所得晶体很小。在饱和器刚开工生产和在大加酸后易出现这种情况。

实际生产中，母液中总有细小结晶和微量杂质存在，即存在着晶种，此时晶核形成所需的过饱和度远较无晶核时为低，因此在介稳区内，主要是晶体在长大，同时亦有新晶核形成。因此，为生产粒度较大的硫酸铵结晶，必须控制适宜的过饱和度使母液处于介稳区内。

硫酸铵晶体长大的过程属于硫酸铵分子由液相向固相扩散的过程，其长大的推动力由溶液的过饱和度决定，扩散阻力主要是晶体表面上的液膜阻力。故增大溶液的过饱和度和减少扩散阻力，均有利于晶体的长大。但考虑到过饱和度高会促使晶核形成速率过大，所以溶液过饱和度必须控制在较小的（介稳区）范围内。

正常操作条件下，硫酸铵结晶的介稳区很小。对酸度为 5% 的硫酸铵溶液的过饱和度，在搅拌情况下所得的实验数据如图 4-2 所示。由图可见，母液的结晶温度比其饱和温度平均降低 3.4℃。在温度为 30～70℃的范围内，温度每变化 1℃时，盐的溶解度约变化 0.09%。所以，溶液的过饱和程度即为 0.09%×3.4＝0.306%。也就是说，在母液内结晶的生成区域（即介稳区）是很小的。在控制介稳区很小的情况下，当母液中结晶的生成速率与反应生成的硫酸铵量相平衡时，晶核的生成量最少，即可得到大的结晶颗粒。

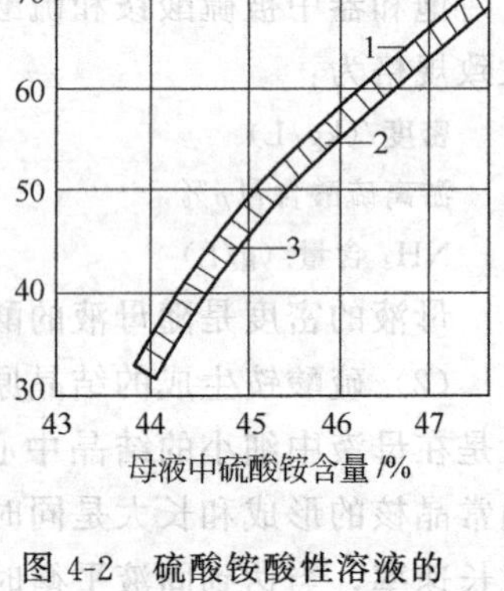

图 4-2　硫酸铵酸性溶液的过饱和度（酸度 5%）

1—饱和线；2—过饱和线；3—结晶成长区

四、影响硫酸铵结晶的因素及控制

优质硫酸铵要求结晶颗粒大，色泽好，含杂质少。这主要取决于硫酸铵结晶生成和成长的环境以及各工艺物流的洁净程度。

1. 母液酸度对硫酸铵结晶的影响

母液酸度在氨吸收设备内主要影响硫酸铵结晶的粒度和氨与吡啶盐基的回收率。母液酸度对硫酸铵结晶成长有一定影响，随着母液酸度的提高，结晶平均粒度下降，晶形也从多面颗粒转变为有胶结趋势的细长六角棱柱形，甚至成针状。这是因为当其他条件不变时，母液的介稳区随着酸度增加而减小，不能保持所必需的过饱和度所致。同时，随着酸度提高，母液黏度增大，增加了硫酸铵分子扩散阻力，阻碍了晶体正常成长。但是，母液酸度也不宜过低。否则，除使氨和吡啶的吸收率下降外，还易造成饱和器堵塞。特别是当母液搅拌不充分或酸度发生波动时，可能在母液中出现局部中性区甚至碱性区，从而导致母液中的铁、铝离子形成 $Fe(OH)_3$ 及 $Al(OH)_3$ 等沉淀，进而生成亚铁氰化物，使晶体着色并阻碍晶体的成长。当酸度低于 3.5%时，因母液密度下降，易产生泡沫，使操作条件恶化，生产实践表明，母液适宜酸度因采用工艺不同而异：鼓泡式饱和器正常操作时酸度保持在 4%～6%是较合适的，喷淋式饱和器正常操作时酸度保持在 3%～4%是较合适的，酸洗塔正常操作时酸度保持在 2.5%～3%是较合适的。

2. 温度和浓度对硫酸铵结晶的影响

控制母液浓度于“介稳区”内可制取大颗粒的结晶。由图 4-2 可见，在一定的酸度下，“介稳区”随温度和浓度的变化而变化，若温度升高介稳区所对应的母液中硫酸铵也相应升高，反之亦然。

试验表明，随着母液温度的升高，使母液内硫酸铵的介稳区维持在较高的范围内，结晶的成长速率显著加快，有利于获得大颗粒结晶，并且有利于形成较好的晶型。同时，由于晶体体积增长速度加快，就可把溶液的过饱和度控制在较小范围之内，从而减少了大量形成晶核的出现。但是温度也不宜过高。温度过高时，虽能使母液黏度降低，增加了硫酸铵分子向晶体表面的扩散速率，有利于结晶体长大，但也容易因温度波动而造成过高的过饱和度，易形成大量晶核，而得不到较理想的硫酸铵结晶体。因此，母液温度过高或过低都不利于硫酸铵晶体成长。更重要的是，在实际生产中，饱和器内母液的温度要按保持饱和器的水平衡来确定，为此，一般将饱和器内母液温度控制在 50～55℃（不生产粗轻吡啶）或 55～60℃（生产粗轻吡啶）。

不过，实际生产中可变因素较多，例如进饱和器的煤气温度、氨气的流量和速度、硫酸和水的比例等都可能导致维持水平衡的温度与获得大颗粒结晶的温度不一致的矛盾。高水平的操作人员和管理者，就是要善于预先判断，并做出适宜的调整方案。

3. 母液的搅拌对硫酸铵结晶的影响

搅拌的目的在于使母液酸度、浓度、温度均匀，使硫酸铵结晶在母液中呈悬浮状态，延长在母液中停留时间，这样有利于硫酸铵分子向结晶表面扩散，对生产大颗粒硫酸铵是有利的，另外也起到减轻氨吸收设备堵塞的作用。中国的焦化厂广泛采用母液循环进行搅拌，几种方法母液循环量见表 4-4。

表 4-4 母液循环量

指标	方法		
	鼓泡式饱和器	喷淋式饱和器	酸洗塔
对煤气的液气比/(L/m³)	2～3.8	15	6
对结晶系统的循环量/结晶抽出(或供给)量	8	41.6	145

4. 晶比对硫酸铵结晶的影响

悬浮于母液中的硫酸铵结晶的体积对母液与结晶总体积的比，称为晶比。饱和器中晶比的大小对硫酸铵粒度、母液中氨饱和量和氨损失量都有直接影响。晶比太大，相应减少氨与硫酸反应所需的容积，不利于氨的吸收；并使母液搅拌阻力加大，导致搅拌不良；同时晶比过大，结晶间的摩擦机会增多，大颗粒结晶破裂成小粒晶体；并且晶比太大也会使堵塞情况加剧。晶比太小则不利于结晶的长大。因此，母液中必须控制一定的晶比，以利于得到大颗粒硫酸铵。为了控制晶比，最好在结晶泵出口管与结晶槽回流管间增设旁通管，用来调节饱和器内保持适宜的晶比。

一般鼓泡式饱和器晶比保持在40%～50%，喷淋式饱和器晶比保持30%～40%。酸洗塔法结晶器中平均母液结晶质量浓度在45%～50%。

5. 杂质对硫酸铵结晶的影响

母液中含有可溶性和不溶性杂质。硫酸铵母液内杂质的种类和含量，取决于硫酸铵生产工艺流程、硫酸质量、工业用水质量、脱吡啶母液的处理程度、设备腐蚀情况及操作条件等。母液中含有的可溶性杂质主要有铁、铝、铜、铅、锑、砷等各种盐类，可溶性杂质多半来自 H_2SO_4、腐蚀设备或工业水带入，它们的离子吸附在硫酸铵结晶的表面，遮盖了结晶表面的活性区域，促使结晶成长缓慢；有时由于杂质在一定晶面上的选择吸附，以致形成细小畸形颗粒。此外，随煤气带入的煤焦油雾，有时也会与母液形成稳定的乳浊液附着在晶体表面，阻止晶体的成长。

不溶性杂质主要是煤气带入饱和器的煤焦油雾、煤尘及在吡啶中和器中生成的铁氰铬盐泥渣。这些杂质既阻碍硫酸铵结晶长大，又使硫酸铵着色。

例如在无添加物时形成的晶型是由偏六方形棱面和锥面复合组成的，具有较好的强度。当母液中含有 Na^+ 时，所形成的晶体也有较好的强度。当母液中含有 Al^{3+} 及 Fe^{3+} 时，则生成细长片状晶体，这种晶体在生产过程中会被大量破碎，致使成品硫酸铵的粒度大为减小。

母液中的金属离子对硫酸铵晶体成长的速率会有较大影响。Fe^{3+} 的影响最大，即使在母液中含量极少，也会使晶体成长的速率显著下降。

母液中的杂质不仅影响硫酸铵晶体的成长和晶型，而且还使在单位时间内晶体体积总增长量小于同一时间内在饱和器中形成的硫酸铵量，引起母液的过饱和程度增加，这不仅使硫酸铵晶体强度降低，同时还会形成大量针状晶核，迅速充满溶液中，破坏正常操作。

当回收粗轻吡啶时，在吡啶装置中生成的铁氰配合物的泥渣等也会随脱吡啶母液带回饱和器中。这种泥渣在酸性介质中会形成各种稳定化合物，并附着在结晶表面上，使之带色。如 $Al_4[Fe(CN)_6]$ 是浅棕色沉淀；$Cu_2[Fe(CN)_6]$ 是棕红色沉淀；$(NH_4)_2Fe[Fe(CN)_6]$ 虽是白色沉淀，遇空气即呈蓝色。当操作不当出现局部碱性区时，$Fe(OH)_3$ 和 $Al(OH)_3$ 的棕色胶体随之生成。母液中的砷与煤气中的硫化氢会形成胶体硫化砷，也不利晶体成长。

综上所述，在硫酸铵生产中，必须采取有效措施，减少母液中杂质，才能得到色泽和晶型较好、粒度较大的硫酸铵产品。为提高硫酸铵质量，除要求外工序保证煤气、硫酸及工业用水质量以及各操作指标稳定外，本工序也可进行母液净化处理，一般可采用以下三种方法。

① 直接澄清法。由吡啶装置来的母液进入澄清槽，澄清后进入酸化槽，然后用泵打入饱和器中。此法特点是母液中的泥渣在碱性条件下沉淀析出，而使母液得到净化，澄清槽内母液温度控制在92～98℃较为适宜。

② 化学法。母液中加入特定化学试剂使有害杂质变成无害或危害较小的物质。

③ 往母液中加入某些化学试剂扩大溶液介稳区或改善结晶条件。

五、硫酸铵生产工艺流程

1. 饱和器法硫酸铵生产工艺流程

喷淋式饱和器法生产硫酸铵工艺流程如图 4-3 所示。

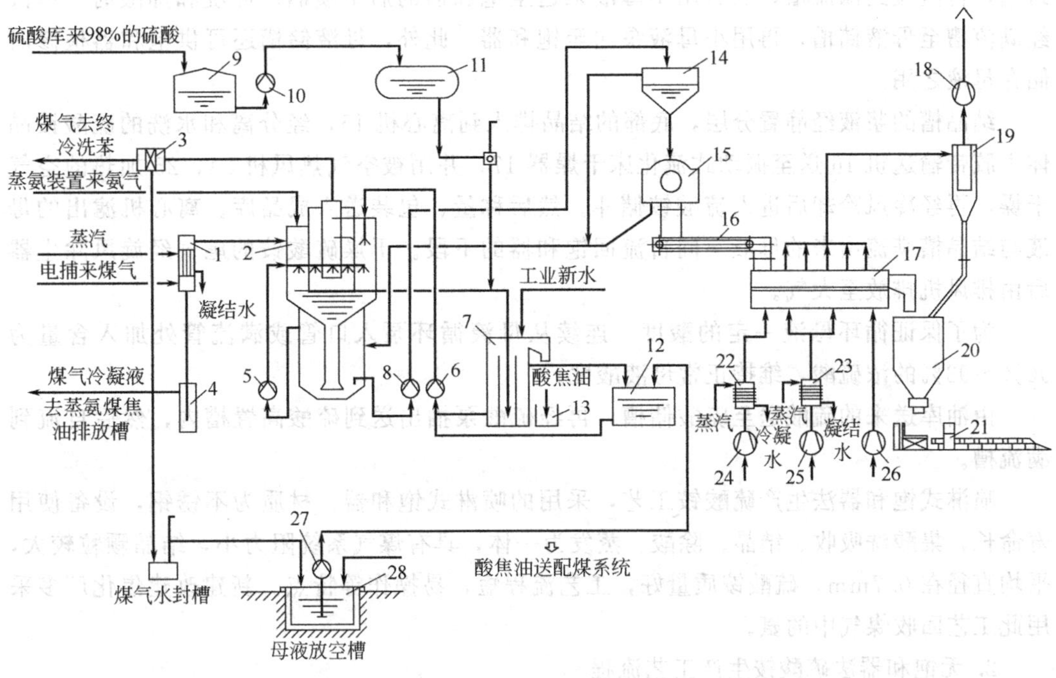

图 4-3 喷淋式饱和器法生产硫酸铵工艺流程

1—煤气预热器；2—喷淋式饱和器；3—捕雾器；4—煤气水封槽；5—母液循环泵；6—小母液循环泵；7—满流槽；8—结晶泵；9—硫酸储槽；10—硫酸泵；11—硫酸高位槽；12—母液储槽；13—渣箱；14—结晶槽；15—离心机；16—胶带输送机；17—振动式流化床干燥器；18—尾气引风机；19—旋风除尘器；20—硫酸铵储斗；21—称重包装机；22，23—空气热风器；24，25—空气热风机；26—空气冷风机；27—自吸泵；28—母液放空槽

喷淋式饱和器分为上段和下段，上段为吸收室，下段为结晶室。

由脱硫工序来的煤气经煤气预热器预热至60～70℃或更高温度，目的是为了保持饱和器水平衡。

煤气预热后，进入喷淋式饱和器 2 的上段，分成两股沿饱和器水平方向沿环形室做环形流动，每股煤气均经过数个喷头用含游离酸量3.5%～4%的循环母液喷洒，以吸收煤气中的氨，然后两股煤气汇成一股进入饱和器的后室，用来自小母液循环泵6（也称二次喷洒泵）的母液进行二次喷洒，以进一步除去煤气中的氨。煤气再以切线方向进入饱和器内的除酸器，除去煤气中夹带的酸雾液滴，从上部中心出口管离开饱和器再经捕雾器3捕集下煤气中的微量酸雾后到终冷洗苯工段。喷淋式饱和器后煤气含氨一般小于0.05g/m³。

饱和器的上段与下段以降液管联通。喷洒吸收氨后的母液从降液管流到结晶室的底部，在此晶核被饱和母液推动向上运动，不断地搅拌母液，使硫酸铵晶核长大，并引起颗粒分级。用结晶泵将其底部的浆液送至结晶槽14。含有小颗粒的母液上升至结晶室的上部，母液循环泵从结晶室上部将母液抽出，送往饱和器上段两组喷洒箱内进行循环喷洒，使母液在上段与下段之间不断循环。

饱和器的上段设满流管，保持液面并封住煤气，使煤气不能进入下段。满流管插入满流槽7中也封住煤气，使煤气不能外逸。饱和器满流口溢出的母液流入满流槽内的液封槽，再溢流到满流槽，然后用小母液泵送至饱和器的后室喷洒。冲洗和加酸时，母液经满流槽至母液储槽，再用小母液泵送至饱和器。此外，母液储槽还可供饱和器检修时储存母液之用。

结晶槽的浆液经静置分层，底部的结晶排入到离心机15，经分离和水洗的硫酸铵晶体由胶带输送机16送至振动式流化床干燥器17，并用被空气热风机24、25加热的空气干燥，再经冷风冷却后进入硫酸铵储斗。然后称量、包装送入成品库。离心机滤出的母液与结晶槽满流出来的母液一同自流回饱和器的下段。干燥硫酸铵的尾气经旋风除尘器后由排风机排放至大气。

为了保证循环母液一定的酸度，连续从母液循环泵入口管或满流管处加入含量为90%～93%的浓硫酸，维持正常母液酸度。

由油库送来的硫酸送至硫酸储槽，再经硫酸泵抽出送到硫酸高置槽内，然后自流到满流槽。

喷淋式饱和器法生产硫酸铵工艺，采用的喷淋式饱和器，材质为不锈钢，设备使用寿命长，集酸洗吸收、结晶、除酸、蒸发为一体，具有煤气系统阻力小，结晶颗粒较大，平均直径在0.7mm，硫酸铵质量好，工艺流程短，易操作等特点。新建改建焦化厂多采用此工艺回收煤气中的氨。

2. 无饱和器法硫酸铵生产工艺流程

无饱和器法生产硫酸铵的工艺，从生产设备上看，用不饱和的酸性母液作为吸收液，采用吸收塔（也称酸洗塔）代替饱和器，在酸洗塔内生成硫酸铵。硫酸铵结晶过程在单独的真空蒸发设备中进行，所生产的硫酸铵结晶颗粒大，平均直径在1.0mm以上。这种生产硫酸铵的方法称之为无饱和器法，即酸洗塔法。酸洗塔法生产硫酸铵的工艺流程如图4-4所示。

由脱硫塔来的煤气与蒸氨工段来的氨气一同进入空喷酸洗塔1下段，煤气入口处及下段用酸度为2%～3%的循环硫酸铵母液进行喷洒。酸洗塔下段设有四个不同高度的单喷头喷洒母液，煤气中的大部分氨在此被硫酸吸收。此段得到的硫酸铵含量约为40%，尚未达到饱和，这样可使蒸发水分所耗的蒸汽量较小，又可防止堵塞设备。煤气进入第二段后，受到五个不同高度单喷头的硫酸铵母液喷洒，在此段喷洒的母液酸度为3%～

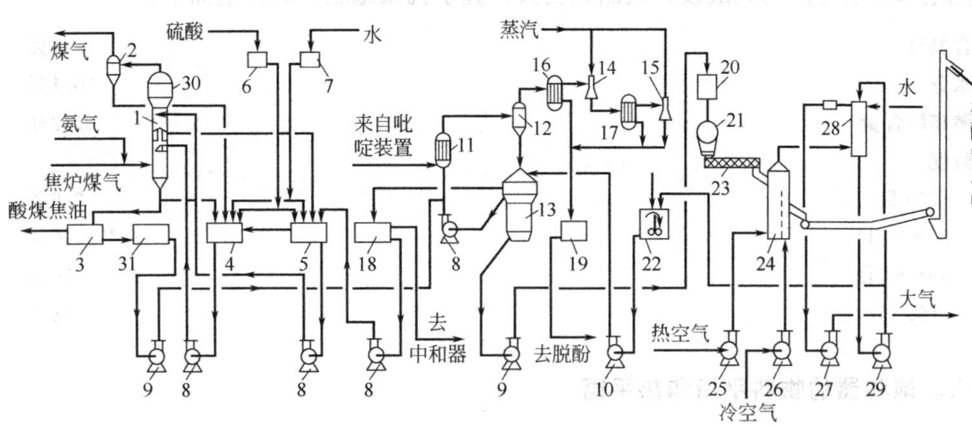

图 4-4　酸洗塔法生产硫酸铵的工艺流程

1—空喷酸洗塔；2—旋风除酸器；3—酸焦油分离槽；4—下段母液循环槽；5—上段母液循环槽；6—硫酸高位槽；7—水高位槽；8—循环母液泵；9—结晶泵；10—滤液泵；11—母液加热器；12—真空蒸发器；13—结晶器；14，15—第一及第二蒸汽喷射器；16，17—第一及第二冷凝器；18—满流槽；19—热水池；20—供料槽；21—连续式离心机；22—滤液槽；23—螺旋输送器；24—干燥冷却器；25—干燥用送风机；26—冷却用送风机；27—排风机；28—净洗塔；29—泵；30—雾沫分离器；31—澄清槽

4%，用此母液来吸收煤气中剩余的氨及轻吡啶盐基。酸洗塔后煤气含氨低于 $0.1g/m^3$。如果上段母液酸度控制在10%，可使塔后煤气含氨量低于 $0.03g/m^3$。

从酸洗塔顶部出来的煤气经旋风除酸器 2 或经塔内顶部的雾沫分离器 30 脱除酸雾后送洗苯工序。

酸洗塔的上下两段各有独自的母液循环系统。下段来的母液，一部分先进入酸焦油分离槽 3，经分离煤焦油后去澄清槽 31；另一部分母液进入下段母液循环槽 4，由母液循环槽用泵送往酸洗塔下段进行喷洒，母液循环量可按 $1000m^3$ 煤气 $3.5m^3$ 计。由酸洗塔上段引出的母液经上段母液循环槽 5 用于上段喷洒，其循环喷洒量约为 $1000m^3$ 煤气 $2.6m^3$。循环母液中需要补充的硫酸由硫酸高位槽 6 补入。

澄清槽内母液用结晶泵 9 送往母液加热器 11，连同结晶器来的母液一起在加热器内加热至约 60℃后进入真空蒸发器 12。蒸发器内由两级蒸汽喷射器形成约 87kPa 的真空度，母液沸点降至 55～60℃。在此，母液因水分蒸发而得到浓缩，浓缩后的过饱和硫酸铵母液流入结晶器 13，结晶长大下沉，仅含少量细小结晶的母液用循环母液泵 8 送至加热器进行循环加热。由结晶器顶溢流的母液入满流槽 18 后泵回循环母液槽。

由蒸发器顶部引出的蒸汽在冷凝器 16 冷凝后，去生化脱酚装置处理。

结晶器内形成含硫酸铵达 70%以上的硫酸铵母液晶浆，用泵送至供料槽 20 后卸入连续式离心机 21 进行离心分离。分离母液经滤液槽 22 返回结晶器，硫酸铵结晶由螺旋输送机送至干燥冷却器 24，使之沸腾干燥并经管式间冷装置冷却，然后由胶带输送机送往仓库。由干燥冷却器排出的气体在洗净塔用水洗涤，部分洗液送入滤液槽，以补充母液蒸发所失去的水分。满流槽 18 上部引出的部分母液送往吡啶回收装置，已脱除吡啶并经净化的母液又返回结晶母液循环系统。

中和硫酸吡啶的氨气可由氨水蒸馏系统供给，也可以用液氨气化经氨气压缩机供给。使用液氨，可防止中性油等物质混入粗轻吡啶中。

无饱和器法生产的硫酸铵，结晶颗粒大，宜于机械施肥，其质量如下。

含氮量	>21%
水分	<0.1%
游离酸含量	<0.2%
粒度	
<30目	2.5%
30～40目	30%～40%
40～60目	50%
>60目	18%

六、饱和器的物料平衡和热平衡

进行饱和器的物料平衡和热平衡计算，对分析饱和器的操作和制定正常的操作制度具有重要意义。

通过氨平衡计算可以确定硫酸用量和硫酸铵产量；通过水平衡计算可以确定饱和器母液的适宜温度；通过热平衡计算可以确定饱和器操作过程是否需要补充热量，从而规定煤气预热温度或母液预热温度。举例计算如下：

焦炉干煤装入量/(t/h)	137	蒸氨塔废水含氨量/(g/L)	0.05
煤气发生量/(m^3/t 干煤)	340	每蒸馏 $1m^3$ 稀氨水用直接蒸汽量/kg	200
氨的产率/%	0.3	分凝器后氨气温度/℃	98
初冷器后煤气温度/℃	30	饱和器后煤气含氨量/(g/m^3)	0.03
剩余氨水量/(t/h)	13.85	硫酸质量分数/%	78
剩余氨水含氨量/(g/L)	3.5		

1. 氨的平衡及硫酸用量和硫酸铵产量的计算

煤气带入饱和器的氨量等于炼焦生成的总氨量与剩余氨水中总氨量之差（取剩余氨水密度为 $1t/m^3$）：

$$1000\times137\times0.3\%-13.85\times3.5=362.5\ (kg/h)$$

饱和器后随煤气带走的氨量：

$$\frac{340\times137\times0.03}{1000}=1.397\ (kg/h)$$

由蒸氨塔带入饱和器的氨量：

$$13.85\times3.5-13.85\times1.2\times0.05=47.6\ (kg/h)$$

饱和器内被硫酸吸收的氨量：

$$362.5+47.6-1.397=408.7\ (kg/h)$$

硫酸铵产量（干质量）：

$$408.7\times\frac{132}{2\times17}=1587\ (kg/h)$$

式中 132——硫酸铵的相对分子质量；

17——氨的相对分子质量。

含量为78%的硫酸消耗量：

$$408.7\times\frac{98}{2\times17\times0.78}=1510\ (kg/h)$$

式中　98——硫酸的相对分子质量。

氨损失率：$\frac{1.397+13.85\times1.2\times0.05}{1000\times137\times0.3\%}\times100\%=0.54\%$

2. 水平衡及母液温度的确定

为使饱和器母液不被稀释或浓缩，应使进入饱和器的水分全部呈蒸汽状态被煤气带走。由于煤气通过母液时速度太快，接触时间太短以及接触表面不足，所以饱和器蒸发水分能力很差。这就更加突出了饱和器维持水平衡的重要性。

(1) 带入饱和器的总水量

煤气带入的水量：

$$\frac{340\times137\times35.2}{1000}=1640\ (kg/h)$$

式中　35.2——30℃ $1m^3$ 干煤气被水汽饱和后其中水汽的质量，g。

氨气分凝器（也称分缩器）后氨气带入的水量：

$$\frac{47.6}{10\%}\times(1-10\%)=428.4\ (kg/h)$$

式中　10%——相当于分凝器后温度为98℃的氨气含量。

硫酸带入的水量：

$$1510\times(1-78\%)=332.2\ (kg/h)$$

洗涤硫酸铵水量：取硫酸铵量的8%，离心后硫酸铵含水2%，故带入的水量为：

$$1587\times\frac{8-2}{100}=95.2\ (kg/h)$$

冲洗饱和器和除酸器带入的水量：饱和器的酸洗和水洗是定期进行的，洗水量因各厂操作制度不同而异，现取平均200kg/h，则带入饱和器的总水量为：

$$1640+428.4+332.2+95.2+200\approx2696\ (kg/h)$$

(2) 饱和器出口煤气中的水蒸气分压　带入饱和器的总水量，均由煤气带走，则出饱和器的 $1m^3$ 煤气应带走的水量为：

$$\frac{2696}{340\times137}=0.0578\ (kg/m^3)=57.8\ (g/m^3)$$

相应地，$1m^3$ 煤气中水蒸气的体积为：

$$\frac{57.8\times22.4}{18\times1000}=0.0719\ (m^3)$$

混合气体中水汽所占的体积为：

$$\frac{0.0719}{1+0.0719}=6.71\%$$

取饱和器后煤气表压为11.77kPa，则水蒸气分压为：

$$(101.33+11.77)\times 6.71\%=7.59\ (\text{kPa})$$

（3）母液最低温度的确定　根据母液液面上的水蒸气分压等于煤气中的水蒸气分压，利用图4-13可直接查得。若使煤气带走这些水分，必须使母液液面上的水蒸气分压大于煤气中的水蒸气分压，使之产生蒸气推动力，即 $\Delta p=p_1-p_g$。此外，还由于煤气在饱和器中停留的时间短，不可能达到平衡，所以，实际上母液液面上的水蒸气分压应为：

$$p_1=Kp_g$$

式中，K 为平衡偏离系数，其值为1.3～1.5。当取1.5时，则 $p_1=1.5\times 7.59=11.385$kPa。

查图4-15得，当母液酸度为4%和8%时，与 $p_1=11.385$kPa 相对应的母液适宜温度分别为51℃及56℃；当酸度为6%时，可取其平均值为53.5℃。

在实际生产操作中，当吡啶装置不生产时，母液温度为50～55℃；当吡啶装置生产时，母液温度为55～60℃。

3. 热平衡及煤气预热温度的确定（热平衡以0℃为基准）

热平衡计算假定吡啶装置未投入生产。

（1）输入热量 $Q_入$

① 煤气带入的热量 Q_1

a. 干煤气带入的热量：

$$340\times 137\times 1.465t=68240t\ (\text{kJ/h})$$

式中　1.465——干煤气比热容，kJ/(m³·K)；

t——煤气预热温度，℃。

b. 水蒸气带入的热量：

$$1640\times(2491+1.834t)=4085240+3008t\ (\text{kJ/h})$$

式中　1.834——0～80℃间水蒸气比热容，kJ/(kg·K)；

2491——水在0℃时的蒸发热，kJ/kg。

c. 氨带入的热量：

$$362.5\times 2.106t=763t\ (\text{kJ/h})$$

式中　2.106——氨的比热容，kJ/(kg·K)。

煤气中所含的苯族烃、硫化氢等组分，含量少，在饱和器前后引起的热量变化甚微，故可忽略不计。又因吡啶装置未生产，吡啶盐基在饱和器中被吸收的极少，也不予考虑。

煤气带入饱和器的总量为：

$$Q_1=68240t+4085240+3008t+763t=4085240+72011t\ (\text{kJ/h})$$

② 氨气带入的热量 Q_2：

$$47.6\times 2.127\times 98=9922\ (\text{kJ/h})$$

式中　2.127——98℃时氨气的比热容，kJ/(kg·K)。

水蒸气带入的热量：

$$428.4\times(2491+1.84\times98)=1144393(\text{kJ/h})$$

式中　1.84——0～98℃间水蒸气比热容，kJ/(kg·K)。

$$Q_2=9922+1144393=1154315\ (\text{kJ/h})$$

③ 硫酸带入的热量 Q_3

$$Q_3=1510\times1.882\times20=56836\ (\text{kJ/h})$$

式中　1.882——质量分数为78%硫酸的比热容，kJ/(kg·K)。

④ 洗涤水带入的热量 Q_4

$$Q_4=(200+95.2)\times4.177\times60=73983\ (\text{kJ/h})$$

式中　4.177——60℃时水的比热容，kJ/(kg·K)。

⑤ 结晶槽回流母液带入的热量 Q_5

取回流母液温度为45℃，母液量为硫酸铵产量的10倍，则：

$$Q_5=1587\times10\times2.676\times45=1911065\ (\text{kJ/h})$$

式中　2.676——母液的比热容，kJ/(kg·K)。

⑥ 循环母液带入的热量 Q_6

取循环母液温度为50℃，母液量为硫酸铵产量的60倍，则：

$$Q_6=1587\times60\times2.676\times50=12740436\ (\text{kJ/h})$$

⑦ 化学反应热 Q_7

这部分热量包括硫酸稀释热、氨与硫酸的反应热、硫酸铵结晶热的总和。

a. 硫酸稀释热 q_3（由78%稀释到6%）

每1mol硫酸的稀释热可按下式计算：

$$q_1=74776\times\left(\frac{n_1}{1.7983+n_1}-\frac{n_2}{1.7983+n_2}\right)$$

式中　n_1、n_2——稀释后和稀释前水与酸的摩尔比。

$$n_1=\frac{\frac{94}{18}}{\frac{6}{98}}=85.3963\ (\text{硫酸含量为}6\%)$$

$$n_2=\frac{\frac{22}{18}}{\frac{78}{98}}=1.5356\ (\text{硫酸含量为}78\%)$$

则　$q_3=74776\times\left(\frac{85.3963}{1.7983+85.3963}-\frac{1.5356}{1.7983+1.5356}\right)\times\frac{1510\times78\%}{98}=83528\ (\text{kJ/h})$

b. 稀硫酸与氨气反应生成 $(NH_4)_2SO_4$ 水溶液的反应热 q_2

$$q_2=\frac{1587}{132}\times195524=2350732\ (\text{kJ/h})$$

式中　195524——稀硫酸与氨气反应生成 $(NH_4)_2SO_4$ 水溶液的反应热，J/mol $(NH_4)_2SO_4$。

c. 硫酸铵结晶热 q_3

$$q_3=\frac{1587}{132}\times10886=130879\ (\text{kJ/h})$$

式中　10886——硫酸铵结晶热，J/mol。

$$Q_7=2350732+130879+83528=2565139\ (\text{kJ/h})$$

总输入热量 $Q_入$：

$$Q_入=\sum_{i=1}^{7}Q_i=22587014+72011t\ (\text{kJ/h})$$

（2）输出热量 $Q_出$

① 煤气带出的热量 Q_1

a. 干煤气带出的热量

$$340\times137\times1.465\times55=3753184\ (\text{kJ/h})$$

b. 水蒸气带出的热量

$$2696\times(2491+1.834\times55)=6987682\ (\text{kJ/h})$$

$$Q_1=3753184+6987682=10740866\ (\text{kJ/h})$$

② 结晶母液带出的热量 Q_2

$$Q_2=1587\times(1+10)\times2.676\times55=2569321\ (\text{kJ/h})$$

③ 循环母液带出的热量 Q_3

$$Q_3=1587\times60\times2.676\times55=14014479\ (\text{kJ/h})$$

④ 饱和器散失的热量 Q_4

$$Q_4=aF(t_1-t_2)$$

式中　a——给热系数，取 20.9，kJ/(m² · h · K)；

F——饱和器表面积（当直径为 5m 时，$F\approx200\text{m}^2$）；

t_1——饱和器壁温度，取 45℃；

t_2——大气温度，取－20℃。

$$Q_4=20.9\times200\times(45+20)=271700\ (\text{kJ/h})$$

总输出热量 $Q_出$：

$$Q_出=\sum_{i=1}^{4}Q_i=27327383\ (\text{kJ/h})$$

根据热平衡关系，则：

$$22587014+72011t=27327383$$

所以

$$t=65.8℃$$

实际操作中煤气预热温度控制在 60～70℃。

在吡啶装置投入生产时，输入热量减少的项目有分凝器后的全部氨气带入的热量，分凝器后的全部氨气与硫酸的化学反应热，送往中和器的母液带出的热量。输入热量增加的项目是中和器回流母液量，约为送往中和器的母液量和氨气带入水汽量之和。故吡啶装置投入生产时，煤气预热温度一般为 70～80℃，母液温度比未生产吡啶时约高 5℃。

当所用硫酸含量为 92%～93%甚至 98%时（如流程图 4-4、图 4-5 所示），由于稀释热增大，而带入的水分减少，故有时煤气不经预热仍可维持饱和器水平衡。

七、硫酸铵生产的主要设备

1. 饱和器法生产硫酸铵的主要设备

(1) 饱和器　饱和器实际上是一带有化学反应的吸收器，同时又是结晶器，是从煤气中清除氨并生产硫酸铵最主要的设备，按煤气与硫酸母液接触的方式不同分为鼓泡式饱和器和喷淋式饱和器。鼓泡式饱和器由于煤气阻力大，硫酸铵结晶颗粒小，已经被淘汰。

喷淋式饱和器结构如图 4-5 所示。

喷淋式饱和器全部采用不锈钢制作，喷淋式饱和器由上部的喷淋（吸收）室与除酸器和下部的结晶室组成，体外有整体保温层。吸收室由本体、环形室、母液喷淋管组成。煤气进入吸收室后分成两股，在本体与内筒体间形成的环形室内流动，与喷淋管喷出的母液接触，然后两股汇成一股进到饱和器的后室，被喷洒管喷出的二次母液喷淋，进一步吸收煤气中的氨，再沿切线方向进入内筒体——内置除酸器，旋转向下进入内套筒，由顶部煤气出口排出。煤气阻力为 2～2.2kPa。外套筒与内套筒间形成旋风式除酸器，起到除去煤气中夹带的液滴的作用。在煤气入口和煤气出口间分隔成两个弧形分配箱，其内设置喷嘴数个，朝向煤气流。在吸收室的下部设有母液满流管，控制吸收室下部的液面，促使煤气由入口向出口在环形室内流动。吸收室以降液管与结晶室连通，循环母液通过降液管从结晶室的底部向上返，搅拌母液，硫酸铵晶核不断生成和长大，同时颗粒分级，最小颗粒升向顶部，从结晶室上部出口接到循环泵，大颗粒结晶从结晶室下部抽出。在煤气入口和煤气出口、结晶室上部设有温水喷淋装置，以清洗吸收室和结晶室。

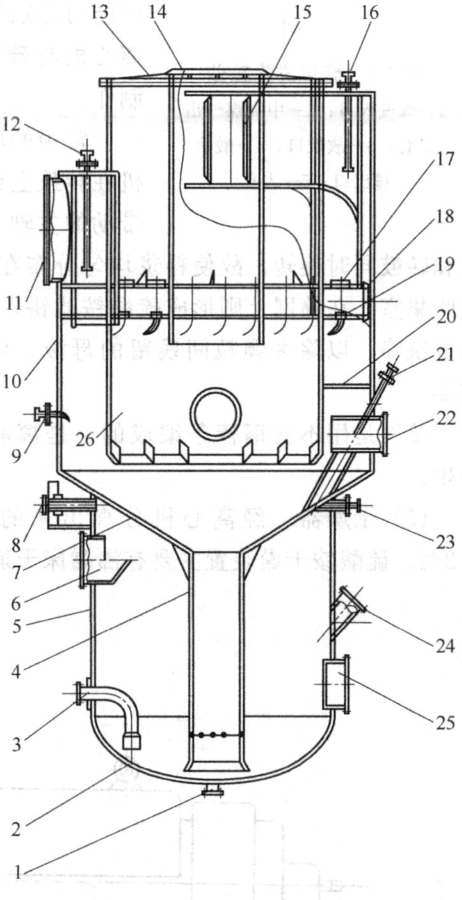

图 4-5　喷淋式饱和器结构图

1—放空口；2—椭圆形封头；3—结晶抽出管；4—降液管；5—下筒体；6—循环母液出口；7—锥体；8—煤焦油出口；9—温水入口管；10—外筒体；11—煤气入口；12—温水入口；13—筋板；14—煤气出口；15—筋板；16—母液喷淋管；17—手孔；18—循环母液入口管；19—母液喷洒管；20—挡板；21—温水入口；22—满流口；23—温水入口；24—母液回流口；25—人孔；26—内筒体

(2) 除酸器　除酸器的作用是捕集饱和器后煤气所夹带的酸滴。喷淋式饱和器采用内置式除酸器，除酸器有挡板式及旋风式两种，后者应用较广泛。旋风式除酸器结构见图 4-6，由钢板焊制而成，内壁衬以耐酸砖或酚醛玻璃钢作防腐层，中央煤气出口管内外表面以铅做保护层，也可全用酚醛玻璃钢制造。煤气以切线方向进入除酸器，做旋转运动，在离心力作

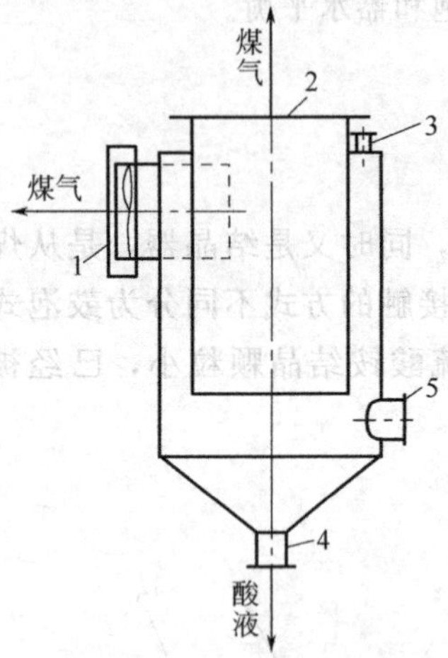

图 4-6 旋风式除酸器

1—煤气入口；2—中央煤气出口管；3—放散口；4—酸液排出口；5—人孔

用下，煤气与酸滴分离，煤气由中央煤气出口管引出，酸液由器底出口排出。煤气入口流速不低于25m/s，出口流速4～8m/s，旋风式除酸器阻力一般为300～500Pa，常用旋风式除酸器直径有2000mm和3000mm两种。

(3) 煤气预热器　煤气预热器常用单程列管式换热器，煤气走管内，管外通蒸汽。按设计定额，每1000m^3/h煤气需加热面积3m^2，所消耗蒸汽量14kg。煤气经过预热器阻力一般为294～490Pa。

(4) 离心机　国内各厂多采用连续式离心机来分离母液中的硫酸铵结晶。连续离心机有单级和双级两种，其生产能力分别为2～3t/h和5～7t/h。因硫酸铵晶浆酸性强，离心机与硫酸铵晶浆接触的各种零部件均用不锈耐酸钢制作。

常用的单级卧式活塞推料离心机结构如图4-7所示，该机在转鼓上留有许多孔眼，内装有长缝筛网固定在电动机带动的主轴上，硫酸铵料浆经加料管进入布料圆锥。由于它和转鼓同时旋转，故使料浆均匀分布在筛网上，在离心力的作用下，母液经筛网入滤液收集室，在筛网上则形成硫酸铵滤饼，被推料器推到转鼓边缘时，用洗水管喷出热水加以洗涤，以除去颗粒间残留的母液，硫酸铵再进入干燥器。洗水和滤液一起返回饱和器。

筛网是用不锈钢棒条编成的，是离心机最易损坏的部件。筛网损坏后可以调换和再生。

(5) 干燥器　经离心机分离出来的硫酸铵含水分约为2%，经干燥后应不大于0.2%。硫酸铵干燥装置主要有沸腾床干燥器和振动式流化床干燥器两种。

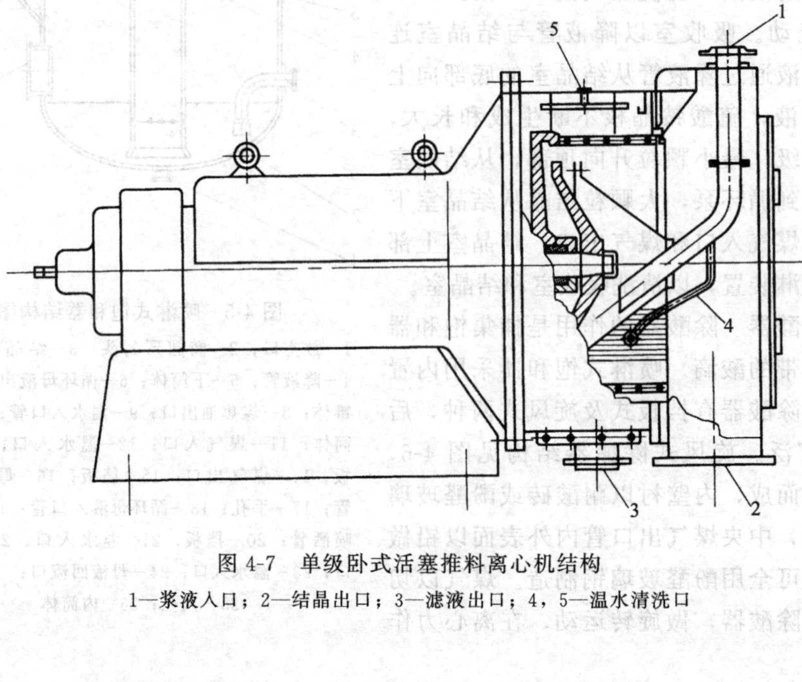

图 4-7 单级卧式活塞推料离心机结构

1—浆液入口；2—结晶出口；3—滤液出口；4，5—温水清洗口

① 沸腾床干燥器。沸腾床干燥器具有体积小、干燥速度快、生产能力大、容积干燥能力大、操作简单等优点，因此，得到广泛应用。其结构如图 4-8 所示。沸腾床干燥器为圆筒形，上部为扩大部分。器内有带孔的气体分布板，其上部装有六角形风帽，在风帽之间铺着一层与风帽同高直径为 20mm 的石英块，风帽数量因设备大小而定，要保证热风能均匀喷出并使硫酸铵颗粒达到良好沸腾状态。对处理能力为 3t/h 硫酸铵的沸腾干燥器，前室装 39 个风帽，后室装 228 个风帽，每个风帽上钻有 6 个 ϕ6mm 的孔眼。

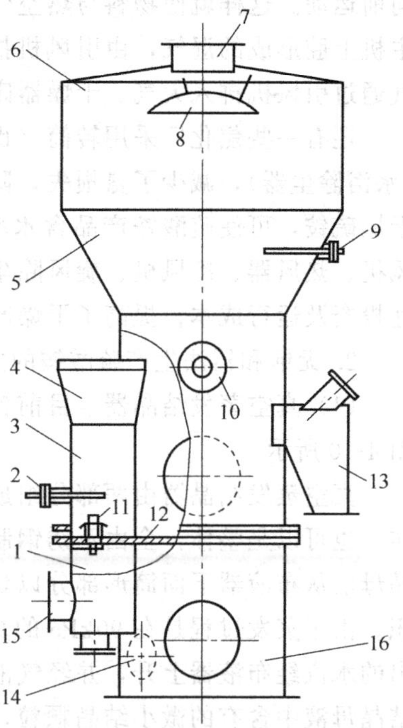

图 4-8 硫酸铵沸腾床干燥器

1—加热前室下部；2,9—温度计套管；3—加热前室上部；4—加料斗；5—锥形筒体；6—上部筒体；7—气体出口；8—挡气板；10—人孔附窥镜；11—风帽；12—花板；13—出料斗；14,15—热空气进口；16—加热后室

由送风机压送的温度 130～140℃，风压 5kPa 以上的热空气分两路进入干燥器的前室和后室，经气体分布板从风帽喷出。

离心机出来的湿硫酸铵由螺旋输送机经加料斗送入前室，受到由风帽喷出热空气的作用，立即沸腾分散，同时快速加热干燥，并被不断抛向后室，进一步沸腾干燥，硫酸铵含水降到 0.1%，然后由出料斗引出。所蒸发的水分混同空气进入上部的扩大部分后减速，以减少所夹带的细粒结晶，再由抽风机抽出，经旋风分离，将细粒结晶回收，湿空气排入大气。整个干燥在 25～30s 完成。

② 振动式流化床干燥器。振动式流化床干燥器结构如图 4-9 所示，是用钢板焊制的近似长方体，由上盖体、床面、振动电机、冷热风腔构成。床面是一张带圆孔的钢板（相当于筛板塔的结构），床面下是两个相隔开的风腔，热风腔大约为床长度的 2/3，热（冷）风腔约为床长度的 1/3。

振动式流化床干燥器是由振动电动机产生的激振力使干燥器的床面振动，硫酸铵结晶在一定方向的激振力作用下跳跃前进，同时干燥器底部输入的热风使物料形成流化状态，结晶与热风充分接触，从而达到理想的干燥效果。

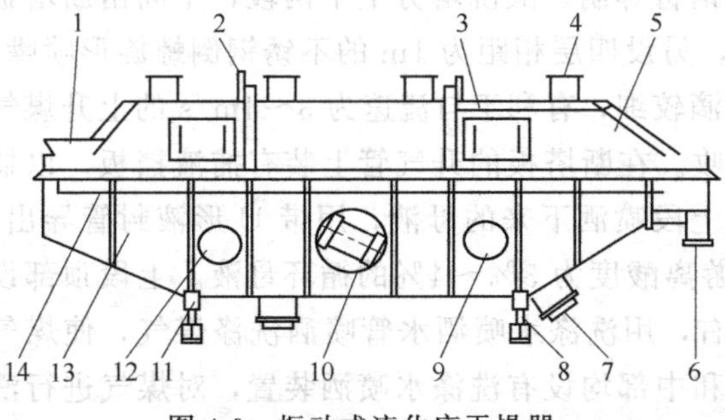

图 4-9 振动式流化床干燥器

1—硫酸铵进口；2—起吊耳；3—观察窗；4—湿气排出口；5—上盖体；6—物料排口；7—清扫口；8—防振橡胶；9—热（冷）风入口；10—振动电动机；11—起吊耳；12—热风入口；13—充气胶室；14—床面

送风机将过滤后的空气输入加热器，经过加热的温度为 120～140℃，风压为 800～900Pa 空气，分成两路进入主机相应的两个风腔内，然后再通过流化床的流风孔由下而上垂直吹入被干燥的硫酸铵物料，使物料呈沸腾状。振动给料机将物料经进料口均匀地输入主机的床面上，主机在振动电动机的激振力作用下产生定向的均称振动，使物料跳动前进，被干燥的物料在上述的热气和机器振动的综合作用下，形成流态化状态，翻滚

向前运动。这样就使物料与热空气接触时间长、面积大，因而获得高效率的干燥效果。主机上腔形成的湿气，由引风机抽出，经旋风分离器将湿气中所含的硫酸铵回收，废湿气通过引风机排入大气。干燥器床内温度控制在70～80℃，由冷空气调节。

还有一些焦化厂采用转筒（也叫旋转式）干燥机，水浴回收热风夹带的细粒硫酸铵（水浴除尘器），减少了氨损失，降低了废气排放量；也有采用圆盘干燥器，用蒸汽间接干燥硫铵，可使硫酸铵产品含水率降到0.2%以下，去掉了加热空气的环节，省去了送风机、热风器、冷风机、旋风除尘器、水浴除尘器、排风机等设备，降低了设备的一次性投资及运行成本，提高了干燥产品的等级。

2. 无饱和器法生产硫酸铵的主要设备

(1) 真空蒸发结晶器　目前各厂所使用的蒸发结晶装置是一个整体设备，其构造如图4-10所示。

真空蒸发结晶器由两部分组成，上部是蒸发器，下部是结晶槽，这两部分可以是分体，也可以是整体，全由不锈钢制作。蒸发器中部设有锥筒形布液器，经过加热后的结晶母液从布液器下面筒形部分以切线方向进入蒸发器后，沿器壁旋转而形成一定蒸发面积。由于蒸发过程是在90kPa的真空度下进行，所以母液中大部分水分被迅速蒸出。蒸出的水汽经布液器上升，并经气液分离器分离出液滴后从器顶逸出。经浓缩后的过饱和结晶母液中含有的微小结晶颗粒，沿着蒸发器沉降管沉降到结晶槽最底部，因其密度较小，又上升穿过悬浮的结晶层而逐步长大，长大的部分又沉降下来，沉积在槽底，未长大部分则继续上升，在结晶槽内形成一个大、中、小结晶的分布带，为获得均匀粗大的硫酸铵结晶体创造了良好条件。在结晶槽的最上层是只含少量细小结晶的母液，自流入满流槽；中上层含少量较小结晶颗粒的母液，经母液结晶泵在系统中连续循环操作；沉积在结晶槽底部的含有大颗粒结晶的母液，形成密度最大的硫酸铵母液晶浆，用晶浆泵将此硫酸铵晶浆送离心分离。

根据结晶原理，为使结晶母液形成适宜的过饱和度并使结晶长大，要控制结晶槽内过饱和结晶母液的浓度，最适宜的过饱和度（以密度计）为2.0～2.5kg/m^3。

(2) 空喷酸洗塔　空喷酸洗塔构造如图4-11所示。

如图4-11所示，空喷酸洗塔为一直立空塔，塔体用钢板焊制而成，内衬4mm铅板，再衬50mm厚耐酸砖。现在一般采用不锈钢材焊制。酸洗塔分上下两段，中间由断塔板隔开。下段除煤气入口处设有母液喷嘴外，另设四层相距为1m的不锈钢倒螺旋形喷嘴，喷洒母液酸度2.5%～3%。下段喷洒的液滴较细，有利于与流速为3～4m/s的上升煤气密切接触，喷洒液将煤气中的大部分氨吸收。在断塔板的升气管上装有捕液挡板，以捕集煤气夹带的液滴。在断塔板上面聚集由上段喷洒下来的母液，用带U形液封管导出。在塔上段有五层相距为1m的喷嘴，喷洒游离酸度为3%～4%的循环母液。上段顶部设有扩大部分，煤气在此减速至1.6m/s左右，用洗涤水喷洒水管喷洒洗涤煤气，使煤气中夹带的液滴除去后排出。在酸洗塔上部和中部均设有洗涤水喷洒装置，对煤气进行洗涤。酸洗塔下段喷洒下来的母液聚集于锥形底部，由下段带液封的导管引出。

空喷酸洗塔操作要求如下。

喷洒液与煤气中的氨进行的反应是放热反应，因此，在操作中要特别注意酸洗塔的水平衡。为此，除正常操作中在全系统内所加的清洗水外，还需连续向酸洗塔内从雾沫分离器上部加入过滤水，同时起到清洗设备的作用。加水量以保持母液中硫酸铵浓度为准，防止硫酸铵母液达到饱和状态。母液的含量按密度计一般控制在（1.245±0.005）kg/L 为宜。

母液中硫酸铵的饱和含量随母液的温度变化而变化。因此对母液温度必须实行控制，一般控制温度在 54～55℃。

在酸洗操作中还要对酸洗塔的阻力进行监控，正常操作情况下酸洗塔阻力应控制在 0.98kPa 以下，当达到或超过此阻力值时，需用温水进行清洗。清洗时，要注意煤气压力和母液酸度的变化。

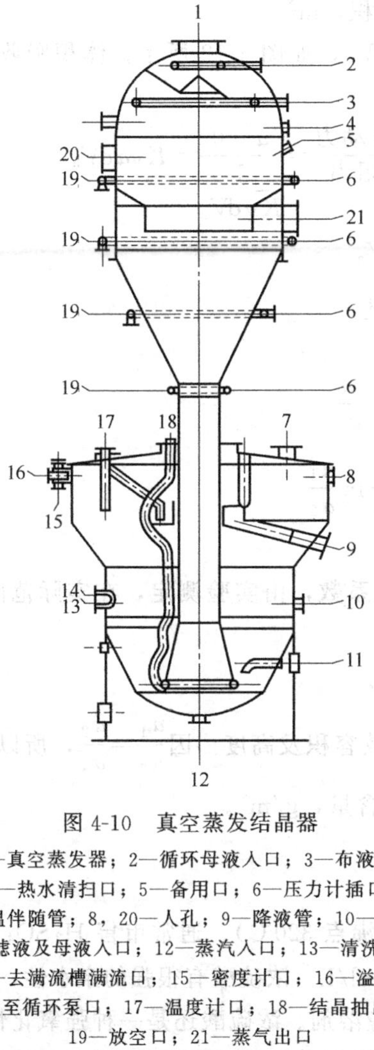

图 4-10　真空蒸发结晶器

1—真空蒸发器；2—循环母液入口；3—布液器；4—热水清扫口；5—备用口；6—压力计插口；7—保温伴随管；8，20—人孔；9—降液管；10—结晶槽；11—滤液及母液入口；12—蒸汽入口；13—清洗水口；14—去满流槽满流口；15—密度计口；16—溢流口满流至循环泵口；17—温度计口；18—结晶抽出口；19—放空口；21—蒸气出口

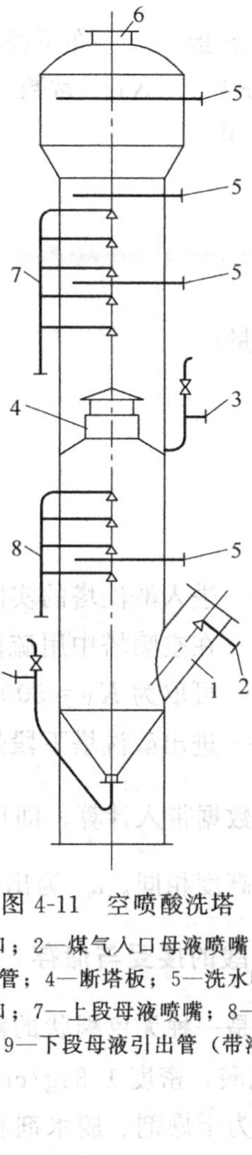

图 4-11　空喷酸洗塔

1—煤气入口；2—煤气入口母液喷嘴；3—上段母液引出管；4—断塔板；5—洗水喷洒管；6—煤气出口；7—上段母液喷嘴；8—下段母液喷嘴；9—下段母液引出管（带液封）

在酸洗塔内氨的吸收率一般为 96%～98%。影响氨吸收率的主要因素如下：

① 喷洒母液的酸度；

② 母液喷洒量（或液气比）；

③ 喷嘴喷洒的均匀性。

其中母液酸度越高，对氨的吸收率越大，但对设备腐蚀严重，影响设备长期稳定运转。母液酸度一般保持在 2.5%～3.0%，即可使氨的吸收率达 96%～98%，是酸洗塔适宜的操作酸度。

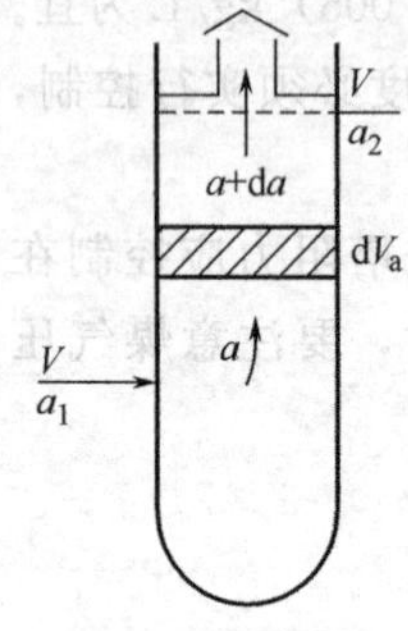

图 4-12 酸洗塔吸收部分所需高度计算

酸洗塔内煤气的空塔速度取为 3m/s，上、下两段煤气流速相同，据此可计算确定塔径。在塔顶扩大部分的煤气流速取 1.6m/s，也可据此确定其直径。

酸洗塔下段吸收部分所需高度 H 可按下述计算求得：

$$H=\frac{V_a}{S}$$

式中 V_a——酸洗塔下段的有效吸收容积，m^3；

S——酸洗塔下段塔截面积，m^2。

在下段取一微元有效体积 dV_a，如图 4-12 所示，体积吸收系数 K_V＝常数，其传质速率为：

$$q_V a-q_V(a+da)=\frac{推动力}{阻力}=\frac{a-0}{\frac{1}{K_V dV_a}}=K_V a\,dV_a$$

化简得：

$$-q_V da=K_V a\,dV_a$$

分离变量：

$$dV_a=-\frac{q_V}{K_V}\times\frac{da}{a}$$

积分：

$$\int_0^{V_a} dV_a=-\frac{q_V}{K_V}\int_{a_1}^{a_2}\frac{da}{a}$$

得：

$$V_a=-\frac{q_V}{K_V}\ln\frac{a_2}{a_1}=\frac{q_V}{K_V}\ln\frac{a_1}{a_2}$$

式中 q_V——进入酸洗塔的实际煤气体积，m^3/h；

K_V——在空喷塔中用硫酸吸收氨的体积吸收系数，由实验测定，在实际范围内，可取为 $K_V=5000/h$；

a_1、a_2——进出酸洗塔下段煤气中氨含量，g/m^3。

将有关数据带入计算，即可求得酸洗塔下段有效容积及高度。因 $\frac{a_1}{a_2}=\frac{a_2}{a_3}$，所以上下段吸收部分高度相同。$a_3$ 为出酸洗塔上段煤气中氨含量，g/m^3。

八、硫酸的接受与储存

纯硫酸是一种无色稠状的液体（熔点 10.2℃、沸点 320℃）。通常市售 H_2SO_4 含量为 98％的硫酸，密度 $1.84g/cm^3$，$c(H_2SO_4)=18mol/L$。浓硫酸有很强的亲水性，这一性质使它作为干燥剂、脱水剂和必须除去水分的反应溶剂。浓硫酸还是一种强氧化性酸，几乎能氧化所有的金属，一些非金属如碳和硫也能被氧化，浓硫酸被还原成二氧化硫。浓硫酸具有强烈的腐蚀性，输送硫酸的槽车一般用钢板制成，直径为2200～2600mm，长度为 6750～9600mm，容积为 40～50m^3。为安全起见，卸酸时用离心泵从槽车顶部吸出，而不应采用压缩空气卸酸。酸首先卸到储槽，然后根据生产需要，再用泵送到酸高置槽。

硫酸的储存根据生产规模而定，一般储存量不应少于 1 个月生产所需的用量。储存酸的含量应大于 75％。对于含量低的再生酸储槽内应衬有耐酸砖或玻璃钢。为便于管理，硫酸储槽容积一般不大于 400m^3。

九、饱和器法生产硫酸铵的主要操作和常见事故处理

（一）生产工艺操作要点及分析

为了得到优质的硫酸铵产品，用饱和器法生产硫酸铵时，要控制好煤气预热的温度，饱和器母液的温度、酸度、密度、杂质、结晶的提取、分离及干燥等操作指标，并且要保持稳定。

1. 预热器后的煤气温度

预热器后煤气温度是保持饱和器内的水平衡，以防止母液被稀释，其与初冷后的煤气温度、煤气在鼓风机内的温升是否生产吡啶以及向硫酸铵生产系统补入的水量等有关，煤气预热温度按饱和器热量平衡计算确定。当煤气在初冷器内出口温度为35℃时，如采用离心式鼓风机输送，预热器前煤气温度一般在50℃左右。为了蒸发饱和器中多余水分，进入饱和器的煤气必须经过预热。为不使预热温度过高，影响硫酸铵质量，除降低初冷器后煤气温度外，必须严格控制进入饱和器的水量，如冲洗饱和器、除酸器以及离心机内洗涤硫酸铵的用水量和吡啶生产随脱吡啶母液带入的水等。

当吡啶装置不生产时，预热器后煤气温度一般控制为60～70℃。吡啶装置生产时预热器后煤气温度一般控制为70～80℃。

2. 母液温度

饱和器的温度制度是依据饱和器的水平衡制定的。饱和器应在保证母液不被稀释的条件下，采用较低的适宜温度操作，并使其保持稳定。

饱和器内母液液面上水蒸气分压与煤气中水蒸气分压相平衡时的母液温度为母液最低温度。但由于煤气在饱和器中停留时间短不可能达到平衡，因此在饱和器内母液适宜温度应比最低温度高。一般母液液面上水蒸气分压相当于煤气中水蒸气分压的1.3～1.5倍，此值称为偏离平衡系数，与此相适应的母液温度即为母液的适宜温度。

母液液面上的水蒸气分压取决于母液的酸度、硫酸铵的浓度和温度等因素。提高母液酸度和母液中硫酸铵的含量以及降低母液的温度时，均会使母液液面上的水蒸气压降低。反之，则使水蒸气压升高。图4-13为酸度4%和8%的母液温度与母液面上水蒸气压的关系曲线。

煤气中的水蒸气分压取决于进入饱和器内的煤气、硫酸及离心机洗水等带入的水量。带入水量越多，则水蒸气的分压越大，饱和器内母液的最低温度也就越高。在饱和器操作带入的水量中，以煤气带入水汽量影响最大，此水汽量取决于煤气在初冷器后的温度和压力。图4-14列出了饱和器内母液最低温度t_y及偏离平衡系数分别为1.3及1.5时母液适宜温度与初冷器后煤气温度t_q的关系曲线。此曲线是按总压力为115kPa、母液中硫酸铵总量为46%和酸度为6%的条件绘制的。利用图中曲线，可直接查得在一定的煤气初冷温度条件下，母液的最低温度及适宜温度。

如当煤气出口初冷温度t_q为32℃时，于图中$K=1$曲线上可查得母液最低温度为48.3℃，在$K=1.3$时曲线上可查得母液适宜温度为53.5℃。显然，当煤气初冷温度t_q变化时，相应的母液温度值也随之而变化，t_q越高，相应的母液温度值越高。反之，则越低。

生产实践表明，将饱和器母液温度保持在50～55℃（不生产吡啶）或55～60℃（生产吡啶）范围内，对生产大颗粒结晶最为适宜。

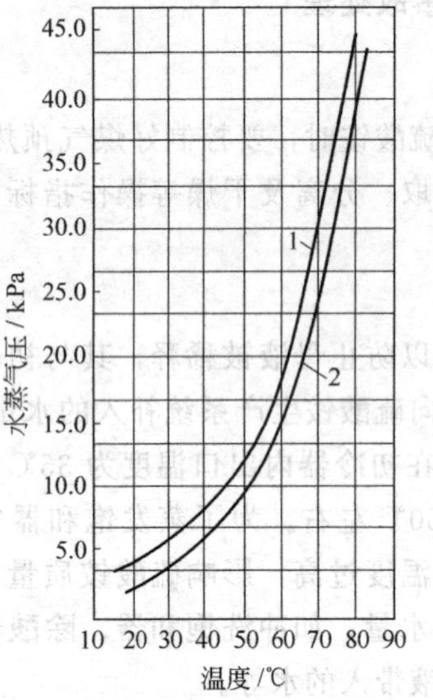

图 4-13 硫酸铵母液温度与母液面上水蒸气压的关系

1—母液的酸度为 4%；2—母液的酸度为 8%

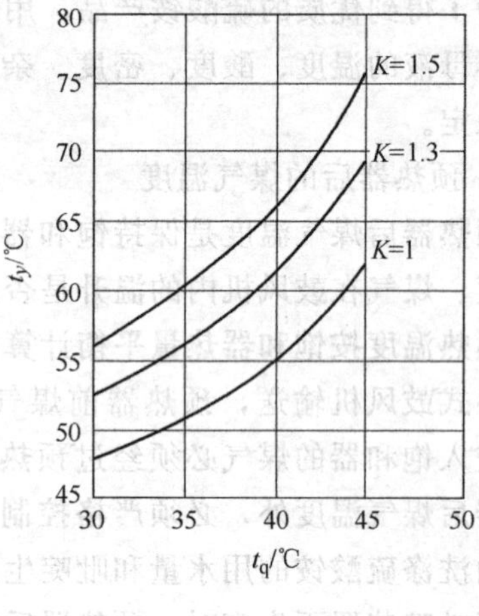

图 4-14 t_y 和 t_q 及偏离平衡系数之间的关系

t_y—饱和器内母液最低温度；

t_q—初冷器后煤气温度

3. 母液酸度和加酸制度

母液酸度对硫酸铵结晶影响较大，母液酸度对硫酸铵结晶颗粒大小的影响如图 4-15 所示。酸度大难以获得大颗粒结晶，酸度小时，除使氨和吡啶的吸收不完全外，还容易造成饱和器堵塞。当母液酸度低于 3.5%时，还容易起泡沫，使操作条件恶化。

一般情况下，当母液酸度维持在 4%～6%或 3%～4%是比较合适的。饱和器采用连续加酸制度保证母液适宜的酸度，正常生产加入的硫酸量为中和煤气带入饱和器的氨量。不过，饱和器操作一段时间后，因结晶沉积会使阻力增大，为消除这一现象，需定期进行大加酸和深度加酸，用水和蒸汽冲洗，以消除器内沉积的结晶，大加酸一般将母液酸度提高到 12%～14%，深度加酸一般将母液酸度提高到 20%～25%。

目前，国内焦化厂常用的饱和器有两种大加酸和深度加酸制度：一种是每班一次大加酸，每周一次深度加酸；另一种是每天一次大加酸，每周一次深度加酸。对采用每班一次大加酸和间歇加酸制度的饱和器酸度的波动，会破坏结晶的正常生长条件。因此要生产大粒结晶硫酸铵，必须减少饱和器的大加酸次数，尽量延长饱和器的稳定操作时间。

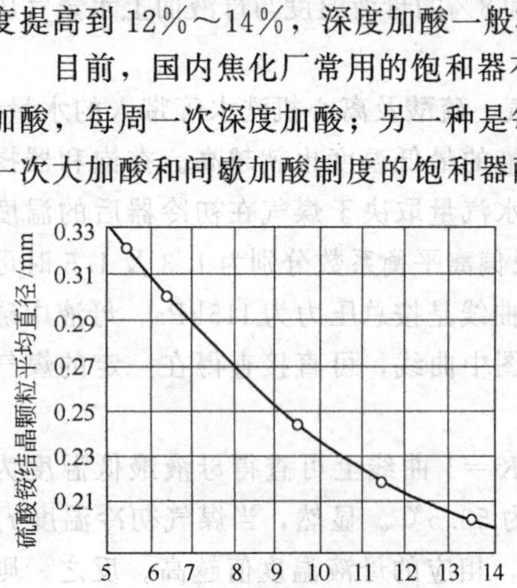

图 4-15 母液酸度对硫酸铵结晶颗粒大小的影响

当部分使用再生酸且再生酸中含煤焦油杂质较多时，宜在大加酸时将其加入母液储槽或酸焦油处理装置的分离槽内，待分离出煤焦油后，再进入饱和器的母液循环系统。

4. 母液的循环搅拌

为使饱和器母液酸度和温度均匀，结晶颗粒能在母液中呈悬浮状态，最有效的措施就是对母液进行搅拌，对饱和器母液应作平稳的等速搅拌，能克服晶体表面上液膜阻力，增加晶体增长的速度。采用母液循环搅拌，同时还可减轻饱和器的堵塞，结晶颗粒增大后也相应地提高了离心机的处理能力。

喷淋式饱和器是用泵将循环母液和二次母液喷淋与煤气接触后通过饱和器内的降液管进入结晶室底部进行搅拌的，1000m^3 母液循环量为15000～16000L。

5. 母液中的结晶含量

母液中结晶含量——晶比要控制适当，晶比太大时，相对减少了氨与硫酸反应的容积，不利于氨的吸收，并使母液搅拌的阻力加大，导致母液搅拌不良，也易造成饱和器的堵塞。晶比太小时，则不利于结晶的长大。

喷淋式饱和器晶比保持 30%～40%，当母液中晶比达到 30%时，开车提取母液中的结晶，当晶比降到 10%时，停车。

6. 结晶槽中结晶层的厚度

结晶槽中应保持一定的结晶厚度，对保证硫酸铵质量和稳定离心机的操作极为重要。结晶层厚度小时，将使放入离心机的料浆结晶含量不稳定，导致硫酸铵水分和游离酸含量增高，厚度过大，造成管道和饱和器堵塞。一般宜将结晶层厚度（又称为“垫层”）控制在结晶槽高度的 1/3。

7. 离心分离和水洗

离心分离和水洗效果对硫酸铵的游离酸含量和水分含量影响很大。要求放入离心机的料浆流量和料浆的结晶含量保持稳定，否则离心机转鼓内料层的厚度很难均匀，影响分离效果。

为保证硫酸铵产品质量和离心机正常运行，需用热水洗涤离心机筛网上物料。图 4-16表示洗水温度对硫酸铵游离酸含量的影响，提高离心机的洗水温度，可提高离心分离效率。同时，使用热水洗涤能更好地从结晶表面洗去油类杂质，并能防止离心机筛网被细小油珠堵塞。有条件时，宜将洗水温度保持在 70℃以上。

在生产条件下所做试验结果表明离心机的洗水量对硫酸铵质量有显著影响，其影响情况如图 4-17 所示。

由图 4-17 可见，当洗水量在 12%以下时，硫酸铵中游离酸含量随洗水量的增加而直线下降，洗水量大于 12%时，则下降缓慢。当洗水量增加至 22%以上时，离心机离心后硫酸铵的含水量急剧增加。另外水洗量过多也会破坏饱和器的水平衡。因此，离心机的洗水量应不大于硫酸铵量的 12%。

当生产吡啶时，采用净化后的脱吡啶母液洗涤离心机内硫酸铵，可进一步降低离心机内硫酸铵游离酸含量。为使离心机的洗水能均匀喷洒在料层上，应在洗水管的端部设置扁头喷嘴。

（二）生产主要操作（以喷淋式饱和器法生产硫酸铵为例）

1. 正常操作

(1) 饱和器系统岗位操作（饱和器工）

① 认真执行点巡检制度，及时检查并处理设备、管道、阀门的跑、冒、滴、漏现象。

② 每 1h 检查一次母液温度，根据母液温度及时调节煤气预热温度，并及时检查调整母液密度、母液晶比，使之符合规定。

③ 采用连续加酸制度，每 1h 分析一次循环母液酸度，根据分析结果调节加酸量，

控制母液酸度在 3%～4%。

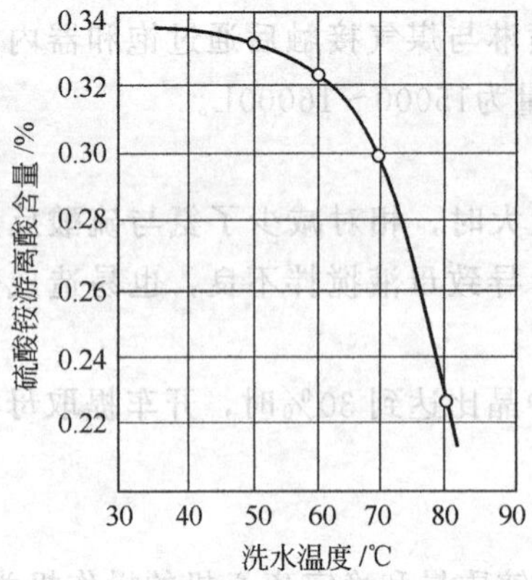

图 4-16　离心机洗水温度对硫酸铵游离酸含量的影响

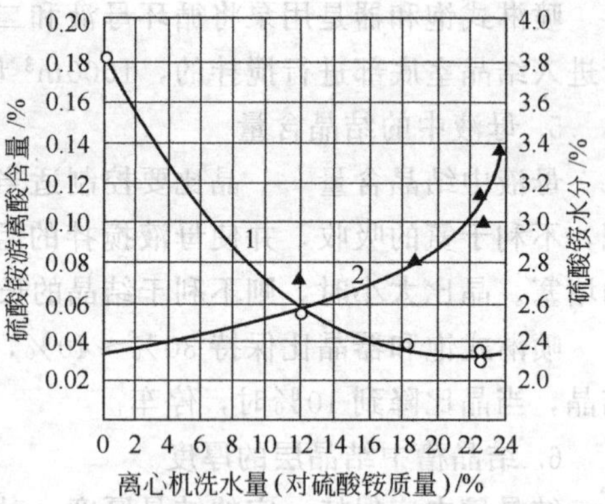

图 4-17　离心机洗水量对硫酸铵质量的影响

1—游离酸；2—水分

④ 饱和器满流口必须正常满流，经常观察结晶槽回流和结晶泵循环量变化，及时清理结晶槽满流口，防止发生堵塞、溢槽，发现结晶泵循环量变小，及时通知泵工处理。

⑤ 随时注意饱和器阻力变化，发现阻力增大超出规定，分析原因及时排除。

⑥ 经常检查母液结晶情况，根据结晶颗粒大小和晶比，及时组织出料。当母液中结晶量达 30%左右时，开车提取硫酸铵结晶，当晶比降到 10%时停车。

⑦ 随时掌握硫酸铵高位槽储酸量，及时联系送硫酸。

⑧ 协调好本岗位与其他工序生产岗位的正常操作，并认真填写生产记录。

⑨ 酸度测定方法：取结晶槽母液置于容器中，澄清后取 2mL 倒入三角瓶中，加水 20～30mL后，加入 2～3 滴甲基橙指示剂，再用 0.125mol/L 的氢氧化钠溶液滴定至水由红色变为蓝色时为止，所使用的氢氧化钠毫升数即为母液酸度。

⑩ 加酸及配制母液操作：饱和器运行 48h 进行一次加酸操作，加酸酸度 8%～10%，加完酸后循环 30min，然后开始配母液。配母液时先用温水清洗各部位，清洗顺序为从饱和器顶部开始往下，每处冲洗 3～10min 测一次酸度，直到配够 48h 所耗母液量，保持酸度 4.0%恢复正常。加酸完毕，及时捞净母液储槽中的酸焦油。

(2) 循环系统岗位操作（泵工）

① 循环母液必须连续抽送，如循环泵有故障要及时抢修。

② 正常生产时，每 2h 放结晶室煤焦油一次，同时捞净满流槽内煤焦油，并及时处理。加酸洗水时，要将母液储槽内的酸焦油捞净。

③ 满流槽液位必须保持在 2/3 以上，并保证不溢出。

④ 二次喷洒泵必须连续喷洒，若有故障须停泵检修时，必须将满流槽水封管路冲通，防止结晶沉积堵塞水封。

⑤ 按规定路线进行巡检，如实按时做好操作记录。

⑥ 经常检查各水封情况，确保各水封畅通，对排液不正常或水封不畅通时要及时处理。

⑦ 维护好备用泵，保证随时可以投入运行。

(3) 离心分离系统（离心机工）

① 当结晶槽内存硝1/3以上或晶比达30%时，在接到饱和器工开车通知后，及时开启离心机。

② 离心机的下料要连续、均匀、适量，使离心机处于最好运转状况和得到最好的分离效果。经常保持回流管畅通，放散管不堵。

③ 调节洗涤水量，保证游离酸合格。

④ 经常检查油压、电动机温升及轴承温升，符合技术规定。

⑤ 根据结晶情况，调节速度调节器符合技术规定。

⑥ 每班需清扫好离心机前后腔，达到无硝和煤焦油，保证离心机正常运转。

⑦ 按规定填写岗位记录。

(4) 干燥系统（干燥工）

① 检查各机件是否处于良好状态。

② 开车前要检查干燥床无积料、挂料，确保下料正常。

③ 接到离心机工开车通知后，及时开启干燥床。

④ 掌握好热风温度，保证硫酸铵水分合格。

⑤ 经常检查引风机、振动干燥床，出现不正常现象，要及时采取措施处理。

(5) 成品工

① 经常检查和校正计量秤，保证计量准确，每袋误差为±0.5kg。

② 硫酸铵包入库、堆放要成列成行，以便于计数，做到生产付出和库存账目相符。

③ 要及时缝包，并认真检查缝合情况。

④ 入库硫酸铵包装袋和使用包装袋实行计数上账，没有工段证明一律不出库包装袋。

⑤ 交班和出库后，将成品库地面散落的硫酸铵打扫干净。

⑥ 使用硫酸铵电子包装秤包装。

(6) 试剂库工

① 检查硫酸库存量，确保浮漂计量准确灵活，严禁跑硫酸事故。

② 及时卸车，不积压车皮，做好取样、记录与记账工作。

③ 运转设备保持不漏和正常运转。

④ 冬季送硫酸时，突然发生事故应立即关闭有关开闭器。

⑤ 经常保持各设备管道开闭器处于良好状态，随时可以装卸车。

2. 饱和器的开、停工、倒机操作

(1) 开工前准备工作

① 检查待开饱和器及相关设备、管线是否完好，阀门开闭是否灵活可靠，是否处于待开工状态。并拆下有关盲板，关闭相关设备及管道放空。

② 启动母液喷洒泵，将母液储槽中的母液送进待开饱和器至满流。

③ 启动母液循环泵，进行器内底部搅拌，并再次补充母液至满流。

④ 向系统补硫酸，并控制母液酸度4%。

⑤ 保持母液喷洒泵正常循环，保持母液循环泵正常循环。

(2) 饱和器开工操作（如有条件，可直接用氮气置换空气）

① 通知调度、冷鼓、脱硫等相关生产岗位准备开饱和器。

② 打开待开饱和器顶部煤气出口放散，缓慢开启直接蒸汽阀门，并用蒸汽置换器内空气。

③ 待放散见大量蒸汽后，稍开饱和器煤气进口阀门，关闭蒸汽阀门。用煤气置换蒸汽，待放散见煤气并分析含氧合格后，关闭放散。

④ 打开煤气进口阀门，慢开煤气出口阀门，待煤气顺利通过饱和器后，缓慢关闭饱和器煤气旁通阀门，并密切注意煤气压力变化。

⑤ 开二次喷洒泵或改阀门，用满流槽满流母液进行二次喷洒。

⑥ 抽堵结晶槽回流母液盲板和离心机回流母液盲板。

⑦ 按规程操作启动结晶泵，并投入循环。

(3) 饱和器的停工操作

① 通知调度、冷鼓、脱硫等相关生产岗位准备停饱和器。

② 缓慢打开饱和器煤气旁通阀门。

③ 关闭饱和器煤气进出口阀门，并注意煤气压力波动。

④ 在饱和器内结晶抽送至结晶槽后，把结晶泵循环路线改至备用结晶槽。

⑤ 向饱和器内适当补入硫酸和母液，控制母液酸度10%～12%，对待停饱和器进行酸洗，防止结晶堵塞设备及管道。

⑥ 酸洗完毕后，按规程操作停结晶泵，并及时进行管道放空和冲洗。

⑦ 按规程操作停母液喷洒泵，并进行管道放空和冲洗。

⑧ 停母液循环泵，放空饱和器及管道内母液。

⑨ 装好加酸盲板，使其具备检修条件。

(4) 饱和器的换机操作　先按开工步骤开启备用饱和器，然后按停工步骤停止现运行饱和器。

3. 特殊操作

(1) 突然停电

① 停电时如母液晶比过大，应适量补硫酸，提高饱和器母液酸度，防止堵塞并与调度和供电部门联系及时送电。

② 若停电时间长应请示值班长或调度参照停工操作安排停产。

(2) 突然停蒸汽　通知离心机岗位停止放料，根据停蒸汽时间长短适当加硫酸，或用温水冲洗易堵部位，加强维护，待来蒸汽后各岗位及时恢复正常生产。

(3) 突然停水

① 通知离心机岗位停止放料。

② 停水时间长时，应适当提高循环母液酸度和温度，防止堵塞。

③ 冬季停水，应注意防冻，必要时应进行系统相关设备管道放空。

(三) 饱和器法生产硫酸铵常见事故及处理

饱和器法生产硫酸铵操作中的事故和不正常现象及产生原因和处理方法见表4-5。

表4-5　饱和器法生产硫酸铵操作中的事故和不正常现象及产生原因和处理方法

事故和不正常现象	可能产生原因	处理方法
饱和器母液严重起泡沫	母液内存在砷的化合物并和酸焦油一起形成泡沫；母液中的酸焦油量过多，而母液中硫酸铵含量低，使酸焦油和母液形成乳状液而形成泡沫	立即从满流槽往饱和器加入废机油或洗油，直至缓和为止；随时捞出母液中的酸焦油；母液中的结晶不要过多的提取

续表

事故和不正常现象	可能产生原因	处理方法
饱和器煤气大量外串	①饱和器损坏 ②饱和器阻力过大 ③上游工序操作不正常	立即关闭门窗,佩戴防毒面具,打开交通管阀门,关闭煤气出、入口阀门,并及时向上级回报,待查明原因再做处理
满流槽母液液面波动	饱和器阻力过大	消除饱和器堵塞,特别是满流口的堵塞
饱和器机后压力低于7000Pa	煤气量过小	饱和器不能保持生产按停工处理
饱和器后煤气中含氨量增加	①母液喷洒不均匀(喷淋式) ②母液酸度太低 ③搅拌不良使饱和器产生局部浓度过高或过低,影响吸收煤气中的氨 ④饱和器堵塞,阻力增加 ⑤泡沸伞损坏,母液喷头损坏 ⑥母液密度小,使煤气很快通过(鼓泡式)	①补充母液水,但必须控制母液密度不降低;调整母液循环量,清除喷头堵塞物 ②加大酸量 ③加大母液循环量或用温水冲洗循环泵出入口 ④用温水或硫酸冲洗堵塞处,或用水蒸气溶解堵塞处的结晶块 ⑤停止饱和器操作,进行修理 ⑥减小洗涤水量
母液不结晶	①母液酸度过大 ②母液密度过小 ③母液温度太高,使硫酸铵结晶被溶解在母液中	①停止加硫酸,使母液酸度降低 ②在保持合适的母液酸度情况下减少洗涤水量 ③降低煤气预热器出口温度
结晶粒度小	①母液酸度较大,且分布不均匀 ②循环泵出入管堵塞或漏母液使搅拌不良 ③母液被冲稀,母液温度较低 ④母液中杂质较多 ⑤母液温度较高	①加酸搅拌,适当降低母液酸度 ②用温水冲洗循环母液管,若循环泵连接口不严时更换备用垫 ③减少洗水量或暂停提取结晶 ④适当更换母液,并用质量较好的硫酸 ⑤在保证母液不被稀释的情况下,降低煤气预热温度
结晶带色	①吡啶回流母液中含铁氰络合物的量太多 ②母液密度过低,煤焦油下沉 ③母液中煤焦油量多 ④硫酸质量差 ⑤再生酸用量多 ⑥设备腐蚀 ⑦离心机洗水水质不好	①适当降低吡啶回流母液碱度,控制好吡啶回流母液的净化装置的操作 ②提高母液密度 ③从满流槽尽量捞出酸煤焦油 ④采用质量好的硫酸 ⑤减少再生酸用量或不用 ⑥腐蚀的设备及时检修或更换 ⑦改进离心机洗水质量

第二节　磷酸吸收法回收煤气中的氨

1968年美国钢铁公司在克莱尔顿厂试验成功了处理260000m^3/h煤气的无水氨生产装置。无水氨生产是以磷酸二氢铵溶液吸收煤气中氨生成磷酸氢二铵溶液。然后加热将被吸收的氨解吸出来，获得纯度极高的无水氨新工艺，即弗萨姆法氨回收工艺。由于该法优点突出，很快在20世纪70年代末陆续在美国、日本等国建成了十多套该装置，均已顺利投产。目前在中国一些焦化企业已使用了此工艺。

一、生产工艺原理

磷酸是中等强度的三元酸，它在水溶液中能离解为磷酸二氢根离子$H_2PO_4^-$，磷酸一氢根离子（HPO_4^{2-}）和磷酸根离子（PO_4^{3-}）。磷酸在水中发生电离，其第一级电离常数为7.51×10^{-3}，在水溶液中主要电离成H^+和$H_2PO_4^-$；其第二级电离常数为6.23×10^{-8}，主要电离成H^+和HPO_4^{2-}；其第三级电离常数为4.8×10^{-18}，主要电离成H^+和PO_4^{3-}。由于磷酸的水溶液存在上述各种离子，所以用磷酸吸收焦炉煤气中的氨，能生成磷酸一铵（$NH_4H_2PO_4$）、磷酸二铵［$(NH_4)_2HPO_4$］和磷酸三铵［$(NH_4)_3PO_4$］。

纯净的磷酸一铵、磷酸二铵和磷酸三铵均是白色结晶物质，其主要性质如表 4-6 所示。

表 4-6　磷酸铵盐主要性质

名　称	分子式	晶　型	生成热 /(J/kmol)	氨蒸气压/Pa			0.1mol/L 溶液的 pH 值	25℃在水中溶解度/%
				50℃	100℃	125℃		
磷酸一铵	$NH_4H_2PO_4$	正方晶系	121417	0.0	0.49	0.49	4.4	41.6
磷酸二铵	$(NH_4)_2HPO_4$	单斜晶系	203060	26.5	49	294	7.8	72.1
磷酸三铵	$(NH_4)_3PO_4$	三斜晶系	244509	—	6305	11549	9.0	24.1

由表 4-6 可知，当磷酸铵溶液加热到 125℃时磷酸一铵的氨蒸气压仍然很低，表明磷酸一铵是十分稳定的；在 50℃时磷酸二铵已产生明显的氨蒸气压，当温度达 70℃即开始放出氨变成磷酸一铵，说明磷酸二铵不太稳定；磷酸铵最不稳定，在室温下就能分解放出氨而变成磷酸二铵。

磷酸与焦炉煤气接触只吸收煤气中的碱性组分氨，而不吸收酸性组分二氧化碳、硫化氢和氰化氢。磷酸与焦炉煤气接触，只吸收煤气中的氨，而不吸收二氧化硫、硫化氢、氰化氢，根据磷酸铵盐的这种性质，在焦化厂于 40～60℃温度下，利用磷酸一铵溶液作为吸氨剂来回收焦炉煤气中的氨，生成磷酸二铵。而在高温下对吸收了氨的富液加热解吸时，溶液中部分磷酸二铵受热分解放出所吸收的氨并还原为磷酸一铵，所得贫液又重新返回吸收塔循环使用。上述过程的反应为：

$$NH_4H_2PO_4 + NH_3 \underset{解吸}{\overset{吸收}{\rightleftharpoons}} (NH_4)_2HPO_4$$

采用磷酸铵溶液吸收煤气中氨时，吸收塔后煤气含氨量，主要取决于在吸收操作温度下入吸收塔磷酸铵溶液（贫液）液面上的氨气分压，即取决于磷酸铵溶液中的磷酸二铵含量。所以，在一定的吸收温度下，入塔贫液中的总铵量、一铵和二铵盐之间的质量比是十分重要的。一般喷洒贫液中含磷酸铵量约为 41%，$n(NH_3)/n(H_3PO_4)$ 为 1.1～1.3，当吸收操作温度为 40～60℃时，煤气中 99% 的氨将被吸收下来，吸氨富液中 $n(NH_3)/n(H_3PO_4)$ 为 1.7～1.9。

由于利用磷酸铵盐酸性溶液吸收煤气中的氨，酸性气体（如 H_2S、CO_2、HCN）则不易吸收，磷酸吸氨具有选择性，可生成纯度很高的磷酸二铵，因此，在较高温度下将其分解便能得到纯度很高的氨气，经冷凝后就可生产出纯度很高的液态氨，称之为无水氨。

二、无水氨生产工艺流程

无水氨的生产有两种形式：一是用磷酸一铵贫液在吸收塔内直接吸收煤气中的氨而形成磷酸二铵富液，富液经过解吸及精馏生产无水氨；二是用磷酸一铵贫液在吸收塔内吸收来自蒸氨装置送来的氨蒸气中的氨而形成磷酸二铵富液，富液通过解吸及精馏生产无水氨。这两种形式的无水氨生产工艺流程除原料气不同外，其余基本相同。以含氨煤气为原料的无水氨生产工艺流程见图 4-18。

由图 4-18 可知，清除了煤焦油的焦炉煤气由空喷吸收塔 2 底部进入塔内，来自解吸塔 6 底并经贫液冷却器 3 冷却至 50～55℃的贫液作为塔顶喷洒液由塔顶喷下，在塔内与塔底

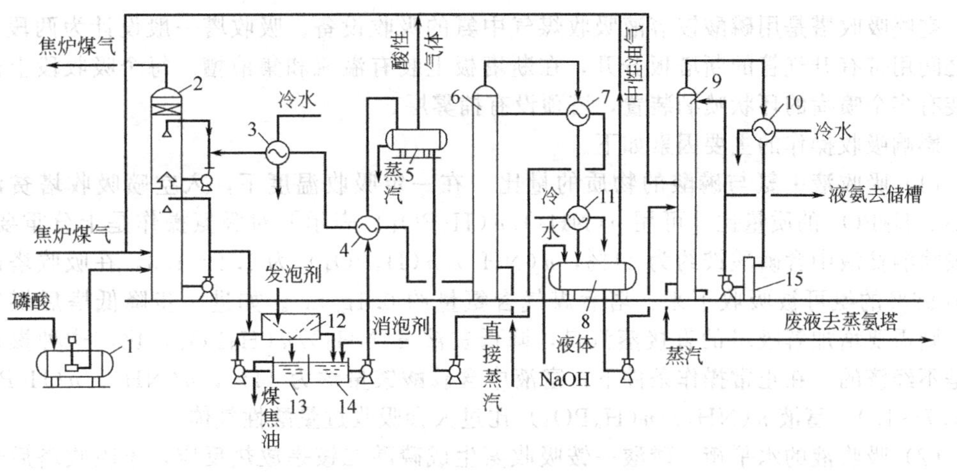

图 4-18　无水氨生产工艺流程

1—磷酸槽；2—空喷吸收塔；3—贫液冷却器；4—贫富液换热器；5—蒸发器；6—解吸塔；7—部分冷凝器；8—精馏塔给料槽；9—精馏塔；10—精馏塔冷凝器；11—氨气冷凝冷却器；12—泡沫浮选除煤焦油器；13—煤焦油槽；14—溶液槽；15—活性炭吸附器

来的焦炉煤气逆向充分接触，煤气中 99%的氨被吸收下来，出塔煤气送洗苯工序。

由吸收塔底排出的吸氨富液，大部分用作喷洒液循环喷洒，循环量约为送去解吸溶液量的 30 倍。少部分富液送至泡沫浮选除煤焦油器 12 中，在空气鼓泡的作用下，将煤焦油泡沫分离出，而后送去解吸处理。

清除了煤焦油的富液经贫富液换热器 4 升温至约 118℃后进入蒸发器 5，在此设备中用直接蒸汽将溶液中的酸性气体二氧化碳、硫化氢和氰化氢等酸性气体蒸出后返回吸收塔。由蒸发器底排出的富液，用泵加压至约 1300kPa，经部分冷凝器 7 加热，升高温度至 180℃后进入解吸塔 6 上部进行喷洒，在塔内与解析塔底通入压力约为 1600kPa 的直接过热蒸汽逆流接触，将富液中所含的氨部分地解吸出来。塔底排出的贫液温度约为 196℃。经与富液在贫富液换热器换热及用水间接冷却后循环回吸收塔再进行吸氨。

由解吸塔顶排出的含氨量 18%～20%的氨气，温度约 187℃，在部分冷凝器与富液换热被冷凝冷却至 130～140℃，经氨气冷凝冷却器 11 得氨水，在精馏塔给料槽 8 用泵加压至 1.7MPa 送精馏塔分离，精馏塔底通入过热直接蒸汽，塔顶得到 99.98%纯氨气，经精馏塔冷凝器 10 冷却得无水氨，部分液态无水氨作为回流送至塔顶，用以控制塔顶温度为 38～40℃，回流比约为 2，其余部分作为产品送往氨储槽。精馏塔 9 排出的废液温度约为 200℃，含氨量约为 0.1%，送往蒸氨装置进行处理。

在精馏塔原料槽内加入 30%的氢氧化钠溶液，与氨水中残存的微量 CO_2、H_2S 等酸性气体反应，生成的钠盐溶于精馏塔底排出的废水中，以防止酸性气体腐蚀设备。

另外，在用磷酸铵溶液吸收焦炉煤气中氨时，焦炉煤气中含的乙烯、苯、甲苯等有机物被磷酸铵母液微量吸收，随磷酸铵母液进入精馏塔内。为防止精馏塔聚积过量的油，需由塔中部侧线管引出并送回吸收塔。

三、主要设备及操作要点

无水氨生产工艺过程使用的主要设备有吸收塔、解吸塔和精馏塔等，其基本构造和操作要点如下。

1. 空喷吸收塔

空喷吸收塔是用磷酸铵溶液吸收煤气中氨的吸收设备。吸收塔一般设计为两段，两段之间用带有升气管的断塔板分开，在断塔板上装有溢流和集液槽。每个吸收段上部均安装有多个喷嘴的环状喷洒装置，塔顶设有捕雾层。

影响吸收操作的主要因素如下。

(1) 吸收液中氨与磷酸的物质的量比　在一定吸收温度下，入空喷吸收塔贫液中 NH_3、H_3PO_4 的质量比［可用 $n(NH_3)/n(H_3PO_4)$ 表示］对吸氨操作是十分重要的。一般喷洒贫液中含磷酸铵约为41%，$n(NH_3)/n(H_3PO_4)$ 为1.1～1.3，在吸收塔内煤气中99%的氨可被吸收下来，塔后煤气含氨量约0.1g/m^3。如进一步降低塔后煤气含氨，则需要增加解吸塔的直接蒸汽量，降低贫液 $n(NH_3)/n(H_3PO_4)$ 比，这种操作显然是不经济的。在正常操作条件下，富液中含磷酸铵量约为44%，$n(NH_3)/n(H_3PO_4)$ 为1.7～1.9。富液 $n(NH_3)/n(H_3PO_4)$ 比过大会吸收过量酸性气体。

(2) 吸收液的水平衡　磷酸一铵吸收氨生成磷酸二铵是放热反应，出吸收塔后煤气中水蒸气含量增大（露点温度升高），溶液中部分水分蒸发到煤气中去。因此，吸收液的水平衡是影响吸收塔正常操作的重要因素之一。一般通过调节入吸收塔贫液温度来控制煤气温度，同时控制煤气带出的水量，以此维持吸收液的水平衡。吸收塔煤气出口温度一般控制为48～51℃。

(3) 循环液量及取出量　吸收塔上下段循环液量为7～9L/m^3 煤气，根据煤气中含 NH_3 量和塔底富液中 $n(NH_3)/n(H_3PO_4)$ 之比，确定富液取出量，一般将下段3%～4%的循环液量送至解吸塔进行再生并循环使用。

2. 解吸塔

解吸塔是将富液中所吸收的氨分离出来，再生成贫液的设备。一般采用的为具有40层固定阀式塔板的解吸塔。

解吸塔操作要点如下。

① 控制解吸塔塔顶温度在187℃左右，压力为1233kPa，使塔顶产品氨水含氨量大于18%，以保证作为精馏原料的要求。

② 控制解吸塔塔底温度在196℃左右，供入过热蒸汽量约为0.2kg/kg吸收液，以保证贫液中 $n(NH_3)/n(H_3PO_4)$ 比在1.1～1.3，为吸收塔后煤气含氨量达到要求创造条件。

③ 解吸塔进料富液的温度一般为175℃左右，它对解吸塔塔顶氨气带出的水量有影响，故该温度对维持吸收液的水平衡有一定的作用。

3. 精馏塔

精馏塔是以高纯度浓氨水为原料制取无水氨的蒸馏设备。常用的精馏塔的类型有筛板塔、泡罩塔和填料塔。

精馏塔操作要点如下。

① 要求进精馏塔浓氨水中酸性气体含量小于0.15%，以减少设备的腐蚀，保证无水氨质量。为此在精馏塔原料槽中加入氢氧化钠溶液与氨水中的酸性气体反应生成不挥发性钠盐，进一步除去其中的酸性气体。

② 为了防止精馏塔聚积过量的中性油，在塔的中部设有侧线排出少部分液体，送至吸收塔。

③ 要求维持第30层塔板以上几乎是纯氨（以保证无水氨质量），故第30层塔板温度应接近塔顶温度。一般控制第30层塔板温度约40℃，塔压约1450kPa，回流比为2。

④ 为了保证氨的回收率，要求塔底废水含氨量小于0.1%，一般塔底通入的直接蒸

汽量为每生产 1kg 液氨需要 10～11kg 蒸汽。

四、无水氨生产的物料平衡

设煤气处理量为：32500m^3/h。

入吸收塔煤气组成：

含 NH_3 量/(g/m^3)	7	含 HCN 量/(g/m^3)	1.5
含 H_2S 量/(g/m^3)	6	苯族烃含量/(g/m^3)	35

吸收塔贫液中 $n(NH_3)/n(H_3PO_4)=1.3$，富液 $n(NH_3)/n(H_3PO_4)=1.8$。氨与磷酸物质的量比、质量比和含氨量的关系见表 4-7。

表 4-7　氨与磷酸物质的量比、质量比和含氨量的关系

物质的量比	1	1.2	1.3	1.7	1.8	1.9
质量比	0.174	0.209	0.226	0.295	0.313	0.331
含氨量/%	14.8	17.3	18.4	22.8	23.8	24.8

1. 吸收塔的物料平衡

① 进入吸收塔的氨量为：

$$32500\times7\times\frac{1}{1000}=227.5\ (kg/h)$$

设吸收塔后煤气含氨 0.1g/m^3，则煤气带走的氨量为：

$$32500\times0.1\times\frac{1}{1000}=3.25\ (kg/h)$$

吸收塔内被磷酸铵母液吸收的氨量为：

$$227.5-3.25=224.25\ (kg/h)$$

② 吸收塔喷洒贫液和富液量计算。贫液 $n(NH_3)/n(HPO_4)=1.3$，含磷酸铵盐为 41%；富液 $n(NH_3)/n(HPO_4)=1.8$，含磷酸铵盐约为 44%。设贫液中磷酸铵量为 x (kg/h)，富液中磷酸铵量为 y(kg/h)，则有关系式：

$$\begin{cases}227.5+18.4\%\times x=23.8\%\times y+3.25\\3.25+y=227.5+x\end{cases}$$

解方程得：　$y=3388.7$ (kg/h)

　　　　　　$x=3164.45$ (kg/h)

所以入吸收塔的贫液量为：　3164.45÷41%=7718.17 (kg/h)

随贫液入吸收塔的水量为：　7718.17−3164.45=4553.72 (kg/h)

吸收塔排出的富液量为：　3388.7÷44%=7701.6 (kg/h)

随富液排出吸收塔的水量为：　7701.6−3388.7=4312.9 (kg/h)

被煤气带走的水量为：　4553.72−4312.9=240.82 (kg/h)

2. 解吸塔的物料平衡

设塔顶逸出的氨气的含量为18%。

塔顶氨-气量为：　224.25÷18%=1245.83 (kg/h)

塔顶氨-气中水量为：　1245.83−224.25=1021.58 (kg/h)

直接蒸汽量为：　　　　　　q_m＝4553.72＋1021.58－4312.9＝1262.4（kg/h）

解吸塔的物料平衡见表 4-8。

表 4-8　解吸塔的物料平衡

输入/(kg/h)				输出/(kg/h)					
富液			直接蒸汽用量	贫液			氨气[$w(NH_3)$＝18%]		
磷酸铵	水	总量		磷酸铵	水	总量	氨	水	总量
3388.7	4312.9	7701.6	1262.4	3164.45	4553.72	7718.17	224.25	1021.58	1245.83
8964				8964					

3. 精馏塔的物料平衡

设精馏塔塔顶温度约为 40℃，塔顶操作压力为 1470kPa，回流比取 R＝2。入精馏塔的原料为来自解吸塔的氨水。

① 无水氨产量。设精馏塔的氨收率为 99%，无水氨含氨 99.98%。

无水氨产量为：224.25×99%÷99.98%＝222.05（kg/h）

无水氨中含水量为：222.05－224.25×99%＝0.04（kg/h）

② 精馏塔塔底排出废水量。为保证焦炉煤气中氨的回收率，并要求废水含氨不大于 0.1%。

转入废水中的氨量为：　224.25×1%＝2.24（kg/h）

废水量为：　2.24÷0.1%＝2240（kg/h）

水量为：　2240－2.24＝2237.8（kg/h）

③ 出精馏塔氨气量为：　222.05×(2＋1)＝666.15（kg/h）

出精馏塔氨气中水含量为：　0.04×(2＋1)＝0.12（kg/h）

④ 塔内供给直接蒸汽量为：2237.8＋0.12－1021.58－0.08＝1216.26（kg/h）

精馏塔的物料平衡见表 4-9。

表 4-9　精馏塔的物料平衡

输入/(kg/h)			输出/(kg/h)			
来自解吸塔的氨气		供给的直接蒸汽	无水氨		废水	
NH_3	H_2O		NH_3	H_2O	NH_3	H_2O
224.25	1021.58	1216.26	222.01	0.04	2.24	2237.8
2462.09			2462.09			

第三节　粗轻吡啶的制取

在炼焦过程中，煤中的氮有 1.2%～1.5%与芳香烃发生化合反应生成吡啶盐基。其生成量主要取决于煤中氮含量及炼焦温度。一般在煤气初冷器后煤气含吡啶盐基 0.4～0.6g/m^3，其中轻吡啶盐基占 75%～85%。氨水中含吡啶盐基含量 0.2～0.5g/L，其中轻吡啶盐基占 25%。回炉煤气中吡啶盐基含量 0.02～0.05g/m^3，即回收率达90%～95%。

粗轻吡啶最重要的用途是精制后做医药原料，如生产磺胺药类、维生素、雷米封等。此外，粗轻吡啶类产品还可用作合成纤维的高级溶剂。

一、粗轻吡啶的性质和组成

粗轻吡啶是一种具有特殊气味的油状液体，沸点范围为 115～156℃，轻吡啶盐基易溶于水。粗轻吡啶所含主要组分的性质如表 4-10 所示。

表 4-10　粗轻吡啶所含主要组分的性质

组　分	分 子 式	结 构 式	密度(15℃)/(g/mL)	沸点/℃
吡啶	C_5H_5N		0.979	115.3
α-甲基吡啶	C_6H_7N	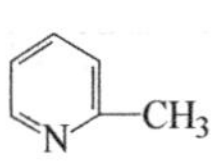	0.946	129
β-甲基吡啶	C_6H_7N	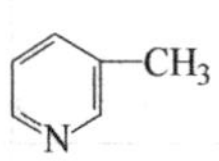	0.958	144
γ-甲基吡啶	C_6H_7N	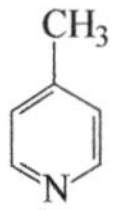	0.974	143
2,4-二甲基吡啶	C_7H_9N	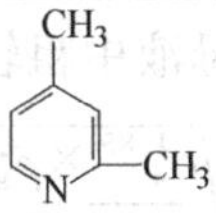	0.946	156

粗轻吡啶的主要组成（以无水计）：吡啶 40%～50%；α-甲基吡啶 10%～15%；2,4-二甲基吡啶 5%～10%；含有残油（中性油）15%～20%。粗轻吡啶的质量规格：粗吡啶含量不小于 60%；水分不大于 15%；酚盐含量为 4%～5%；20℃时相对密度不大于 1.012。

二、从硫酸铵母液中制取粗轻吡啶的工艺原理

吡啶是粗轻吡啶中含量最多、沸点最低的组分，故以吡啶为例来阐述回收的基本原理。

吡啶具有弱碱性，与酸发生中和反应生成相应的盐。在饱和器或酸洗塔中，吡啶与母液中的硫酸作用生成酸式盐或中式盐，发生的化学反应分别为：

生成酸式盐　　$C_5H_5N + H_2SO_4 \rightleftharpoons C_5H_5NH \cdot HSO_4$

生成中式盐　　$2C_5H_5N + H_2SO_4 \rightleftharpoons (C_5H_5NH)_2 \cdot SO_4$

当提高母液酸度时，有利于上述反应向右进行，会有更多的吡啶被吸收下来。硫酸吡啶不稳定，在母液中主要以酸式硫酸吡啶盐形式存在，此盐在温度升高时极易离解，并与硫酸铵反应而生成游离吡啶，化学反应如下：

$$C_5H_5NH \cdot HSO_4 + (NH_4)_2SO_4 \rightleftharpoons 2NH_4 \cdot HSO_4 + C_5H_5N$$

当母液温度提高或母液中硫酸铵含量增多，均能促使酸式硫酸吡啶发生离解，使吡啶游离出来。在一定温度下母液液面上总有相应压力的吡啶蒸气，使吡啶被煤气带走而

损失。只有当母液面上的吡啶蒸气压小于煤气中吡啶分压时，煤气中的吡啶才会被母液吸收下来。这两个分压之差越大，吸收反应就进行得越好，则随煤气损失的吡啶就越少。因此，只有连续提取母液中的吡啶，且使母液中吡啶的平衡压力低于煤气中的吡啶分压，才能使吸收过程不断进行。

由以上分析可知，吸收过程好坏主要取决于母液液面上吡啶蒸气压的大小、母液的酸度、温度及其中吡啶的含量等。由表 4-11 所列数据分析可知，当母液中吡啶含量和母液酸度一定时，母液面上吡啶蒸气压随温度升高而增加。当母液温度高于 60℃时，吡啶蒸气压急剧上升；当母液酸度增加时，吡啶蒸气压则降低；当母液中吡啶含量增加时，吡啶蒸气压显著增加。还应指出的是，在分析粗轻吡啶回收时，不要忘记粗轻吡啶是与硫酸铵工艺净化煤气中的氨同时进行的，而硫酸铵工艺中必须考虑温度对水平衡的影响。因此，温度、酸度等的可调范围不是很大。

表 4-11　吡啶蒸气压与温度等因素的关系

母液酸度/%	温度/℃	母液中吡啶含量/(g/L)	吡啶蒸气压/Pa	母液面上的煤气中的吡啶含量/(g/m³)
4	40	10	0.587	0.010
4	50	10	0.693	0.024
4	60	10	1.880	0.065
4	70	10	5.799	0.210
4	80	10	17.742	0.617
5	40	10	0.147	0.005
5	50	10	0.427	0.015
5	60	10	1.226	0.043
5	70	10	3.532	0.123
5	80	10	10.544	0.336

根据前人的研究，经整理后饱和器母液中粗轻吡啶的最大浓度 $\rho_{p_{\max}}$ 可按下式估算：

$$\rho_{p_{\max}}=\sqrt[1.25]{\frac{c_s^{1.85}\times\rho_{g_{\max}}\times10^{13}}{0.915\times t^{6.8}}}$$

式中　c_s——母液酸度，取为 6%；

$\rho_{g_{\max}}$——饱和器后煤气中吡啶盐基最大含量。按设计要求，$\rho_{g_{\max}}$ 取为 0.04g/m³；

t——饱和器内母液温度，取 $t=55$℃。

将有关数据带入上式，即可求得：

$$\rho_{p_{\max}}=\sqrt[1.25]{\frac{6^{1.85}\times0.04\times10^{13}}{0.915\times55^{6.8}}}=36.1\ (\text{g/L})$$

为了保证吸收过程的推动力，需按饱和器后煤气中吡啶盐基的实际含量为 $\rho_{g_{\max}}$ 的 50%来计算，则母液中吡啶允许含量为：

$$\rho_{p}=\sqrt[1.25]{\frac{6^{1.85}\times0.02\times10^{13}}{0.915\times55^{6.8}}}=15.2\ (\text{g/L})$$

当上述计算中其他条件不变时，在不同母液温度下，母液中粗轻吡啶允许含量见表 4-12。

表 4-12　不同温度下，母液中粗轻吡啶允许含量

母液温度/℃	50	55	60	65
母液中粗轻吡啶含量/(g/L)	34.1	15.2	7.2	3.7

上述母液温度及酸度主要是考虑了硫酸铵生产的需要，在此条件下，氨的回收率可达90%以上，而吡啶的回收率仅为70%～80%。为了提高吡啶的回收率，应使母液中粗轻吡啶含量低于16g/L。

为了从母液中提取吡啶盐基，将氨气通入中和器中，中和母液中的游离酸，使酸式硫酸铵变为中式盐，然后再反应分解硫酸吡啶，反应式如下：

$$2NH_3+H_2SO_4 \longrightarrow (NH_4)_2SO_4$$

$$NH_3+NH_4HSO_4 \longrightarrow (NH_4)_2SO_4$$

$$2NH_3+C_5H_5NH\cdot HSO_4 \longrightarrow (NH_4)_2SO_4+C_5H_5N$$

$$2NH_3+(C_5H_5NH)_2SO_4 \longrightarrow (NH_4)_2SO_4+C_5H_5N$$

因此，当需回收的粗轻吡啶的数量一定时，母液中粗轻吡啶含量越高，则需中和的母液量越少，可有较多的氨用于分解硫酸吡啶。但如表4-12所示，母液温度高时，母液中吡啶盐基含量不可能过高，否则回收率将降低。

三、制取粗轻吡啶的工艺流程

目前国内从饱和器中回收吡啶制取粗轻吡啶的工艺流程常用的有两种形式，即文氏管反应器法和中和器法。

1. 文氏管反应器提取粗轻吡啶

用文氏管反应器提取粗轻吡啶流程如图4-19所示。

如图4-19所示，硫酸铵母液从沉淀槽1连续进入文氏管反应器2，与由蒸氨分凝器来的氨气在喉管处混合反应，使吡啶从母液中游离出来，同时因反应热而使吡啶从母液中汽化，气液混合物一起进入旋风分离器3进行分离，分出的母液去脱吡啶母液净化装置，气体进入冷凝冷却器4进行冷凝冷却。被冷却到30～40℃的冷凝液进入油水分离器5，分离出的粗轻吡啶流经计量槽6后进入储槽7，分离水则返回反应器。

在文氏管反应器内，氨气与母液接触时间很短，中和反应的好坏，除与设备结构设计有关外，主要取决于氨气由喷嘴喷出的速度和碱度的控制。因此必须使氨气流量稳定在规定的范围内，有条件时可采用碱度自动控制装置，及时调节进入文氏管的母液量来稳定脱吡啶后母液的碱度。

文氏管中和器具有体积小、制造简单、检修方便等优点。因此，近年来在国内的一些大型焦化厂普遍受到重视。

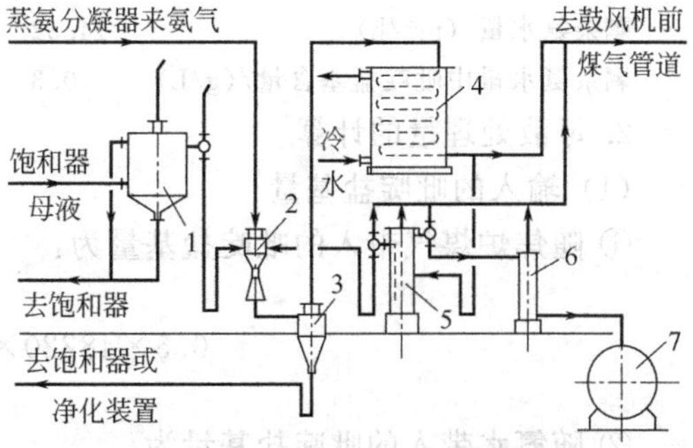

图4-19　用文氏管反应器从母液中提取粗轻吡啶的流程

1—母液沉淀槽；2—文氏管反应器；3—旋风分离器；4—冷凝冷却器；5—油水分离器；6—计量槽；7—储槽

2. 中和器法提取粗轻吡啶流程

图4-20为采用母液中和器，从饱和器母液中生产粗轻吡啶的工艺流程。

由图4-20可见，母液从饱和器结晶槽连续流入母液沉淀槽1中，进一步析出硫酸铵结晶，并除去浮在母液液面上的煤焦油，然后进入母液中和器2中。同时从蒸氨分凝器来的10%～12%的氨气，进入中和器泡沸穿过母液层，与母液接触而分解出吡啶。由于大量的化学反应放热及氨气的冷凝热、氨

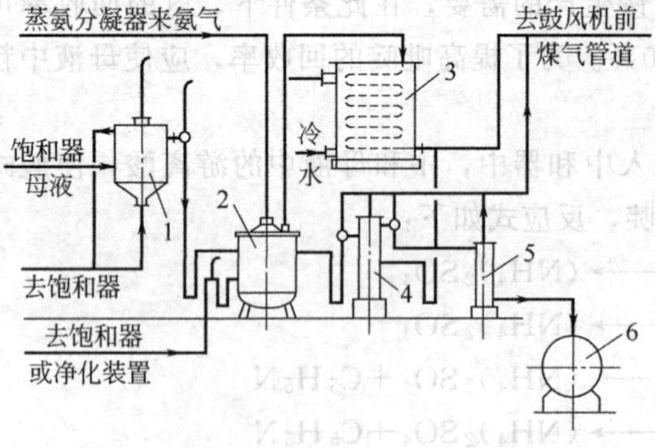

图 4-20　从饱和器母液中生产粗轻吡啶的流程
1—母液沉淀槽；2—中和器；3—冷凝冷却器；4—油水分离器；5—计量槽；6—储槽

溶解热等，使中和器内母液温度升至95～99℃。在此温度下，吡啶蒸气、氨气、硫化氢、氰化氢、二氧化碳、水汽以及少量油气和酚等物质从中和器逸出，进入冷凝冷却器3中冷却到30℃左右。冷凝液进入油水分离器4，上层的粗吡啶流入计量槽5，然后放入储槽6，下层的分离水则返回中和器。中和母液所消耗的氨并没有损失，而以硫酸铵的形式随脱吡啶母液由中和器满流而出，经母液净化装置净化后流至饱和器母液系统。

因为吡啶的溶解度比其同系物大得多，故分离水中主要含的是吡啶。分离水返回反应器，既可增大水溶液中铵盐浓度，又可减少吡啶损失。吡啶蒸气有毒，并含有硫化氢、氰化氢等有毒物，故提取吡啶系统要在负压下操作。

吡啶盐基易溶于水，其所以能与分离水分开，是因为分离水中溶有大量的碳酸铵使分离水呈碱性，具有使吡啶盐基从水中盐析出来的作用，并使分离水与粗轻吡啶的密度差增大。因此，分离水必须返回中和器。

在正常操作下，分离水的特性如表4-13所示。

表 4-13　分离水特性

密度(20℃)/(kg/L)	$\rho(NH_3)$/(g/L)	$\rho(CO_2)$/(g/L)	$\rho(H_2S)$/(g/L)	吡啶盐基含量/(g/L)
1.02～1.035	100～150	80～120	40～60	5～10

四、中和器的物料平衡

1. 某厂生产数据

干煤气量/(m^3/h)	48220	蒸氨废水中吡啶盐基含量/(g/L)	0.1
饱和器前煤气中吡啶盐基含量/(g/m^3)	0.5	硫酸铵产量/(kg/h)	1645
饱和器后煤气中吡啶盐基含量/(g/m^3)	0.04	硫酸铵中吡啶盐基含量/%	0.04
剩余氨水量/(m^3/h)	14.32	蒸氨装置氨气分凝器的氨气中含氨/(kg/L)	49.11
剩余氨水量中吡啶盐基含量/(g/L)	0.3		

2. 母液处理量的计算

(1) 输入的吡啶盐基量

① 随焦炉煤气带入的吡啶盐基量为：

$$0.5\times48220\times\frac{1}{1000}=24.11\ (kg/h)$$

② 随氨水带入的吡啶盐基量为：

$$0.3\times14320\times\frac{1}{1000}=4.3\ (kg/h)$$

(2) 输出的吡啶盐基量

① 由煤气带走的吡啶盐基量为：

$$0.04\times48220\times\frac{1}{1000}=1.93\ (\text{kg/h})$$

② 由蒸氨废水带走的吡啶盐基量为：

$$0.1\times14320\times1.25\times\frac{1}{1000}=1.79\ (\text{kg/h})$$

③ 由硫酸铵带走的吡啶盐基量为：

$$0.0004\times1645=0.658\ (\text{kg/h})$$

从反应器回收的吡啶盐基量为：

$$24.11+4.3-1.93-1.79-0.658=24.03\ (\text{kg/h})$$

当饱和器内母液中吡啶盐基含量为15g/L，回流母液中吡啶盐基含量为0.05～0.06g/h，则每小时母液处理量为：

$$\frac{24.11-1.93-0.658}{15-0.05}\times1000=1440\ (\text{L/h})$$

分凝器后氨气分配给中和器的质量分数可由下式求得：

$$w(NH_3)=\frac{kx}{q_{m_1}+kq_{m_2}}$$

式中 $w(NH_3)$——氨气分配给中和器的质量分数，%；

x——回收的吡啶盐基量，kg/h；

q_{m_1}——氨气中的氨量，kg/h；

q_{m_2}——氨气中吡啶盐基量，kg/h。

$$q_{m_2}=4.3-1.79=2.51\ (\text{kg/h})$$

系数 k 按下式计算：

$$k=\frac{1+3.47c_s\rho}{c_p}+0.43$$

式中 c_s——母液的游离酸度，取为6%；

c_p——母液中吡啶盐基含量，取15g/L；

ρ——母液密度，取1.27g/L。

则
$$k=\frac{1+3.47\times6\times1.27}{15}+0.43=2.26$$

$$w(NH_3)=\frac{2.26\times24.03}{49.1+2.26\times2.51}=99.2\%$$

$w(NH_3)$ 的计算结果表明，氨气需全部送入中和反应器。

五、影响粗轻吡啶生产的因素及其控制

从焦炉煤气中回收并制取粗轻吡啶的过程，包括吸收、中和-分离两个阶段。在分析影响粗轻吡啶生产的因素时，除了注意这两个阶段的相互关联外，还要同时考虑煤气中

氨的净化、硫酸铵的产品质量以及系统的水平衡等。

1. 吸收阶段

（1）饱和器内母液温度　当饱和器内吡啶浓度及母液酸度一定时，母液液面上吡啶的蒸气压将随温度升高而增大。当温度高于60℃时，吡啶蒸气压急剧上升，随之急剧降低了吡啶吸收过程的推动力。因此，饱和器内母液温度不应高于60℃。还应考虑水平衡与硫酸铵生产互相兼顾。

（2）饱和器内母液酸度　增大饱和器内母液酸度，有利于母液液面上吡啶蒸气压下降，吡啶的回收率可得到提高。但母液酸度过大，将影响硫酸铵的粒度和质量。所以，母液酸度的控制应服从硫酸铵生产的需要。

（3）饱和器母液中吡啶含量及母液处理量的确定　如前所述。55℃母液酸度6%，母液中吡啶的最大含量$\rho_{p_{\max}}$不大于15.2g/L。

在上述条件下，需从饱和器系统引出的母液处理量为：

$$q_V=\frac{q_m}{15.2}\times1000$$

式中　q_m——应从煤气中回收的吡啶数量，kg/h。

因此，当母液温度高于55℃时，母液中允许的吡啶含量将随之降低，母液处理量随之增大，用于中和其中游离酸的氨气量也相应增多。

在设计中，应装设窥视镜和转子流量计以控制进入中和器的母液量；当母液管道架设在露天或其上设有转子流量计时，除保温外，还需设置套管加热器。为了防止结晶随母液进入中和器，母液在进入中和器前必须通过沉淀槽。

（4）回流母液的碱度　回流母液碱度按饱和器母液中游离酸含量来确定。母液的碱度一般控制在0.35～0.8g/L，最好低于0.5g/L。因母液碱度过大时，可引起母液中形成硫氰化物，强烈腐蚀设备并形成铁盐，致使硫酸铵着色，但母液碱度也不宜低于0.2g/L，否则会引起硫酸吡啶不能完全分解。当氨气全部加入中和器时，以调节母液处理量来控制和稳定母液碱度。

2. 中和及粗轻吡啶分离阶段

（1）氨气温度和氨气含量　控制氨气分凝器后的氨气温度小于或等于98℃，从而将氨含量控制在10%～12%。温度的控制除采用自动调节阀外，在分凝器给水管道的设计上，还应考虑人工调节的可能；生产中如氨气浓度过低时，则因带入中和器的水汽量增多，而使从中和器出来的吡啶蒸气中含有大量水汽，增加了冷凝水量。这将增加粗轻吡啶产品中的含水量。同时会冲淡分离水中的铵盐浓度，从而使分离操作恶化。故在操作中应严格控制氨气分凝器后的氨浓度。

（2）中和器的操作压力和温度　中和器内溶液温度和操作压力，对生产操作非常重要，这可从中和器出口吡啶蒸气温度反映出来。此温度一般控制在98～100℃。因此在生产操作中，要经常注意检查并及时进行调节就可使中和器的操作正常稳定。

（3）吡啶油水分离器的操作及分离水的处理　吡啶易溶于水，吡啶之所以能在吡啶油水分离器中与分离水分开，是因分离水中溶解了大量的碳酸铵，增大了分离水与吡啶的密度差，产生了吡啶盐基从水溶液中盐析出来的作用。为增大分离水中铵盐的浓度并减少吡啶的损失，需将分离水返回中和器。

因吡啶的溶解度比其同系物大得多，所以分离水中主要含的是吡啶。可见分离水返回中和器后，除可增大挥发性铵盐在水溶液中的浓度外，还可减少吡啶的损失。

吡啶蒸气有毒，此外尚有硫化氢、氰化氢等有毒气体，故吡啶回收系统操作均应在负压下进行生产。负压的产生是靠设备的放散管集中一起连接到鼓风机前的负压煤气管道上形成的。为防止管道被碳酸盐类堵塞，各设备放散管和放散主管除保温外，还需定期用蒸汽清扫。有条件时，可设置空喷水洗装置，将放散气体中盐类洗除。为保持负压和避免放散管堵塞使各设备内部压力不一致，影响正常生产，进入吡啶装置各设备的管道应设置水封。

六、粗轻吡啶生产的主要设备

粗轻吡啶生产的主要设备有中和器、冷凝冷却器、母液沉淀槽、油水分离器、计量槽等。

（1）母液中和器　母液中和器结构如图4-21所示。母液中和器的筒体一般用钢板焊制，内衬防腐层，或用硬铅制成；氨气引入管和鼓泡伞可用不锈钢焊制或用硬铅铸成。它是一个直径为 1.2～1.8m，带有锥底的直立圆柱体，器顶中央设有氨气引入管，引入管下部与鼓泡伞相连，可使氨气鼓泡而出与母液充分接触。母液中和器结构较为复杂，由于母液具有较强的腐蚀作用，需经常停产检修。

国内焦化厂常用的 3.5m^3 的母液中和器规格为：直径 1800mm，全高 2604mm，筒体高 1790mm，设备质量 2366kg，保温面积 13.3m^2。

（2）文氏管中和器　文氏管中和器的结构如图 4-22 所示。

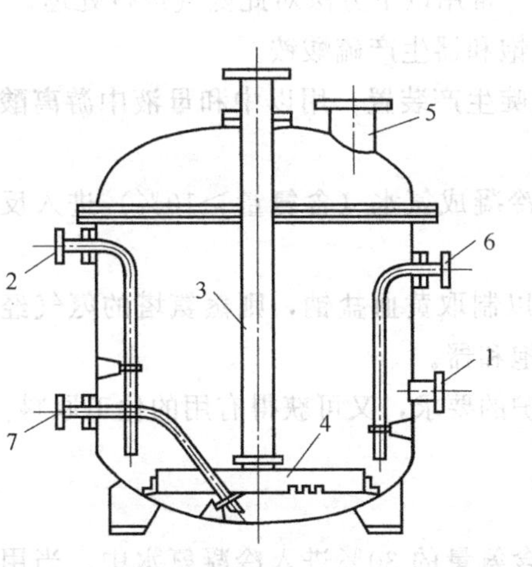

图 4-21　母液中和器

1—满流口；2—母液引入管；3—氨气引入管；4—鼓泡伞；5—蒸汽逸出口；6—分离水回流口；7—放空管

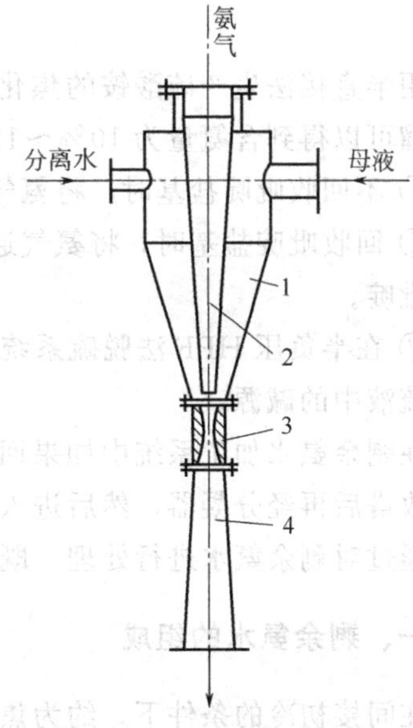

图 4-22　文氏管中和器

1—混合室；2—氨气喷嘴；3—喉管；4—扩大管

文氏管中和器由喷嘴、喉管、扩大管和混合室四部分组成。为防止腐蚀，全部用不锈钢制作。

在粗轻吡啶生产中，硫酸铵母液经沉淀槽分出酸焦油后进入文氏管中和器与氨分凝器来的氨气在喉管处进行反应，使吡啶从母液中游离出来，同时，母液被反应热加热后而使吡啶气化而被带出。

(3) 沉淀槽　沉淀槽是用钢板焊制的带锥底的直立圆槽，槽内衬铅并铺以耐酸瓷砖或衬玻璃钢。

(4) 冷凝冷却器　因为 NH_3、H_2S、HCN、CO_2 等有较强的腐蚀作用，所以一般采用埋入式铸铁冷凝器，其冷却面积按每 1h 处理 $1m^3$ 母液需 $25m^2$ 计算。冷凝液出口温度为 30～40℃。温度过高会增加吡啶由放散管的损失，并使油水分离较差，温度过低，则由于冷凝水中溶有大量铵盐，易析出结晶造成堵塞冷凝器。

(5) 计量槽　计量槽用以计算产量，并由此取样检查产品质量，故设两个槽，每个槽容积应能容纳 10h 以上的产量。

七、产品质量

国内焦化厂生产的粗轻吡啶质量规格见表 4-14。

表 4-14　粗轻吡啶质量规格

指　标　名　称		指　　标
密度(20℃)/(g/mL)	≥	1.012
吡啶及其同系物含量(无水)/%	≥	60
水分/%	≤	15

第四节　剩余氨水的加工

用半直接法生产硫酸铵的焦化厂，硫酸铵工段均设有剩余氨水加工装置，将剩余氨水蒸馏可以得到含氨量为 10%～12%的氨气。常用以下方法对此氨气进行处理。

① 不回收吡啶盐基时，将氨气直接通入饱和器生产硫酸铵。

② 回收吡啶盐基时，将氨气通往粗轻吡啶生产装置，用以中和母液中游离酸和分解硫酸吡啶。

③ 在半负压 HPF 法脱硫系统中，氨气冷凝成氨水（含氨量≥10%）进入反应槽补充脱硫液中的碱源。

在剩余氨水加工系统中如果回收氰化氢以制取黄血盐钠，则蒸氨塔的氨气经过氰化氢吸收塔后再经分凝器，然后进入中和器或饱和器。

通过对剩余氨水进行处理，既是环境保护的要求，又可获得有用的化工原料。

一、剩余氨水的组成

在间接初冷的条件下，约为焦炉煤气中含氨量的 30%进入冷凝氨水中。当用直管冷却器进行间冷时，所得剩余氨水的组成如表 4-15 所示。

表 4-15　剩余氨水的组成

冷凝液处理方式	组成/(g/L)			
	挥发 NH_3	H_2S	CO_2	HCN
冷凝液单独分离	3～7	1～3	0.1～0.3	0.1～0.9
冷凝液与循环氨水混合分离	1～3	0.2～2	0.04～0.14	0.04～0.14

在剩余氨水中，除了含有氨、硫化氢、氰化氢、二氧化碳外还含有酚 1.2～2.5g/L，吡啶盐基 0.2～0.5g/L，以及少量的萘、轻油等。

由于在完全混合的氨水中氨的含量较低，难以满足回收吡啶的需要，故多采用部分氨水合系统，控制混合氨水的挥发氨含量为 2.5～3.5g/L，剩余氨水中含有 50～120mg/L 的氰化氢，如不予回收，将随氨气重返煤气系统并转入煤气终冷水系统而污染大气和水体，故需从氨水中回收氰化氢。回收氰化氢的方式有多种，常用的是制取黄血盐钠。

二、剩余氨水加工制取黄血盐钠的工艺流程及其操作

1. 黄血盐钠的性质

黄血盐钠是亚铁氰化钠的俗名。淡黄色单斜系结晶，有毒，易溶于水，不溶于乙醇。分子式为$Na_4Fe(CN)_6 \cdot 10H_2O$，相对分子质量为 483.85，相对密度为 1.4580，折射率为 1.5295，20℃时在 100mL 水中的溶解度为 31.85g。50℃时开始失水，81.5℃时成为无水物，435℃时分解。

黄血盐钠主要用于制取颜料、涂料、油墨的原料，棉布染色时的氧化剂，在医药上可用作青霉素、链霉素的培菌剂等。

2. 黄血盐钠生产原理

在蒸氨塔内用直接蒸汽蒸馏剩余氨水，将其中氨、硫化氢、氰化氢、二氧化碳等成分以气态蒸出，通入具有铁刨花填料的氰化氢吸收塔，在吸收塔内氰化氢被碳酸钠水溶液选择吸收，并与铁发生复杂的化学反应生成黄血盐钠，最后经过冷却、结晶、分离后即为产品。

在吸收塔内发生的主要反应为：

$$Na_2CO_3 + 2HCN \longrightarrow 2NaCN + CO_2\uparrow + H_2O$$

$$Fe + 2HCN \longrightarrow Fe(CN)_2 + H_2\uparrow$$

$$4NaCN + Fe(CN)_2 \longrightarrow Na_4Fe(CN)_6$$

上述反应是吸热反应，所以提高温度对氰化氢与碳酸钠反应生产黄血盐钠有利。氨气加热到 140～150℃时，氰化氢与碳酸钠反应速率最快，黄血盐钠的生成率也高，副产物少。在主反应进行的同时，还进行着生成 FeS、$Fe_4[Fe(CN)_6]_3$（普鲁士蓝）、NaSCN、NaHS 等的副反应。其中 FeS 是黑色沉淀，普鲁士蓝是蓝色沉淀。当氨气温度降低时，副产物增加，影响黄血盐钠的质量，又使碱耗增大。当加热温度低于 130℃时，会造成反应中止。

3. 剩余氨水加工生产黄血盐工艺流程

剩余氨水加工生产黄血盐工艺流程如图 4-23 所示。

冷凝工段来的 70℃左右的剩余氨水先在原料氨水槽 1 澄清分离煤焦油，通过装有焦炭块的过滤器 2 除去氨水中的煤焦油后，进入蒸氨塔 3。由塔底通入 294kPa 的直接蒸汽加热，使塔底温度保持在 105℃左右，直接蒸汽将氨水中的氨蒸吹出来，从塔顶逸出的蒸气为氨、水汽、二氧化碳、硫化氢和氰化氢等的混合物，温度为 101～103℃，塔顶蒸气含氨量与原料氨水含量有关，一般约为 4%。塔底蒸氨废水含氨量低于 0.01%，自蒸氨塔底排出经冷却后送生化处理装置。塔顶逸出的氨气进入加热器 4，间接加热到 140～150℃后进入氰化氢吸收塔 5。

含碳酸钠 140g/L 左右的吸收液用循环泵 7 从吸收塔底抽出，经母液预热器 8 加热到

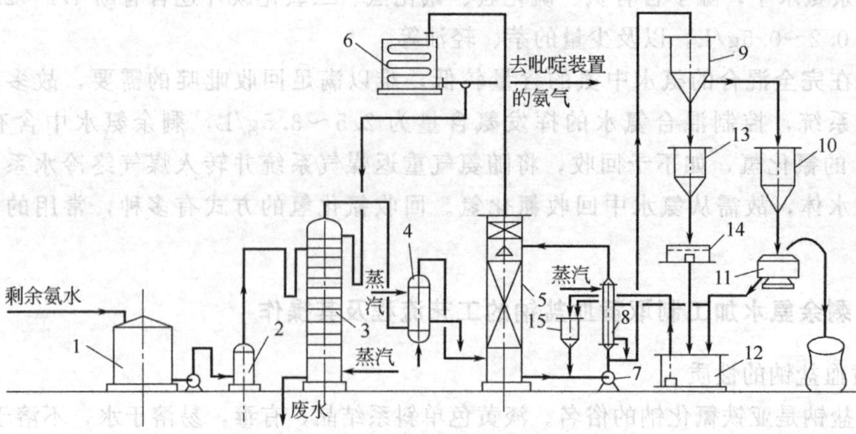

图 4-23 剩余氨水加工生产黄血盐的流程

1—原料氨水槽；2—过滤器；3—蒸氨塔；4—加热器；5—氰化氢吸收塔；6—氨气分凝器；7—循环泵；8—预热器；9—沉降槽；10—结晶槽；11—离心机；12—滤液槽；13—稀释槽；14—过滤器；15—溶碱槽

102～105℃送入塔顶喷淋。在吸收塔内气液接触发生化学反应。

当循环溶液含黄血盐钠达到 300～500g/L 时，由循环泵提出部分溶液，泵入沉降槽 9。沉降槽内母液温度保持在 60℃左右，在此温度下，可保证将副产物及带入的铁屑等杂质较完全地沉淀下来，而又使黄血盐钠不致析出结晶。沉淀的时间一般为 4～5h。沉降槽内澄清的溶液进入搅拌式结晶槽 10 进行搅拌冷却结晶。结晶温度控制在 35℃左右，若温度偏低，母液中的碳酸钠也将结晶析出，从而会影响黄血盐钠的纯度与颜色。

氰化氢吸收塔内上段为高约 500mm 的填料捕雾层，中段为 3～4m 高的铁屑填料层，下段是循环碱液槽。

带有搅拌器的结晶槽，四壁具有冷却水套，可用调节冷却水量来控制结晶温度和结晶速度。

通过离心机 11 分离黄血盐结晶后的母液进入滤液槽 12 或溶碱槽 15，再回到循环碱液系统。沉降槽的沉渣放入稀释槽 13，加水稀释后进入过滤器 14，滤液回滤液槽，滤渣弃去。

脱除了氰化氢的氨气（温度为 100～120℃）从塔顶逸出，进入埋入式氨气分凝器，铸铁管内走氨气，管外走冷却水。氨气经分凝冷却至 99℃左右，分凝器冷凝液作为回流返回蒸氨塔，含量为 10%～12%的浓缩氨气送往饱和器或吡啶生产装置。

溶碱槽内的滤液及补充碱液用碱液泵打入吸收塔底部，供循环喷洒用。

4. 影响黄血盐生产的主要因素

(1) 解吸效率和吸收效率　黄血盐产量主要取决于氰化氢在蒸氨塔的解吸效率和在吸收塔的吸收效率。影响氰化氢解吸效率主要是进塔的蒸汽量。在一定条件下，进塔蒸汽量增加，解吸效率提高。吸收效率取决于铁屑质量以及铁屑填充高度、吸收塔温度、母液循环量及循环母液碱度等因素。吸收反应是吸热过程，解吸出来的含氰化氢蒸气加热到 140℃以上。若低于 140℃，吸收效率显著下降，副反应增多，产品质量下降。循环母液温度一般控制在105～110℃，若此温度过高会形成无水黄血盐结晶，易堵塞吸收塔。

一般控制循环母液碱度在 100～120g/L 范围内，碱度低于 100g/L 时，则吸收效率下降；碱度高于150g/L时，则产品碱含量偏高；当碱度大于170g/L时，产品中有大量碳酸钠结晶（$Na_2CO_3 \cdot 10H_2O$），严重影响产品质量。

(2) 热沉降工艺　为了提高黄血盐产品质量，母液需先进沉降槽，除去硫化亚铁、铁屑、普鲁士蓝等杂质。为防止母液自然冷却析出结晶而影响杂质沉降和分离，沉降槽应采用蒸汽夹套保温，以保证母液温度不低于60℃。沉降4～5h，将清液送去结晶，沉降杂质由底部放至澄清槽，用水洗后再过滤，回收洗液，除去杂质。

(3) 结晶温度　黄血盐的质量很大程度上取决于结晶操作温度。当母液中黄血盐含量在270～300g/L时，结晶温度一般为28～35℃。温度过高时，产品产率下降；温度过低时，有碳酸钠结晶析出，影响产品纯度。

结晶速度通过调节结晶槽夹套的冷却水量来控制，结晶操作应使晶体慢慢成长，冷却太快时引起生成太多的晶核，所得结晶颗粒细小，分离结晶较为困难。因此结晶时间一般控制在2～3h。

三、剩余氨水加工主要设备

剩余氨水加工的主要设备为蒸氨塔。目前，中国焦化厂广泛采用的蒸氨塔有泡罩式和栅板式两种，通常多用泡罩塔。

新式泡罩式蒸氨塔构造如图4-24所示。泡罩式蒸氨塔主要由塔体和塔盘组成。塔盘如图4-25所示，包括泡罩（圆形或条形）、溢流堰板、降液管和塔板。塔板间距一般为350～600mm。

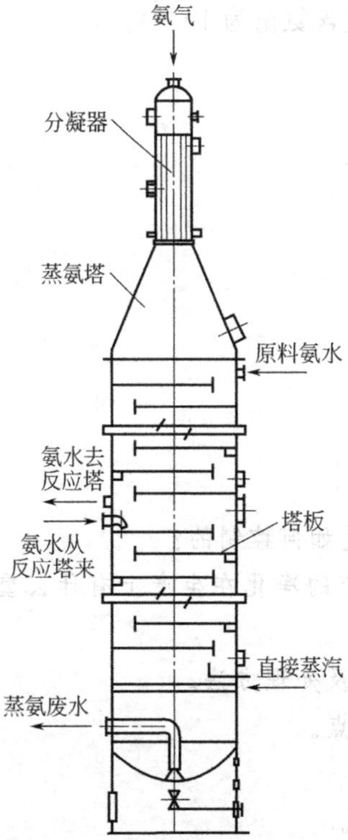

图4-24　泡罩式蒸氨塔

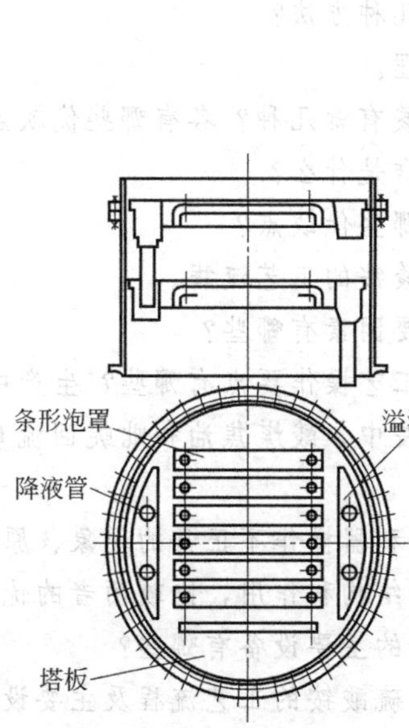

图4-25　条形泡罩式塔盘

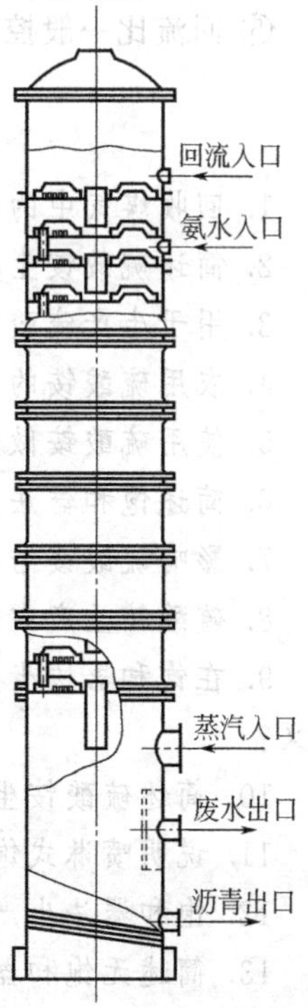

图4-26　老式泡罩式蒸氨塔

新式泡罩蒸氨塔分上、下两段，用法兰连接，内有25层条形泡罩塔盘。上段（5层和外壳）用钛材制造，下段（20层和外壳）用超低碳不锈钢制造。分凝器放在蒸氨塔顶部，是蒸氨塔的一部分。原料氨水从塔顶进入，沿降液管逐层下降，被经升气管上升的水蒸气逐层蒸馏，蒸出游离氨。含氨蒸气从塔顶经分凝器排出。氨水从第14层塔盘引出，送往反应塔。

在反应塔内加入氢氧化钠使固定铵分解为游离氨，氨气回到第15层。蒸氨废水从塔底排出。

老式泡罩塔盘用铸铁制造。老式泡罩式蒸氨塔构造如图4-26所示，由多个高0.5～0.7m的单个铸铁塔段组成，每节塔段有2层泡沸塔板，每板上设有12个长履形泡罩，呈辐射状排列。单数塔板设有中央大溢流管，双数塔板则沿周边设有12个小溢流管，液体在塔板上是半径溢流。全塔塔板数一般为25～29层。

剩余氨水由上数第三块塔板加入，回流液由上数第一块塔板引入。由塔底通入直接蒸汽，上升的蒸汽经泡罩穿越每层塔板上的氨水层，氨水中的氨、二氧化碳和硫化氢等挥发性气体即被蒸出，塔顶逸出含氨量较高的氨气，塔底排出几乎完全脱去挥发氨的废水。

目前两种蒸氨塔在中国焦化厂均有使用。

在氨水组成一定，处理量基本不变的情况下，蒸氨塔操作主要应控制以下指标。

① 分凝器后成品氨气的含量不低于10%。

② 蒸氨塔底压力应小于29000Pa（表压）。

③ 蒸氨塔氨气出口温度应在101～103℃。

④ 分凝器后回流液中氨的含量为1.2%左右（成品氨气含氨量为10%）。

⑤ 回流比一般控制在1.5～1.7。

复习思考题

1. 回收煤气中的氨有哪几种方法？

2. 简述硫酸铵生产的原理。

3. 用于生产硫酸铵的硫酸有哪几种？各有哪些优缺点？

4. 农用硫酸铵的质量标准是什么？

5. 使用硫酸铵做肥料有哪些优缺点？

6. 简述饱和器法生产硫酸铵的工艺流程。

7. 影响硫酸铵结晶的主要因素有哪些？

8. 硫酸铵生产中的主要工艺操作要点有哪些？生产中是如何控制的？

9. 在饱和器法生产硫酸铵中，酸煤焦油和吡啶回流母液的净化在生产上有什么重要意义？

10. 简述硫酸铵生产中饱和器操作不正常的现象、原因及处理方法。

11. 说明喷淋式饱和器的结构和作用，比较两者的优缺点。

12. 饱和器法生产硫酸铵的主要设备有哪些？

13. 简述无饱和器法生产硫酸铵的工艺流程及主要设备。

14. 喷淋式饱和器生产硫酸铵有哪些岗位操作，内容是什么？

15. 粗轻吡啶有哪些用途？

16. 如何控制粗轻吡啶生产中的操作制度和工艺要点？
17. 粗轻吡啶的组成和性质如何？
18. 粗轻吡啶是怎样形成的？其生成量主要由什么因素决定？
19. 从饱和器母液中回收粗轻吡啶的原理是什么？
20. 粗轻吡啶生产工艺流程是怎样的？有哪些主要设备？
21. 怎样检查中和器内母液碱度？如何调整其酸碱度？
22. 简述生产黄血盐的基本原理并写出其主要化学反应式。
23. 简述剩余氨水加工及制取黄血盐的工艺流程。
24. 剩余氨水加工及制取黄血盐工艺流程中的主要设备有哪些？简述其各自的作用。
25. 影响黄血盐生产的主要因素有哪些？

第五章 焦炉煤气中硫化氢和氰化氢的脱除

第一节 概 述

一、脱除煤气中的硫化氢和氰化氢的重要性

长期生产实践表明，高温炼焦原料煤中的硫，在炼焦过程中30%～40%以气态硫化物形式进入焦炉煤气中。煤气中的硫化物按其化合状态可分为两类：一类是硫的无机化合物，主要是硫化氢（H_2S），根据原料煤含硫量不同，一般焦炉煤气中含 H_2S 为4～10g/m³；另一类是硫的有机化合物，如二硫化碳（CS_2）、硫氧化碳（COS）、噻吩（C_4H_4S）等。有机硫化物含量较少，在0.3g/m³左右。这些有机硫化合物，在较高温度下进行变换反应时，几乎全部转化成硫化氢，故煤气中硫化氢所含硫约占煤气中硫总量的90%以上。炼焦煤中的氮，在炼焦生产中转化成多种含氮化合物，进入焦炉煤气的氮化物中，氰化氢含量为0.5～1.5g/m³。硫化氢、氰化氢在焦炉煤气中含量虽少，但却是有害的成分，必须将它们脱除。

硫化氢是具有刺鼻性臭味的无色气体，其密度为1.539g/m³。硫化氢及其燃烧产物二氧化硫（SO_2）对人体均有毒性，在空气中硫化氢体积分数达0.1%就能使人致命。氰化氢毒性更强，人吸入50mg即会中毒死亡。硫化氢和氰化氢溶于水，对水中鱼类也有毒害作用，氰化氢燃烧会生成 NO_2，硫化氢燃烧产生的 SO_2 造成大气污染，形成酸雨。

含硫化氢、氰化氢的煤气在处理和输送过程中，会腐蚀设备和管道，生成铁锈中含有$(NH_4)_4[Fe(CN)_6]$、FeS_x 及硫等，积聚在设备管道中，拆开检修时，遇到空气会自燃产生二氧化硫，并放出大量反应热，严重时还会烧坏设备，危害生产安全。

未脱除 H_2S 的焦炉煤气，若用作合成原料气，会造成催化剂中毒；用于冶炼优质钢，会降低钢的质量。

从本企业职工卫生安全考虑，车间空气中 H_2S 含量应小于10mg/m³，HCN小于0.3mg/m³。

不同用户，对焦炉煤气有不同要求：若用作城市煤气，规定 H_2S 含量小于20mg/m³，HCN低于50mg/m³；用作合成气，一般规定 H_2S 含量小于1～2mg/m³，甚至更低；用作优质钢冶炼气，H_2S 含量小于1～2g/m³。

焦炉煤气中的硫化氢可能转化成硫黄，例如，用克劳斯法生产的硫黄，纯度很高，是重要的化工原料，除用于医药原料外还可用于制造优质硫酸。中国硫黄资源较少，每年要进口大量硫黄用于制造硫酸。焦化厂生产硫酸铵也需要大量工业硫酸，如能设置脱硫装置并用所回收的硫化氢制造硫酸，可满足本厂所需硫酸量一半左右；可使资源得到

合理的综合利用。

按照以人为本的理念和科学发展观的思想，脱除焦炉煤气中的硫化氢和氰化氢势在必行。

二、脱除煤气中硫化氢和氰化氢的方法

脱除煤气中硫化氢的方法很多，按脱硫剂的物理形态不同分为干法和湿法两大类，用固体脱硫剂的脱硫方法称为干法脱硫，用液体脱硫剂的脱硫方法称为湿法脱硫。

煤气的干法脱硫早在19世纪初就得到广泛应用，干法脱硫工艺简单，成熟可靠，能够较完全地脱除硫化氢和有机硫，脱硫化氢的同时还能脱除氰化氢、氧化氮及煤焦油雾等杂质，使煤气达到很高的净化程度。干法脱硫尚存在设备笨重、更换脱硫剂时劳动强度大、设备占地面积大以及脱硫剂再生较为困难等缺点，干法脱硫适用于煤气含硫量较低、要求净化程度高或煤气处理量较小的焦炉煤气脱硫，目前此法仍得到一定的使用。

干法脱硫根据煤气的用途不同而采用不同的脱硫剂，有氢氧化铁法、活性炭法、氧化锌法等。氢氧化铁法脱硫剂来源较广，廉价易得，因此在焦化工业中应用较多。

湿法脱硫处理能力大，具有脱硫与脱硫剂再生均能连续进行、劳动强度小等优点，在脱除硫化氢的同时也能脱除氰化氢。湿法脱硫都是以碱性溶液进行化学吸收，碱性溶液可以是：碳酸钠溶液，也可以是氨水。在化学吸收法中又可分为中和法和湿式氧化法，其中湿式氧化法流程较简单，脱硫效率高，并能直接回收硫黄等产品，在国内外焦化厂均得到了广泛的应用。目前，用于焦炉煤气脱硫以改良蒽醌二磺酸钠法（改良ADA法）和栲胶法较为成熟，PDS法、HPF法脱硫亦日趋成熟，新建焦化厂普遍采用HPF法脱硫。改良ADA法具有脱硫溶液无毒、脱硫效率高等优点，被国内外焦化厂普遍采用。自20世纪80年代初以来，随着中国冶金工业和合成氨工业的发展及城市煤气的逐步普及，先后从国外引进了多套焦炉煤气湿法氧化脱硫和中和法装置。本章将对国内应用较普遍的干法脱硫、改良ADA法脱硫、HPF法脱硫以及从国外引进的已投产使用的部分脱硫装置做介绍。

目前，中国焦化厂焦炉煤气脱硫的方法主要采用以下几种。

1. 煤气干法脱硫

该法采用氢氧化铁做脱硫剂，使煤气中硫化氢与$Fe(OH)_3$反应生成Fe_2S_3或FeS而将硫化氢除去。

2. 改良ADA法和栲胶法脱硫

改良ADA法是湿式氧化法脱硫中的一种较为成熟的方法，脱硫效率可达99%以上。脱硫溶液由稀碳酸钠溶液中添加等比例的2,6-和2,7-蒽醌二磺酸（ADA）的钠盐溶液配制而成。

3. HPF法脱硫

利用焦炉煤气中的氨做吸收剂，加入HPF（醌钴铁类）复合型催化剂的湿式氧化脱硫法，其首先把煤气中的H_2S等酸性组分转化为硫氢化铵等酸性铵盐，再在空气中氧的氧化下转化为元素硫，使脱硫效率可达99%以上。

4. 真空碳酸钾法脱硫

碳酸钾溶液为脱硫剂，吸收焦炉煤气中的硫化氢和氰化氢，脱硫液的再生在负压下

进行，脱硫塔煤气出口硫化氢含量可达到200mg/m³ 以下。

5. AS法脱硫

采用煤气中的氨作碱源，脱除煤气中的 H_2S 和 HCN，进而以克劳斯法将浓缩的酸性气体分解生成硫黄和氮气；或者将酸性气体制成硫酸用于生产硫酸铵。

第二节　焦炉煤气的干法脱硫

一、工艺原理

国内许多焦化厂采用氢氧化铁法进行焦炉煤气的干法脱硫。其脱硫原理为：将焦炉煤气通过含有氢氧化铁的脱硫剂，使硫化氢与脱硫剂中的有效成分 $Fe(OH)_3$ 反应生成 Fe_2S_3 或 FeS。当含硫量达到一定程度后，使脱硫剂与空气接触，在有水存在下，空气中的氧将铁的硫化物氧化使之又转变成氢氧化铁，脱硫剂得到再生，再重复使用。当煤气中含氧时，则使脱硫剂的脱硫和再生同时进行。

在碱性脱硫剂中，硫化氢与活性组分发生下列化学反应，即脱硫反应。

$$2Fe(OH)_3+3H_2S \longrightarrow Fe_2S_3+6H_2O$$

$$Fe_2S_3 \longrightarrow 2FeS+S$$

$$Fe(OH)_2+H_2S \longrightarrow FeS+2H_2O$$

当有足够的水分时，脱硫剂的再生，是用空气中的氧氧化所生成的硫化铁，发生下列化学反应，即再生反应。

$$2Fe_2S_3+3O_2+6H_2O \longrightarrow 4Fe(OH)_3+6S$$

$$4FeS+3O_2+6H_2O \longrightarrow 4Fe(OH)_3+4S$$

上述脱硫和再生是两个主要反应，这两个反应都是放热反应。

脱硫剂经过反复的脱硫和再生使用后，在脱硫剂中硫黄聚积，并逐步包住氢氧化铁活性微粒，致使其脱硫能力逐渐降低。因此，当脱硫剂上积有30%～40%（质量分数）的硫黄时，需更换新的脱硫剂。

二、干法脱硫剂的制备与使用条件

目前常用的制备干法脱硫剂的原料有：天然沼铁矿、人工氧化铁、颜料厂和硫酸厂的下脚铁泥、钢铁厂的红泥等。

脱硫剂中氧化铁含量应占风干物料质量的50%以上，其中活性氢氧化铁含量应占70%以上，不应含腐植酸或腐植酸盐，其pH应大于7。如腐植酸类含量大于1%时，将导致脱硫剂氧化，而降低脱硫剂的硫容量以及脱硫反应速率。此外，为使脱硫剂在使用中不因硫的聚积过于增大体积，并使脱硫剂床层变得密实而增大煤气流动阻力，制备的脱硫剂在自然状态下应是疏松的，其湿料堆积密度应小于800kg/m³。

干法脱硫剂制备方法如下。

1. 以天然沼铁矿为原料

将直径1～2mm颗粒，含量大于85%的天然沼铁矿，按比例掺混木屑（疏松剂）和熟石灰。其质量分数为：沼铁矿95%，木屑4%～4.5%，熟石灰0.5%～1%；用水均匀调湿至含水30%～40%，拌和均匀。

2. 以人工氧化铁为原料

将颗粒直径为0.6～2.4mm的铁屑与木屑按质量比1∶1掺混（可根据具体情况，稍有波动），洒水后充分翻晒进行人工氧化，控制三氧化二铁与氧化亚铁含量比大于1.5作为氧化合格标准。在进脱硫箱之前再加入0.5%的熟石灰。

3. 以颜料厂和硫酸厂的下脚铁泥或钢铁厂的红泥等为原料

铁泥与一倍的木屑掺混，经人工晾晒氧化后，也可做脱硫剂使用。

脱硫剂应保持一定的碱度，除加入一定量的熟石灰使之呈碱性外，也可喷洒稀氨水，控制pH为8～9。所加的碱和水在脱硫过程中起助催化剂作用。

当煤气通过脱硫剂床层时，硫化氢与活性氢氧化铁发生上述脱硫反应以及再生反应。

如前所述，脱硫及再生的两个反应，都是放热反应。反应热使煤气温度升高，造成煤气中水蒸气、相对湿度降低，脱硫剂中部分水分蒸发，被煤气带走，使再生反应遭到破坏，所以脱硫之前需要向煤气中加入一些水蒸气。

由于反应后生成的元素硫不断沉积在脱硫剂上，同时因煤焦油雾等杂质使脱硫剂结块，阻力上升，脱硫效率下降，因此需要定期再生和更换脱硫剂。通常采用箱外再生的方法，即将脱硫剂放在晒场上再生，晒场上脱硫剂的厚度不要超过300mm，并定期翻动使其进行充分氧化。一般情况下，新脱硫剂使用时间约为半年，经过再生后的脱硫剂使用时间约三个月。根据资源及脱硫效率情况，脱硫剂可以使用一次或经再生使用1～2次后废弃。

实践表明，脱硫剂吸收硫化氢的最好条件为：温度28～30℃，脱硫剂的水分不低于30%。

从上述主要反应可以看出，每脱除1kmol硫化氢需0.5kmol氧和1kmol水用于脱硫剂再生。焦炉煤气中通常含氧量为0.5%～0.6%（体积分数），即可满足含硫化氢15g/m³左右的煤气在脱硫再生时的需要。当硫化氢含量较高时为降低干法脱硫剂消耗，需先经过湿法脱硫后再用干法进行脱硫。

三、脱硫设备及操作

煤气干法脱硫装置按构造可分为箱式和塔式两种。

1. 箱式脱硫装置

箱式脱硫装置是一个长方形槽，箱体用钢板焊制或用钢筋混凝土制成，内壁涂沥青或沥青漆进行防腐。箱内水平木格上装有四层厚为300～500mm的脱硫剂，顶盖与箱体用压紧螺栓装置密封连接或用液封连接，此设备的水平截面积一般为25～50m²，总高度为1.5～2m。如图5-1所示，箱式干法脱硫装置一般由四组设备组成，三组设备并联操作，另一组备用。

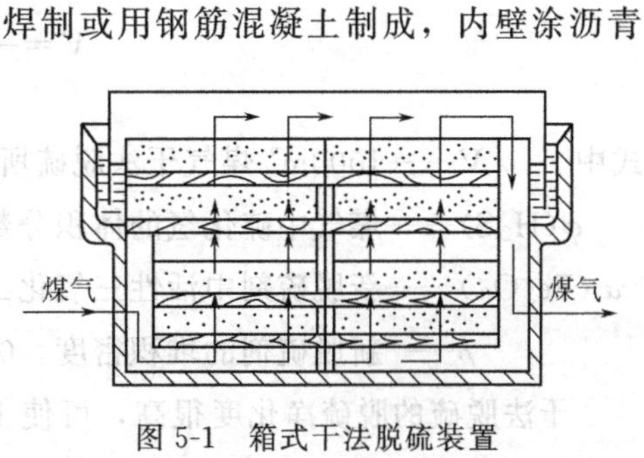

图5-1 箱式干法脱硫装置

煤气通过进口管上的切换装置（阀门或水封阀），根据操作要求以串联或并联形式通过脱硫箱，然后由煤气出口管输出。为了充分发挥各脱硫箱的脱硫效率，均匀地利用煤气中的氧使各脱硫箱中的脱硫剂得到再生，延长脱硫剂的使用周期，有些厂采用了定期改变箱内煤气流向的操作方法，此外也有些厂采用在过箱煤气中加入少量空气的方法，以保持煤气中含氧量为1.0%～1.1%，使箱内硫化铁得到一定程度的再生。为保证干法脱硫效率，应有计划地定期更换脱硫剂。卸出脱硫效率已经下降，阻力已经升高的脱硫剂，装入新的或经过再生后的脱硫剂。装入了新脱硫剂的新箱，一般切换在脱硫箱装置中煤气流向的最后，起把关作用。煤气在脱硫箱内的流向分由下而上流、由上向下流以及分散流三种。一般只要改变脱硫箱的煤气进出口即能使煤气在箱内成为向上流或向下流。设计脱硫箱时，可根据具体工艺条件确定煤气在箱内的流向。

2. 塔式装置

脱硫塔的工作原理与箱式干法脱硫装置设备基本相同，脱硫塔是一个铸铁制的立式塔，直径5.5～7.5m，高为12～16m。塔内装有互相叠置的10～14个中央带有圆孔的吊筐，筐内装有脱硫剂。吊筐在净化塔中心形成一个圆柱形煤气处理通道。煤气由塔底进入中心通道并均匀地分布后，依次进入各个吊筐内与脱硫剂进行脱硫反应，脱硫后的煤气进入吊筐与塔壁形成的空隙内，自塔侧壁管道排出。

塔式干法脱硫装置一般由5～6个塔组成，其中4个操作，1～2个备用。

四、脱硫操作制度

脱硫箱操作温度/℃	25～30	每米高脱硫剂阻力/kPa	＜2
脱硫箱操作压力	常压	脱硫剂碱度 pH	8～9
脱硫剂水分/%	25～35		

五、脱硫箱的设计参数和脱硫剂量的计算

1. 脱硫箱的设计参数

煤气通过干脱硫箱的气速/(mm/s)	7～11	每层脱硫剂厚度/mm	300～500
煤气与脱硫剂接触时间/s	130～200		

2. 煤气干法脱硫所需脱硫剂的数量（以每小时1000m^3煤气计）

可按下式计算：

$$V=\frac{1673\sqrt{\varphi(H_2S)}}{w(Fe_2O_3)\rho}$$

式中 V——1000m^3煤气干法脱硫所需脱硫剂的量，m^3/h；

$\varphi(H_2S)$——煤气中硫化氢的体积分数，%；

$w(Fe_2O_3)$——新脱硫剂中活性三氧化二铁含量，30%～40%；

ρ——新脱硫剂的堆积密度，0.8～0.9t/m^3。

干法脱硫的脱硫净化度很高，可使100m^3煤气硫含量降至0.1～0.2g，因脱硫反应速率较慢，煤气需与脱硫剂接触较长时间。所以，煤气通过脱硫剂的速度很低，并依次通过箱内各脱硫层，以保证足够的接触时间。

第三节　改良蒽醌二磺酸钠法脱硫和栲胶法脱硫

改良蒽醌二磺酸钠法（下称改良 ADA 法）是湿法脱硫法中一种较为成熟的方法，具有脱硫效率高（可达 99.5%以上）、对硫化氢含量不同的煤气适应性大、脱硫溶液无毒性、对操作温度和压力的适应范围广、对设备腐蚀性小、所得副产品硫黄的质量较好等优点。改良 ADA 法在中国焦化厂已得到较广泛的应用。

一、生产过程原理

1. 脱硫吸收液的制备

ADA 法脱硫吸收液是在稀碳酸钠（Na_2CO_3）溶液中添加等比例 2,6-和 2,7-蒽醌二磺酸的钠溶液配制而成的。该法反应速率慢，脱硫效率低，副产物多。为了改进效果，在上述溶液中加入了偏钒酸钠（$NaVO_3$）和酒石酸钾钠（$NaKC_4H_4O_6$），即为改良 ADA 法。

改良 ADA 法脱硫液的碱度和组成为：总碱度 0.36～0.5mol/L；Na_2CO_3 含量 0.06～1.0mol/L；$NaHCO_3$ 含量 0.3～0.4mol/L；ADA 含量 2～5g/L；$NaVO_3$ 含量 1～2g/L；$NaKC_4H_4O_6$ 含量 1g/L。

2. 煤气中硫化氢的脱除

脱硫液送入脱硫塔，在 pH 为 8.5～9.5 的条件下，溶液中的稀碱在塔内与煤气中的硫化氢发生反应，生成硫氢化钠，进行的反应有：

$$Na_2CO_3+H_2O \rightleftharpoons NaHCO_3+NaOH$$

$$Na_2CO_3+H_2S \longrightarrow NaHCO_3+NaHS$$

$$NaOH+H_2S \longrightarrow NaHS+H_2O$$

上述脱硫反应生成的硫氢化钠在脱硫溶液中立即与偏钒酸钠进行反应，生成焦钒酸钠、氢氧化钠和元素硫：

$$2NaHS+\underset{\text{偏钒酸钠}}{4NaVO_3}+H_2O \longrightarrow \underset{\text{焦钒酸钠}}{Na_2V_4O_9}+4NaOH+2S\downarrow$$

焦炉煤气中的硫化氢经反应就能转化为元素硫而析出，同时在反应过程中又生成了氢氧化钠，使吸收液仍保持一定的碱度及吸收能力，使吸收过程得以顺利进行。而反应生成的焦钒酸钠又与吸收液中的氧化态 ADA 进行反应，生成偏钒酸钠和还原态的 ADA。相应的化学反应式为：

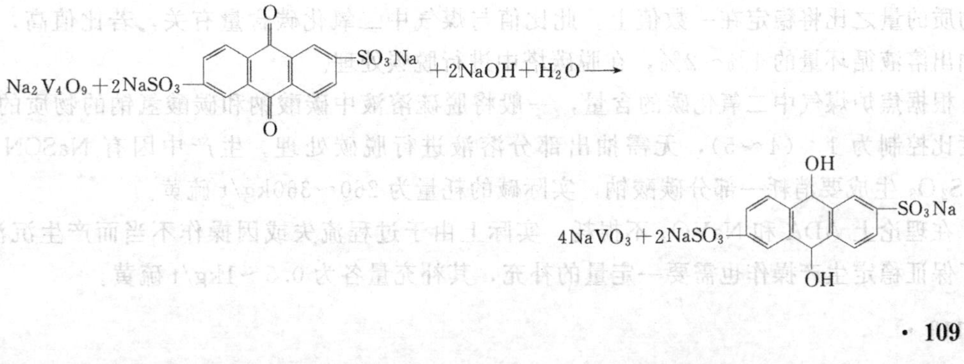

被还原了的偏钒酸钠再次与脱硫反应生成的硫氢化钠反应。在整个脱硫过程中，煤气中硫化氢含量偏高时，反应生成的硫氢化钠的量就比被偏钒酸钠氧化的量多，因而会形成一种黑色的“钒-氧-硫”配合物沉淀，使吸收液中钒含量降低，导致吸收反应过程恶化。当吸收液中含有酒石酸钾钠时，钒离子便与酒石酸根结合成配合离子，形成可溶性配合物，防止了钒配合物的沉淀。

3. ADA 吸收液的再生

含还原态的 ADA 吸收液送入氧化再生塔与鼓入的压缩空气中的氧进行反应，被氧化再生为氧化态 ADA。反应式为：

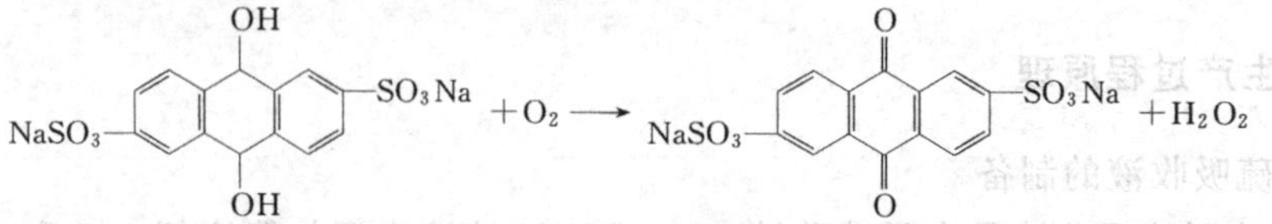

H_2O_2 可将 V^{4+} 氧化成 V^{5+}：$HV_2O_5^- + H_2O_2 + OH^- \longrightarrow 2HVO_4^{2-} + 2H^+$

H_2O_2 可与 HS^- 反应析出元素硫：$H_2O_2 + HS^- \longrightarrow H_2O + OH^- + S\downarrow$

在整个脱硫反应过程中，脱硫液中的碳酸氢钠和碳酸钠又有如下反应：

$$NaHCO_3 + NaOH \rightleftharpoons Na_2CO_3 + H_2O$$

从以上各种反应可见，ADA、偏钒酸钠、碳酸钠均可获得再生，供脱硫过程循环使用，这是改良 ADA 法脱硫的突出优点之一。

4. 脱硫过程中的副反应

因为焦炉煤气中含有 2%～3%的二氧化碳，故吸收液在吸收硫化氢的同时还伴有吸收二氧化碳的反应：

$$Na_2CO_3 + CO_2 + H_2O \longrightarrow 2NaHCO_3$$

但是，吸收液吸收硫化氢的速率要比吸收二氧化碳的速率快，因此对硫化氢的吸收具有较强的选择性。

另外，在焦炉煤气中还存在有氰化氢和氧，在脱硫的同时可发生下列副反应：

$$Na_2CO_3 + 2HCN \longrightarrow 2NaCN + H_2O + CO_2\uparrow$$

$$NaCN + S \longrightarrow NaSCN$$

$$2NaHS + 2O_2 \longrightarrow Na_2S_2O_3 + H_2O$$

脱硫过程中因有部分碳酸钠参与了副反应，为确保脱硫的正常生产，必须经常补加碱液以保证吸收液的碱度。

硫化氢、氰化氢和二氧化碳在吸收操作的过程中会产生碳酸氢钠，因其溶解度较碳酸钠小得多，因此，它们在吸收液中的浓度，应保证不能有碳酸氢钠析出为准。此外，当脱硫塔中吸收的二氧化碳与再生塔中解吸的二氧化碳达到平衡时，溶液中的碳酸氢钠的物质的量之比将稳定在一数值上。此比值与煤气中二氧化碳含量有关，若比值高，则需抽出溶液循环量的 1%～2%，在脱碳塔中进行脱碳处理。

根据焦炉煤气中二氧化碳的含量，一般将脱硫溶液中碳酸钠和碳酸氢钠的物质的量浓度比控制为 1∶(4～5)，无需抽出部分溶液进行脱碳处理。生产中因有 NaSCN 和 $Na_2S_2O_3$ 生成要消耗一部分碳酸钠，实际碱的耗量为 260～360kg/t 硫黄。

在理论上 ADA 和 $NaVO_3$ 不损耗，实际上由于过程流失或因操作不当而产生沉淀，为了保证稳定生产操作也需要一定量的补充，其补充量各为 0.5～1kg/t 硫黄。

二、改良 ADA 脱硫工艺流程和设备

1. 改良 ADA 法脱硫工艺流程

如图 5-2 所示，焦炉煤气从脱硫塔底部进入脱硫塔 1 内，与塔顶喷淋的碱性脱硫液逆流充分接触，同时发生脱硫反应，脱除了硫化氢后的煤气从塔顶出来经液沫分离器 2 分离液沫后送入下一工序。

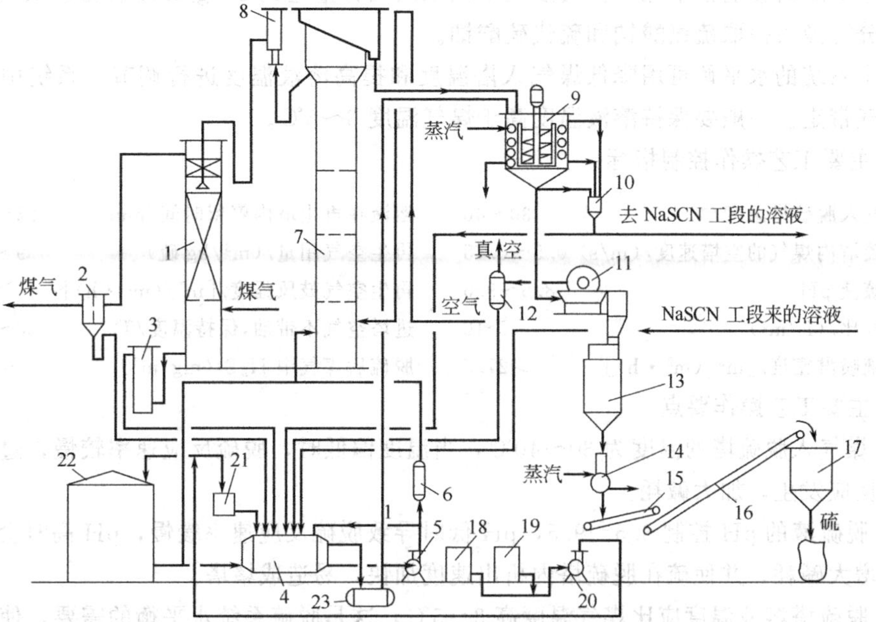

图 5-2　改良 ADA 法脱硫工艺流程

1—脱硫塔；2—液沫分离器；3—液封槽；4—循环槽；5—循环泵；6—加热器；7—再生塔；8—液位调节器；9—硫泡沫槽；10—放液器；11—真空过滤机；12—真空除沫器；13—熔硫釜；14—分配器；15,16—胶带输送机；17—储槽；18—碱液槽；19—偏钒酸钠溶液槽；20—碱液泵；21—碱液高位槽；22—事故槽；23—泡沫收集槽

吸收了硫化氢的富硫溶液由塔底经液封槽 3 排出，此时液相中硫氢根离子与偏钒酸钠仍在进行着反应，送入循环槽（或称反应槽）4 内，在此提供足够的反应时间使其反应完全。槽内溶液由循环泵 5 送至加热器 6 加热至约 40℃（夏季则为冷却器）后，进入再生塔 7 底部去再生。同时向再生塔底部鼓入空气与富硫溶液并流而上，在再生塔内溶液与空气并流充分接触得以氧化再生。再生后的溶液经液位调节器 8 自流返回脱硫塔。

脱硫塔内析出的少量硫泡沫在循环槽内积累，为使硫泡沫能随溶液同时进循环泵，在槽顶部和底部均设有溶液喷头，喷射自泵的出口引出的高压溶液，以打碎泡沫同时搅拌溶液。在循环槽中积累的硫泡沫也可以放入收集槽，由此用压缩空气压入硫泡沫槽 9。大量的硫泡沫是在再生塔中生成的，析出的硫黄附着在空气泡上，借空气浮力升至塔顶扩大部分，利用位差自流入硫泡沫槽内。硫泡沫槽内温度控制在 65～70℃，在机械搅拌下逐渐澄清分层，清液经放液器 10 返回循环槽，硫泡沫放至真空过滤机 11 进行过滤，成为硫膏。滤液经真空除沫器 12 后也返回循环槽。

硫膏经漏嘴放入熔硫釜 13，由夹套内蒸汽间接加热至 130℃以上，使硫熔融并与硫

渣分离。熔融硫放入用蒸汽夹套保温的分配器 14，以细流放至胶带输送机 15 上，用冷水喷洒冷却。于另一胶带输送机 16 上经脱水干燥后得硫黄产品。

在碱液槽 18 中备有配制好的 10%的碱液，用碱液泵 20 送至高位槽 21，间歇或连续地加入循环槽或事故槽 22 内以备补充消耗。当需补充偏钒酸钠溶液时，也由碱液泵自偏钒酸钠溶液槽送往溶液循环系统。

在溶液循环过程中，当硫氰酸钠和硫代硫酸钠积累到一定浓度时，会导致脱硫液的脱硫效率下降而影响正常操作。当溶液中硫氰酸钠含量达到 150g/L 左右时，从放液器内抽取部分溶液去提取硫氰酸钠和硫代硫酸钠。

整个系统的水平衡可用降低煤气入塔温度和提高溶液温度进行调节，系统中多余水分被煤气带走。一般要保持溶液温度高于煤气温度 3～5℃。

2. 主要工艺操作控制指标

煤气入脱硫塔温度/℃	30～40	溶液在再生塔内停留时间/min	25～30
脱硫塔内煤气的空塔速度/(m/s)	0.5～0.75	再生空气用量/(m^3/kg 硫)	9～13
脱硫液 pH	8.5～9.5	再生空气鼓风强度/[m^3/(m^2·h)]	>60
液气比/(L/m^3)	>16	进塔空气不带油，保持温度/℃	30～35
溶液喷淋密度/[m^3/(m^2·h)]	>27.5	脱硫后煤气中 H_2S/(mg/m^3)	<20

3. 主要工艺操作要点

① 煤气入脱硫塔的温度为 30～40℃，当温度偏低时，脱硫反应速率较慢，过高时会加剧副反应发生，加大碱耗。

② 脱硫液的 pH 控制 8.5～9.5，pH 低时导致脱硫反应速率缓慢，pH 高时会增加副反应，增大碱耗，并使硫在脱硫塔内析出速度加快，易造成堵塔。

③ 脱硫塔溶液温度应比煤气温度高 3～5℃，这是脱硫系统水平衡的需要，使系统中多余的水分被煤气带走。当提取硫氰酸钠和硫代硫酸钠时更为必要。

④ 脱硫液中硫氰酸钠和硫代硫酸钠含量总和大于 250g/L 时，会使脱硫反应速率降低，使脱硫操作恶化，此时必须将这两个副产品进行分离。

⑤ 脱硫液中的各组分任何时候均应符合规定的指标，否则会使脱硫操作困难，难以保证产品质量。

4. 原料消耗（设计指标）

ADA 法脱硫所消耗的原料（kg/kg 硫）如下（以纯度为 100%计）：

Na_2CO_3	0.5	ADA	0.003
$NaVO_3$	0.0015	$NaKC_4H_4O_6$	0.0006

实际生产中这些原料的消耗均有波动。

5. 主要设备

ADA 法煤气脱硫的主要设备有脱硫塔、再生塔、循环槽、硫泡沫槽、真空过滤机等。

(1) 脱硫塔　脱硫塔一般采用填料塔或空喷塔，填料塔所采用的填料有木格、瓷环、花形塑料、钢板网等，过去国内各厂采用木格填料塔居多，现在新建改建焦化厂一般采用钢板网填料。近年来有的厂采用塑料花环填料塔，也取得了良好的效果。

常用填料脱硫塔的直径有 ϕ2000mm、ϕ2200mm、ϕ3500mm、ϕ5000mm 等多种规格。

(2) 再生塔　再生塔为钢板焊制的直立塔，在下部装有三块筛板，以使硫泡沫和空气均匀分布。其顶部设有扩大部分，塔壁与扩大部分间形成环隙。空气在塔内鼓泡逸出，使硫浮在液面上而成泡沫，其中含硫 50～100g/L，硫泡沫从塔顶边缘溢流至环隙，由此自流入硫泡沫槽。塔内溶液流向，目前多采用并流，即溶液与空气都由塔下部进入，同方向向上流动。有一些厂采用逆流，即溶液由塔上部进入，由塔底部流出。而空气则由塔底部进入，由上部流出。

逆流的优点是硫泡沫浮选效率高，溶液中硫泡沫含量少；缺点是泡沫层不够稳定。并流的优点是效率高，操作稳定；缺点是设备高大，需用空压机压送空气，动力消耗较大。

近年来有些焦化厂采用了较矮小的喷射再生槽、卧式及立式氧化槽等。

目前国内采用的再生塔直径有 ϕ1800mm、ϕ2000mm、ϕ3400mm、ϕ3800mm 等多种；喷射再生槽有直径为 ϕ2800mm、ϕ5900mm 等。

(3) 硫泡沫槽　硫泡沫槽为带锥形底的钢制槽体，内有间接蒸汽加热管，并设有机械搅拌或压缩空气搅拌装置。它是加热和处理硫泡沫的设备，各厂所采用的硫泡沫槽有直径为 ϕ1800mm、ϕ2800mm、ϕ3000mm 等多种。

(4) 溶液循环槽　溶液循环槽的主要作用是促使钒的转化，元素硫的析出。为使反应进行得完全，对该槽的基本要求是具有一定的容积使溶液在此停留一定的时间，一般要停留 8～10min。

三、粗制硫代硫酸钠和粗制硫氰酸钠的提取

1. 工艺流程

硫代硫酸钠（俗称大苏打）及硫氰酸钠都是有用的化工原料，应予以回收。当脱硫液中硫氰酸钠含量增至 150g/L 以上时，从放液器抽取部分溶液提取粗制大苏打和粗制硫氰酸钠。工艺流程如图 5-3 所示。

如图 5-3 所示，需处理的溶液自大苏打原料高位槽 1 进入真空蒸发器 3，在 66～74kPa 真空度下用蒸汽加热浓缩，待蒸发结束后，90～95℃的料液由蒸发器放至真空过滤器 5，并在不小于 40kPa 的真空度下热过滤除去 Na_2CO_3 等杂质。滤渣在滤渣溶解槽 6 中用脱硫液溶解后予以回收。滤液放入结晶槽 7 用夹套冷冻水冷却至 5℃左右，加入同质晶种使其结晶。结晶浆液经离心分离即得粗制大苏打。

经离心分离脱出 $Na_2S_2O_3$ 后的滤液［或 $w(NaSCN)/w(Na_2S_2O_3)>5$ 的脱硫清液］经中间槽 9 用压缩空气压入 NaSCN 原料高位槽 2，由此放入真空蒸发器 3，用蒸汽加热浓缩，蒸发结束后，料液放到真空过滤器，在此进一步滤除 Na_2CO_3 等杂质。滤渣同样在滤渣溶解槽内溶解后回脱硫循环槽。滤液流入结晶槽冷却至 20～25℃时，加入同质晶种使其结晶，然后经离心分离获得粗制 NaSCN 用于精制。

2. 主要工艺操作要点

① 为了保证硫氰酸钠的质量，当溶液中 $w(NaSCN)/w(Na_2S_2O_3)$ 的比值小于 5 时，必须先进行提取 $Na_2S_2O_3$，只有当比值大于 5 时，才可先提取 NaSCN。

② 溶液冷却结晶时，应缓慢搅拌，静置结晶时应缓慢冷却，控制加晶种时的温度，以保证一定的结晶颗粒粒度。

③ 真空蒸发器为连续操作设备，因此进料时需保持一定的液面，防止加料过量。蒸

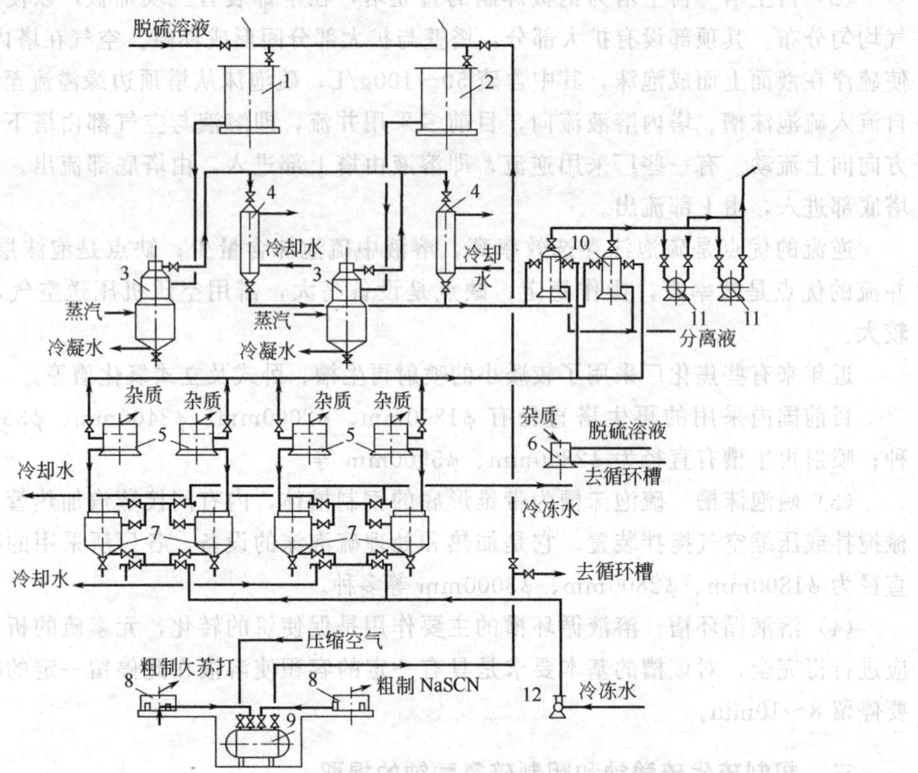

图 5-3 提取粗制大苏打及粗制硫氰酸钠的工艺流程

1—大苏打原料高位槽；2—硫氰酸钠原料高位槽；3—真空蒸发器；4—冷凝冷却器；5—真空过滤器；6—滤渣溶解槽；7—结晶槽；8—离心机；9—中间槽；10—滤液收集槽；11—真空泵；12—冷水泵

发终点一般根据器内物料密度而确定。通过真空取样器取样，取样前需向蒸发器通入少量空气将溶液搅匀。

四、精制硫氰酸钠

精制硫氰酸钠的生产工艺有硫酸法、盐酸法、重结晶法等，目前采用较多的是硫酸法。

1. 浓硫酸法精制硫氰酸钠

(1) 工艺流程 精制硫氰酸钠的工艺流程如图 5-4 所示。

将粗制硫氰酸钠放入溶解槽 1 内，用蒸馏水溶解配制成含量为 300～400g/L 的溶液，用泵 2 送至反应器 3 中，于此依次加入各种试剂及活性炭，以分别除去粗制品中的各种杂质。

① 中和。为了尽可能减少浓硫酸用量，在加硫酸前，先用乙酸中和原料溶液中的碳酸钠和碳酸氢钠的碱性，使溶液 pH=4 左右。

② 加酸反应。用 93％的浓硫酸与粗制品中的硫代硫酸钠及铁的配合物进行反应，加酸量为理论用量的 120％，在常温下搅拌约 20min，再用间接蒸汽加热至 70～90℃，保温 1h。发生的化学反应为：

$$Na_2S_2O_3 + H_2SO_4 \longrightarrow H_2SO_3 + Na_2SO_4 + S\downarrow$$

$$H_2SO_3 \longrightarrow H_2O + SO_2\uparrow$$

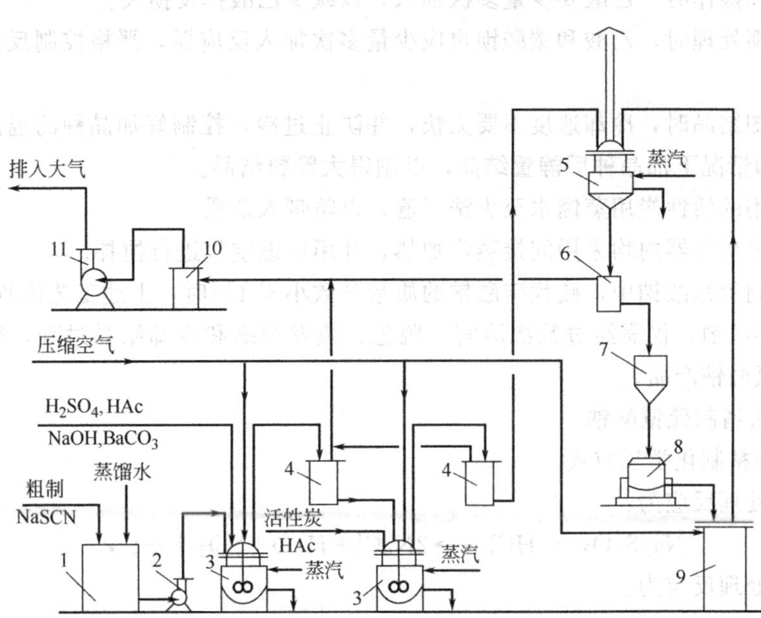

图 5-4　精制硫氰酸钠的工艺流程

1—原料溶解槽；2—泵；3—反应器；4—精制中间槽；5—真空蒸发器；6—吸滤缸；7—结晶槽；8—离心机；9—滤液中间槽；10—真空罐；11—真空泵

③ 加碳酸钡除去硫酸根离子。在加入少量乙酸并保持 pH=4 的情况下，溶液中加入碳酸钡除去粗制硫氰酸钠中以及加酸反应时生成的硫酸根，并保温 1h 使固液充分分离，发生的化学反应为：

$$BaCO_3+2HAc \longrightarrow Ba(Ac)_2+H_2O+CO_2\uparrow$$

$$Ba(Ac)_2+SO_4^{2-} \longrightarrow BaSO_4\downarrow+2Ac^-$$

④ 加碱除去铁离子。铁的配合物经与酸反应后分解成铁离子，可通过调节溶液碱度加以除去。除钡后的溶液保温在 70～80℃，在搅拌的情况下逐渐加入固体氢氧化钠，使溶液 pH=9～10，搅拌保温 1h，静置 2h，发生的化学反应为：

$$Fe^{3+}+3OH^- \longrightarrow Fe(OH)_3\downarrow$$

$$Fe^{2+}+2OH^- \longrightarrow Fe(OH)_2\downarrow$$

将反应后的物料送入真空过滤装置的精制中间槽 4 中进行真空抽滤。所得滤液放入另一反应器 3 中，加乙酸调节溶液 pH=7，然后加活性炭进行脱色，脱色后的溶液放入另一中间槽进行真空抽滤，所得滤液送入真空蒸发器 5 进行蒸发浓缩。所得浓缩液放入吸滤缸 6 滤出杂质后，放入结晶槽 7 冷却至 15～20℃，加晶种使之结晶。将晶浆放入离心机 8 进行离心分离。所得白色针状结晶即为精制硫氰酸钠（$NaSCN\cdot 2H_2O$）产品。所得滤液放至滤液中间槽 9，然后返回真空蒸发器循环使用。

(2) 主要工艺操作要点

① 粗制品硫氰酸钠的质量直接影响精制硫氰酸钠的操作和质量，因此对粗制品的质量应严格控制。

② 为控制硫氰酸钠产品中的氯离子含量，必须严格控制蒸馏水及各种试剂的质量，避免带入氯离子。

③ 在中和操作时，乙酸要少量多次加入，以减少乙酸挥发损失。

④ 在加钡处理时，乙酸和碳酸钡也应少量多次加入反应器，严格控制反应终点，避免过量加入。

⑤ 在冷却结晶时，冷却速度不要太快，并防止过冷，控制好加晶种的温度，维持在一定的过饱和情况下加晶种后静置结晶，以制得大颗粒结晶。

⑥ 脱色用的活性炭用蒸馏水至少洗三遍，以防带入杂质。

⑦ 在两个反应器内均采用间接蒸汽加热，并用压缩空气进行搅拌。

⑧ 当粗制硫氰酸钠中，硫代硫酸钠的质量分数小于1%时，上述工艺流程可以简化，无需加入各种试剂，仅需经过数次溶解、脱色、蒸发浓缩和冷却结晶过程，就能获得合格的精制硫氰酸钠产品。

2. 盐酸法精制硫氰酸钠

(1) 主要精制化学反应式

① 加酸处理反应为：

$$Na_2S_2O_3 + 2HCl \longrightarrow 2NaCl + H_2O + SO_2\uparrow + S\downarrow$$

② 加碱处理反应为：

$$Fe^{3+} + 3OH^- \longrightarrow Fe(OH)_3\downarrow$$

$$Fe^{2+} + 2OH^- \longrightarrow Fe(OH)_2\downarrow$$

(2) 主要操作步骤　原料粗制品硫氰酸钠加蒸馏水溶解，并用水蒸气加热至80℃，根据精制产品质量要求加入适量活性炭（一般200kg溶液加入活性炭1.5kg）对溶液进行脱色。脱色后进行过滤，滤液保持80℃，在搅拌情况下加盐酸反应后过滤，滤液加氢氧化钠处理并控制pH=12后进行过滤，加热该滤液并保持温度在60～70℃加盐酸中和至pH=7～8，然后送减压蒸发浓缩，当蒸发至密度为1.36～1.38kg/L时过滤固体盐类，除去氯离子后冷却结晶，保持结晶温度20～23℃，然后离心分离，得到产品硫氰酸钠（$NaSCN\cdot 2H_2O$），分离的母液送回溶解槽循环套用。

3. 重结晶法精制硫氰酸钠

(1) 主要操作过程　在反应釜中，将原料粗制硫氰酸钠加蒸馏水加热溶解，保持溶液温度在50℃左右，控制溶解后硫氰酸钠含量为400g/L，加活性炭进行脱色，活性炭加入量为原料量的5%左右。经脱色后进行过滤，所得滤液送真空（或常压）蒸发浓缩，当溶液浓缩到一定浓度后，冷却至16～18℃加同质晶种并静置结晶，晶浆经离心分离后得到一次结晶产品。重复上述溶解、脱色、过滤、结晶、分离等操作过程就可获得最终精制$NaSCN\cdot 2H_2O$产品。

(2) 主要工艺操作要点

① 配制的原料溶液硫氰酸钠浓度要适当，浓度太高，给过滤和脱色均造成困难；浓度太低，蒸发浓缩要消耗太多的蒸汽。

② 溶液的套用：所谓溶液的套用是将本次结晶的离心后所得滤液回到本次的结晶系统，根据情况加至脱色或者蒸发操作之前。当套用溶液中杂质积累到一定程度时，则应将第二次结晶的离心后滤液套用到第一次结晶系统，第一次结晶的离心后滤液套用粗制品系统。

③ 为保证产品质量，溶液的冷却结晶应采用加晶种静置结晶的方式，使硫氰酸钠结晶颗粒长得较大，以减少表面夹带。

五、改良 ADA 法脱硫的产品及其质量

改良 ADA 法脱硫工段的产品有硫黄、粗制硫代硫酸钠，粗制硫氰酸钠和精制硫氰酸钠（$NaSCN \cdot 2H_2O$）。由于中国对各焦化厂焦炉煤气脱硫产品目前暂还没有制定统一的质量标准，一般均采用企业标准。脱硫所得产品质量指标一般如下。

1. 硫黄

硫含量/%	>98		

2. 粗制硫代硫酸钠

硫代硫酸钠含量/%	>50		

3. 粗制硫氰酸钠

硫代硫酸钠含量/%	<2.5	氯离子的质量分数	$<1\times10^{-3}$

4. 精制硫氰酸钠（用于化纤）

外观	白色	色度(50：50溶液)	<12
水不溶物的质量分数	$<1\times10^{-5}$	硫氰酸钠含量(干基)/%	>98

六、栲胶法脱硫

栲胶法脱硫是以广西化工研究所为首于 20 世纪 70 年代在改良 ADA 法的基础上进行改进、研究成功的，20 世纪 80 年代应用于焦炉气的脱硫。该法的气体净化度、溶液硫容量、硫回收率等项主要技术指标，均可与 ADA 法相媲美。它突出的优点是运行费用低，无硫黄堵塔问题，是目前焦化厂使用较多的脱硫方法之一。

1. 栲胶的化学性质

栲胶是由植物的秆、叶、皮及果的水萃取液熬制而成，其主要成分是单宁。由于来源不同，单宁的成分也不一样，大体上可分为水解型和缩合型两种，它们大都是具有酚式结构的多羟基化合物，有的还含有醌式结构。大多数栲胶都可用来配制脱硫液，而以橡椀栲胶最好，其主要成分是多种水解型单宁。

脱硫过程中，酚类物质经空气再生氧化成醌态，因其具有较高电位，故能将低价钒氧化成高价钒，进而使溶液中的硫氢根氧化、析出单质硫。同时单宁能与多种金属离子（如钒、铬、铝等）形成水溶性配位化合物；在碱性溶液中单宁能与铁、铜反应并在其材料表面形成单宁酸盐薄膜，具有防腐蚀作用。

由于栲胶水溶液是胶体溶液，在将其配制成脱硫液之前，必须对其进行预处理，以消除其胶体性和发泡性，并使其由酚态结构氧化成醌态结构，这样脱硫溶液才具有活性。在栲胶溶液氧化过程中，伴随着吸光性能的变化，当溶液充分氧化后，其消光值则会稳定在某一数值附近，这种溶液就能满足脱硫要求。通常制备栲胶溶液的预处理条件见表5-1。

表 5-1　制备栲胶溶液的预处理条件

项　目	方法：用 Na_2CO_3 配制溶液	方法：用 NaOH 配制溶液	项　目	方法：用 Na_2CO_3 配制溶液	方法：用 NaOH 配制溶液
栲胶含量/(g/L)	10～30	30～50	空气量	溶液不翻出器外	溶液不翻出器外
碱度/(mol/L)	1.0～2.5	1.0～2.0	消光值	稳定在	稳定在
氧化温度/℃	70～90	60～90		0.45 左右	0.45 左右

当纯碱溶液用蒸汽加热，通入空气氧化，并维持温度80～90℃，恒温10h以上，让单宁物质发生降解反应，大分子变小，表面活性物质变成非表面活性物质，达到预处理的目的。NaOH与Na_2CO_3相比，它能够提供更高pH的溶液。因此用NaOH配制的栲胶水溶液的pH高，氧化速度快，显然使用NaOH进行预处理，其效果要比Na_2CO_3好。

2. 栲胶法脱硫剂

工业生产使用的栲胶法脱硫剂溶液组分如表5-2所示。

表5-2　工业生产使用的栲胶脱硫剂溶液组分

溶液类别	总碱度/(mol/L)	Na_2CO_3/(g/L)	栲胶/(g/L)	$NaVO_3$/(g/L)
稀溶液	0.4～0.5	3～4	3～4	2～3
浓溶液	0.75～0.85	6～8	8.4	7.0

焦炉煤气脱硫一般采用稀溶液，pH在8.5～9。

3. 栲胶法脱硫的原理

栲胶法脱硫和改良ADA法，两者均属于湿式二元催化氧化法脱硫，其脱硫过程的机理亦颇为相似。

① 在脱硫塔中脱硫液吸收焦炉煤气中的H_2S，并生成NaHS(或NH_4HS)：

$$Na_2CO_3+H_2S \longrightarrow NaHS+NaHCO_3$$

② 在脱硫塔底及富液槽中，NaHS（或NH_4HS）被V^{5+}氧化成单质硫，同时V^{5+}被还原成V^{4+}；而部分V^{4+}又被醌态（氧化态）的栲胶及其降解物（以后者为主，但习惯简称栲胶，下同）氧化成V^{5+}，该部分栲胶则变成酚态（还原态）：

$$2V^{5+}+HS^- \longrightarrow 2V^{4+}+H^+ + S\downarrow$$

$$TQ(\text{醌态})+V^{4+}+H_2O \longrightarrow THQ(\text{酚态})+V^{5+}+OH^-$$

同时醌态栲胶氧化HS^-亦析出硫黄，醌态栲胶被还原成酚态栲胶：

$$TQ(\text{醌态})+HS^- \longrightarrow THQ(\text{酚态})+S\downarrow$$

③ 在再生槽（塔）中，酚态栲胶被空气氧化成醌态，同时生成H_2O_2，并把V^{4+}氧化成V^{5+}；与此同时，由于空气的鼓泡作用，把硫微粒凝聚成硫泡沫，并在液面上富集、分离：

$$2THQ(\text{酚态})+O_2 \longrightarrow 2TQ(\text{醌态})+H_2O_2$$

$$TQ(\text{醌态})+V^{4+}+H_2O \longrightarrow THQ(\text{酚态})+V^{5+}+OH^-$$

④ H_2O_2氧化V^{4+}和HS^-：

$$H_2O_2+2V^{4+} \longrightarrow 2V^{5+}+2OH^-$$

$$H_2O_2+HS^- \longrightarrow H_2O+S\downarrow+OH^-$$

当被处理气体中含有CO_2、HCN、O_2时，所生产的副反应，以及因H_2O_2产生的反应，都与改良ADA相同。

⑤ 如有NaHS(或NH_4HS) 进入再生槽（塔）中，HS^-在被氧化成单质的同时，还将被空气氧化成$S_2O_3^{2-}$，进而氧化成$S_2O_4^{2-}$。为尽量减少该副反应，除要求脱硫液中的栲胶和钒离子浓度较高外，还要求富液在富液槽中有足够的停留时间（当硫容量为200mg/L，约需半小时），以保证HS^-在此尽可能被氧化（又称为“熟化”）成单质硫，使生成$S_2O_3^{2-}$、$S_2O_4^{2-}$的副反应生成率控制在3%左右。

栲胶法脱硫与改良 ADA 法相比，当脱硫液的浓度相近时，其硫容量相当，但栲胶法能克服后者容易发生硫堵的通病。在脱硫过程中，栲胶除了作为催化氧化剂外，还是钒离子配合剂（而改良 ADA 法需另加酒石酸钾钠配合钒离子），而且它还是防堵剂和防腐剂。况且，用于脱硫的栲胶是由天然野生植物为主要原料制备的林化产品，因此其价格比化学制品 ADA 低廉（约为 ADA 的 1/6）。

4. 操作条件讨论

栲胶法脱硫可采用与 ADA 法完全相同的工艺流程，操作指标亦与 ADA 相当。其主要操作条件讨论如下。

（1）溶液组分

① 碱度。溶液的总碱度与其硫容量成线性关系，因而提高总碱度是提高硫容量的有效途径，一般处理低硫原料气时，采用溶液总碱度为 0.4～0.5mol/L，而对高硫含量的原料气则采用 0.75～0.85mol/L 的总碱度。

② $NaVO_3$ 含量。$NaVO_3$ 起加快反应速率的作用，其含量取决于脱硫液的操作硫容量，即与富液中的 HS^- 含量符合化学反应计量关系。应添加的理论含量可与液相中 HS^- 物质的量浓度相当，但在配制时往往过量，控制过量系数在 1.3～1.5。

③ 栲胶含量。栲胶在脱硫过程中的作用与 ADA 相同，均是起载氧的作用，是氧载体，栲胶含量应与溶液中钒含量存在着化学反应计量关系，从配合作用考虑，要求栲胶含量与钒含量保持一定的比例，根据实践经验，比较适宜的栲胶与钒的比例为 1.1～1.3 左右。工业生产使用的栲胶溶液组成如表 5-2 所示。

（2）温度　常温范围内，H_2S、CO_2、脱除率及 NaS_2O_3 生成率与温度关系不敏感。再生温度在 45℃以下，$Na_2S_2O_3$ 生成率低，超过 45℃时则急剧升高。通常吸收与再生在同一温度下进行，约为 30～40℃。

（3）CO_2 的影响　栲胶脱硫液具有相当高的选择性。在适宜的操作条件下，它能从含 99%的 CO_2 原料气中将 200mg/m^3 的 H_2S 脱除至 45mg/m^3 以下。但由于溶液吸收 CO_2 后会使溶液的 pH 降低，使脱硫效率稍有降低。

第四节　HPF 法脱硫

HPF 法脱硫属液相催化氧化法脱硫，HPF 催化剂在脱硫和再生全过程中均有催化作用，是利用焦炉煤气中的氨做吸收剂，以 HPF 为催化剂的湿式氧化脱硫，煤气中的 H_2S 等酸性组分由气相进入液相与氨反应，转化为硫氢化铵等酸性铵盐，再在空气中氧的氧化下转化为元素硫。HPF 法脱硫选择使用 HPF（醌钴铁类）复合型催化剂，可使焦炉煤气的脱硫效率达到 99%左右。

一、基本反应

1. 脱硫反应

$$NH_3 + H_2O \rightleftharpoons NH_3 \cdot H_2O$$

$$NH_3 \cdot H_2O + H_2S \rightleftharpoons NH_4HS + H_2O$$

$$2NH_3 \cdot H_2O + H_2S \rightleftharpoons (NH_4)_2S + 2H_2$$

$NH_3 \cdot H_2O + HCN \rightleftharpoons NH_4CN + H_2O$

$NH_3 \cdot H_2O + CO_2 \rightleftharpoons NH_4HCO_3$

$NH_3 \cdot H_2O + NH_4HCO_3 \rightleftharpoons (NH_4)_2CO_3 + H_2O$

$NH_3 \cdot H_2O + NH_4HS + (x-1)S \rightleftharpoons (NH_4)_2S_x + H_2O$

$2NH_4HS + (NH_4)_2CO_3 + 2(x-1)S \rightleftharpoons 2(NH_4)_2S_x + CO_2 + H_2O$

$NH_4HS + NH_4HCO_3 + (x-1)S \rightleftharpoons (NH_4)_2S_x + CO_2 + H_2O$

$NH_4CN + (NH_4)_2S_x \rightleftharpoons NH_4SCN + (NH_4)_2S_{(x-1)}$

$(NH_4)_2S_{(x-1)} + S \rightleftharpoons (NH_4)_2S_x$

2. 再生反应

$NH_4HS + 1/2O_2 \longrightarrow S\downarrow + NH_4OH$

$(NH_4)_2S + 1/2O_2 + H_2O \longrightarrow S\downarrow + 2NH_4OH$

$(NH_4)_2S_x + 1/2O_2 + H_2O \longrightarrow S_x\downarrow + 2NH_4OH$

$NH_4SCN \rightleftharpoons H_2N{-}CS{-}NH_2 \rightleftharpoons H_2N{-}CHS{=}NH$

$H_2N{-}CS{-}NH_2 + 1/2O_2 \longrightarrow H_2N{-}CO{-}NH_2 + S\downarrow$

$H_2N{-}CO{-}NH_2 + 2H_2O \rightleftharpoons (NH_4)_2CO_3 \overset{H_2O}{\rightleftharpoons} 2NH_4OH + CO_2$

3. 副反应

$2NH_4HS + 2O_2 \longrightarrow (NH_4)_2S_2O_3 + H_2O$

$(NH_4)_2S_2O_3 + 1/2O_2 \longrightarrow (NH_4)_2SO_4 + S\downarrow$

$(NH_4)_2S_x + NH_4CN \longrightarrow NH_4SCN + (NH_4)_2S_{x-1}$

HPF 脱硫的催化剂是由对苯二酚（H）、PDS（双环酞氰酤六磺酸铵）、硫酸亚铁（F）组成的水溶液，其中还含有少量的 ADA、硫酸锰、水杨酸等助催化剂，关于 HPF 脱硫催化剂的催化作用机理目前尚在进一步研究之中，各组分在脱硫溶液的参考含量为：H（对苯二酚）0.1～0.2g/L；PDS $(4\sim10)\times10^{-6}$（质量分数）；F(硫酸亚铁）0.1～0.2g/L；ADA 0.3～0.4g/L，其他组分的最佳含量仍在探索中。

二、工艺流程

1. 工艺流程

根据 HPF 脱硫装置所在煤气净化系统中的位置不同，可分为正压 HPF 脱硫流程（脱硫装置位于煤气鼓风机后）和负压 HPF 脱硫流程（脱硫装置位于煤气鼓风机前），目前主要采用正压流程。

正压 HPF 法脱硫工艺流程如图 5-5 所示，从鼓风冷凝工段来的煤气，温度约 55℃，首先进入直接式预冷塔 6 与塔顶喷洒的循环冷却水逆向接触，被冷至 30～35℃；然后进入脱硫塔 8。

预冷塔自成循环系统，循环冷却水从塔下部用预冷塔循环泵 7 抽出送至循环水冷却器 3，用低温水冷却至 20～25℃后进入塔顶循环喷洒。采取部分剩余氨水更新循环冷却水，多余的循环水返回鼓风冷凝工段，或送往酚氰污水处理站。

预冷后的煤气进入脱硫塔，与塔顶喷淋下来的脱硫液逆流接触以吸收煤气中的硫化氢、氰化氢（同时吸收煤气中的氨，以补充脱硫液中的碱源）。脱硫后煤气含硫化氢降至 $50mg/m^3$ 左右，送入硫酸铵工段。

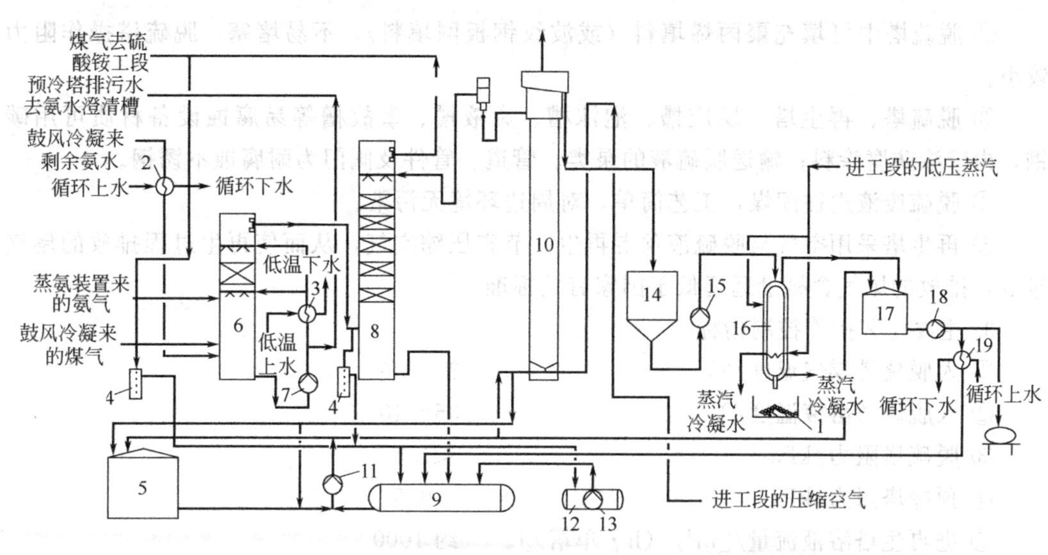

图 5-5　HPF 法脱硫工艺流程

1—硫黄接受槽；2—氨水冷却器；3—预冷塔循环水冷却器；4—水封槽；5—事故槽；6—预冷塔；7—预冷塔循环泵；8—脱硫塔；9—反应槽；10—再生塔；11—脱硫液循环泵；12—放空槽；13—放空槽液下泵；14—泡沫槽；15—泡沫泵；16—熔硫釜；17—废液槽；18—清液泵；19—清液冷却器

吸收了 H_2S、HCN 的脱硫液从塔底流出，经水封槽 4 进入反应槽 9，然后用脱硫液循环泵 11 送入再生塔 10，同时自再生塔底部通入压缩空气，使溶液在塔内得以氧化再生。再生后的溶液从塔顶经液位调节器自流回脱硫塔循环吸收。

浮于再生塔顶部扩大部分的硫黄泡沫，利用位差自流入泡沫槽 14，经澄清分层后，清液返回反应槽，硫泡沫用泡沫泵 15 送入熔硫釜 16，经数次加热、脱水，再进一步加热熔融，最后排出熔融硫黄，经冷却后装袋外销。系统中不凝性气体经尾气洗净塔洗涤后放空。

为避免脱硫液盐类积累影响脱硫效果，排出少量废液送往配煤。

自鼓风冷凝送来的剩余氨水，经氨水过滤器除去夹带的煤焦油等杂质，进入换热器与蒸氨塔底排出的蒸氨废水换热后进入蒸氨塔，用直接蒸汽将氨蒸出。同时向蒸氨塔上部加一些稀碱液以分解剩余氨水中的固定铵盐。蒸氨塔顶部的氨气经分凝器和冷凝冷却器冷凝成含氨大于 10% 的氨水送入反应槽，增加脱硫液中的碱源。

在负压 HPF 脱硫工艺中，脱硫塔设置于煤气鼓风机之前，并取消预冷塔，使 HPF 脱硫装置的煤气系统处于负压状态，其工艺流程示意为：

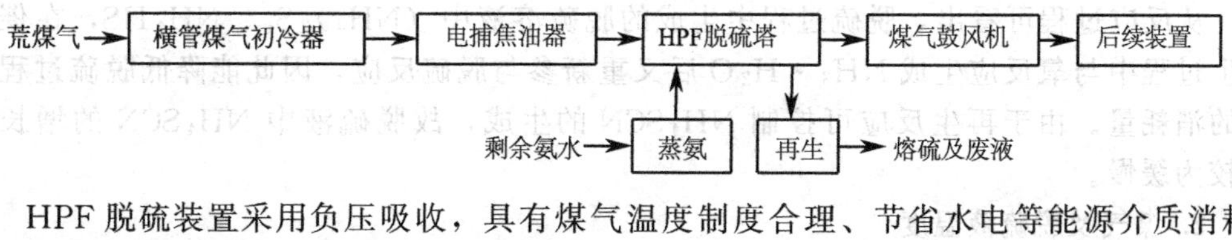

HPF 脱硫装置采用负压吸收，具有煤气温度制度合理、节省水电等能源介质消耗、降低装置投资等特点，但应在初冷加强对煤气的净化效果（如采用间直冷工艺），以保证熔硫操作及硫黄的质量。

2. HPF 法脱硫工艺特点

① 以氨为碱源、HPF 为催化剂的焦炉煤气脱硫脱氰新工艺，具有较高的脱硫脱氰效率（脱硫效率 99%，脱氰效率 80%），而且流程短，不需外加碱，催化剂用量少，脱硫废液处理简单，操作费用低，一次性投资省。

② 脱硫塔中可填充聚丙烯填料（或波纹钢板网填料），不易堵塞，脱硫塔操作阻力较小。

③ 脱硫塔、再生塔、反应槽、泡沫槽、废液槽、事故槽等易腐蚀设备材质可用碳钢，内壁涂防腐涂料；输送脱硫液的泵类、管道、管件及阀门为耐腐蚀不锈钢。

④ 脱硫废液送往配煤，工艺简单，对周边环境无污染。

⑤ 再生塔采用空气与脱硫液预混再生，节省压缩空气，从而使再生过程排放的尾气量少，排放的尾气含氨量远远低于国家有关标准。

3. 主要工艺操作控制指标

① 入脱硫塔煤气温度/℃	30～35
② 入脱硫塔溶液温度/℃	35～40
③ 脱硫塔阻力/kPa	<1.5
④ 预冷塔阻力/kPa	<0.5
⑤ 进再生塔溶液流量/[m^3/（h·单塔）]	约 1000
⑥ 进再生塔空气压力/MPa	≥0.4
⑦ 熔硫釜内压力/MPa	≤0.41
⑧ 釜内外压差/MPa	≤0.2
⑨ 外排清液温度/℃	60～90
⑩ 脱硫溶液组成：	
pH	8～9
游离氨/(g/L)	>5
PDS 含量/(mg/kg)	8～10
对苯二酚/(g/L)	0.15～0.2
悬浮硫/(g/L)	<1.5
NH_4SCN 和$(NH_4)_2S_2O_3$ 总含量/(g/L)	<250

三、操作条件讨论

对 HPF 脱硫操作的影响因素很多，有气-液两相的物理因素、化学因素，两相间的热量、质量传递和各种化学反应的动力学因素以及设备因素等，情况十分复杂，而且各种因素间往往制约着，很难逐个说清楚。下面提到的诸点只是初步认识。

1. 脱硫液中盐类的积累

从反应过程可看出，脱硫过程中生成的脱硫溶液中（$(NH_4)_2S_x$、NH_4HS，在催化再生过程中与氧反应生成 $NH_3·H_2O$ 后又重新参与脱硫反应，因此能降低脱硫过程中氨的消耗量。由于再生反应可控制 NH_4SCN 的生成，故脱硫液中 NH_4SCN 的增长速率较为缓慢。

2. 煤气及脱硫液温度

当脱硫液温度较高时，会增大溶液表面上的氨气分压，使脱硫液中氨含量降低，脱硫效率随之下降。但脱硫液的温度太低也不利于再生反应的进行，因此，在生产过程中宜将煤气温度控制在≤28℃，脱硫液温度应控制在 30～35℃。

3. 脱硫液和煤气中的含氨量

脱硫液中所含的氨由煤气供给，煤气中的含氨量对氨法 HPF 脱硫工艺操作的影响很大，当氨硫物质的量之比不小于 7、煤气中煤焦油含量不大于 50mg/m^3、含萘小于

0.5 g/m³时，操作温度适宜，即使一塔操作，其脱硫效率也可达 90%左右，脱氰效率大于 80%。当氨硫摩尔比小于 4 时，即使采用双塔脱硫工艺，也必须对操作参数适当调整后才能保证脱硫效率。当煤气含氨量小于 3g/m³ 时，脱硫效率就会明显下降。

4. 液气比对脱硫效率的影响

增加液气比可使传质面迅速更新，以提高其吸收推动力，有利于脱硫效率的提高。因液气比达到一定程度后，脱硫效率的增加量并不明显，反而会增加循环泵的动力消耗，故液气比也不应太大。

5. 再生空气量与再生时间

氧化 1kg 硫化氢的理论空气用量不足 2m³，在实际再生生产中，考虑到浮选硫泡沫的需要，再生塔的鼓风强度一般控制在 100m³/(m²・h)。由于 HPF 催化剂在脱硫和再生过程中均有催化作用，故可适当降低再生空气量。但是，减少再生空气量后会影响硫泡沫的漂浮效果，因此在实际生产中不降低再生空气量，而是适当减少再生停留时间，再生生产操作控制在 20min 左右。

6. 煤气中杂质对脱硫效率的影响

生产实践表明，煤气中煤焦油和萘等杂质不仅对煤气的脱硫效率有较大影响，还会使硫黄颜色发黑。因此，氨法 HPF 脱硫工艺与其他脱硫工艺一样要求进入脱硫塔的煤气中煤焦油含量小于 50mg/m³，萘含量不大于 0.5g/m³。

7. 再生空气尾气

脱硫液用空气氧化再生时，其再生空气尾气含氨达 2.46g/m³，如直接排往大气不但损失了氨，而且还会污染环境，故尾气必须进一步净化处理。系统中的不凝性气体可经尾气洗净塔洗涤后放空。

8. 硫渣

再生塔顶部硫泡沫进入熔硫工序，在熔硫过程中产生的硫渣，可送回熔硫釜中熔硫，这样还可减轻硫渣对环境的污染。但是目前 HPF 法生产中一些熔硫釜的运行操作情况不理想，硫渣和硫膏分离不好，而操作费用又高，现在一些厂均使用了板框压滤机替代熔硫釜，分离硫泡沫成清液和硫膏，硫膏含硫 70%～75%。板框压滤机操作，设备费和操作费低，但劳动强度大，操作环境差，生产的硫膏价值低，这只是一暂行办法。

9. 硫黄产率及质量

氨法 HPF 脱硫工艺的硫黄收率为 50%～60%，与 ADA 法的收率基本相同，硫黄纯度平均为 96.40%。

10. 废液

从硫的物料平衡计算得出，硫损失约为 27%～40%，这部分硫主要生成硫氰酸铵和硫代硫酸铵随废液流失，其废液量约为 300～500kg/(1000m³・h)，当蒸氨装置蒸出的氨以气态进入预冷塔时，其废液量要少，但这种气态加氨方式煤气脱硫效果较液态加氨方式差，现新建焦化厂采用剩余氨水中蒸出的氨以液态（含氨 10%～12%的氨水）形式进入反应槽，可以降低煤气脱硫的温度，提高脱硫效果。废液收集后可回兑至配煤中。对脱硫废液回兑入配煤的研究表明，配煤水分仅增加0.4%～0.6%，焦炭硫含量仅增加0.03%～0.05%，对焦炭质量的影响不大。

11. 氨耗量

在脱硫过程中，因氨生成 $(NH_4)_2S_2O_3$ 和 NH_4SCN 等铵盐以及再生尾气带出而损失一部分。煤气入口平均含氨在 5.48g/m³ 时，出口煤气含氨为 4.59g/m³，折合硫黄耗氨 314kg/t，氨的损失率约 16.24%。

四、脱硫废液的处理

在脱硫装置运行过程中，总是伴随着副反应。在脱硫循环液中会不断积累包括 NH_4SCN、$(NH_4)_2S_2O_3$ 和 $(NH_4)_2SO_4$ 等盐类。当脱硫循环液中的盐类含量超过 300mg/L 时，脱硫效率会明显下降。因此，必须排出一定量的脱硫废液。

由于脱硫废液中的含盐量过高，难以直接送生化系统处理，若直接外排会对环境造成严重污染。因此，必须对脱硫废液进行处理。目前，脱硫废液的主要处理方法是回兑炼焦煤和梯度浓缩结晶法提取盐类。

1. 兑入炼焦用煤

由于 HPF 脱硫反应过程的特殊性，决定了装置在运行时脱硫脱氰循环液中盐类积累速度缓慢，脱硫脱氰废液量较其他氧化脱硫工艺要少，因此 HPF 脱硫脱氰废液的处理可以采用回兑炼焦煤的简单办法加以处理。

根据国内外有关研究表明：含铵盐的脱硫脱氰废液混入炼焦用煤后对焦炭质量影响极小，其盐类 NH_4SCN、$(NH_4)_2S_2O_3$ 和 $(NH_4)_2SO_4$ 中的硫、在焦炉炭化室内高温热裂解产生的 H_2S 绝大部分转入焦炉煤气中，仅有极少部分转入焦炭中，因此焦炭含硫量增加很少，一般仅为 0.03%～0.05%，配煤水分仅增加 0.04%～0.06%，焦炭强度和耐磨性指标无明显变化。而 NH_4SCN 高温热裂解后主要转化为 N_2、NH_3 和 CO_2，并没有转化为 HCN，因此对脱硫脱氰装置操作中 NH_4SCN 的积累没有影响。脱硫废液添加装置如图 5-6 所示。

从图 5-6 中可以看出，由脱硫装置来的脱硫废液储存在脱硫废液槽，在运煤皮带启动向煤塔输送煤料的过程中，启动废液泵，将脱硫废液均匀地掺入炼焦煤中，直到添加完毕。

由于脱硫废液中含有高浓度的氨等易挥发性物质，致使工人的操作现场及周边环境会受到严重污染，同时也会腐蚀设备和建筑物。

目前，多数焦化企业已不采用此方法，有的将其直接洒向煤场，也有的将其直接排放而造成污染。

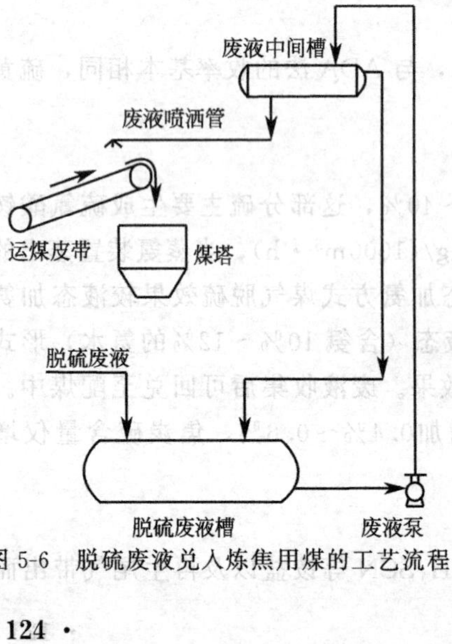

图 5-6 脱硫废液兑入炼焦用煤的工艺流程

2. 废液提盐

鉴于上述情况，有些企业采用了梯度浓缩结晶法从脱硫废液中提取粗制盐的方法。该法的工作原理是从脱硫废液中回收硫氰酸铵，核心技术是分步结晶。根据 NH_4SCN-$(NH_4)_2S_2O_3$-H_2O 系统的三相分步结晶，再利用 NH_4SCN 和 $(NH_4)_2S_2O_3$ 的溶解度差进行结晶分离。梯度浓缩结晶法的工艺流程如图 5-7 所示。

该技术相对较成熟，设备投资少，可回收一定量高附加值的硫氰酸铵和硫代硫酸铵等产品，是脱硫废液资源化处理的可行技术之一，

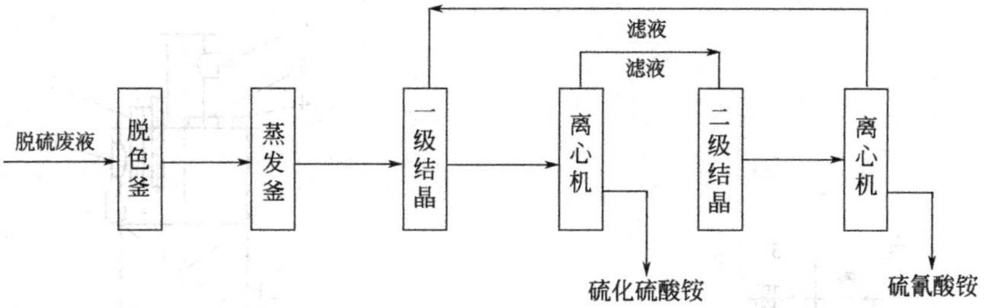

图 5-7　梯度浓缩结晶法从脱硫废液提盐的工艺流程

目前在国内已有工业应用，但此法仍存在如下不足。

① 受脱硫废液的化学组成波动较大的影响，操作难度较大，产品纯度较低。该技术的主产品是硫氰酸铵，其回收率较低，一般仅为 70%，仍有部分盐类随废水排放，流失了部分高附加值组分。

② 由于溶解度差异较小，易形成大量不具备使用价值的混合盐而造成二次污染。

③ 该技术的产品较少，处理过程的经济效益较低，投资回收期较长。

④ 产品需求定位不够准确。目前，我国每年的硫氰酸铵市场需求量仅为 2×10^4t，而硫氰酸钠的需求量较大。因此，为打开市场和销路，还需要另加投资，将硫氰酸铵转化成硫氰酸钠，导致处理成本大幅增加。

五、脱硫主要设备

HPF 脱硫的主要设备有预冷塔、脱硫塔、再生塔和熔硫釜等设备。

1. 预冷塔

预冷塔是将鼓风机后的煤气冷却到 25～30℃的设备，一般采用空喷塔或填料塔（轻瓷填料或花环填料），预冷塔结构如图 5-8 所示。

2. 脱硫塔

脱硫塔是吸收煤气中硫化氢和氰化氢的设备，其结构如图 5-9 所示。由于脱硫液具有一定的腐蚀性，设备应采用不锈钢钢板焊制。若采用碳钢钢板焊制，设备内部必须做重防腐处理，否则将影响设备的使用寿命。

3. 再生塔

再生塔是用空气氧化和再生脱硫脱氰溶液的设备。再生塔为空塔，其结构如图 5-10 所示。从中段到塔底装有部分筛板，以使脱硫液、硫泡沫和空气均匀分布。其顶部设有扩大部分，为了降低脱硫液流速，便于硫泡沫和脱硫液利用密度不同进行分层，硫泡沫密度小，浮于脱硫液上层，塔壁与扩大圈间形成环隙。空气在再生塔内泡沸逸出，使硫浮上液面而成泡沫。硫泡沫从再生塔顶边缘溢流至环隙中，由此自流入硫泡沫槽。再生塔一般比脱硫塔高，再生后的溶液可以靠液位差自流入脱硫塔。这种塔具有再生效率高、操作稳定等优点。但设备高大和鼓风的动力消耗大是其缺点。设备采用不锈钢钢板焊制。若采用碳钢钢板焊制，设备内部必须做重防腐处理。

4. 熔硫釜

熔硫釜是将硫泡沫加热分离为清液、硫和硫渣的设备。熔硫釜是由不锈钢钢板焊制的压力容器，外夹套可用碳钢钢板，内部加热器采用不锈钢钢管制作，其结构如图 5-11

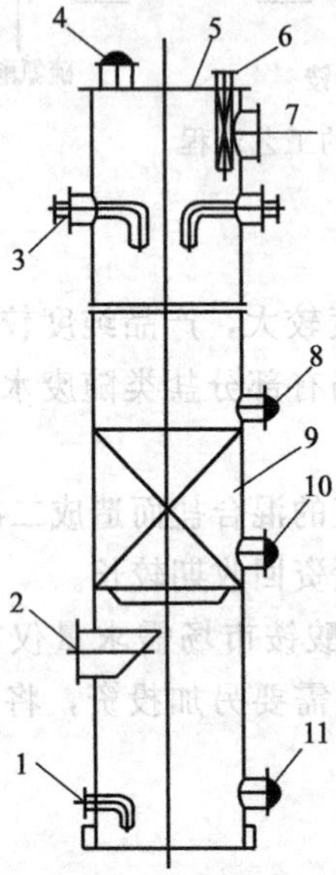

图 5-8　预冷塔

1—冷却水出口；2—煤气入口；3—冷却水入口；4，8，10，11—人孔；5—放散口；6—捕雾器；7—煤气出口；9—填料

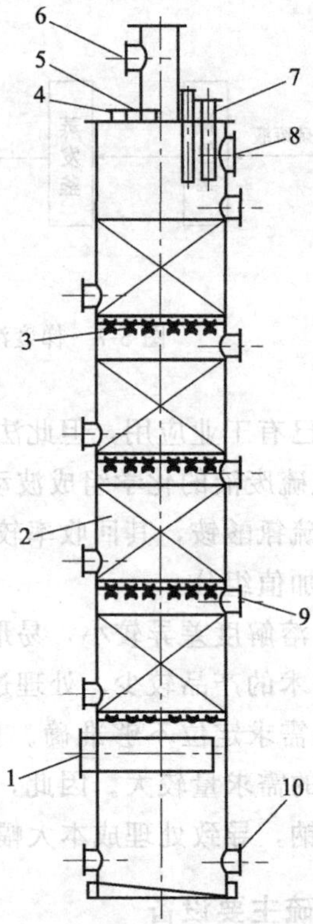

图 5-9　脱硫塔

1—煤气入口；2—填料；3—填料支撑栅；4—放散口；5，9，11—人孔；6—脱硫液入口；7—捕雾器；8—煤气出口；10—脱硫液出口

所示。该设备属于连续熔硫设备，即连续进硫泡沫，连续排清液，但放硫是间断的，一般 4～5h 放硫一次。

六、生产主要操作及常见事故处理

1. 泵工岗位操作

(1) 正常操作

① 每小时检查项目。

a. 泵出口压力，电动机工作电流，溶液循环量，煤气压力，预冷塔循环水量，换热器冷却水量。

b. 泵体前后轴承温度，电动机机壳温度及声音是否正常。

c. 煤气温度及循环液温度。

② 每半小时检查项目。

a. 事故槽、反应槽、液下槽、废液槽等槽体液位。

b. 再生塔空气量，根据硫泡沫溢流情况与泡沫槽岗位取得联系进行调节。

③ 每 2h 检查项目。室外设备是否漏气、跑液，遇不正常情况加强循环检查。

④ 各小班每逢白班，对煤气管上的排液管进行清扫，包括捕雾器出口管。

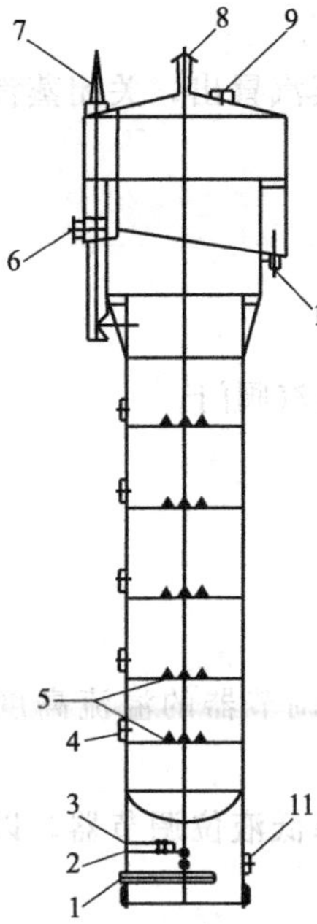

图 5-10　再生塔

1—脱硫液入口；2—空气入口；3—蒸气入口；4，9，11—人孔；5—筛板；6—脱硫液出口；7—液位调节器；8—放散口；10—硫泡沫出口

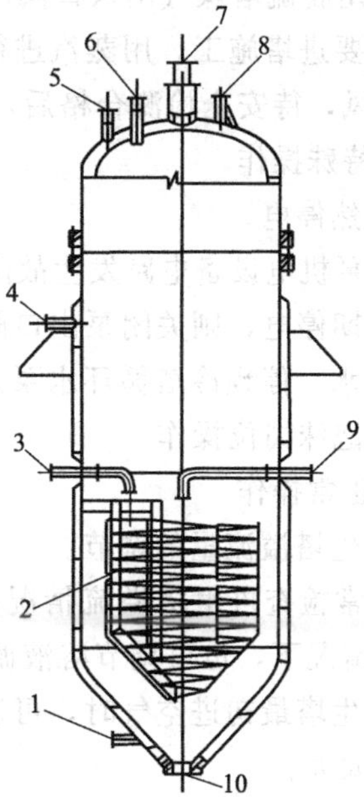

图 5-11　熔硫釜

1，9—蒸汽出口；2—加热器；3，4—蒸汽入口；5—安全阀接口；6—清液出口；7—硫泡沫入口；8—压力计接口；10—排硫口

（2）主要设备开停车

① 脱硫液循环泵的启动、停止和运行。

a. 启动前应先检查管道、阀门处于投运前正常状况，并要求泵轴承内注满润滑油脂，用手转动联轴器，检查运转正常。

b. 启动前打开机械密封冷却水。

c. 打开泵进口阀门，关闭出口阀门，然后启动电动机。当水泵转动正常，压力表显示正常压力后，逐渐打开泵出口管路上阀门，直至调节好流量。

d. 当泵停止运转时，首先关小出口管道上阀门，关闭电源，停泵后，再关死出入口阀门，冬天停车应将泵内存水放掉，以免冻裂泵体。

② 开塔。

a. 检查塔人孔是否封好，水封及塔底部是否已灌满水，能否封住煤气，打开塔顶放散阀。

b. 打开蒸汽清扫管，用蒸汽置换塔内的空气。

c. 稍许打开煤气进口阀门，用煤气置换塔内蒸汽，待塔顶放散管冒出大量煤气，爆破实验合格后，关闭放散管，打开出口阀门，关闭旁路管阀门，同时缓慢开启进口阀门，注意鼓风机后压力变化及脱硫塔阻力。

d. 启动脱硫液循环泵，并调节循环量，使之符合技术规定。

③ 停塔。

a. 停止循环泵，关闭泵出入口阀门。

b. 开启煤气旁通管阀门。

c. 关闭脱硫塔煤气出入口阀门，并打开塔顶放散阀门。

d. 若要进塔施工，用蒸汽进行清扫，直至放散管有蒸汽冒出，关闭蒸汽，再打开塔上人孔通风，待安全检测合格后，方可入塔施工。

(3) 特殊操作

① 突然停电。

a. 某泵机电设备电路发生故障，则开启备用泵。

b. 短期停电，则关闭泵出口阀门，关脱硫液加热器蒸汽阀门。

② 停水。停预冷塔循环水泵。

2. 硫泡沫岗位操作

(1) 正常操作

① 再生塔溢流量的调节。

a. 经常检查再生塔溢流情况，一般情况下调节液位调节器的溢流高度来调节溢流量，个别情况下，也可调节溶液循环量来调节。

b. 再生塔最初进空气时，可适当减少溶液循环量或降低液位调节器，以免造成进气后溢流量太大。

② 操作。

a. 再生塔溢出的硫泡沫到泡沫槽，待澄清分离后，用泵将泡沫打至熔硫釜内。

b. 分离后的清液放回脱硫液循环系统。

c. 泡沫槽液位应控制在满流管以下。

(2) 特殊操作

① 停电：停泵、关闭泵进出口阀门。

② 停蒸汽，关闭蒸汽阀门。

③ 送入泡沫槽料液浓度低，调低液位调节器。

3. 熔硫釜岗位操作

(1) 进料操作

① 检查设备、管线、仪表、阀门处于完好备用状态，并检查开关情况。

② 打开釜上部进料阀，并开启泡沫加压泵，将硫泡沫连续打入熔硫釜。

③ 打开进熔硫釜的蒸汽阀、疏水阀，并保证进入熔硫釜的蒸汽压力符合技术规定。

④ 打开釜上部排清液阀，并根据清液温度及釜上部压力表显示调节阀门开度使之符合技术规定。

(2) 熔硫操作

① 观察清液，当有颗粒出现时，说明釜内硫积累较高，即可打开放硫阀。

② 放硫过程中，应均匀地将熔融硫放出。

③ 当出现未熔的固体杂质时，应关闭放硫阀，待釜内硫积累到一定程度时再适量地开放料阀。

④ 放料过程中不能把釜内硫全部排净，否则将有未熔融的硫颗粒带出，而影响硫的质量。

⑤ 不生产时，应将蒸汽阀门关严，防止釜内料液静置蒸发，产生溶液浓缩盐，堵塞

放料管和放料阀。

(3) 包装操作

① 将硫在硫黄冷却盘内冷却成型。

② 正确称量，用塑料编织袋包装好，包扎上牌子，作为产品。

③ 记录每天产量及当月累积数。

④ 取样，通知化验室进行成品硫含量化验。

4. 常见事故及处理

HPF 法脱硫生产过程中的一些常见事故及处理措施见表 5-3。

表 5-3　HPF 法脱硫生产常见事故及处理措施

事　故	可能产生的原因	处 理 措 施
脱硫效率下降(塔后 H_2S 高)	①液气比不当 ②溶液成分不当 ③再生空气量少 ④入口 H_2S 高 ⑤填料堵或有偏流现象 ⑥煤焦油、萘含量高，将溶液污染 ⑦溶液温度高或低 ⑧溶液活性差，副反应高，溶液黏度大，吸收不好	①调节循环量 ②按分析情况具体添加 ③增加鼓风强度 ④调整溶液循环量，提高溶液成分 ⑤用稀氨水或硫化铵溶液洗涤填料或停车检修 ⑥请示上级处理，排放溶液，重新制备新液 ⑦调节溶液温度合乎规定 ⑧加大脱硫液的排放，提高氨含量，加大催化剂量，并补充一部分新液
再生塔跑液	①空压机换车未减小循环量 ②去脱硫塔的管道半堵或堵塞 ③再生塔硫泡沫管道堵塞 ④出口溶液管上阀门坏 ⑤调节不当跑液	①在换空压机时或开空压机时要减小循环量，空压机正常后再逐渐加大循环量 ②停车处理 ③降低再生塔液位检修溢流管 ④开启调节用手动控制；停车更换 ⑤加强责任心
硫泡沫少	①溶液温度过低 ②吹风强度过小 ③溶液成分失调 ④煤气中杂质较多，污染溶液	①提高溶液温度 ②提高空气压力，适当调节流量 ③按分析情况添加 ④请示上级，联系电捕处理
再生塔断空气	①仪表调节失灵 ②空气压力不够 ③空气管道堵或塔内盘管眼堵 ④空气管内积水冬天冻住 ⑤空压机坏	①改用手动调节 ②提高空气压力 ③查明原因处理，将空气猛开几次，降低空气压力，用溶液溶垢 ④找出原因用蒸汽吹 ⑤置换空压机
泵加不上量	①泵体内有空气 ②叶轮坏或堵塞 ③电动机反转 ④进口阀芯脱落或未开 ⑤进口管堵或反应槽出口堵	①停泵排气 ②检修 ③联系电工处理 ④联系检修或检查开口 ⑤查明原因处理
反应槽突然液位下降	①煤气大量减少 ②再生塔断空气 ③再生塔断空气	①调节循环量或补充水 ②按情况处理 ③查明原因处理
泵运转时电流高	①泵体内有摩擦 ②泵体内有杂物 ③填料压得过紧 ④轴承部分磨损磨坏 ⑤轴弯或轮偏 ⑥流量突然过大	①检修 ②清洗泵壳 ③放松 ④停车更换 ⑤停车修理 ⑥调节处理
反应槽液位上涨或下降	①系统水平衡过剩 ②泵前过滤器快堵及泵故障停车 ③煤气压力过大鼓破液封 ④空气停送	①降低溶液温度和煤气入口温度 ②清洗过滤器倒泵操作 ③检查煤气系统出口阀或降低煤气入口压力 ④调节
脱硫塔阻力增加	①煤气管路有阻塞 ②塔内有阻塞 ③塔内液面过高	①检查水封是否阻塞；阀门开度 ②检查填料 ③调节泵的流量
再生塔泡沫溢流	①再生空气量大 ②脱硫液循环量大 ③液位调节器高度不合适 ④管路有堵塞	①调节进气量 ②调节循环量(泵打回流；调节泵出口阀门；检查电流是否正常) ③调节液位调节器高度 ④检修清堵

第五节　真空碳酸钾法脱硫

真空碳酸钾法脱硫的工艺装置设置在煤气除氨或洗苯之后，使用碳酸钾溶液直接吸收煤气中的硫化氢和氰化氢，工艺中脱硫液的再生在负压条件下进行，故称为真空碳酸钾工艺，属于湿式吸收法脱硫。由于碳酸钾的溶解度高于碳酸钠，即真空碳酸钾脱硫工艺脱硫液的碱度大于真空碳酸钠脱硫工艺，因此其脱硫效率略高于真空碳酸钠脱硫工艺，真空碳酸钠脱硫工艺煤气出口 H_2S 含量可达到 0.5g/m³，而真空碳酸钾脱硫工艺煤气出口 H_2S 含量可达到 0.2g/m³。该工艺脱硫效率高，产生的脱硫废液很少，可副产硫黄或硫酸，但一次性投资大，目前国内大型焦化机组趋于采用。

一、工艺原理

真空碳酸钾法和真空碳酸钠法脱硫工艺原理相似，以真空碳酸钾脱硫说明。

1. 吸收反应

未脱硫的焦炉煤气进入脱硫塔底，与自上而下的脱硫贫液（碳酸钾溶液）逆流接触，煤气中的 H_2S、HCN、CO_2 等酸性气体被吸收，其主要反应为：

$$2KOH+CO_2 \longrightarrow K_2CO_3+H_2O$$

$$H_2S+K_2CO_3 \longrightarrow KHS+KHCO_3$$

$$HCN+K_2CO_3 \longrightarrow KCN+KHCO_3$$

$$CO_2+K_2CO_3+H_2O \longrightarrow 2KHCO_3$$

同时，在脱硫塔上段加入一定碱液（NaOH），进一步脱除煤气中的 H_2S，使煤气中的 H_2S 含量≤0.20g/m³。生成的钾碱溶液送入氨水蒸馏装置后仍可起到分解固定铵盐的作用。脱硫后的煤气一部分送回焦炉和粗苯管式炉加热使用，其余送往用户。

2. 解吸反应

吸收了酸性气体的脱硫富液与再生塔出来的热贫液换热后，进入再生塔再生，在再生塔内，富液与再生塔底上升的水蒸气逆流接触，在真空状态下使 H_2S、HCN 等酸性成分从富液解析出来，其反应如下：

$$KHS+KHCO_3 \longrightarrow H_2S+K_2CO_3$$

$$KCN+KHCO_3 \longrightarrow HCN+K_2CO_3$$

$$2KHCO_3 \longrightarrow CO_2+K_2CO_3+H_2O$$

再生塔顶出来的酸性气体进冷凝冷却器，除冷凝水后，经真空泵将酸性气体送至克劳斯装置生产硫黄或湿式催化法（也叫湿接触法）制酸装置生产硫酸。

解吸后的再生塔下段贫液用泵抽出，经冷却后进到脱硫塔上段循环使用。

3. 副反应

部分氰化氢在洗涤过程中与氧和铁氧化物反应生成 KSCN、$K_2S_2O_3$ 和 $K_4Fe(CN)_6$ 等少量盐。其主要反应如下：

$$2KHS+O_2 \longrightarrow K_2S_2O_3+H_2O$$

$$H_2S+\frac{1}{2}O_2+KCN \longrightarrow KSCN+H_2O$$

盐总量每升应小于15～20g，若超过这个数值则需加大外排脱硫液量。

二、工艺流程

1. 工艺流程

真空碳酸盐法脱硫工艺流程如图5-12所示。

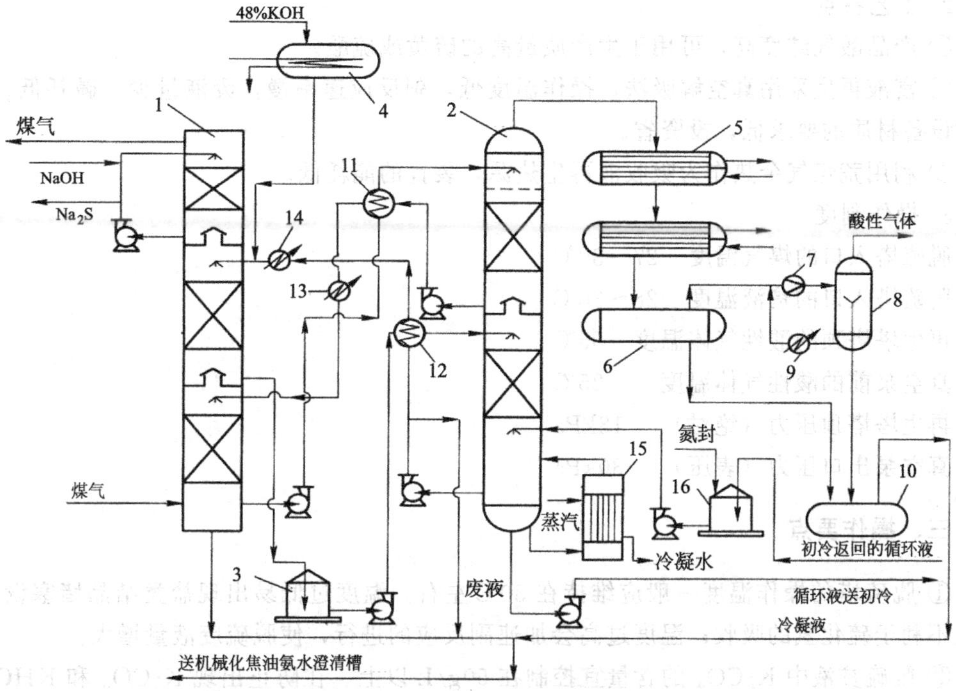

图5-12　真空碳酸盐法脱硫工艺流程

1—脱硫塔；2—再生塔；3—富液槽；4—碱液槽；5—冷凝冷却器；6—冷凝液槽；7—真空泵；8—分离槽；9—冷却器；10—收集槽；11，12—脱硫贫富液换热器；13，14—脱硫贫液冷却器；15—加热器；16—循环液槽

来自洗氨或洗苯后的焦炉煤气进入脱硫塔底，与自上而下的脱硫贫液（碳酸钾溶液）逆流接触，煤气中的酸性气体被吸收，煤气中的H_2S含量降到0.2g/m^3、HCN含量降到0.2g/m^{3}自脱硫塔顶部出来，再经除去夹带的液滴后送至下一道工序。

脱硫塔底部吸收了焦炉煤气中酸性气体的富液与来自再生塔的热贫液换热后，送至再生塔（解吸塔）顶部进行再生。

再生塔在真空下运行，富液与再生塔底上升的水蒸气逆流接触，使酸性气体从富液中解吸出来。再生塔所需的热源取自荒煤气的余热，具体做法是将再生塔底循环液直接送往初冷器上段与荒煤气换热，或者是间接与初冷制备的余热水换热，前者不仅可以节省庞大的换热设备，而且对余热的利用率高。再生后的贫液经贫富液换热和冷却器冷却后进入脱硫塔顶部循环使用。

从再生塔顶逸出的酸性气体，经冷凝冷却并除水后，酸性气体中H_2S含量≥50%（体积分数），由真空泵抽送并加压后送往克劳斯装置或湿接触法制酸装置，用于制造硫黄或硫酸。

为提高脱硫效率，脱硫塔和解吸塔均采用分段操作，具体如图 5-12 所示。吸收液在循环使用过程中因氧的存在还会生成 KSCN 和 $K_2S_2O_3$，为保证脱硫效率，必须外排少量废液。此部分废液送入机械化氨水澄清槽，随剩余氨水处理，不外排。脱硫液系统需补充软水和新碱（KOH/NaOH）以平衡外排的废碱液和冷凝液所带来的水和碱的消耗。

再生塔顶部的酸性气体可以制取硫黄（工艺方法见图 5-18）或硫酸（工艺方法见图 5-16）。

2. 工艺特点

① 产品酸气纯度高，可用于生产质量高的硫黄或硫酸。

② 富液再生采用真空解吸法，操作温度低，副反应速率慢，废液量少，碱耗低。此外对设备材质的要求低，投资省。

③ 利用荒煤气余热作为吸收液再生热源，装置的能耗低。

3. 操作制度

脱硫塔入口的煤气温度	27～30℃
脱硫塔入口的贫液温度	28～30℃
再生塔塔顶的酸性气体温度	55℃
真空泵前的酸性气体温度	25℃
再生塔塔顶压力（绝对）	18kPa
真空泵出口压力（表压）	30kPa

三、操作要点

① 脱硫塔的操作温度一般应维持在 30℃左右。温度过低易出现盐类结晶堵塞设备，并且不利于硫化氢的吸收；温度过高会加速副反应的进行，使脱硫废液量增大。

② 脱硫贫液中 K_2CO_3 的含量宜控制在 50g/L 以上。在防止出现 K_2CO_3 和 $KHCO_3$ 结晶的前提下，应尽可能地提高脱硫液中 K_2CO_3 的含量，以利于硫化氢的吸收。

③ 脱硫贫液中的 KHS 含量决定脱硫塔后煤气中的硫化氢含量。贫液中的 KHS 含量越低，脱硫塔后煤气中的硫化氢含量就越低。脱硫贫液中的 KHS 含量主要取决于再生塔的操作，再生塔底闪蒸气量越大，脱硫贫液中的 KHS 含量越低。

④ 再生塔的操作温度。再生塔在真空和低温状态下操作，以降低副反应的速率，并可以利用余热，降低能耗。此温度越低，副反应速率越慢，越有利于余热的利用，但要求的再生塔的真空度越大，真空泵的动力消耗越大。一般将再生塔塔底脱硫液的温度控制在 55～60℃。

四、主要设备

1. 脱硫塔

脱硫塔一般为聚丙烯花环填料塔，结构基本同 HPF 法脱硫塔。

2. 再生塔

再生塔一般为聚丙烯花环填料塔，塔体为碳钢。塔顶液体喷淋采用再分布槽式，以降低酸气夹带液体量。塔底设蒸发槽，使再沸后的脱硫液部分蒸发。由于塔底温度较高，为防止腐蚀，塔底内部涂防腐涂料。再生塔结构如图 5-13 所示。

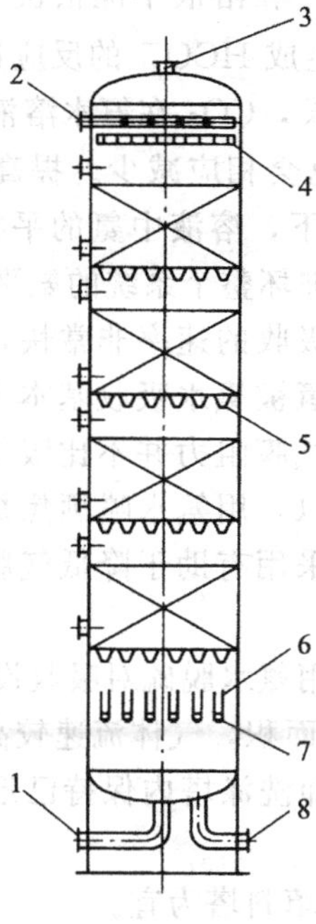

图 5-13　再生塔

1—贫液出口；2—富液入口；3—酸气出口；
4—再分布器；5—填料支撑；6—蒸发槽；
7—再沸循环液入口；8—再沸循环液出口

第六节　氨水法脱硫

氨水脱硫法是中和脱硫法的一种，可以使用焦化厂自产的碱源——氨回收硫化氢，并生产一定数量的元素硫或硫酸。此工艺可同硫酸铵或弗萨姆无水氨生产工艺结合起来使用，具有一定的优越性。

一、生产工艺原理

1. 对硫化氢的选择吸收

氨水脱硫是用喷洒的循环氨水于脱硫塔内与焦炉煤气逆流接触，液相中的氨与煤气中所含的硫化氢等酸性气体反应生成相应的盐。过程中发生的主要化学反应为：

$$H_2S+NH_3\cdot H_2O \longrightarrow NH_4HS+H_2O$$

$$NH_3+CO_2+H_2O \longrightarrow NH_4HCO_3$$

$$NH_3+NH_4HCO_3 \longrightarrow (NH_4)_2CO_3$$

$$NH_3+NH_4HCO_3 \rightleftharpoons NH_2COONH_4+H_2O$$

$$NH_3\cdot H_2O+HCN \rightleftharpoons NH_4CN+H_2O$$

$$2NH_3+CO_2 \rightleftharpoons NH_2COONH_4$$

除以上液相反应外，在气相中也会发生氨基甲酸铵的生产反应。

由于氨与硫化氢的反应速率比与 CO_2 快得多，在气液接触时间很短的情况下（$\leqslant$5～7s），氨水溶液能选择性地吸收煤气中的 H_2S。

之所以如此，并非 CO_2 和 H_2S 的分子在氨水溶液中的扩散速率相差很多，只因

H_2S能立刻离解为HS^-和H^+，H^+在溶液中能很快与OH^-反应，HS^-也就能很快与NH_4^+反应生成NH_4HS。而CO_2生成HCO_3^-的反应速率却小得多。

但是，如气液两相接触时间较长，CO_2在氨水溶液中含量渐增，H_2S将被CO_2逐渐置换出来，同时游离NH_3的含量也会相应减少。提高溶液中氨的含量可补偿因与CO_2化合而减少的氨量，但在常温常压下，溶液中氨的平衡含量约为1.0%，如再提高氨的含量，将使氨从液相转入气相，会破坏整个系统的氨平衡。

从气体吸收机理来看，氨被水吸收的速率非常快，是典型的气膜控制过程。当气液两相界面上氨的含量足够时，硫化氢被氨水吸收基本上也受气膜阻力控制。而当用水或弱碱溶液吸收二氧化碳时，虽然其气膜阻力并不比吸氨和硫化氢时高，但由于其液膜阻力非常高，可认为是液膜控制。所以，用氨水喷洒焦炉煤气时，氨和硫化氢的吸收率要比与二氧化碳的吸收率高得多，当采用有助于降低气膜阻力或增加液膜阻力的设备或操作条件时，还可以加大这个差别。

据上述理论分析和实践经验，用氨水脱硫对吸收设备的基本要求如下。

① 在单位容积内有大的吸收表面积，气体流速较高，气-液接触时间短。

② 采用液相内无湍流洗涤法（即洗涤塔内保持已形成的吸收表面不变），液相为滴状为宜。

③ 采用空塔或挂料量尽量小的填料塔为宜。

2. 吸收液中氨的浓度及操作温度对脱硫的影响

在气液两相接触时间一定的条件下，吸收液中氨含量与煤气中硫化氢含量的比值，对硫化氢的脱除起着决定性作用。此比值越大，硫化氢的脱除率越高，为使硫化氢的脱除率达到95%以上，此比值需大于2。吸收液中氨的饱和含量与煤气的总压及煤气中氨的含量有关，加大煤气操作压力，可以提高吸收液中氨的含量，但一般均采用常压系统。由于煤气中氨的分压较低，即使使用硫化氢和二氧化碳含量低的循环氨水来脱硫，脱硫率最多也只能达80%。为提高脱硫率，可于脱硫塔的上段直接通入适量的浓氨水或氨气，从而使净煤气中硫化氢含量低至$0.5g/m^3$，脱硫率可达95%左右。

操作温度对氨水脱硫化氢的效果具有重要影响。若温度升高，将使吸收液中氨浓度降低，脱硫率也即随之降低。所以，脱硫塔操作温度不宜过高。

3. 循环吸收液的脱酸

送往脱硫塔循环喷洒的吸收液应尽量少含硫化氢和二氧化碳，否则液面上硫化氢分压增大，会降低脱硫效率。因此，吸收液在循环使用前，必须脱酸，即于分解器中脱除溶液中H_2S、CO_2等酸性气体组分。

在吸收液分解脱酸过程的同时，由于伴有铵盐分解及氨的挥发，难以做到完全脱除硫化氢而又无氨的损失。因此，在实际操作中，可将加工剩余氨水——蒸氨所生产的一部分氨蒸气，送入脱酸塔底，供硫化氢、二氧化碳所需的解吸热，并向脱酸贫液中补充氨，使贫液中$\frac{w(NH_3)}{w(H_2S)+w(CO_2)+w(HCN)}$之比达到适宜的范围，再去脱硫塔用于脱硫。

二、氨水脱硫工艺流程

氨水脱硫和氨回收工艺可以有多种组合方式，现就两种优点较多的组合工艺加以介绍。

1. 氨水脱硫和间接法生产硫酸铵联合工艺流程

如图 5-14 所示，经捕除煤焦油雾后的焦炉煤气进入脱硫塔 1 底部，与由塔顶喷淋而下的氨水逆流接触以脱除煤气中的硫化氢。脱硫塔为钢板网填料塔，两段填料之间设有气、液再分配盘，收集来自上段填料的洗涤液，使之混合后并均匀地分配至下段，并使煤气产生混合后重新分配升至上段。

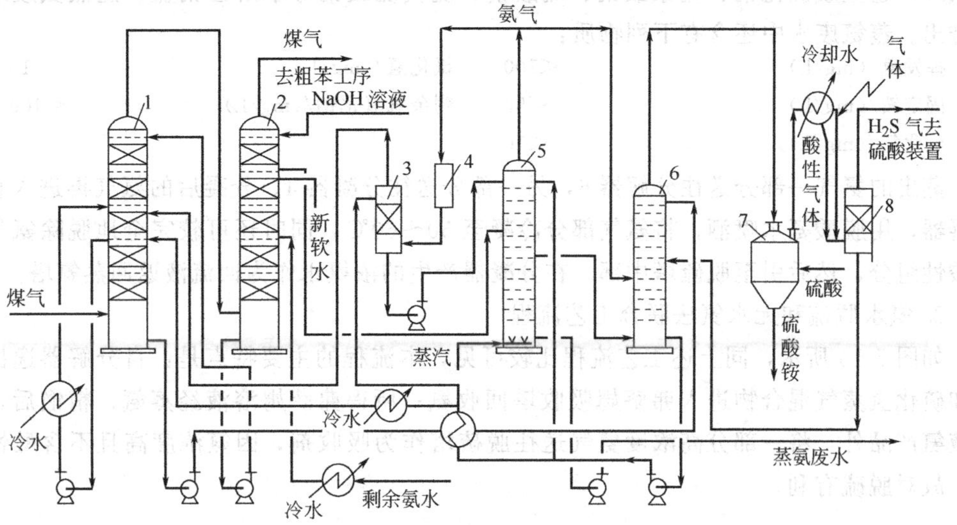

图 5-14　氨水脱硫和间接法生产硫酸铵联合工艺流程

1—脱硫塔；2—洗氨塔；3—直冷分凝器；4—分凝器；5—蒸氨塔；
6—分解器；7—饱和器；8—分离器

来自分解器 6 底含氨为 24～28g/L 并经冷却的氨水进入脱硫塔下段，与上段下来的氨水混合进行喷洒。此种氨水的总氨量中只有 65%～75% 的挥发氨能有效地吸收硫化氢，其余的氨存在于碳酸氢铵、氰化铵等铵盐中。

在脱硫的中段，通入由分凝器 3 来的仅含少量酸性组分的浓氨气，以提高吸收液中氨的含量。由于氨溶于水会放出大量溶解热，导致液相升温，故从脱硫塔中部引出部分溶液经过冷却降温后又返回塔上段的中部循环喷洒，以吸收氨气中的氨并降低气相温度。因此，在脱硫塔中段可显著地增大吸收液中氨含量与煤气中硫化氢含量的比值，有利于硫化氢的脱除。在脱硫塔上段，用洗氨塔 2 来的含氨 8～10g/L 并经冷却的氨水喷洒，以解决因上述情况而产生的煤气温升问题。最终可使出塔焦炉煤气中硫化氢含量净化至约 $0.5g/m^3$。

由脱硫塔溢出的焦炉煤气进入洗氨塔底部。洗氨塔亦为钢板网填料塔。洗氨塔的中、上段用新软水喷洒吸收煤气中的氨以及进一步脱除硫化氢。在洗氨塔下段，用剩余氨水及上面下来的喷洒液喷洒。因煤气中硫化氢含量很低，故出塔氨水中酸性组分含量不高。

在采用氢氧化钠法分解剩余氨水中固定铵盐的系统中，为进一步脱除煤气中的硫化氢，可将 2%～4% 的氢氧化钠溶液送至洗氨塔顶部，在顶段填料上洗涤煤气，最终可将煤气中的硫化氢脱除至 $0.1～0.2g/m^3$。氢氧化钠加入量等于分解剩余氨水中固定铵盐所需量。所得碱性洗涤液送往固定铵盐分解装置。

离开脱硫塔的吸收液含氨 20～24g/L、含硫化氢 7g/L 和含二氧化碳 13g/L，泵送至分解器 6 进行分解。在从蒸氨塔中部和塔顶送来的氨气作用下，其中的大部分硫化氢、二氧化碳和氰化氢被脱除，同时也有一定量的氨随同逸出。由器底排出的部分脱酸氨水经冷却后送回脱硫塔循环喷洒。其余部分脱酸氨水经直冷分凝器 3 后送往蒸氨塔 5。由器顶逸出的混合蒸气则进入硫酸铵饱和器，用循环母液将氨回收下来，余下的酸性气体送往湿式催化法生产硫酸装置或克劳斯（Claus）法制取硫黄装置处理。

由洗氨塔顶段填料下来的氢氧化钠洗涤液，连同在脱硫时生成的碳酸钠、碳酸氢钠、氰化钠和硫氢化钠等，一起送入蒸氨塔内。当氢氧化钠和固定铵盐在塔内反应时，除生成氨外，还生成氯化钠、硫氰酸钠、硫酸钠、硫代硫酸钠等水溶性钠盐，随蒸氨废水一同排出。蒸氨废水中还含有下列物质：

挥发氨/(mg/L)	<100	氰化氢/(mg/L)	<10
固定铵/(mg/L)	<50	剩余氢氧化钠/(mg/L)	<100
硫化氢/(mg/L)	<10		

蒸出的氨气一部分送往分解器 6，另一部分送往分凝器 4。分凝后的氨气再进入直冷分凝器，用脱酸氨水喷洒，将氨气部分冷凝至 50～60℃，同时还可较完全地脱除氨气中的酸性组分，然后引至脱硫塔中部。在分凝器产生的浓氨水作为回流液返回蒸氨塔。

2. 氨水脱硫和无水氨法联合工艺流程

如图 5-15 所示，同上述工艺流程比较可见，本流程的主要特点是：自分解器逸出的氨和硫化氢蒸气混合物进入弗萨姆吸收塔回收氨；所得弗萨姆溶液经蒸氨、精馏后，除得液氨产品外，将一部分高浓度氨气送往脱硫塔作为吸收剂，因氨浓度高且不含酸性组分，故对脱硫有利。

三、湿式催化法制取硫酸

为回收硫和防止对环境造成二次污染，由分解器脱出的硫化氢气体，可采用湿式催化法制取硫酸进行处理。用此法处理分解器后的酸性气体和水蒸气的混合物，可生产出 78％或 96％的硫酸（每一装置只能生产一种浓度的硫酸）。

如图 5-16 所示，含有硫化氢、氰化氢、二氧化碳、少量的氨和水蒸气的混合物进入燃烧炉 1，通入空气进行燃烧。此时硫化氢转变成二氧化硫和水蒸气，氨和氰化氢转变成氮和水蒸气等。在燃烧过程中所发生的副反应还能生成三氧化硫和氮的氧化物。为使硫化氢、氨和氰化氢完全燃烧，需通入稍许过量的氧，并控制燃烧温度为 1050～1100℃。

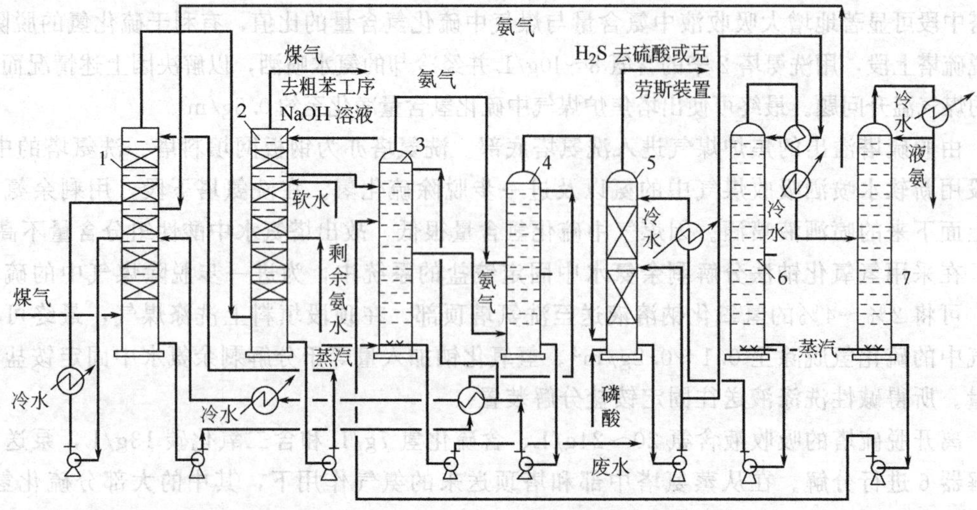

图 5-15　氨水脱硫和无水氨法联合工艺流程

1—脱硫塔；2—洗氨塔；3—蒸氨塔；4—分解器；5—弗萨姆吸收塔；6—氨气提塔；7—精馏柱

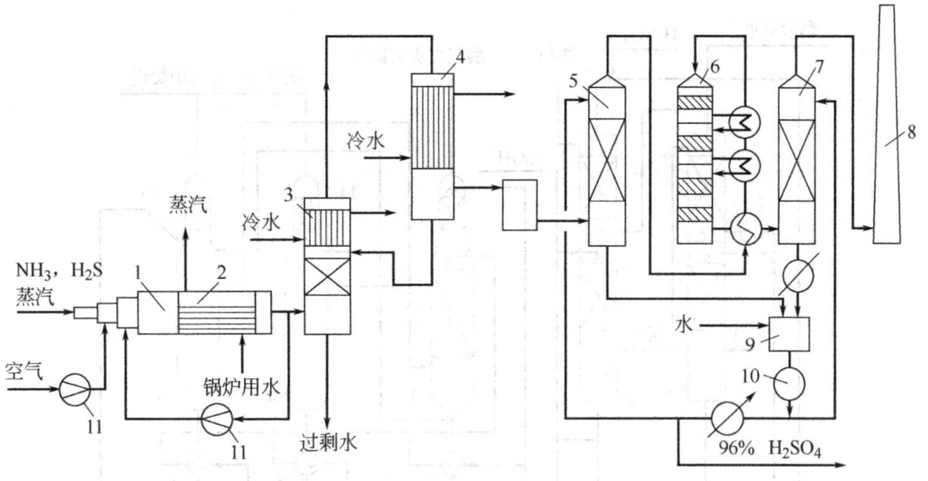

图 5-16 湿式催化法制取硫酸工艺流程

1—燃烧炉；2—废热锅炉；3—冷凝冷却器；4—废气过滤器；5—干燥塔；6—接触塔；7—吸收塔；8—烟囱；9—半成品槽；10—泵；11—风机

燃烧废气通过废热锅炉 2 回收热量，在此可产生 3923kPa 的饱和蒸汽，出废热锅炉的废气温度为 300～350℃，其中一部分返回燃烧室，以控制燃烧室温度，将有害的 NO_x 的形成限制在 $(50\sim100)\times10^{-6}$（质量分数）。废气的其余部分经冷凝冷却器 3 冷却至 25～30℃。所得冷凝水除供生产硫酸所需外，剩余部分排出，冷凝水排出量约为 26 L/1000m^3（废气）。此冷凝水中含三氧化硫 10～12g/L 和二氧化硫 0.2～0.5g/L，可用蒸氨废水予以中和。

经过冷却器后的废气通过废气过滤器 4 除去所夹带的雾滴，进入干燥塔 5，用96%～98%的浓硫酸喷洒干燥。干燥后的废气与由接触塔 6 来的温度为 400～500℃的反应气体换热，并用接触塔第一、第二段催化床层的反应热加热后，其温度可达到反应所需的 420～450℃，然后由顶部进入接触塔 6。在接触塔内以五氧化二钒为催化剂可使废气中 98%的二氧化硫与氧反应转化为三氧化硫，然后在吸收塔 7 内用冷浓硫酸循环冷却并吸收反应气体中的三氧化硫和水蒸气。

由吸收塔 7 塔底排出的硫酸经冷却后，与干燥塔来的硫酸送入半成品槽 9，再循环泵回吸收塔和干燥塔。成品硫酸可不断从循环酸中切取。硫酸的浓度可通过半成品槽中加水调节。从吸收塔出来的尾气经过滤后温度为 50℃，由烟囱放掉。

此外，从含有硫化氢气体混合物中回收硫的克劳斯法，可制取高质量的元素硫。

四、AS 循环脱硫法和克劳斯法硫黄生产

1. AS 循环脱硫原理及工艺流程

AS 循环脱硫法是将煤气的洗氨与脱硫和脱硫富液再生及蒸氨有机地结合在一起的工艺，其脱硫工艺流程如图 5-17 所示。

焦炉煤气依次通过脱硫塔下段、上段，洗氨塔下段和上段，脱除 H_2S、NH_3。所用脱硫液由图 5-17 可见，为游离氨塔 4 塔底得到的蒸氨贫液，经脱硫富液与洗氨贫液换热器 8 与脱硫富液换热，再经洗氨贫液冷却器 11 冷却到 22℃后，送洗氨塔 2 的上段进行喷淋，与脱硫塔塔顶来的煤气逆流接触吸收煤气中的氨，洗氨后得到的洗氨富液送脱硫塔顶与剩余氨水混合进入脱硫塔的上段，吸收 H_2S、NH_3，再经富氨水冷却器 6 冷却，然

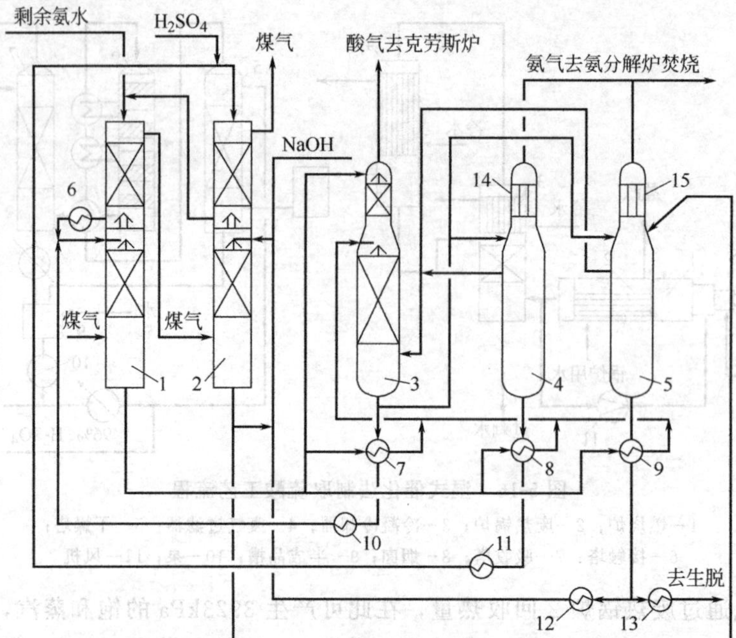

图 5-17　AS 循环脱硫原理及工艺流程

1—脱硫塔；2—洗氨塔；3—脱酸塔；4—游离氨塔；5—固定氨塔；6—富氨水冷却器；7—贫富液换热器；8—脱硫富液与洗氨贫液换热器；9—脱硫富液与蒸氨废水换热器；10—脱硫贫液冷却器；11—洗氨贫液冷却器；12—碱稀释水冷却器；13—蒸氨废水冷却器；14—游离氨塔分凝器；15—固定氨塔分凝器

后与脱硫贫液混合进入脱硫塔的下段，自上而下与煤气逆流接触，煤气中的硫化氢、氰化氢、二氧化碳等酸性气体与脱硫贫液中的氨进行反应，发生的化学反应为：

$$NH_3 + H_2S \longrightarrow NH_4HS$$

$$NH_3 + HCN \longrightarrow NH_4CN$$

$$NH_3 + CO_2 + H_2O \longrightarrow NH_4HCO_3$$

含有固定铵的脱硫富液由脱硫塔底引出后分为四路，一路以冷态直接由脱酸塔 3 的顶部进入塔内，另外三路分别经换热器 7、8、9 与脱硫贫液、游离氨蒸氨塔贫液、固定铵蒸氨塔蒸氨废水换热后汇合以热态的形式由脱酸塔的中上部进入塔内。在脱酸塔内，脱硫富液与由游离氨塔 4 侧线来的 NH_3、H_2O 混合气逆流接触，并发生热解反应：

$$NH_4HS \longrightarrow NH_3 + H_2S$$

$$NH_4CN \longrightarrow NH_3 + HCN$$

$$NH_4HCO_3 \longrightarrow NH_3 + H_2O + CO_2$$

由于 H_2S、CO_2、HCN 的挥发度大于 NH_3 和 H_2O 的挥发度，所以在发生上述热解反应的同时，液相中大量的 H_2S、CO_2、HCN 等酸性气体组分解吸，从脱酸塔塔顶排出含有 H_2S 为 31%～33% 的酸气，并送往克劳斯装置生产硫黄。

在脱酸塔内依靠氨气为热源，热解提馏脱硫富液中的酸性气体 H_2S、HCN、CO_2，使脱硫液得以再生，同时还增加了脱硫贫液中游离氨含量，这是 AS 循环法脱硫具有较高的脱硫效率的主要原因。

脱酸塔底得到的脱硫贫液分为三路。一路经脱硫富液与洗氨贫液换热器 8 冷却至约 22℃送脱硫塔；另外两路以热态分别送往游离氨塔 4 和固定氨塔 5 去蒸氨。得到的氨气分两路，一路以游离氨塔的侧线引出送往脱酸塔作为脱硫液的再生热源；一路由塔顶逸出经分凝浓缩后送往氨分解炉去焚烧，同时得到低热值煤气，此溶液脱硫化氢和氰化氢后，送固定铵塔用于分解固定铵盐。

游离氨塔底得到洗氨贫液经与洗氨贫液冷却器 11 冷却至 22℃后送往洗氨塔洗氨。由固定氨塔 5 塔底得到的蒸氨废水与脱硫富液换热后分为两路，一路经碱稀释水冷却器 12 冷却至 22℃后作为 NaOH 稀释水，送往洗氨塔碱洗段；另一路经蒸氨废水冷却器 13 送往生化脱酚处理。

另外，为确保对煤气中 H_2S、CO_2、HCN 的净化程度，洗氨贫液在进洗氨塔之前加入微量硫酸，以中和其中的游离氨，调整 pH 在 6.5～7。在洗氨塔的下段设有 NaOH 溶液碱洗段，用以进一步脱除煤气中的硫化氢和氰化氢。

由上可见，AS 循环脱硫利用煤气中的 NH_3 在脱硫液中的循环，来脱除煤气中的硫化氢。确保脱硫效率的关键因素是脱硫贫液中必须含有足够量的游离氨，其含量一般是通过调节进脱酸塔的氨气量来实现控制的。AS 脱硫法没有在脱硫液中添加任何脱硫剂和催化剂，仅利用煤气中的氨（进行循环）及用于分解固定铵盐的少量 NaOH 溶液便将煤气中的硫化氢大部分脱除，其脱除率可达 98%以上，洗氨塔后的煤气可以净化到含 H_2S 小于 $0.2g/m^3$，含 NH_3 小于 $0.03g/m^3$。

2. 克劳斯法生产硫黄的原理及工艺流程

克劳斯法生产硫黄的工艺流程如图 5-18 所示。

由图 5-18 所示，由脱酸塔来的硫化氢气体送入克劳斯炉 1，同时往炉内通入供硫化氢燃烧和维持炉温的煤气和空气。在 1100～1200℃条件下，硫化氢与空气中的氧在炉内发生如下反应：

$$H_2S+\frac{1}{2}O_2 \longrightarrow H_2O+S$$

$$H_2S+\frac{3}{2}O_2 \longrightarrow H_2O+SO_2$$

$$2H_2S+SO_2 \longrightarrow 2H_2O+3S$$

克劳斯反应过程气首先经废热锅炉 2 被冷却，与此同时反应生成的气态硫黄大部分冷凝成液体硫并通过硫封槽 11 进入硫池 12。同时，在废热锅炉中还利用克劳斯反应热产生压力为 500kPa 的水蒸气。出废热锅炉的克劳斯过程气，进入一段反应器 3，经反应后出口温度降为 290℃，在此温度和在催化剂存在的条件下，过程气中的 COS 和 CS_2 发生水解反应并转化为 H_2S 和 CO_2，相应的反应式为：

$$COS+H_2O \longrightarrow H_2S+CO_2$$

$$CS_2+2H_2O \longrightarrow 2H_2S+CO_2$$

出一段反应器的过程气依次进入过程气换热器 5、硫冷凝器 6、硫分离器 8，过程气在硫冷凝器被冷却至 140～150℃，又被由一段反应器出来的过程气加热至 200℃左右之后，过程气再依次进入二段反应器 4、硫冷凝器 6、硫分离器 8，由此得到克劳斯尾气，经尾气冷却器冷却后，送入气液分离器前的煤气吸气管道中，但会使焦炉煤气热值有所降低（约降低 2.5%）。也可将尾气引入尾气燃烧炉内烧掉，使所含少量的 H_2S 和硫蒸气，燃烧生成 SO_2 经净化后排入大气。由硫分离器得到的液体硫经硫封进入硫池 12，然后由硫泵 13 将硫池中的液硫送到转鼓结片机 14 得到固体硫黄产品。本法硫化氢转化率可达到 95%以上。

3. 产品质量

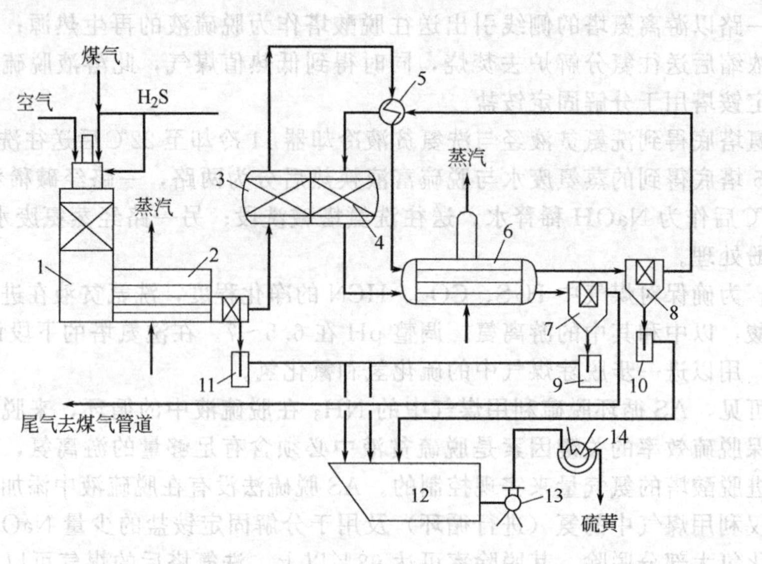

图 5-18　克劳斯法生产硫黄工艺流程

1—克劳斯炉；2—废热锅炉；3——段反应器；4—二段反应器；5—过程气换热器；6—硫冷凝器；7,8—硫分离器；9～11—硫封槽；12—硫池；13—硫泵；14—转鼓结片机

AS循环脱硫，克劳斯法生产硫黄工艺所生产的硫黄质量指标如下：

硫含量/%	>99.99	有机物含量/%	<0.006
灰分/%	<0.0035	水分/%	<0.012
酸度(以硫酸计)/%	<0.0001		

各项质量指标均超过化工生产的工业硫黄的指标。

复习思考题

1. 煤气中硫化氢是怎样形成的？硫化氢有哪些主要物理性质？其含量大致是多少？
2. 焦炉煤气净化过程为何要脱硫化氢？不同用户对脱硫化氢有什么不同的要求？
3. 目前中国焦化厂焦炉煤气脱硫主要采用哪几种方法？
4. 煤气干法脱硫生产过程及原理是怎样的？
5. 对干法脱硫剂有什么要求？
6. 干法脱硫装置由哪些设备构成？
7. 改良蒽醌二磺酸钠（即改良 ADA）法脱硫生产原理是什么？
8. 改良 ADA 法脱硫的工艺流程是怎样的？
9. 改良 ADA 法应控制哪些生产操作指标？
10. 改良 ADA 法脱硫有哪些主要设备？
11. HPF 法脱硫的原理是什么？
12. HPF 法脱硫的生产工艺流程是怎样的？
13. HPF 法脱硫在生产操作中主要控制哪些主要指标？主要生产操作的内容有哪些？
14. 真空碳酸盐法脱硫的基本原理是什么？工艺流程如何？操作要点是什么？
15. 氨水法脱硫的基本反应有哪些？氨水法脱硫与哪些氨回收工艺组合效果比较好？流程如何？
16. AS 脱硫工艺流程是怎样的？有何特点？其煤气净化指标如何？

第六章 粗苯的回收与制取

粗苯和煤焦油是炼焦化学产品回收中最重要的两类产品。在石油工业中曾被称为基础化工原料的八种烃类有四类（苯、甲苯、二甲苯、萘）从粗苯和煤焦油产品中提取。目前，中国年产焦炭达到4.5亿多吨，可回收的粗苯资源达500多万吨。虽然从石油化工可生产这些产品，但焦化工业仍是苯类产品的重要来源，因此，从焦炉煤气中回收苯族烃具有重要的意义。

焦炉煤气一般含苯族烃25～40g/m³，经回收苯族烃后焦炉煤气中苯族烃降到2～4g/m³。

第一节 粗苯的组成、性质和回收方法

一、粗苯的组成和性质

粗苯是由多种芳烃和其他化合物组成的复杂混合物。粗苯中主要含有苯、甲苯、二甲苯和三甲苯等芳香烃。此外，还含有不饱和化合物、硫化物、饱和烃、酚类和吡啶碱类。当用洗油回收煤气中的苯族烃时，粗苯中尚含有少量的洗油轻质馏分。粗苯各组分的平均含量见表6-1。

表6-1 粗苯各组分的平均含量

组 分	分子式	含量(质量分数)/%	备 注
苯	C_6H_6	55～80	
甲苯	$C_6H_5CH_3$	11～22	
二甲苯	$C_6H_4(CH_3)_2$	2.5～8	同分异构物和乙基苯总和
三甲苯和乙基甲苯	$C_6H_3(CH_3)_3$ $C_2H_5C_6H_4CH_3$	1～2	同分异构物总相
不饱和化合物		7～12	
环戊二烯	C_5H_6	0.5～1.0	
苯乙烯	$C_6H_5CHCH_2$	0.5～1.0	
苯并呋喃	C_8H_6O	1.0～2.0	包括同系物
茚	C_9H_8	1.5～2.5	包括同系物
硫化物		0.3～1.8	按硫计
二硫化碳	CS_2	0.3～1.5	
噻吩	C_4H_4S	0.2～1.6	
饱和物		0.6～2.0	

粗苯的组成取决于炼焦配煤的组成及炼焦产物在碳化室内热解的程度。在炼焦配煤

质量稳定的条件下，在不同的炼焦温度下所得粗苯中苯、甲苯、二甲苯和不饱和化合物在180℃前馏分中含量见表6-2。

表6-2 不同炼焦温度下粗苯（180℃前馏分）中主要组分的含量

炼焦温度/℃	粗苯中主要组分的含量(质量分数)/%			
	苯	甲苯	二甲苯	不饱和化合物
950	50～60	18～22	6～7	10～12
1050	65～75	13～16	3～4	7～10

此外，粗苯中酚类的含量通常为0.1%～1.0%，吡啶碱类的含量一般不超过0.5%。当硫酸铵工段从煤气中回收吡啶碱类时，则粗苯中吡啶碱类含量不超过0.01%。

粗苯中各主要组分均在180℃前馏出，180℃后的馏出物称为溶剂油。在测定粗苯中各组分的含量和计算产量时，通常将180℃前馏出量当作100%来计算，故以其180℃前的馏出量作为鉴别粗苯质量的指标之一。

粗苯在180℃前的馏出量取决于粗苯工段的工艺流程和操作制度。180℃前的馏出量越多，粗苯质量就越好。一般要求粗苯180℃前馏出量在93%～95%。

粗苯是黄色透明的油状液体，比水轻，微溶于水。在储存时，由于低沸点不饱和化合物的氧化和聚合所形成的树脂状物质能溶解于粗苯中，使其着色变暗。粗苯易挥发易燃，闪点为12℃，初馏点40～60℃。粗苯蒸气在空气中的体积分数达到1.4%～7.5%范围时，能形成爆炸性混合物。

粗苯的热性质依其组成而定。一般可采用下列近似计算式确定。

粗苯比热容：

$$c=1.604+0.004367t \tag{6-1}$$

粗苯蒸气比热容：

$$c=\frac{86.67+0.1089t}{M_r} \tag{6-2}$$

式中 t——温度，℃；

M_r——粗苯相对分子质量，依粗苯组成而定。工程计算中可取 $M_r=83$。

粗苯蒸气比焓：

$$H=431.24+ct \tag{6-3}$$

式中 t——温度，℃；

c——粗苯蒸气比热容，kJ/(kg·℃)。

粗苯主要组分的其他物理性质见第七章。

二、回收苯族烃的方法

从焦炉煤气中回收苯族烃采用的方法有洗油吸收法、固体吸附法和深冷凝结法。其中洗油吸收法工艺简单经济，得到广泛应用。

洗油吸收法所用的溶剂是煤焦油洗油，也可用石油洗油（轻柴油）。依据操作压力分为加压吸收法、常压吸收法和负压吸收法。加压吸收法的操作压力为800～1200kPa，此法可强化吸收过程，适于煤气远距离输送或作为合成氨厂的原料气。常压吸收法的操作压力稍高于大气压，是各国普遍采用的方法。负压吸收法应用于全负压煤气净化系统。

固体吸附法是采用具有大量微孔组织和很大吸附表面积的活性炭或硅胶作吸附剂，活性炭的吸附表面积为1000m^2/g，硅胶的吸附表面积为450m^2/g。用活性炭等吸附剂吸收煤气中的粗苯。该法在中国曾用于实验室分析测定。例如煤气中苯含量的测定就是利用这种方法。

深冷凝结法是把煤气冷却到－40～－50℃，从而使苯族烃冷凝冷冻成固体，将其从煤气中分离出来，该法中国尚未采用。

吸收了煤气中苯族烃的洗油称为富油。富油的脱苯按操作压力分为常压水蒸气蒸馏法和减压蒸馏法。按富油加热方式又分为预热器加热富油的脱苯法和管式炉加热富油的脱苯法。各国多采用管式炉加热富油的常压水蒸气蒸馏法。

本章重点介绍洗油常压吸收法回收煤气中的苯族烃和管式炉加热富油的水蒸气蒸馏法脱苯工艺。

第二节　用洗油吸收煤气中的苯族烃

一、吸收苯族烃的基本原理

煤焦油洗油的成分中含有甲基萘、二甲基萘、联苯、苊、芴、氧芴等组分，用洗油吸收煤气中的苯族烃是典型的多组分吸收，为了叙述问题方便，视其为单组分吸收，同时洗油吸收煤气中苯族烃又是物理吸收过程，服从拉乌尔定律和道尔顿定律。

煤气中苯族烃的分压 p_g 可根据道尔顿定律计算：

$$p_g = p\varphi_b \tag{6-4}$$

式中　p——煤气的总压力，kPa；

φ_b——煤气中苯族烃的体积分数。

通常苯族烃在煤气中的含量以 g/m^3 表示。若已知苯族烃在煤气中的含量为 a（g/m^3），则换算为体积分数得：

$$\varphi_b = \frac{22.4a}{1000M_b}$$

式中，M_b 为粗苯的平均相对分子质量。将此式代入式（6-4），则得：

$$p_g = 0.0224\frac{ap}{M_b} \tag{6-5}$$

用洗油吸收苯族烃所得的稀溶液可视为理想溶液，其液面上粗苯的平衡蒸气压 p_L 可按拉乌尔定律确定：

$$p_L = p_0 x \tag{6-6}$$

式中　p_0——在回收温度下苯族烃的饱和蒸气压，kPa；

x——洗油中粗苯的摩尔分数。

通常洗油中粗苯的含量以 w_b（质量分数）表示，换算为摩尔分数得：

$$x = \frac{\dfrac{w_b}{M_b}}{\dfrac{w_b}{M_b} + \dfrac{100 - w_b}{M_m}}$$

式中　M_m——洗油的相对分子质量。

将此式代入式（6-6），则得：

$$p_L=\frac{\frac{w_b}{M_b}p_0}{\frac{w_b}{M_b}-\frac{100-w_b}{M_m}} \tag{6-7}$$

当煤气中苯族烃的分压 p_g 大于洗油液面上苯族烃的平衡蒸气压 p_L 时，煤气中的苯族烃即被洗油吸收。p_g 和 p_L 之间的差值越大，则吸收过程的推动力越大，吸收速率也越快。

洗油吸收苯族烃过程的极限为气液两相达成平衡，此时 $p_g=p_L$，即

$$0.0224\frac{ap}{M_b}=\frac{\frac{w_b}{M_b}p_0}{\frac{w_b}{M_b}+\frac{100-w_b}{M_m}} \tag{6-8}$$

洗油中粗苯的含量很小，式（6-8）可简化为：

$$0.0224\frac{ap}{M_b}=\frac{\frac{w_b}{M_b}p_0}{\frac{100}{M_m}} \tag{6-9}$$

因此，在平衡状态下 a 与 w_b 之间的关系式为：

$$a=0.446\frac{w_bM_mp_0}{p} \tag{6-10}$$

或

$$w_b=2.24\frac{ap}{M_mp_0} \tag{6-11}$$

洗苯塔常用填料塔，对于填料吸收塔，传质速率与传质推动力成正比而与其阻力成反比将其用于洗油吸收苯族烃的速率，即

$$传质速率=\frac{传质推动力}{传质阻力}=\frac{\Delta p_m}{\frac{1}{S}}$$

写成等式为

$$q_m=K\frac{\Delta p_m}{\frac{1}{S}}$$

或

$$q_m=KS\Delta p_m \tag{6-12}$$

式中　q_m——吸收的苯族烃量，kg/h；

S——总吸收面积，m^2；

K——总吸收系数，kg/(m^2·h·kPa)；

Δp_m——p_g 与 p_L 之间的对数平均分压差（吸收推动力），kPa。

式（6-12）表明所需吸收表面积 S 与单位时间内所吸收的苯族烃量 q_m 成正比，与吸收推动力 Δp_m 及吸收系数 K 成反比，即 $S=\frac{q_m}{K\Delta p_m}$。

目前吸收过程的机理一般仍建立在被吸收组分经稳定的界面薄膜扩散传递的概念上，

即液相与气相之间有相界面，假定在相界面的两侧，分别存在着不呈湍流的薄膜：在气相侧的称为气膜，在液相侧的称为液膜。扩散过程的全部阻力就等于气膜和液膜的阻力之和。

根据双膜理论，总吸收系数值可按下列步骤进行计算。

气膜吸收系数 K_g：

$$K_g = A\frac{D_g}{d_e}Re_g^m Pr_g^n \tag{6-13}$$

或

$$K_g' = K_g\frac{3600M_b}{22.4\times101.33} \tag{6-14}$$

液膜吸收系数 K_L：

$$K_L = A'\frac{D_L}{d_e}Re_L^{m'} Pr_L^{n'} \tag{6-15}$$

或

$$K_L' = K_L\frac{1}{H} \tag{6-16}$$

式中 Re_g、Re_L——煤气和洗油的雷诺数；

Pr_g、Pr_L——煤气和洗油的普朗特数；

D_g、D_L——苯族烃在煤气和洗油中的扩散系数，m^2/s；

d_e——填料的当量直径，m；

A、A'、m、m'、n、n'——常数，针对具体填料和物系，由实验确定；

H——亨利系数，$kPa\cdot m^3/kg$。

总吸收系数 K 即可按下式求得：

$$K = \frac{K_g' K_L'}{K_g' + K_L'} \tag{6-17}$$

可见，吸收系数的大小取决于所采用的吸收剂的性质、设备的构造及吸收过程进行的条件（温度、煤气流速、喷淋量及压力等）。显然，上述各项因素对吸收速率也具有同样的影响。

另外，填料吸收塔的填料层的高度，可以用所需理论塔板数乘以填料的等效高度得到。以煤焦油洗油做吸收剂的洗苯塔，在通常情况下需 8～10 块理论塔板；填料的等效高度，应针对具体填料由实验确定。

二、吸收苯族烃的工艺流程

用洗油吸收煤气中的苯族烃所采用的洗苯塔虽有多种形式，但工艺流程基本相同。填料塔吸收苯族烃的工艺流程见图 6-1。

来自饱和器后的煤气经最终冷却器冷却到 25～27℃后（或从洗氨塔后来的 25～28℃煤气），依次通过两个洗苯塔，塔后煤气中苯族烃含量一般为 2～4g/m³。温度为 27～30℃循环洗油（贫油）用泵送至顺煤气流向最后一个洗苯塔的顶部，与煤气逆向沿着填料向下喷洒，然后经过油封管流入塔底接收槽，由此用泵送至下一个洗苯塔。按煤气流向第一个洗苯塔底流出的含苯量约 2%的富油送至脱苯装置。脱苯后的贫油经冷却后再回到贫油槽循环使用。

在最后一个洗苯塔喷头上部设有捕雾层，以捕集煤气夹带的油滴，减少洗油损失。洗苯塔下部设置的油封管（也叫 U 形管）起防止煤气随洗油窜出的作用。

三、影响苯族烃吸收的因素

煤气中的苯族烃在洗苯塔内被吸收的程度称为回收率。可用下式表示：

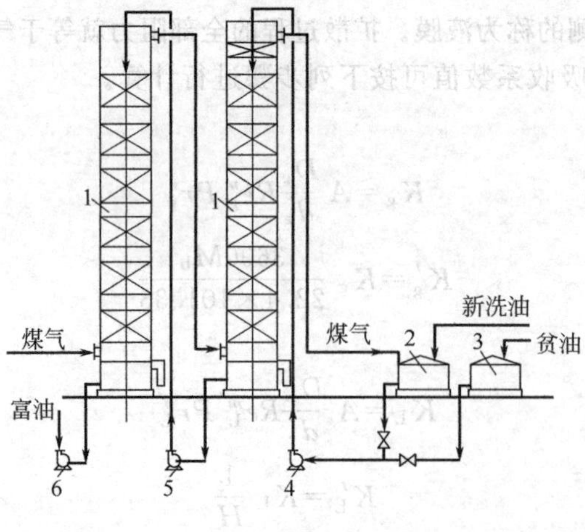

图 6-1 从煤气中吸收苯族烃的工艺流程

1—洗苯塔；2—新洗油槽；3—贫油槽；4—贫油泵；5—半富油泵；6—富油泵

$$\eta=1-\frac{a_2}{a_1} \tag{6-18}$$

式中 η——粗苯回收率，%；

a_1、a_2——洗苯塔入口煤气和出口煤气中苯族烃的含量，g/m^3。

回收率是一项重要的技术经济指标，当 a_1 一定，煤气量一定时，a_2 越小，回收率 η 越大，粗苯产量越高，销售收入也越多；但相对而言，基建投资和运行费用也越高，最佳的 a_2 值（或最佳的粗苯回收率），应是纯效益最高。确定最佳塔后煤气含苯（即 a_2 值）时，需要建立投入产出数学模型，采用最优化的方法解决。对于已投产的焦化厂粗苯回收率，则是评价洗苯操作好坏的重要指标，一般为 93%～95%。

回收率的大小取决于下列因素：煤气和洗油中苯族烃的含量、吸收温度、洗油循环量及其相对分子质量、洗苯塔类型和构造、煤气流速及压力等。

1. 吸收温度

吸收温度系指洗苯塔内气液两相接触面的平均温度。它取决于煤气和洗油的温度，也受大气温度的影响。

吸收温度是通过吸收系数和吸收推动力的变化而影响粗苯回收率的。提高吸收温度，可使吸收系数略有增加，但不显著，而吸收推动力却显著减小。式（6-10）中洗油的相对分子质量 M_m 及煤气总压 p 波动很小，可视为常数。而粗苯的饱和蒸气压 p_0 是随温度而变的。将式（6-10）在不同温度时所求得的 a 与 w_b 的数值用图表示，即得如图 6-2、图 6-3 所示的苯族烃在煤气和洗油中的平衡浓度关系曲线。

由图可见，当煤气中苯族烃的含量一定时，温度越低，洗油中与其平衡的粗苯含量越高；温度越高，洗油中与其平衡的粗苯含量则显著降低。

当入塔贫油含苯量一定时，洗油液面上苯族烃的蒸气压随吸收温度升高而增高，吸收推动力则随之减小，致使洗苯塔后煤气中的苯族烃含量 a_2（塔后损失）增加，粗苯的回收率 η 降低。图 6-4 表明了 η 及 a_2 与吸收温度间的关系。

由图 6-4 可见，当吸收温度超过 30℃时，随温度的升高，a_2 显著增加，η 显著下降。因此，吸收温度不宜过高，但也不宜过低。当低于 15℃，洗油的黏度将显著增加，使洗油输送及其在塔内均匀分布和自由流动都发生困难。当洗油温度低于 10℃时，还可能从油中析出固体沉淀物。因此适宜的吸收温度为 25℃左右，实际操作温度波动于 20～30℃。

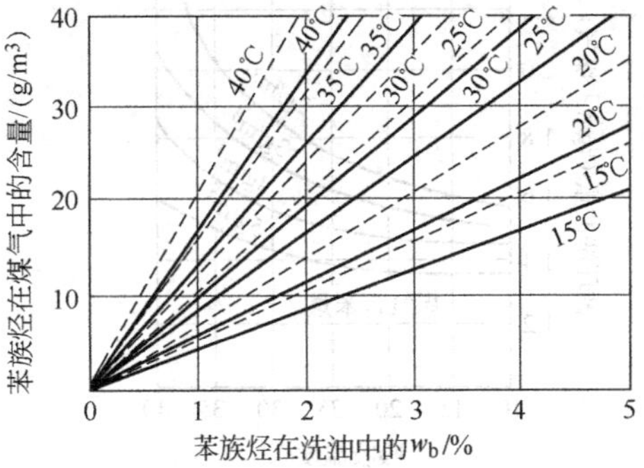

图 6-2　苯族烃在煤气和洗油中的平衡浓度（一）
——煤焦油洗油；-------石油洗油

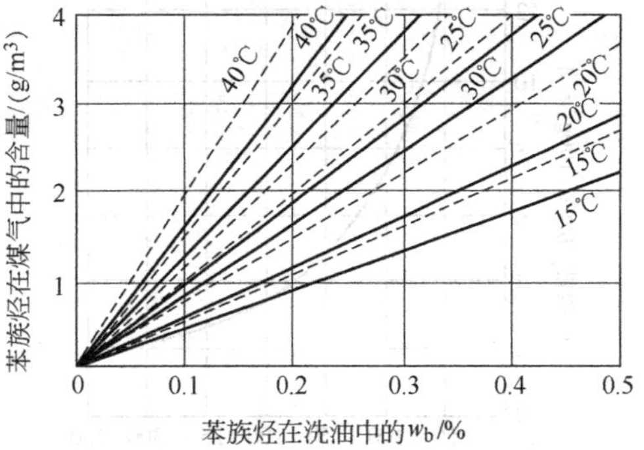

图 6-3　苯族烃在煤气和洗油中的平衡浓度（二）
——煤焦油洗油；-------石油洗油

为了防止煤气中的水汽冷凝而进入洗油中，操作中洗油温度应略高于煤气温度。一般规定洗油温度在夏季比煤气温度高 2℃左右，冬季高 4℃左右。

为保证适宜的吸收温度，自硫酸铵工段来的煤气进洗苯塔前，应在最终冷却器内冷却至 18～28℃，贫油应冷却至低于 30℃。

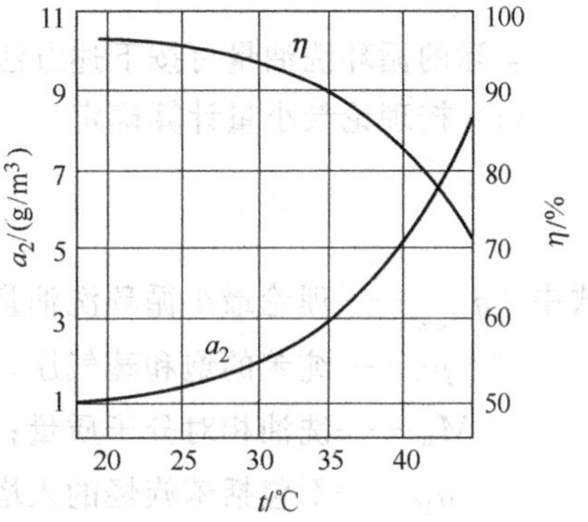

图 6-4　η 和 a_2 与吸收温度之间的关系

2. 洗油的吸收能力及循环油量

由式（6-11）可见，当其他条件一定时，洗油的相对分子质量减小将使洗油中粗苯的平衡含量 w_b 增大，即吸收能力提高。同类液体吸收剂的吸收能力与其相对分子质量成反比，吸收剂与溶质的相对分子质量越接近，则越易相互溶解，吸收越完全。在回收等量粗苯的情况下，如洗油的吸收能力强，使富油的含苯量高，则循环洗油量也可相应减少。图 6-5 表明了洗油相对分子质量与其吸收能力的关系。

但洗油的相对分子质量也不宜过小，否则洗油在吸收过程中挥发损失较大，并在脱苯蒸馏时不易与粗苯分离。

送往洗苯塔的循环洗油量可根据下式求得：

$$q_V \frac{a_1 - a_2}{1000} = q_m (w_{b_2} - w_{b_1}) \tag{6-19}$$

式中　q_V——煤气量，m^3/h；

a_1，a_2——洗苯塔进、出口煤气中苯族烃含量，g/m^3；

q_m——洗油量，kg/h；

w_{b_1}，w_{b_2}——贫油和富油中粗苯的质量分数，%。

由式（6-19）可见，其他条件不变时，增加循环洗油量，则可降低洗油中粗苯的 w_{b_2} 含量，增加吸收推动力，从而可提高粗苯回收率。但循环洗油量也不宜过大，以免过多地增加运行费用（电、蒸汽的耗量和冷却水用量等）。

在塔后煤气含苯量一定的情况下，随着吸收温度的升高，所需要的循环洗油量也随之增加。其关系如图 6-6 所示。

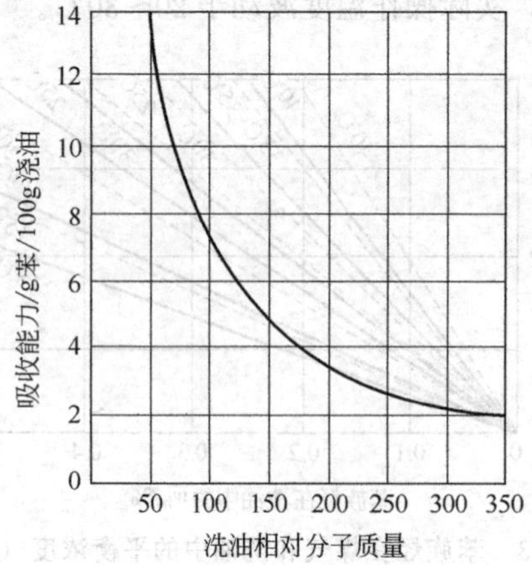

图 6-5 洗油相对分子质量与其吸收能力的关系（20℃时）

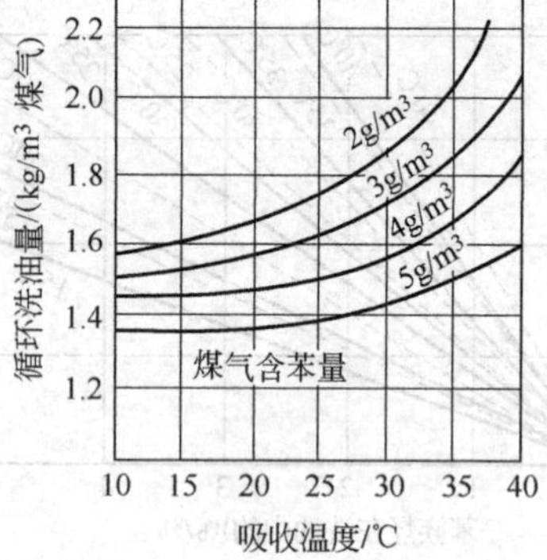

图 6-6 循环洗油量与吸收温度的关系

实际的循环洗油量可按下述方法确定。

(1) 按理论最小量计算确定

$$q_{m_{\min}}=\frac{p_b M_m q_V \eta}{22.4 p_1 \eta_\infty} \qquad (6\text{-}20)$$

式中 $q_{m_{\min}}$——理论最小循环洗油量，kg/h；

p_b——纯苯的饱和蒸气压，kPa；

M_m——洗油相对分子质量；

q_V——不包括苯族烃的入塔煤气体积，m^3/h；

p_1——入塔煤气压力（绝对压力），kPa；

η——要求达到的苯族烃的实际回收率；

η_∞——无限大吸收面积时苯族烃的回收率。

$$\eta_\infty=1-\frac{a_2}{1.1a_1} \qquad (6\text{-}21)$$

实际的循环洗油量可取为 $q_{m_{\min}}$ 的 1.5～1.6 倍。

(2) 按定额数据计算确定　当装入煤挥发分不超过 28%时，则循环洗油量可取为 1t 干装入煤 0.5～0.55m³；当装入煤挥发分不超过 28%时，则循环洗油量宜按 1m³ 煤气 1.6～1.8L 确定，此值称为油气比。

以上计算的确定的循环洗油量，是煤焦油洗油的循环量。若用石油洗油，其循环量应比煤焦油洗油循环量增大 30%。

3. 贫油含苯量

贫油含苯量是决定塔后煤气含苯族烃量的主要因素之一。由式（6-10）可见，当其他条件一定时，入塔贫油中粗苯含量越高，则塔后损失越大。如果塔后煤气中苯族烃含量为 2g/m³，设洗苯塔出口煤气压力 $p=107.19$kPa，洗油相对分子质量 $M_m=160$，30℃时粗苯的饱和蒸气压 $p_0=13.466$kPa，将有关数据代入式（6-11），即可求出与此相平衡的洗油中粗苯含量 w_{b_1}：

$$w_{b_1}=2.24\times\frac{2\times107.19}{160\times13.466}=0.22$$

计算结果表明，为使塔后损失不大于 $2g/m^3$，贫油中的最大粗苯含量为 0.22%。为了维持一定的吸收推动力，w_{b_1} 值应除以平衡偏移系数 n，一般 $n=1.1\sim1.2$。若取 $n=1.14$，则允许的贫油含苯量 $w_{b_1}=\frac{0.22\%}{1.14}=0.193\%$。实际上，由于贫油中粗苯的组成中，苯和甲苯含量少，绝大部分为二甲苯和溶剂油，其蒸气压仅相当于同一温度下煤气中所含苯族烃蒸气压的 20%～30%，故实际贫油含粗苯量可允许达到 0.4%～0.6%，此时仍能保证塔后煤气含苯族烃在 $2g/m^3$ 以下。如进一步降低贫油中的粗苯含量，虽然有助于降低塔后损失，但将增加脱苯蒸馏时的水蒸气耗量，使粗苯产品的 180℃前馏出率减少，即相应增加了粗苯中溶剂油的生成量，并使洗油的耗量增加。

近年来，有些焦化厂将塔后煤气含苯量控制在 $4g/m^3$ 左右，甚至更高。如前所述，这一指标的确定，严格说来，应根据市场需要及本厂实际，建立投入产出数学模型，用最优化方法解决。目前仍处于经验或半经验法确定。另外从表 6-3 所列一般粗苯和从回炉煤气中分离出的苯族烃的性质可以看出，由回炉煤气中得到的苯族烃，硫含量比一般粗苯高 3.5 倍；易挥发的组分较多；不饱和化合物含量高 1.1 倍。由于这些物质很容易聚合，会增加粗苯回收和精制操作的困难，故塔后煤气含苯量控制高一些也是合理的。

表 6-3　一般粗苯和从回炉煤气中分离出的粗苯性质

指标名称	一般粗苯(180℃前馏分)	回炉煤气分离出的粗苯
密度/(kg/L)	0.8780	0.8747
冰点/℃	−12.9	−29.1
硫含量/%	1.22	5.56
用硫酸洗涤时损失/%	6.59	13.91
80℃前馏出量/%	5.55	28.0

4. 吸收表面积

为使洗油充分吸收煤气中的苯族烃，必须使气液两相之间有足够的接触表面积（即吸收面积）和接触时间。对于填料塔，吸收面积是塔内被洗油润湿的填料表面积。接触时间是上升煤气在塔内与洗油淋湿的填料表面接触的时间。被沿填料表面流动着的洗油润湿的填料表面积越大，则煤气与洗油接触的时间越长，回收过程进行得也越完全。

根据生产实践，当塔后煤气含苯量要求达到 $2g/m^3$ 时，每小时 $1m^3$ 煤气所需的吸收面积一般是木格填料洗苯塔为 $1.0\sim1.1m^2$，钢板网填料塔为 $0.6\sim0.7m^2$，塑料花环填料塔为 $0.2\sim0.3m^2$；当减少吸收面积时，粗苯的回收率将显著降低。如图 6-7 所示，在吸收面积 $S=S_0$（实际吸收面积＝设计吸收面积）时，粗苯回收率为 93.56%，随着 S/S_0 值的降低，η 值也随之下降。当 S/S_0 在 0.5 以下时，η 值则随吸收面积减少而急剧下降。而当吸收面积大于 S_0 时，η 值提高得有限。因此适宜的吸收面积应既能保证一定的粗苯回收率，又使设备费和操作费经济合理。

5. 煤气压力和流速

当增大煤气压力时，扩散系数 D_g 将随之减小，因而使吸收系数有所降低。但随着压力的增加，煤气中的苯族烃分压将成比例地增加，使吸收推动力显著增加，因而吸收速率也将增大。在加压下进行粗苯的回收时，可以减少塔后苯族烃的损失、洗油耗用量、

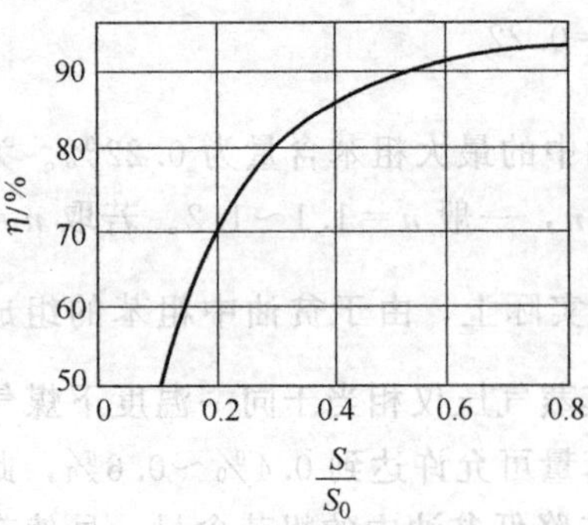

图 6-7　吸收面积对粗苯回收率的影响

洗苯塔的面积等，所以加压回收粗苯是强化洗苯过程的有效途径之一。但加压煤气要耗用较多的动力和设备费用。而苯族烃的回收率提高的实际收效却不大。因此，通常在常压下操作。

由式（6-13）可见，增加煤气速度可提高气膜吸收系数，增强两相的湍动接触程度，从而提高吸收速率，强化吸收过程。但煤气速度也不宜过大，以免使洗苯塔阻力和雾沫夹带量过大。对木格填料塔，空塔气速以不高于载点气速的 0.8 倍为宜。回收率 $\eta=1-\frac{a_2}{a_1}$ 中的 $\frac{a_2}{a_1}$ 可联立求解物料衡算、传质速率方程和气液相平衡推算出来，从而可将 $\eta=1-\frac{a_2}{a_1}$ 改写为下列无量纲式：

$$\eta=1-\frac{b+n(e^{mb}-1)}{b+e^{mb}-1} \tag{6-22}$$

式中　η——回收率；

m——无量纲数群，$m=0.27p\,\frac{KS}{q_V}$；

p——煤气的平均压力，kPa；

S——填料的表面积，m^2；

q_V——煤气量，m^3/h；

K——总吸收系数，$kg/(m^2 \cdot h \cdot kPa)$；

b——指数，$b=1-\frac{99.992}{pl}$；

l——油气比，kg/m^3；

n——系数，$n=\frac{999.92}{p}\times\frac{w_{b_1}}{a_1}$；

w_{b_1}——贫油中粗苯质量分数；

a_1——入洗苯塔煤气中苯族烃含量，g/m^3。

注意：在推导过程中，取粗苯的相对分子质量为 83，洗油的相对分子质量为 168，在操作温度下粗苯的饱和蒸气压为 13.322kPa。

例如，已知数据：$w_{b_1}=0.2$，$a_1=40g/m^3$，$p=106.7kPa$，$q_V=35000m^3/h$，$q_m=50000kg/h$，$K=2.701\times10^{-1}kg/(m^2 \cdot h \cdot kPa)$，$S_0=38600m^2$。计算粗苯回收率 η。

先求得：
$$m=0.27\times106.7\times\frac{2.701\times10^{-1}\times38600}{35000}=8.58$$

$$b=1-\frac{99.992}{106.7\times\frac{50000}{35000}}=0.344$$

$$n=\frac{999.92}{106.7}\times\frac{0.2}{40}=0.0469$$

则
$$\eta=1-\frac{0.344+0.0469\times(2.728^{8.58\times0.344}-1)}{0.344+2.728^{8.58\times0.344}-1}\approx0.936$$

四、洗油的质量要求

为满足从煤气中回收和制取粗苯的要求，洗油应具有如下性能。

① 常温下对苯族烃有良好的吸收能力，在加热时又能使苯族烃很好地分离出来。

② 具有化学稳定性，即在长期使用中其吸收能力基本稳定。

③ 在吸收操作温度下不应析出固体沉淀物。

④ 易与水分离，且不生成乳化物。

⑤ 有较好的流动性，易于用泵抽送并能在填料上均匀分布。

焦化厂用于洗苯的主要有煤焦油洗油和石油洗油。煤焦油洗油是高温煤焦油中230～300℃的馏分，容易得到，为大多数焦化厂所采用。其质量指标见表6-4。

表 6-4　煤焦油洗油质量指标

项　目		指　标	项　目		指　标
密度(20℃)/(g/mL)		1.03～1.06	萘含量/%	≤	15
馏程(1.013×10^5Pa)			水分/%	≤	1.0
230℃前馏出量(体积分数)/%	≤	3	黏度(E_{50})	≤	1.5
300℃前馏出量(体积分数)/%	≥	90	15℃结晶物		无
酚含量(体积分数)/%	≤	0.5			

要求洗油的含萘量小于15%，含苊量不大于5%，以保证在10～15℃时无固体沉淀物析出。因为萘熔点80℃，苊熔点95.3℃，在常温下易析出固体结晶，因此，应控制其含量。但萘与苊、芴、氧芴及洗油中其他高沸点组分混合共存时，能生成熔点低于有关各组分的低共熔点混合物。因此，在洗油中存在一定数量的萘，有助于降低从洗油中析出沉淀物的温度。洗油中甲基萘含量高，洗油黏度小，平均相对分子质量小，吸苯能力较大。所以，在采用洗油脱萘工艺时，应防止甲基萘成分随之切出而造成损失。同理，在脱苯蒸馏操作中要严格控制脱苯塔顶部温度和过热蒸汽用量及温度。

洗油含酚高易与水形成乳化物，破坏洗苯操作。另外，酚的存在还易使洗油变稠。因此，应严格控制洗油中的含酚量。

石油洗油系指轻柴油，是石油精馏时在馏出汽油和煤油后所切取的馏分。生产实践表明：用石油洗油洗苯，具有洗油耗量低、油水分离容易及操作简便等优点。现国内某些煤焦油洗油来源不便的焦化厂采用石油洗油。石油洗油的质量指标见表6-5。

石油洗油脱萘能力强，一般在洗苯塔后，可将煤气中萘脱至0.15g/m³以下。但吸苯能力弱，故循环油量比用煤焦油洗油时大，因而脱苯蒸馏时的蒸汽耗量也大。

表 6-5　石油洗油的质量指标

项　目		指　标	项　目		指　标
密度(20℃)/(g/mL)	≤	0.89	350℃前馏出量/%	≥	95
黏度(E_{50})	≤	1.5	凝固点/℃	<	20
蒸馏试验			含水量/%	≤	0.2
初馏点/℃	≥	265	固体杂质		无

石油洗油在循环使用过程中会形成不溶性物质——油渣，并堵塞换热设备，因而破坏正常的加热制度。另外，含有油渣的洗油与水还会形成稳定的乳浊液，影响正常操作。

故在洗苯流程中增设沉淀槽，控制含渣量不大于20mg/L。

洗油的质量在循环使用过程中将逐渐变坏，其密度、黏度和相对分子质量均会增大，300℃前馏出量降低。这是因为洗油在洗苯塔中吸收苯族烃的同时还吸收了一些不饱和化合物，如苯乙烯、环戊二烯、古马隆、茚、丁二烯等，这些不饱和化合物在煤气中硫醇等硫化物的作用下，或在加热脱苯条件下，会聚合成高分子聚合物并溶解在洗油中，因而使洗油质量变坏，冷却时析出沉淀物。此外，在循环使用过程中，洗油的部分轻质馏分被出塔煤气、粗苯和分离水带走，也会使洗油中高沸点组分含量增多，黏度、密度及平均相对分子质量增大。

循环洗油的吸收能力比新洗油约下降10%，为了保证循环洗油的质量，在生产过程中，必须对洗油进行再生处理。

五、洗苯塔

焦化厂采用的洗苯塔类型主要有填料塔、板式塔和空喷塔。

1. 填料塔

填料洗苯塔是应用较早、较广的一种塔。塔内填料常用整砌填料如木格、钢板网等，也可用乱堆填料如金属螺旋、泰勒花环、鲍尔环及鞍型填料等。相对来说，在相同条件下，乱堆填料阻力较大，且易堵塞。因此，普遍采用的是整砌填料。

木格填料洗苯塔阻力小，一般每米高填料的阻力为20～40Pa，操作弹性大，不易堵塞，稳定可靠，曾广为应用。但木格填料塔处理能力小，设备庞大笨重、基建投资和操作费用高、木材耗量大等。因此，木格填料塔已被新型高效填料塔如钢板网、泰勒花环、金属螺旋等取代。在进行木格填料计算时，可取空塔气速0.8～1.0m/s。

钢板网填料是用0.5mm厚的薄钢板，在剪拉机上剪出一排排交错排列的切口，再将口拉开，板上即形成整齐排列的菱形孔。将钢板网立着一片片平行叠合起来，相邻板间用厚为20mm长短不一、交错排列的木条隔开，再用长螺栓固定起来，就形成了如图6-8所示的钢板网填料。钢板网填料比木格填料孔隙率（或自由截面积）大，在同样操作条件下，阻力更小，更不易堵塞，可允许较大的空塔气速，传质速率也比木格填料塔大，达到同样的塔后煤气含苯$2g/m^3$需要的吸收面积可比木格填料洗苯塔减少36%～40%。

由图6-8可见，从顶部喷淋下来的洗油，被两片钢板网间的木条分配到板网侧面上形成液膜向下流动。煤气在网间向上流动，当被网片间的长木条挡住时，便穿过网孔进入网片的另一侧的空间。这样网上的液膜就不断地被鼓破，随即又形成新的液膜。所以，在钢板网填料中，气液两相的接触面积远大于填料表面积，并由于较激烈的湍动和吸收表面不断更新而强化了操作。

钢板网填料塔的构造如图6-9所示。由图可见，钢板网填料分段堆砌在塔内，每段高约1.5m。填料板面垂直于塔的横截面，在板网之间即形成了煤气的曲折通路。

为了保证洗油在塔的横截面上均匀分布，在塔内每隔一定距离安装一块如图6-10所示的带有煤气涡流罩的液体再分布板。

煤气涡流罩按同心圆排列在液体再分布板上，弯管出口方向与圆周相切，在同一圆周上的出口方向一致，相邻两圆周上的方向相反。由于弯管的导向作用，煤气流出涡流罩时，形成多股上升的旋风气流，因而使煤气得到混合，以均一的浓度进入上段填料汇聚。在液体再分布板上的洗油，经升气管内的弯管流到设于升气管中心的圆棒表面，再

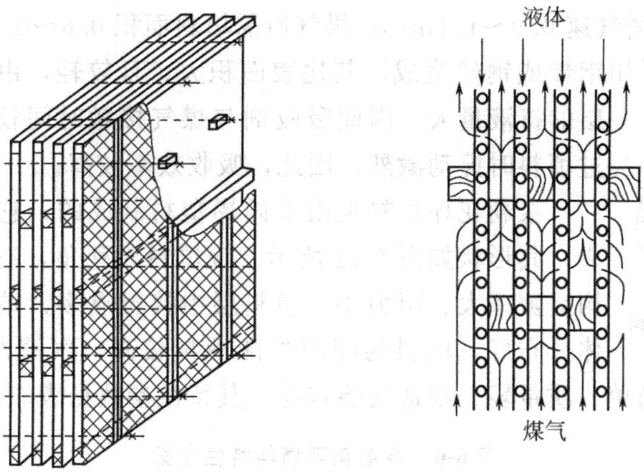

图 6-8　钢板网填料及两相作用示意图

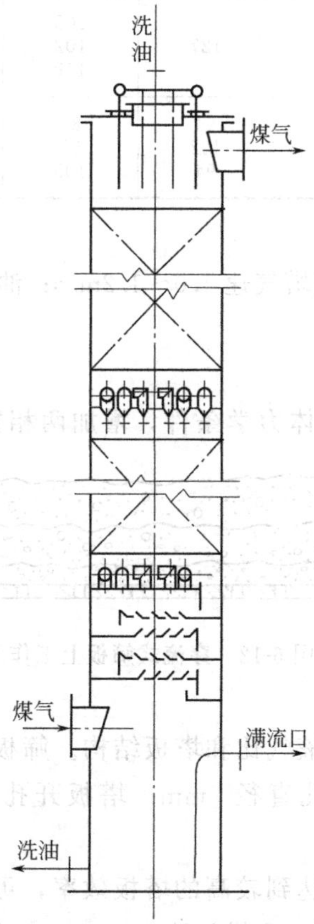

图 6-9　钢板网填料塔

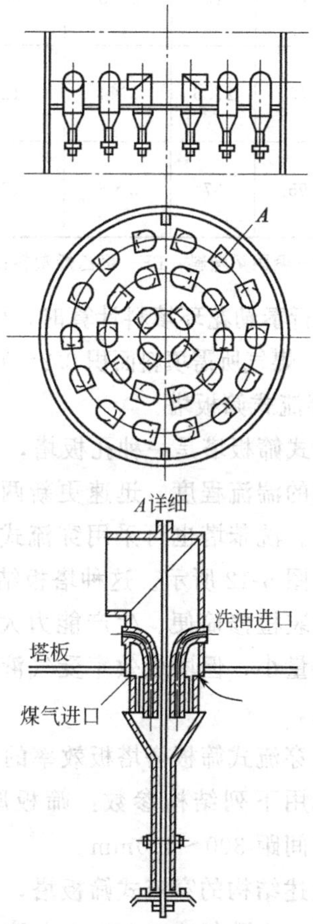

图 6-10　液体再分布板

流到下端的齿形圆板上，借重力喷溅成液滴而淋洒到下段填料上。从而可消除洗油沿塔壁下流及分布不均的现象。

在进行钢板网填料塔计算时，可采用下列数据：填料比表面积 $44m^2/m^3$；油气比 $1.6\sim2.0L/m^3$；空塔气速 $0.9\sim1.1m/s$；煤气所需填料面积 $0.6\sim0.7m^2/(m^3\cdot h)$。

金属螺旋填料系用钢带或钢丝绕成，其比表面积大，且较轻，由于形状复杂、填料层的持液量大，因此吸收剂与煤气接触时间较长，又由于煤气通过填料时搅动激烈，因此，吸收效率较高。

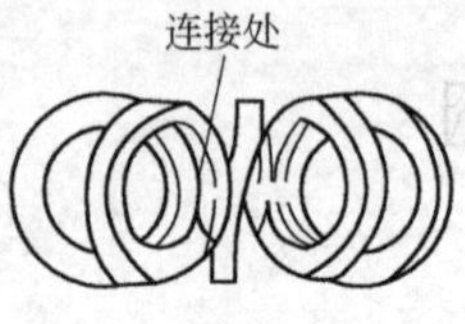

图 6-11　泰勒花环填料

泰勒花环填料是由聚丙烯塑料制成的，它由许多圆环绕结而成，其形状如图 6-11 所示。该填料无死角，有效面积大，线性结构空隙率大、阻力小，填料层中接触点多，结构呈曲线形状，液体分布好，填料的间隙处滞液量较高，气液两相的接触时间长，传质效率高，结构简单、质量轻、制造安装容易。其特性参数见表 6-6。

表 6-6　泰勒花环填料特性参数

型号	外形/mm	高/mm	环壁厚/mm	环个数/个	材质	堆积个数/(个/m^3)	比表面积/(m^2/m^3)	堆积密度/(kg/m^3)	空隙率/(m^2/m^3)
S 型	47	12	3×3	9	PP PE PVC	12500	135	111 113 208	88
M 型	75	27.6	3×4	12	PP PE PVC	8000	127	102 102 149	86
L 型	95	37	3×6	12	PP PE PVC	3450 3920 3450	94 102 94	88 95 105	90

注：PP—聚丙烯塑料；PE—聚乙烯塑料；PVC—聚氯乙烯塑料。

在进行泰勒花环填料计算时，可采用下列数据：空塔气速 $1.0\sim1.2m/s$；油气比 $1.5\sim1.8L/m^3$；煤气所需填料面积 $0.2\sim0.25m^2/(m^3\cdot h)$。

2. 穿流式筛板塔

穿流式筛板塔是一种孔板塔，容易改善塔内的流体力学条件，增加两相接触面积，提高两相的湍流程度，迅速更新两相界面以减小扩散阻力。洗苯塔也可采用穿流式筛板塔，其工作情况如图 6-12 所示。这种塔板结构简单、容易制造、安装检修简便、生产能力大、投资省、金属材料耗量小，但塔板效率受气液相负荷变动的影响较大。

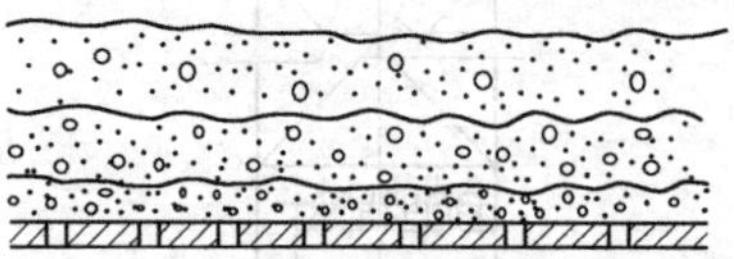

图 6-12　穿流式筛板上工作示意图

影响穿流式筛板塔塔板效率的因素有小孔速度、液气比和塔板结构。筛板可根据实践经验选用下列结构参数：筛板厚度 4～6mm；筛孔直径 7mm；塔板开孔率 27%～30%；板间距 300～400mm。

对上述结构的穿流式筛板塔，为保证正常操作和达到较高的塔板效率，可采用下列操作参数：小孔气速 6～8m/s；液气比 $1.6\sim2.0L/m^3$；空塔气速 1.2～2.5m/s。

3. 空喷塔

空喷塔与填料塔相比具有投资省、处理能力较大、阻力小、不堵塞及制造安装方便等优点。但是单段空喷效率低，多段空喷动力消耗大。多段空喷洗苯塔的空塔气速可取为 1.0～1.5m/s。

第三节　煤气的终冷和除萘

在生产硫酸铵的回收工艺中，饱和器后的煤气温度通常为55℃左右，而回收苯族烃的适宜温度为25℃左右，因此，在回收苯族烃之前煤气要再次进行冷却，称为最终冷却(终冷)。

目前我国在初冷工艺中采用了高效横管初冷器，可将煤气温度冷却至20～22℃，使煤气中的萘含量降至0.4～0.5g/m³，因此，基本不再需要终冷的除萘功能，简化了终冷工艺。我国以前采用的煤气终冷-机械除萘、煤气终冷-焦油洗萘以及煤气终冷-油洗萘等工艺均已不用。目前的煤气终冷工艺主要包括间接式终冷和直接式终冷两种方式。

一、间接式煤气终冷

间接式煤气终冷工艺主要采用了横管式间接终冷器，对煤气进行间接冷却。为了防止终冷器的堵塞，采用循环喷洒冷凝液的方法，对终冷器的管间进行清洗，循环液需要少量排放，最终进到机械化焦油氨水澄清槽，其排量等于终冷过程中煤气的冷凝液量。

间接式煤气终冷的工艺流程如图6-13所示。来硫铵工段55℃左右的煤气从顶部进入横管式煤气终冷器，煤气和冷凝液走管间，冷却水走管内。终冷器采用两段冷却，上段用32℃循环水冷却，下段用18℃低温水冷却，以保证终冷出口的煤气温度在24～27℃之间。煤气从终冷器底部离开，进入洗苯塔。

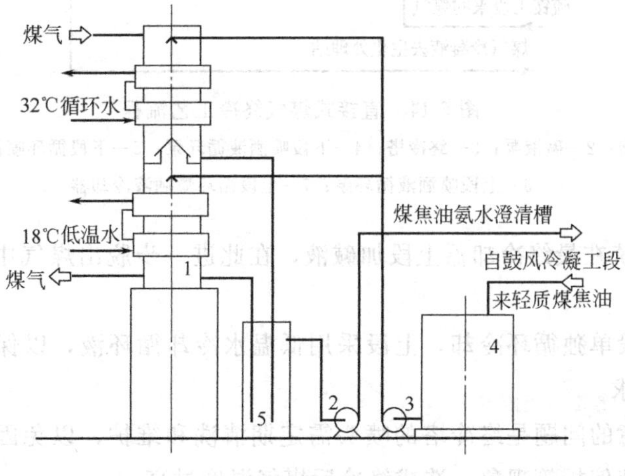

图6-13　间接式煤气终冷工艺流程

1—横管终冷器；2—含萘煤焦油泵；3—轻质煤焦油泵；4—轻质煤焦油槽；5—水封槽

终冷器内采用煤气的冷凝循环液喷洒，以防止萘的堵塞。终冷器内产生的冷凝液经液封槽送至冷凝液槽。终冷后的煤气温度可通过调节低温水量加以控制。但是，为了防止萘的析出，必须严格控制终冷后的煤气温度，使其高于初冷后的煤气温度2～3℃。

为降低终冷器煤气系统阻力，终冷上段设氨水喷洒管，定期喷洒以清除横管外壁的油垢。该流程的特点是：煤气不与低温水、循环水直接接触，不会造成大气污染和废水处理。

二、直接式煤气终冷

直接式煤气终冷是指煤气在直冷式冷却塔内用循环喷洒的终冷水直接冷却，再用塔外的换热器从终冷水中取走热量。循环用终冷水需要少量排污，其排污量等于终冷的冷凝液量。终冷塔一般采用空喷塔或填料塔，其工艺流程如图 6-14 所示。从图中可以看出，来自前道工序的煤气从直接式终冷塔底部进入，与塔顶喷洒的终冷水逆流接触，煤气从终冷塔塔顶经捕雾层后离开终冷塔，进入洗苯塔。

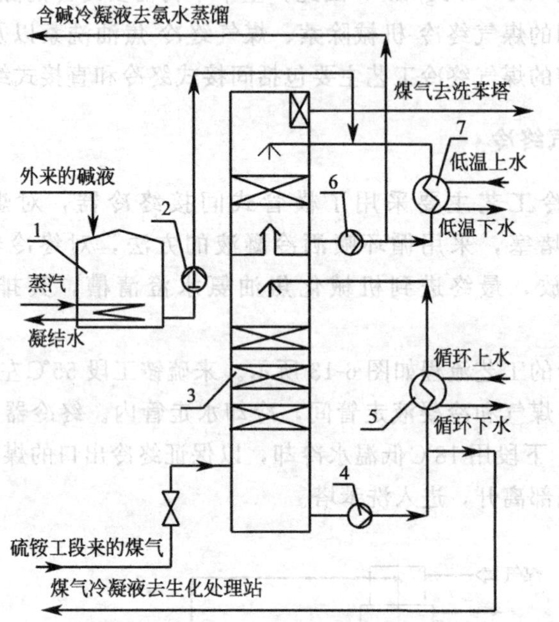

图 6-14　直接式煤气终冷工艺流程

1—碱液槽；2—碱液泵；3—终冷塔；4—下段喷洒液循环泵；5—下段循环喷洒液冷却器；6—上段喷洒液循环泵；7—上段循环喷洒液冷却器

前置脱硫系统在最终冷却器上段加碱液，在此进一步脱出煤气中的硫化氢，然后去蒸氨分解固定铵。

终冷塔分两段单独循环冷却，上段采用低温水冷却循环液，以保证煤气出口温度达到 24～27℃的要求。

操作中要注意的问题是终冷塔的喷头需定期清洗和维护，以免因喷头堵塞而出现喷洒不均匀或喷洒液偏析等现象，造成终冷后煤气温度过高。

第四节　富油脱苯

一、富油脱苯的方法和原理

1. 富油脱苯的方法

富油脱苯是典型的解吸过程，实现粗苯从富油中解吸出的基本方法是提高富油的温度，使粗苯的饱和蒸气压大于其气相分压，使粗苯由液相转入气相。为提高富油的温度，有两种加热方法，即采用预热器蒸汽加热富油的脱苯法和采用管式炉煤气加热富油的脱苯法。前者是利用列管式换热器用蒸汽间接加热富油，使其温度达到135～145℃后进入脱苯塔。后者是利用管式炉用煤气间接加热富油，使其温度达到180～190℃后进入脱苯塔。后者由于富油预热温度高，与前者相比具有以下优点：脱苯程度高，贫油含苯量可达0.1%左右，粗苯回收率高，蒸汽耗量低，每生产1t 180℃前粗苯蒸气耗量为1～1.5t，仅为预热器加热富油脱苯蒸气耗量的1/3；产生的污水量少，蒸馏和冷凝冷却设备的尺寸小等。因此，各国广泛采用管式炉加热富油的脱苯工艺。

富油脱苯按其采用的塔设备分为只设脱苯塔的一塔法、设脱苯塔和两苯塔的二塔法和再增设脱水塔和脱萘塔的多塔法。

富油脱苯按原理不同可采用水蒸气蒸馏和真空蒸馏两种方法。由于水蒸气蒸馏具有操作简便，经济可靠等优点，因此中国焦化厂均采用水蒸气蒸馏法。

富油脱苯按得到的产品不同分为生产粗苯一种苯的流程，生产轻苯和重苯二种苯的流程，生产轻苯、重质苯及萘熔剂油三种产品的流程。

2. 富油脱苯的原理

富油是洗油和粗苯完全互溶的混合物，通常将其看作理想溶液，气液平衡关系服从拉乌尔定律，即 $p_{Li}=p_{0i}x_i$，因富油中苯族烃各成分的摩尔分数 x_i 很小（粗苯的含量在2%左右），在较低的温度下很难将苯族烃的各种组分从液相中较充分地分离出来。用一般的蒸馏方法，从富油中把粗苯较充分地蒸出来，且达到所需要的脱苯程度，需将富油加热到250～300℃，在这样高的温度下，粗苯损失增加，洗油相对分子质量增大，质量变坏，对粗苯吸收能力下降，这在实际上是不可行的，为了降低富油的脱苯温度采用水蒸气蒸馏。

所谓水蒸气蒸馏，就是将水蒸气直接通入蒸馏塔中的被蒸馏液中，而使被蒸馏物中的组分得以分离的操作。

当加热互不相容的液体温合物时，若各组分的蒸气分压之和达到塔内总压时，液体就开始沸腾，故在脱苯塔蒸馏过程中通入大量直接水蒸气，可使蒸馏温度降低。当塔内总压一定时，气相中水蒸气所占的分压越高，则粗苯和洗油的蒸气分压越低，即在较低的脱苯蒸馏温度下，可将粗苯较完全地从洗油中蒸出来。因此，直接蒸汽用量对于脱苯蒸馏操作有极为重要的影响。

若只有一个液相由挥发度不同的油类组分组成，用过热水蒸气通过该油类溶液，即可降低油类各组分的气相分压，从而促进不同挥发度的油分的分离。这种使用过热蒸汽分离油类溶液的操作，又叫作汽提操作。实际上富油脱苯操作中使用的正是过热水蒸气。在汽提操作中过热蒸汽又叫作夹带剂。

3. 水蒸气蒸馏富油脱苯水蒸气用量分析

为了分析操作因素对脱苯过程的影响，假定在具有 n 块塔板的脱苯塔内，每块塔板上均有 $\frac{1}{n}$ 的粗苯被蒸出，并沿脱苯塔全高蒸汽压力是均匀变化的。当进入脱苯塔的直接蒸汽温度和洗油温度相等时，每蒸出 1t 180℃前的粗苯，每块塔板上的蒸汽耗量为 G_n：

$$G_n=\frac{[p-(p_b+p_m)]\times 18}{p_b M_b n} \tag{6-23}$$

式中 p、p_b、p_m——在指定塔板上的气相混合物总压、粗苯蒸气和洗油蒸气的分压；

M_b——粗苯平均相对分子质量；

n——塔板层数。

整个脱苯塔的蒸汽耗量 G 为：

$$G=\frac{18}{M_b n}\times\sum\frac{p-(p_b+p_m)}{p_b} \tag{6-24}$$

脱苯蒸馏过程中通入的直接蒸汽为过热蒸汽，是为了防止水蒸气冷凝而进入塔底的贫油中使循环洗油质量变坏。当入脱苯塔的直接蒸汽温度高于洗油温度时，直接蒸汽用量将随其过热程度提高而成比例地减少，则上式可变为：

$$G=\frac{18T_m}{M_b n T_s}\times\sum\frac{p-(p_b+p_m)}{p_b} \tag{6-25}$$

式中 T_m、T_s——洗油及过热蒸汽的热力学温度，K。

分析上式可以确定直接蒸汽耗量与脱苯蒸馏诸因素间的关系。

(1) 富油预热温度与直接蒸汽耗量的关系　此关系可按式 (6-25) 绘制的图 6-15 说明。由图可见，当贫油含苯量及其他条件一定时，直接蒸汽耗量随富油预热温度的升高而减少，当富油预热温度由 140℃提高到 180℃时，直接蒸汽耗量可降低一半以上。

(2) 直接蒸汽温度与蒸汽耗量的关系　由式 (6-25) 可见，提高直接蒸汽过热温度，可降低直接蒸汽耗量。因此，将低压蒸汽 (0.4MPa) 在管式炉对流段过热到 400℃，不但可减少直接蒸汽耗量，而且能改善再生器的操作，保证再生器残渣油合格。

(3) 富油含苯量与直接蒸汽耗量的关系　由图 6-16 可见，当富油中粗苯含量高时，在一定的预热温度下，由于粗苯的蒸气分压 p_b 较大，则可减少直接蒸汽耗量。

(4) 贫油含苯量与直接蒸汽耗量的关系　由图 6-16 可见，在同一富油预热温度下，欲使贫油含苯量降低，式 (6-25) 中的 p_b 降低，直接蒸汽耗量将显著增加。

(5) 脱苯塔内总压与直接蒸汽耗量的关系　由式 (6-25) 可见，当其他条件不变时，蒸汽耗量将随着塔内总压的提高而增加。要达到要求的脱苯程度，必须通入更多的过热蒸汽，降低塔内气相中粗苯蒸气的分压，以增大粗苯解吸的推动力。在正常操作情况下，富油中粗苯含量及脱苯塔内的总压基本是稳定的。所以，富油预热温度及直接蒸汽温度是影响直接蒸汽耗量的主要因素。

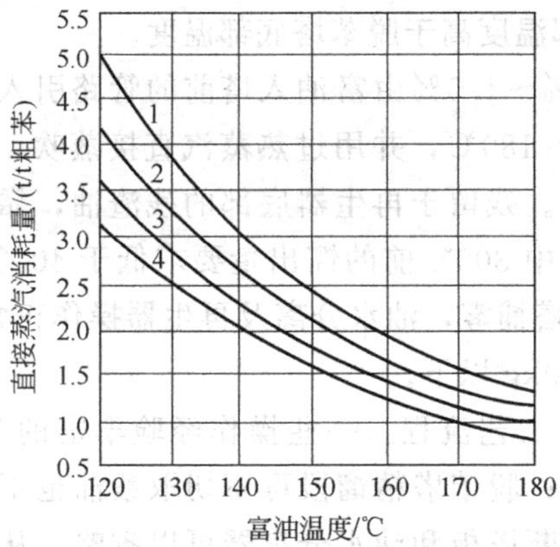

图 6-15 富油预热温度与直接蒸汽耗量间的关系

贫油含苯量曲线：1—0.2%；2—0.3%；3—0.4%；4—0.5%；各曲线对应的富油含苯量：2.0%

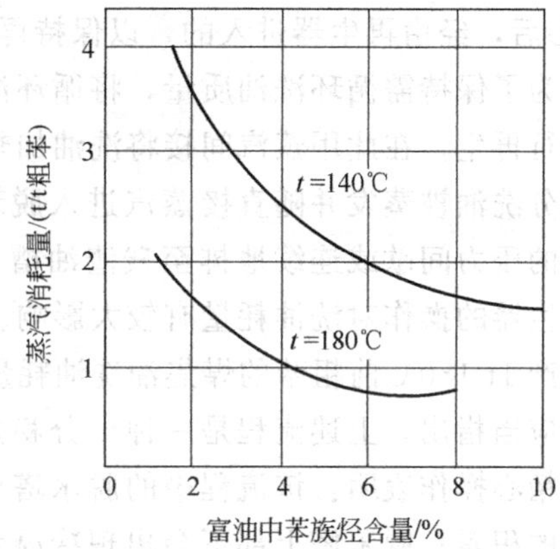

图 6-16 富油中苯族烃含量与脱苯蒸气耗量间的关系

二、富油脱苯工艺流程

1. 生产一种苯的流程

生产一种苯的流程见图 6-17。

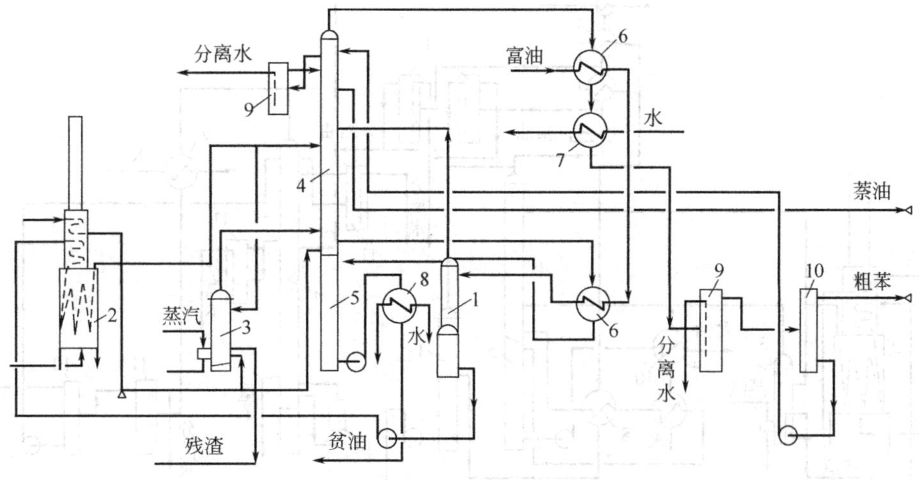

图 6-17 生产一种苯的流程

1—脱水塔；2—管式炉；3—再生器；4—脱苯塔；5—热贫油槽；6—换热器；7—冷凝冷却器；8—冷却器；9—分离器；10—回流槽

来自洗苯工序的富油依次与脱苯塔顶的油气和水汽混合物、脱苯塔底排出的热贫油（换热后温度达 110～130℃）进入脱水塔。脱水后的富油经管式炉加热至 180～190℃进入脱苯塔。脱苯塔顶逸出的 90～92℃的粗苯蒸气与富油换热后温度降到 75℃左右进入冷凝冷却器，冷凝液进入油水分离器。分离出水后的粗苯流入回流槽，部分粗苯送至塔顶作回流，其余作为产品采出。脱苯塔底部排出的热贫油经贫富油换热器进入热贫油槽，再用泵送贫油冷却器冷却至 25～30℃后去洗苯工序循环使用。脱水塔顶逸出的含有萘和洗油的蒸气进入脱苯塔精馏段下部。在脱苯塔精馏段切取萘油。从脱苯塔上部断塔板引出液体至油水分离器分出水后返回塔内。脱苯塔用的直接蒸汽是经管式炉加热至400～450℃后，经由再生器进入的，以保持再生器顶部温度高于脱苯塔底部温度。

为了保持需循环洗油质量，将循环油量的1%～1.5%由富油入塔前的管路引入再生器进行再生。在此用蒸汽间接将洗油加热至160～180℃，并用过热蒸汽直接蒸吹，其中大部分洗油被蒸发并随直接蒸汽进入脱苯塔底部。残留于再生器底部的残渣油，靠设备内部的压力间歇或连续地排至残渣油槽。残渣油中300℃前的馏出量要求低于40%。洗油再生器的操作对洗油耗量有较大影响。在洗苯塔捕雾，油水分离及再生器操作正常时，每生产1t 180℃前粗苯的煤焦油洗油耗量可在100kg以下。

应当指出，上述流程是一种十分稳定可靠的工艺流程。一些操作经验丰富的工人，经过精心操作表明：该流程中的脱水塔可以省略；脱苯塔精馏段可不切取萘油也不会造成萘的积累；脱苯塔上部不会出现冷凝水，因此断塔板和油水分离器可以省略，从而使脱苯装置、管线、阀门大大简化，操作简捷方便，并进一步降低了洗油消耗。实际上用计算机对脱苯塔作模拟计算从理论上也为此提供了支撑。实现萘在贫油中不积累的关键是：脱苯装置操作稳定；脱苯塔顶温度、直接蒸汽温度和用量及富油入脱苯塔温度等指标适宜等；煤气在初冷器和电捕焦油器将萘和煤焦油脱出的较好。

2. 生产两种苯的工艺流程

生产两种苯的工艺流程见图6-18。

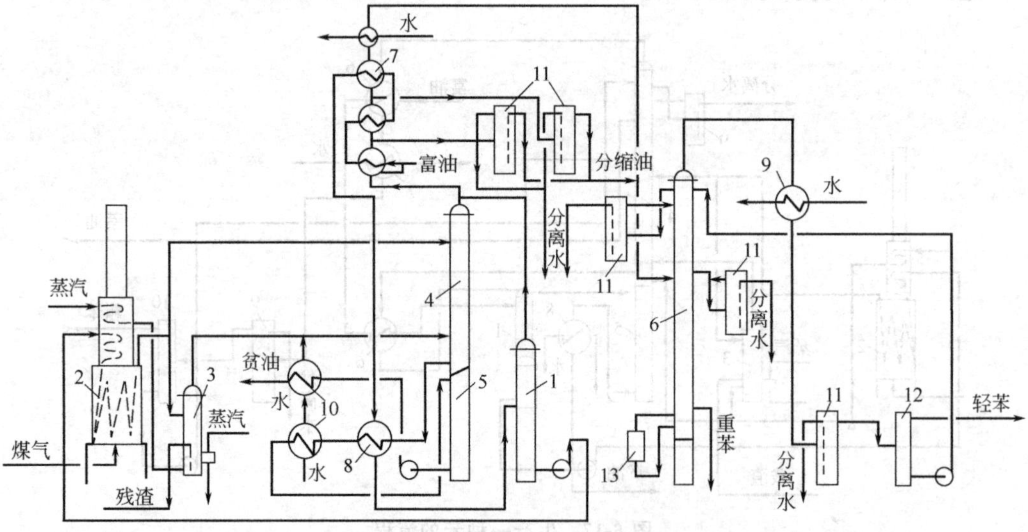

图6-18 生产两种苯的工艺流程

1—脱水塔；2—管式炉；3—再生器；4—脱苯塔；5—热贫油槽；6—两苯塔；7—分凝器；8—换热器；9—冷凝冷却器；10—冷却器；11—分离器；12—回流柱；13—加热器

与生产一种苯流程不同的是脱苯塔逸出的粗苯蒸气经分凝器与富油和冷却水换热，温度控制为88～92℃后进入两苯塔。两苯塔顶逸出的73～78℃的轻苯蒸气经冷凝冷却并分离出水后进入轻苯回流槽，部分送至塔顶作回流，其余作为产品采出。塔底引出重苯。

脱苯塔顶逸出粗苯蒸气是粗苯、洗油和水的混合蒸气。在分凝器冷却过程中生产的冷凝液称为分缩油，分缩油的主要成分是洗油和水。密度比水小的称为轻分缩油，密度比水大的称为重分缩油。轻、重分缩油分别进入分离器，利用密度不同与水分离后兑入富油中。通过调节分凝器轻、重分缩油的采出量或交通管（轻、重分缩油引出管道间的连管）的阀门开度可调节分离器的油水分离状况。

从分离器排出的分离水进入控制分离器进一步分离水中夹带的油。

3. 生产三种产品的工艺流程

生产三种产品的工艺流程有一塔式和两塔式流程。

(1)一塔式流程　即轻苯、精重苯和萘溶剂油均从一个脱苯塔采出，见图 6-19。自洗苯工序来的富油经油气换热器及二段贫富换热器、一段贫富换热器与脱苯塔底出来的 170～175℃热贫油换热到 135～150℃，进入管式炉加热到 180℃进入脱苯塔，在此用再生器来的直接蒸汽进行汽提和蒸馏。脱苯塔顶部温度控制在 73～78℃，逸出的轻苯蒸气在油气换热器、轻苯冷凝冷却器经分别与富油、16℃低温水换热冷凝冷却至 30～35℃，进入油水分离器，在与水分离后进入回流槽，部分轻苯送至脱苯塔顶作回流，其余作为产品采出。

脱苯塔底部排出的热贫油经一段贫富油换热器后进入脱苯塔底部热贫油槽，再用泵

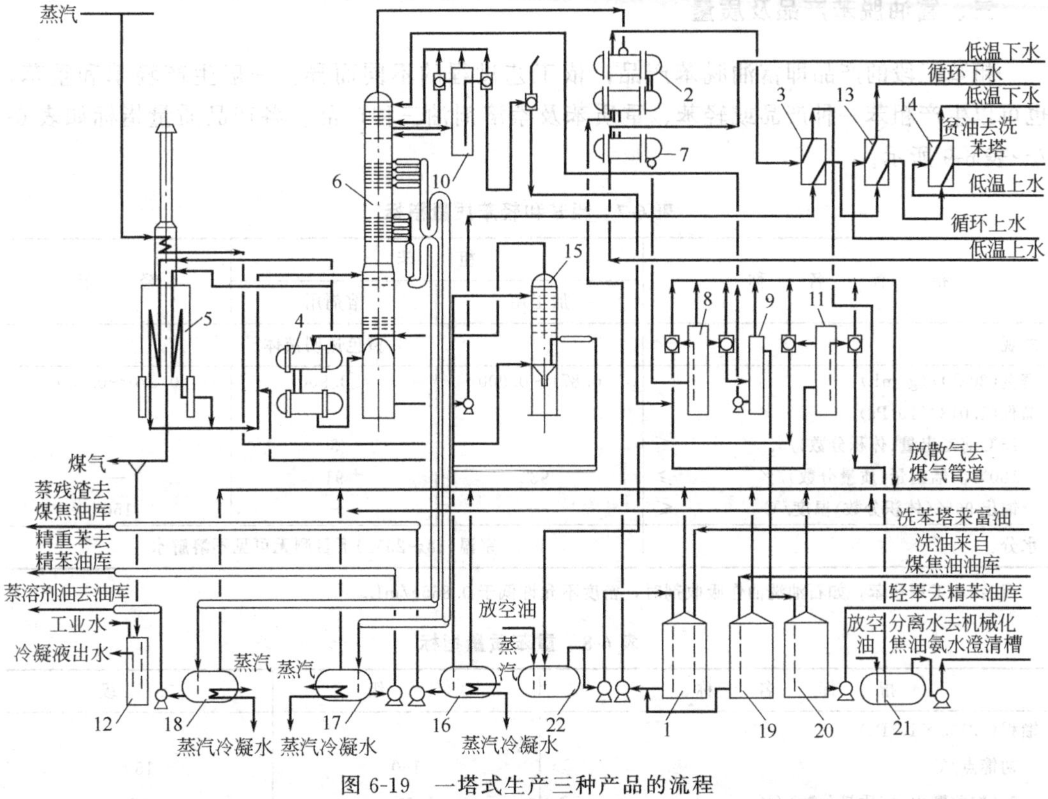

图 6-19　一塔式生产三种产品的流程

1—富油槽；2—油气换热器；3—二段贫富油换热器；4—一段贫富油换热器；5—管式炉；6—脱苯塔；7—粗苯冷凝冷却器；8—轻苯油水分离器；9—轻苯回流槽；10—脱苯塔油水分离器；11—控制分离器；12—管式炉用煤气水封槽；13—一段贫油冷却器；14—二段贫油冷却器；15—再生器；16—残渣槽；17—精重苯槽；18—萘溶剂油槽；19—新洗油槽；20—轻苯储槽；21—分离水放空槽；22—油放空槽

经二段贫富油换热器、一段贫油冷却器、二段贫油冷却器冷却到 27～30℃至洗苯塔循环使用。

精重苯和萘溶剂油分别从脱苯塔侧线引出至各自的储槽。从脱苯塔上部断塔板上将塔内液体引至分离器与水分离后返回塔内。

从管式炉后引出 1%～1.5%的热富油，送入再生塔内，用经管式炉过热到 400℃的

蒸汽蒸吹再生。再生残渣排入残渣槽，用泵送油库工段。

系统消耗的洗油定期从洗油槽经富油泵入口补入系统。

各油水分离器排出的分离水，经控制分离器排入分离水槽送鼓风工段。

各储槽的不凝气集中引至鼓风冷凝工段初冷前吸煤气管道。

(2) 两塔式流程　即轻苯、精重苯和萘溶剂油从两个塔采出。与一塔式流程不同之处是脱苯塔顶逸出的粗苯蒸气经冷凝冷却与水分离后流入粗苯中间槽。部分粗苯送至塔顶作回流，其余粗苯用作两苯塔的原料。脱苯塔侧线引出萘溶剂油，塔底排出热贫油。热贫油经换热器、贫油冷却器冷却后至洗苯工序循环使用。粗苯经两苯塔分馏，塔顶逸出的轻苯蒸气经冷凝冷却及油水分离后进入轻苯回流槽，部分轻苯送至塔顶作回流，其余作为产品采出。重质苯（也称为精重苯）、萘溶剂油分别从两苯塔侧线和塔底采出。

在脱苯的同时进行脱萘的工艺，可以解决煤气用洗油脱萘的萘平衡，省掉了富萘洗油单独脱萘装置。同时因洗油含萘低，又可进一步降低洗苯塔后煤气含萘量。

三、富油脱苯产品及质量

粗苯工段的产品即富油脱苯产品，依工艺过程的不同而异。一般生产轻苯和重苯，也可以生产粗苯一种产品或轻苯、重质苯及萘溶剂油三种产品。各产品质量指标如表 6-7～表 6-9 所示。

表 6-7　粗苯和轻苯质量指标

指标名称		粗苯		轻苯
		加工用	溶剂用	
外观		黄色透明液体		
密度(20℃)/(g/mL)		0.871～0.900	≤0.900	0.870～0.880
馏程(1.013×10^5Pa)				
75℃前馏出量(体积分数)/%	≤	—	3	—
180℃前馏出量(质量分数)/%	≥	93	91	—
馏出 96%(体积分数)温度/℃	≤	—	—	150
水分		室温(18～25℃)下目测无可见不溶解水		

注：加工用粗苯，如石油洗油作吸收剂时，密度不允许低于 0.865g/mL。

表 6-8　重苯质量指标

指标名称		一级	二级
馏程(1.103×10^5Pa)			
初馏点/℃	≥	150	150
200℃前馏出量(质量分数)/%	≥	50	35
水分/%	≤	0.5	0.5

注：水分只作生产操作中控制指标，不作质量考核指标。

表 6-9　重质苯质量指标

指标名称		一级	二级
密度(20℃)/(g/mL)		0.930～0.960	0.930～0.980
馏程(1.013×10^5Pa)			
初馏点/℃	≥	160	160

续表

指　标　名　称		一　级	二　级
200℃前馏出量(体积分数)/%	≥	85	85
水分/%	≤	0.5	0.5
古马隆-茚含量/%	≥	40	30

第五节　富油脱苯主要设备

一、脱苯塔

焦化厂使用的脱苯塔有泡罩塔和浮阀塔等，其材质一般采用铸铁，也有用不锈钢的。国内多采用铸铁泡罩塔，塔板泡罩为条形或圆形，条形泡罩应用较多。根据富油脱苯加热方式，脱苯塔一般分为预热器加热富油的脱苯塔和管式炉加热富油的脱苯塔。

预热器加热富油的脱苯塔见图 6-20，一般采用 12～18 层塔板。从预热器来的富油由上数第三层塔板引入，塔顶不打回流，富油中的粗苯完全是在提馏段（也称为汽提段）被上升的蒸汽蒸吹出来，塔底排出的即为贫油。小部分直接蒸汽由浸入贫油中的蒸汽鼓泡器鼓泡而出，连同由再生器来的大部分直接蒸汽（总量大于 75%）及油气一齐沿塔上升，经各层塔板蒸吹富油后，又于塔顶部两层塔板，将蒸汽所夹带的洗油滴捕集下来，然后由塔顶逸出。

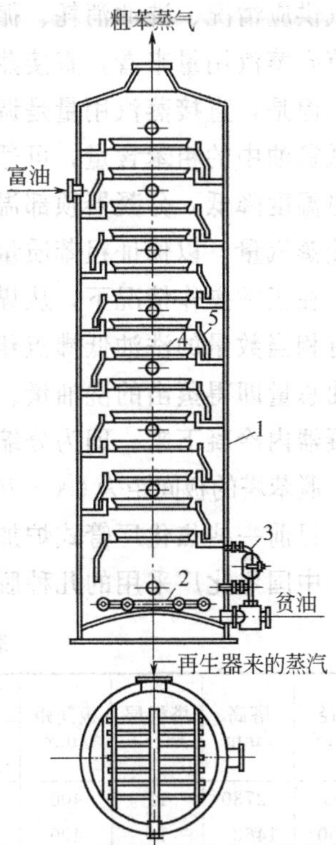

图 6-20　预热器加热富油的脱苯塔
1—塔体；2—蒸汽鼓泡器；3—液面调节器；4—条形泡罩；5—溢流板

由塔顶逸出的蒸气是粗苯蒸气、油气和水蒸气的混合物。通入塔内的直接蒸汽为过热蒸汽，全部由塔顶逸出。

粗苯蒸气和油气的数量可由它们在脱苯塔内的蒸出率计算确定。

进入脱苯塔的富油中的各个组分的蒸出率按下式计算：

$$\eta_i = \frac{1-\left(\frac{l}{k_i}\right)^{\frac{n}{2}}}{1-\left(\frac{l}{k_i}\right)^{\frac{n}{2}+1}} \tag{6-26}$$

式中　η_i——组分的蒸出率；

n——提馏段塔板层数；

k_i——组分的平衡常数，按下式计算：

$$k_i = \frac{p_i^0}{p}$$

p_i^0——组分的饱和蒸气压，kPa；

p——脱苯塔内总压力，kPa；

l——循环洗油与直接水蒸气的摩尔分数，按下式计算：

$$l=\frac{q_{m_m}M_s}{q_{m_s}M_m}$$

式中　q_{m_m}，q_{m_s}——循环洗油与直接蒸汽的量，kg/h；

M_m，M_s——洗油和水蒸气的相对分子质量，分别为170和18。

一般在脱苯生产操作中，塔板层数为一定，循环洗油量及塔内操作总压力变动不大，因而对各组分蒸出率影响最大的是富油预热温度和直接蒸汽用量。

富油预热温度对于苯的蒸出程度影响很小，因为苯的挥发度大，在较低的预热温度下，几乎可全部蒸出。对于甲苯以后各组分的蒸出率影响较大。当甲苯的蒸出率随预热温度升高而增大时，贫油内粗苯中甲苯的残留量相对降低，煤气中甲苯的回收率即可提高。

提高直接蒸汽用量，也可显著提高粗苯蒸出率和降低贫油中粗苯含量，但往往受到蒸汽供应情况、洗油消耗、循环洗油质量变差及脱苯塔和分凝器生产能力的限制。另外，从节省蒸汽用量来看，直接蒸汽用量不宜过高。

但是，直接蒸汽用量是调节脱苯塔蒸馏操作的有效手段。在条件允许的情况下，为降低贫油中的粗苯含量，可适当加大直接蒸汽量。而在富油中水分含量增多，造成富油预热温度降低，分凝器顶部温度升高的现象时，除采取其他措施外，还应及时适当减少直接蒸汽量，以保证粗苯质量。

在正常操作情况下，从煤气中回收的苯族烃在脱苯蒸馏时均应从富油中蒸出。同时还有相当数量的洗油低沸点组分被蒸出，其蒸出率可根据式（6-26）计算求得，再乘以洗油总量即得蒸出的洗油量。蒸出的洗油量一般为粗苯产量的2～3倍，其中绝大部分在分凝器内冷凝下来，即为分缩油。

脱苯塔的板间距为600～750mm，蒸汽空塔气速为0.6～0.75m/s，塔径为800～2200mm。

目前一些焦化厂管式炉加热富油的脱苯塔也采用22层左右塔板的泡罩塔。

中国焦化厂采用的几种脱苯塔规格特性如表6-10所示。

表6-10　铸铁泡罩式脱苯塔规格特性

塔径/mm	塔高/mm	塔板层数/层	板间距/mm	塔板特性			泡罩形式	设备质量/t	捕雾形式	备注
				开气孔面积/m²	齿缝面积/m²	降液管面积/m²				
800	12730	12	400	0.026	0.0536	0.030	圆形	7.365	大气帽	
1000	14620	14	400	0.0432	0.09075	0.0398	圆形	11.085	大气帽	
1200	18800	18	600	0.068	0.167	0.0576		19.200	两层泡罩	
1600	16650	16	600				条形	26.270	两层泡罩	
1200	19440	30	400	0.05824	0.0999	0.04785	条形	25.606		管式炉脱苯
				0.131(提)		0.168				管式炉脱苯
1600	23800	30	400	0.1509(精)		0.00785	圆形	17.955①		

① 该塔为旧塔改造。

注：（提）为提馏段，（精）为精馏段。

管式炉加热富油的脱苯塔见图6-21，一般采用30层塔板。从管式炉来的富油由下数第14层塔板引入，塔顶打回流。塔体设有油水引出口和萘油出口。塔板上的油水混合物由下数第29层断塔板引出，分离后的油返回到第28层塔板。该塔除了要保证塔顶粗苯产品和塔底贫油的质量外，还要控制侧线引出的萘油质量，操作较复杂。近年来发展了一种50层塔板并带萘油侧线出口的脱苯塔。塔顶产品为粗苯，塔底为优质低萘贫油。在脱苯塔提馏段富油中各组分的蒸出率也可按式（6-26）计算求得，但 l 中应包括精馏段回流至提馏段的液量。显然，各组分的蒸出率同样取决于下列诸因素：塔底油温下各组分的饱和蒸气压、塔内操作总压力、提馏段的塔板数 n、直接蒸汽量 q_{m_s} 和温度、循环洗油量 q_{m_m}、富油出管式炉温度等。

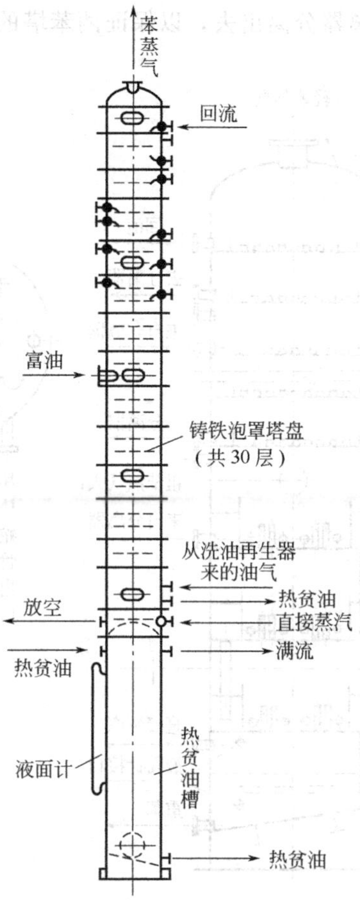

图6-21 管式炉加热富油的脱苯塔

二、两苯塔

两苯塔主要有泡罩塔和浮阀塔两种类型。

泡罩塔的构造见图6-22。两苯塔上段为精馏段，下部为提馏段。精馏段设有8块塔板，每块塔板上有若干个圆形泡罩，板间距为600mm。精馏段的第二层塔板及最下一层塔板为断塔板，以便将塔板上混有冷凝水的液体引至油水分离器，将水分离后再回到塔内下层塔板，以免塔内因冷凝水聚集而破坏精馏塔的正常操作。

提馏段设有三块塔板，板间距约为1000mm。每块塔板上有若干个圆形高泡罩及蛇管加热器，在塔板上保持较高的液面，使之能淹没加热器。重苯由提馏段底部排出。

由分凝器来的粗苯蒸气进入精馏段的底部，塔顶用轻苯打回流。在提馏段底部通入直接蒸汽。轻苯和重苯的质量靠供给的轻苯的回流量和直接蒸汽量控制。

气相进料浮阀两苯塔的构造见图6-23。精馏段设有13层塔板，提馏段为5层。每层塔板上装有若干个十字架形浮阀，其构造及在塔板上的装置情况见图6-24。

浮阀两苯塔的塔板间距为300～400mm。空塔截面的蒸汽流速可取为0.8m/s。采用设有30层塔板的精馏塔，将粗苯分馏为轻苯、精重苯和萘溶剂油三种产品，以利于进一步加工精制。

液相进料的两苯塔见图6-25。一般设有35层塔盘，粗苯用泵送入两苯塔中部。塔体下部的外侧有重沸器，在重沸器内用蒸汽间接加热从塔下部引入的釜残液，部分气化后的气-液混合物进入塔内。塔顶引出轻苯气体，顶层有轻苯回流入口。塔侧线引出精重苯，底部排出釜残液即萘溶剂油。

在生产轻苯和重苯的两苯塔中，一般从180℃前粗苯中蒸出的150℃前的轻苯产率为93%～95%，重苯产率为5%～8%。

在两苯塔塔顶轻苯的采出温度为73～78℃，在塔内冷凝的水汽量，为随粗苯蒸气带来的水汽量加上由塔底供入的直接汽量与随轻苯带出的水汽量的差值。这部分冷凝水必须经分离器分离出去，以保证两苯塔的正常操作。

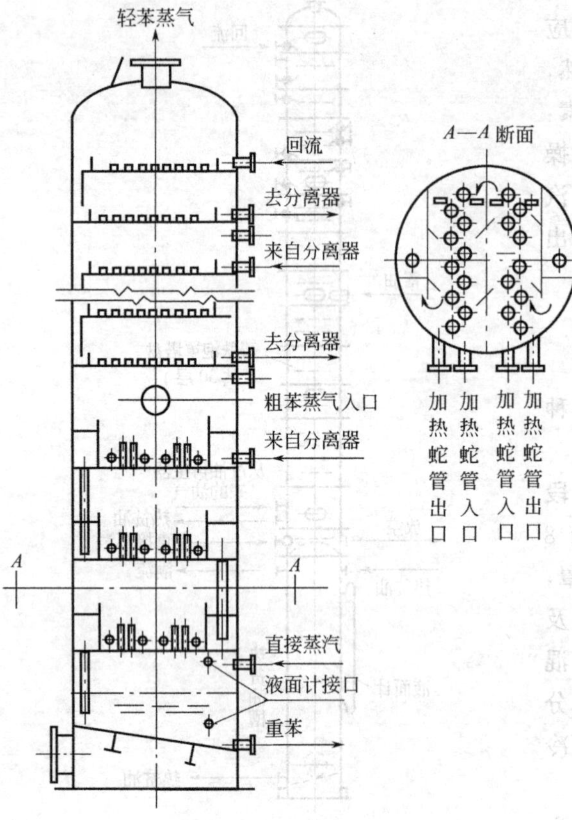

图 6-22　泡罩两苯塔

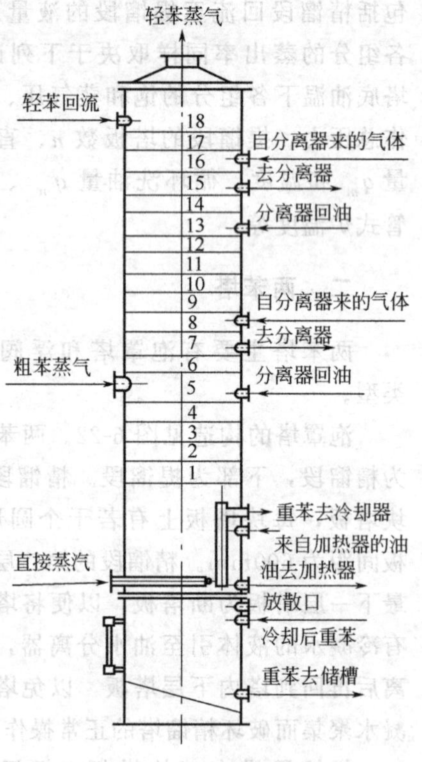

图 6-23　浮阀两苯塔

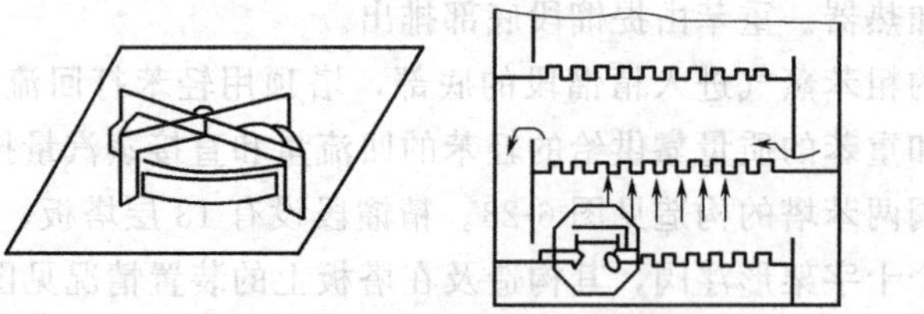

图 6-24　十字架形浮阀及其塔板

三、洗油再生器

洗油再生器构造见图 6-26。再生器为钢板制的直立圆筒，带有锥形底。中部设有带分布装置的进料管，下部设有残渣排出管。蒸汽法加热富油脱苯的再生器下部设有加热器，管式炉法加热富油脱苯的再生器不设加热器。为了降低洗油的蒸出温度，再生器底部设有直接蒸汽泡沸管，管内通入脱苯蒸馏所需的绝大部分或全部蒸汽。在富油入口管下面设两块弓形隔板，以均布洗油，提高再生器内洗油的蒸出程度。在富油入口管的上面设三块弓形隔板，以捕集油滴。

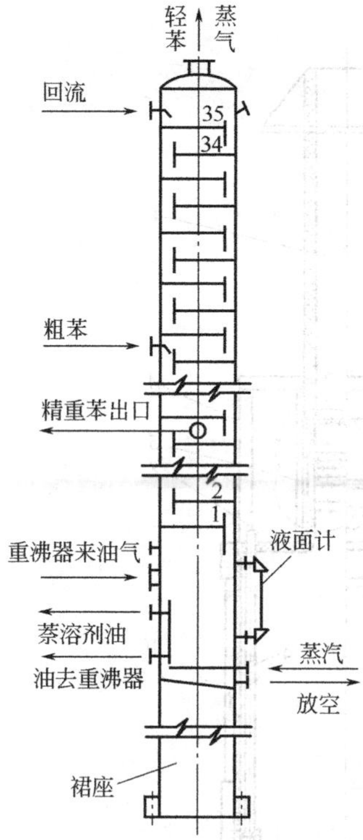

图 6-25　液相进料两苯塔

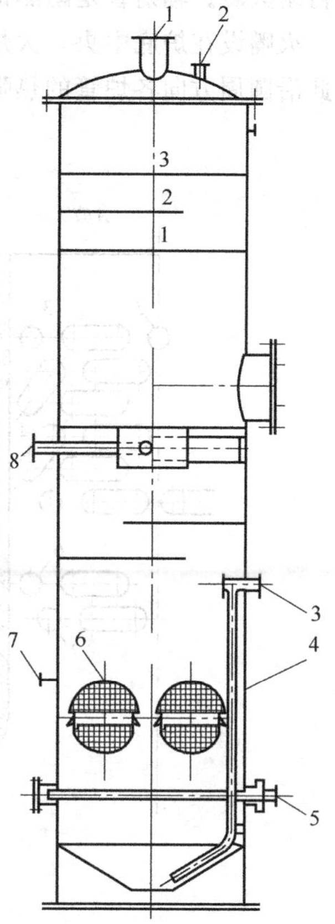

图 6-26　洗油再生器

1—油气出口；2—放散口；3—残渣出口；
4—电阻温度计接口；5—直接蒸汽入口；
6—加热器；7—水银温度计接口；8—油入口

一般情况下，洗油在再生器内的蒸出程度约为75%。为了提高洗油的蒸出程度，有的焦化厂采用了在设备上部装有两层泡罩塔板的洗油再生器，当所用蒸汽参数及数量能满足要求时，有较好的效果。

再生器可以再生富油也可再生贫油。富油再生的油气和过热水蒸气从再生器顶部进入脱苯塔的底部，作为富油脱苯蒸气。该蒸汽中粗苯蒸气分压与脱苯塔热贫油液面上粗苯蒸气压接近，很难使脱苯贫油含苯量再进一步降低，贫油含苯质量分数一般在0.4%左右。如将富油再生改为热贫油再生，这样可使贫油含苯量降到0.2%，甚至更低，使吸苯效率得以提高。

再生器的加热面积计算，可按每 m^3 洗油需要加热面积 $0.3m^2$ 确定。中国的焦化厂采用的再生器直径分别有600mm、1200mm、1600mm、1800mm等多种，可供选用。

四、管式加热炉

管式加热炉的炉型有几十种，按其结构形式可分为箱式炉、立式炉和圆筒炉。按燃料燃烧的方式可分为有焰炉和无焰炉。

中国的焦化厂脱苯蒸馏用的管式加热炉均为有焰燃烧的圆筒炉。圆筒炉的构造如图6-27所示，圆筒炉由圆筒体的辐射段、长方体的对流段和烟囱三大部分组成。外壳由钢板制成，内衬耐火砖。辐射管是耐热钢管沿圆筒体的炉墙内壁周围竖向排列（立管），分为并联的两程。火嘴设在炉底中央，火焰向上喷射，与炉管平行，且与沿圆周排列的各炉管等距离，因此沿圆周方向各炉管的热强度是均匀的。

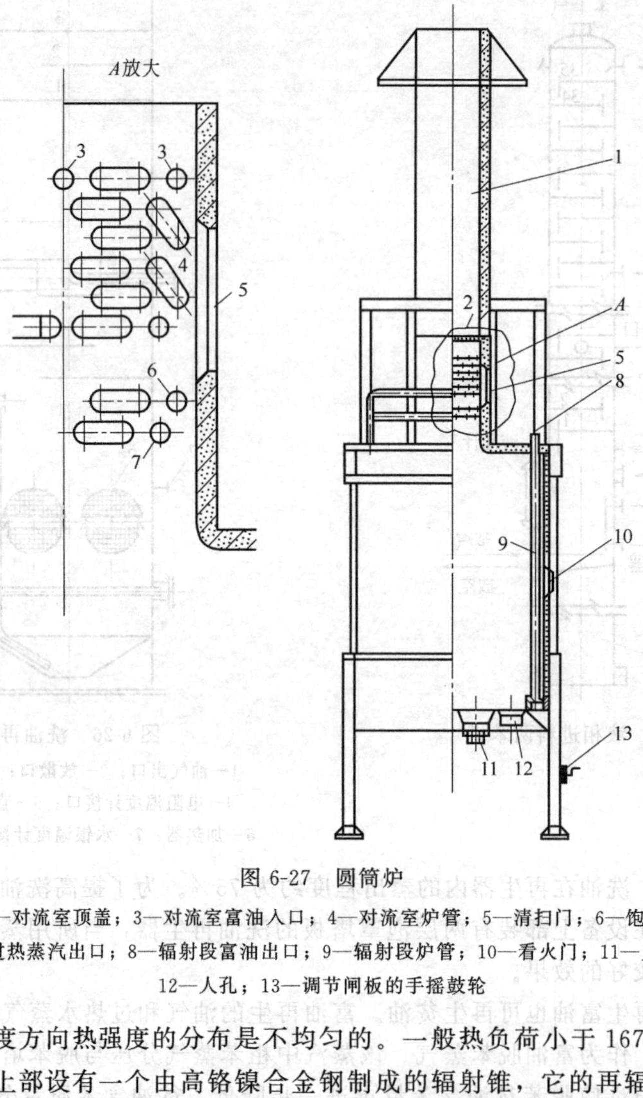

图 6-27　圆筒炉

1—烟囱；2—对流室顶盖；3—对流室富油入口；4—对流室炉管；5—清扫门；6—饱和蒸汽入口；7—过热蒸汽出口；8—辐射段富油出口；9—辐射段炉管；10—看火门；11—火嘴；12—人孔；13—调节闸板的手摇鼓轮

沿炉管的长度方向热强度的分布是不均匀的。一般热负荷小于 1675×10^4 kJ/h 的圆筒炉，在辐射室上部设有一个由高铬镍合金钢制成的辐射锥，它的再辐射作用，可使炉管上部的热强度提高，从而使炉管沿长度方向的受热比较均匀。

对流段置于辐射段之上，对流管水平排放。其中紧靠辐射段的两排横管为过热蒸汽管，用于将脱苯用的直接蒸汽过热至 400℃以上。其余各排管用于富油的初步加热。

温度为 130℃左右的富油分两程先进入对流段，然后再进入辐射段，加热到 180～200℃后去脱苯塔。

炉底设有 4 个煤气燃烧器（火嘴），每个燃烧器有 16 个喷嘴，煤气从喷嘴喷入，同时吸入所需要的空气。由于有部分空气先同煤气混合尔后燃烧，故在较小的过剩空气系数下，可达到完全燃烧。在炉膛内燃烧的火焰具有很高的温度，能辐射出大量能量给辐射管，同时，也依靠烟气的自然对流来获得一部分热量。

进入对流段的烟气温度约为 500℃，离开对流段的烟气温度低于 300℃。在对流段主要以烟气强制对流的方式将热量传给对流管。为了提高对流段的传热效果，尽量提高烟气的流速，所以对流管布置得很紧密，排成错列式，并与烟气流动的方向垂直。

煤气在管式炉内燃烧时所产生的总热量 Q，大部分用在加热及蒸发炉内物料和使水蒸气过热上，称为有效热量 $Q_{有效}$；另一部分则穿过炉墙损失于周围介质中，为(0.06～0.08）Q；第三部分热量则随烟气自烟囱中带走，其值随烟气的温度和空气过剩系数大小而定。

管式炉的热效率，是表示燃料燃烧时所产生的热量被有效利用的程度，可用式（6-27）表示：

$$\eta=\frac{Q_{有效}}{Q}\times 100\% \tag{6-27}$$

有效热量在辐射段和对流段的分配比例同管式炉的热效率有关，对于热效率为 70% 的管式炉，辐射段约占 80%，对流段约占 20%。

上述介绍的管式加热炉的热效率一般可以达到 70%～75%。

从理论上计算确定管式炉辐射管及对流管所需的表面积是非常复杂的。在进行一般工艺计算时，可采用已知的热强度数据按下式确定。

对于辐射段：
$$S_R=\frac{Q_R}{\delta_R} \tag{6-28}$$

对于对流段：
$$S_C=\frac{Q_C}{\delta_C} \tag{6-29}$$

式中　Q_R——辐射段吸收的热量，可取为 $0.8Q_{有效}$，kJ/h；

δ_R——辐射管热强度，通常对一排管可取为 8×10^4～8×10^5 kJ/(m²·h)；

Q_C——对流段吸收的热量，可取为 $0.2Q_{有效}$，kJ/h；

δ_C——对流管的热强度，可取为 3.2×10^4～5×10^5 kJ/(m²·h)。

此外，为使供入的燃料在炉内完全燃烧，管式炉燃烧室需有一定的容积，一般可取燃烧室的容积负荷为 2.8×10^5～4×10^5 kJ/(m³·h)。若超过燃烧室所允许的负荷，就会产生不完全燃烧，火焰和筑炉材料直接接触，致使生产能力降低或造成事故。

每生产 1t 180℃前粗苯所耗焦炉煤气量为 450～500m³。

中国焦化厂采用的部分管式加热炉的规格特性如表 6-11 所示。

表 6-11　圆筒管式加热炉规格特性

型号/mm	直径/mm	总高/mm	总热负荷/(×10⁴ kJ/h)	加热面积/m² 对流段 油管	加热面积/m² 对流段 汽管	加热面积/m² 辐射段 油管	加热面积/m² 辐射段 汽管	设备操作质量/t
50-10-φ57/φ76	1690	10000	209			26.8	2.3	
60-10-φ76/φ76	2010	10800	251			29.6	8.35	15
100-25-φ114/φ60	2850	16850	419	11	13.2	48		40
255-25-φ127/φ127/89	3442	19572	1130	60	31.5	82.8		60
420-25-φ114/φ152	4254	28564	1759	50		175		
550-25-φ114/φ152	4612	29928	2303	61		230		

五、分凝器和油气换热器

富油脱苯两塔式流程和蒸气加热富油脱苯一塔式流程采用分凝器，管式炉加热富油

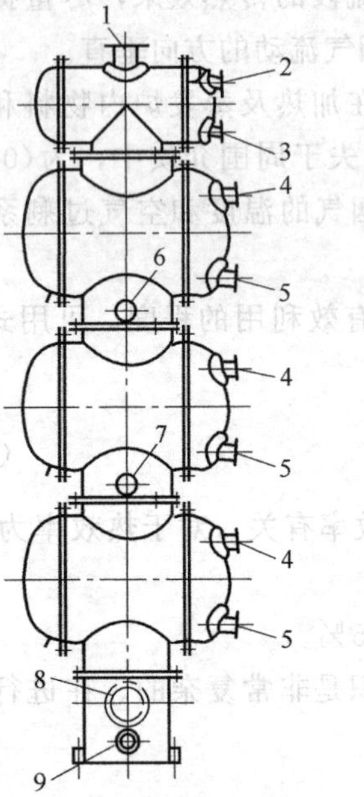

图 6-28 分凝器

1—苯蒸气出口；2—水出口；3—水入口；4—富油出口；5—富油入口；6,7—轻馏分出口；8—粗苯蒸气入口；9—重馏分出口

脱苯一塔式流程采用油气换热器。

分凝器结构如图 6-28 所示，多采用3～4 个卧式管室组成的列管式换热器。

从脱苯塔来的蒸气由分凝器下部进入其管外空间。在下面三组管室内，蒸气由管内的富油冷却，在上部的小管组用循环冷水冷却，随之有绝大部分的油气和水汽冷凝下来。在分凝器内未凝结的粗苯蒸气和水汽的混合物，由分凝器顶逸出粗苯蒸气，进入冷凝冷却器（生产粗苯产品）或进入两苯塔（两塔式流程生产轻、重苯或三种产品）。

由富油泵送来的冷富油进入分凝器下部管组，自下而上通过三个管组后，可加热至 70～80℃。可见，分凝器的作用是将来自脱苯塔的混合蒸气进行冷却和部分冷凝，使绝大部分洗油气和水蒸气冷凝下来，并通过控制分凝器出口的蒸气温度，使出口蒸气中粗苯的质量符合要求。同时，还用蒸气的冷凝热与富油进行换热。

分凝器内传热过程可分为以下三个阶段：

① 油气冷凝阶段，将热传给富油；

② 油气及水汽共凝阶段，将热传给富油；

③ 油气及水汽共凝阶段，将热传给冷却水。

分凝器出口蒸气温度与粗苯质量的关系如下式表示：

$$t=\frac{\left(\frac{p}{133.3}+1642\right)b+62}{0.8+24.2b} \tag{6-30}$$

式中 p——分凝器出口蒸气压力，kPa；

b——取决于粗苯质量的系数，由下式求得：

$$b=\frac{M_b}{M_m}\times\frac{100-\varphi_a}{\varphi_a}$$

φ_a——180℃前粗苯馏出量，%；

M_b——粗苯平均相对分子质量；

M_m——洗油平均相对分子质量。

表 6-12 列出了不同 p（绝压）值和不同 φ_a 值时的 t 值。

表 6-12 不同 p（绝压）值和不同 φ_a 值时的 t 值

φ_a/%	90	91	92	93	94	95
$t(p=1.026\times10^5\text{Pa})$/℃	91.4	90.6	89.9	89.1	88.1	87.2
$t(p=1.040\times10^5\text{Pa})$/℃	91.7	91.1	90.4	89.5	88.5	87.5

从表 6-12 的数据可见，180℃前的粗苯馏出量越高，则分凝器出口蒸气的温度越低。

在图 6-28 中，富油和蒸气并流流动，而有些厂分凝器采用逆流流动，即富油进入上数第二个管组，并自上而下通过三个管组。在同样的温度条件下，逆流时的传热推动力比并流时为大。但在不同流向时，所产生的轻、重分缩油数量及密度是不同的，因而在分离器中分离情况也不一样。究竟应选择哪种流向，主要依据在粗苯工段生产的具体条件下，使分缩油易于与水分离和获得合格的粗苯产品而定。

分凝器传热面积确定可参考如下设计定额数据：

富油在管内的流速/(m/s)	≥0.8
总传热系数/[W/(m³·℃)]	
油部分	628～837
水部分	837～1256
油部分换热面积/(m²·h/m³ 洗油)	
煤焦油洗油	4～5
石油洗油	3～4
水部分和油部分换热面积之比	0.2～0.25

油气换热器和冷凝冷却器结合使用，将图 6-28 所示的卧式管室组成的列管式换热器改动位置后使用，即将水冷却管组放在最下面。上面 2～3 组是油气换热器，下面 1 组是冷凝冷却器。

脱苯塔顶逸出的粗苯（或轻苯）蒸气，自上而下通过油气换热器与冷凝冷却器的管间，洗苯塔来富油自下而上进入油气换热器的管内与苯蒸气逆流（也有错流）间接换热，富油被加热到 70～80℃，苯蒸气在进入冷凝冷却器与自下而上的 16℃低温水间接换热冷凝冷却至 30℃。

六、换热器

贫富油热交换器可采用列管式和螺旋板式换热器。

过去多用四程卧式列管式换热，从脱苯塔底出来的热贫油自流入热交换器的管外空间，富油走管内，热贫油走管间，通过管壁进行热量传递和交换。在进行设备计算时，传热系数可取为 335～420W/(m²·℃)，或按每 m³ 洗油需换热面积 4～5m² 计。求得所需的总换热面积，就可选取设备。

现在多用螺旋板式换热器，螺旋板式贫富油换热器结构见图 6-29。它是由焊在中心隔板上的两块金属薄板卷制而成，两薄板之间形成螺旋形通道，两板之间焊有一定数量的定距支撑以维持通道间距，两端用盖板焊死。两流体分别在两通道内流动，隔着薄板进行换热。其中一种流体由外层的一个通道流入，顺着螺旋通道流向中心，最后由中心的接管流出；另一种流体则由中心的另一个通道流入，沿螺旋通道反方向向外流动，最后由外层接管流出。两流体在换热器内作逆流流动。

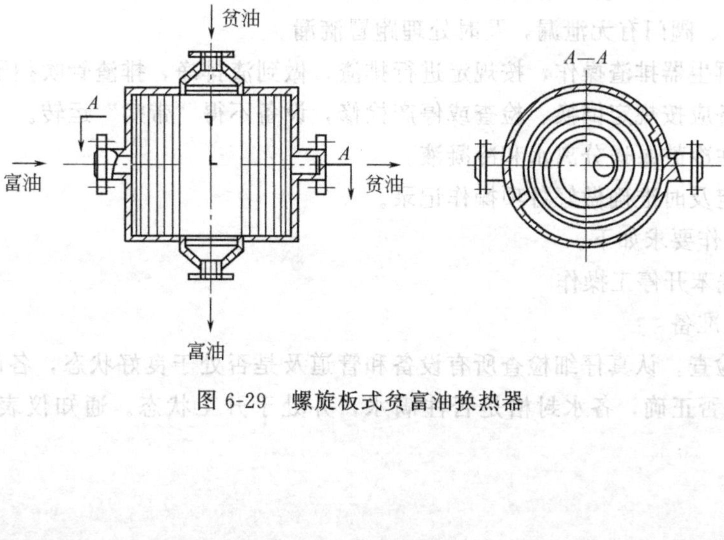

图 6-29 螺旋板式贫富油换热器

螺旋板式换热器的优点是结构紧凑；单位体积设备提供的传热面积大，约为列管换热器的3倍；流体在换热器内作严格的逆流流动，可在较小的温差下操作，能充分利用低温能源；由于流向不断改变，且允许选用较高流速，故传热系数大，约为列管换热器的1～2倍；又由于流速较高。同时有惯性离心力的作用，污垢不易沉积。其缺点是制造和检修都比较困难；流动阻力大，在同样物料和流速下，其流动阻力为直管的3～4倍；操作压力和温度不能太高，一般压力在2MPa以下，温度则不超过400℃。贫富油螺旋板换热器如换热面积为$200m^2$，通道间距为28mm，冷、热侧流量可为$90m^3/h$。

贫油冷却器多采用螺旋板冷却器换热面积为$200m^2$，通道间距为28mm，热侧流量可为$90m^3/h$，贫油一段冷却器冷侧用循环水流量可为$200～300m^3/h$，贫油二段冷却器冷侧用制冷水流量可为$100～160m^3/h$，将贫油温度降至30℃，送到洗苯塔。

第六节　洗脱苯工段的主要操作及常见事故处理

洗脱苯工段的主要任务是用洗油回收煤气中的苯族烃，使洗苯后的富油经蒸馏等操作，生产出合格的煤气和粗苯（或轻苯和重苯等）产品，并把符合洗苯要求的脱苯后的贫油送往洗苯塔。

一、洗脱苯工段的主要操作

以横管式煤气终冷管式炉脱苯生产两种苯为例。

正常操作要求如下。

① 正常生产中应首先做好有关工艺设备的检查调整工作，使之符合技术操作规定。其中包括：各操作控制点的温度、压力、流量、液面等稳定；各设备、管道、阀门，各泵的润滑、响声、振动、轴承和电动机温升，发现异常及时处理；各油水分离器分离情况，做到油水分清，不跑油；各煤气水封排液，保证排液管畅通等。

② 做好相关工序的联系工作，稳定富油供应和及时送走贫油；及时与生产检验部门联系，进行对轻、重苯及中间产品取样化验工作，并做到产品及时入库，及时了解贫富油含苯、含水、含萘情况和洗苯塔后煤气含苯、再生器排渣质量情况，超过规定及时调整操作。

③ 随时观察管式炉温度及煤气燃烧情况，保证富油温度和过热蒸汽温度符合技术规定；随时掌握终冷器、洗苯塔及脱苯塔阻力，当阻力超过规定时，应及时处理；随时检查设备、管道、阀门有无泄漏，及时处理跑冒滴漏。

④ 加强再生器排渣操作，按规定进行排渣，做到渣排净，排渣管吹扫干净。

⑤ 各设备应按规定倒换、检查或停产检修，设备不得“带病”运转。

⑥ 及时往冷鼓泵送分离水和冷凝液。

⑦ 按规定及时准确做好各项操作记录。

开停工操作要求如下。

1. 终冷洗苯开停工操作

（1）开工准备

① 设备检查。认真仔细检查所有设备和管道及是否处于良好状态，各阀门是否灵活好用，开关是否正确，各水封槽是否注满水，并处于开工状态。通知仪表工检查仪表，

使仪表齐全良好；通知电工检查供电系统，使电器齐全良好并送电。

② 请示上级领导，通知相关生产岗位准备开工。

(2) 开工操作

① 横管终冷器开工

a. 打开放散管，关闭煤气出、入口阀门，从终冷器底部通入蒸汽置换空气；

b. 当放散管冒出大量蒸汽后，开启煤气入口阀门1/3，同时关闭蒸汽阀门，用煤气置换蒸汽；

c. 当放散管冒出大量煤气时，以放散管取样做爆发试验合格后关闭放散管，开煤气出、入口阀门；

d. 缓慢关闭煤气交通阀门，注意压力变化；如有不正常或阻力过大时，应停止关闭交通阀，消除故障后再进行；

e. 煤气系统运行正常后，开启循环水和制冷水，调节水量使煤气温度符合技术要求；

f. 通知横管初冷岗位向冷凝液循环槽送喷洒液。开启冷凝液循环泵进行终冷器两段喷洒，调节喷洒量及外送量符合技术要求。

② 洗苯塔的开工

a. 在煤气交通管打开，出、入口阀门关闭的状态下，打开塔顶部放散管，从塔底通入蒸汽置换塔内空气，同时从塔出口煤气管道通入蒸汽置换空气；

b. 当塔顶冒出大量蒸汽后，稍开煤气入口阀门3～5扣，使煤气通入塔内，同时关闭塔内蒸汽；

c. 当放散管冒出大量煤气后，取样做爆发试验，合格后关闭放散管，同时全开塔出、入口煤气开闭器；

d. 慢慢关闭交通管煤气开闭器，注意压力变化情况，如阻力过大，立即停止关交通管开闭器，待查明原因，排除故障后，再关闭交通管开闭器；

e. 各塔全部通过煤气正常后，通知蒸馏岗位向2号洗苯塔送贫油，待塔底见液面时，启动半富油泵向1号洗苯塔送油，当洗苯塔底见液面，启动富油泵往蒸苯送富油；

f. 调整各泵压力、流量、温度、稳定各塔液面，直至正常。

(3) 停工操作

① 横管终冷器停工

a. 打开煤气交通管阀门，同时停止冷凝液循环泵送转；

b. 关闭煤气出、入口阀门，注意阻力变化；

c. 关闭终冷器循环水和制冷水进水；

d. 若为短时间停工，用煤气保持塔内正压；

e. 若为长时间停工，则打开放散管，往终冷器内和煤气入口管通蒸汽，放散管放出大量蒸气后停蒸汽，在煤气出、入口处堵盲板，冬季应放塔内及管道内所有存水。

② 洗苯塔停工

a. 通知蒸苯岗位停止往洗苯塔送贫油，停止半富油泵和富油泵运转；

b. 打开煤气交通阀；

c. 如临时停工，关闭煤气出口开闭器，但入口关闭3～5扣，以保持正压，塔内存油不必放空；

d. 如长期停工，可将出、入口阀门全部关闭，排空塔内和泵内洗油，打开塔顶部放散阀，用蒸汽清扫塔内煤气后，排空冷凝水。

2. 脱苯开、停工操作

（1）脱苯系统的开工

① 开工前的准备工作

a. 设备检查。仔细检查所有设备和管道上的阀门，使其灵活好用，并处于正常良好状态；通知仪表工检查仪表，使仪表齐全良好；通知电工检查电器并送电；通知洗涤工序，做好洗苯和送富油等工作。

b. 设备通蒸汽。经再生器送直接蒸汽，吹扫油气系统，使其畅通。其流程为：再生器→脱苯塔→分凝器→两苯塔→冷凝冷却器→油水分离器等。

蒸汽同时吹扫贫富油换热器、贫油冷却器及贫富油管道等（包括管式炉），使其设备畅通，吹扫后停止送汽。

c. 各油水分离器充满水。

d. 做好管式炉的点火准备工作。用蒸汽吹出水封槽及管道内的空气后使煤气进入，放掉管内积水，打开烟道翻板，调节进风量。

② 与有关部门联系，得到生产主管部门同意，方可开工。

③ 开工主要操作

a. 开泵和管式炉点火。首先开启富油泵，如果设备内无油，要先打开分凝器、换热器放散，合闸启动，见油后关放散；再开启贫油泵。先打开贫油冷却器放散，见油后关闭放散，合闸开泵；洗油冷循环正常后，管式加热炉按点火规程进行点火，给富油加热加温。

b. 开脱苯塔。富油温度升至110℃时，开脱苯塔（再生器底部）直接蒸汽，并开再生器进油门和间接蒸汽，当分凝器出口温度达到95℃时，慢慢开分凝器冷水阀门，并调节其出口温度；当两苯塔顶达到90℃时开回流泵，调到适宜出口温度；轻苯冷却器放散管见汽后，慢慢开冷却水阀门；贫油冷却器出口油温达到45℃，慢慢开冷却水阀门，调节到适宜温度。

c. 开两苯塔。当两苯塔塔底液面达到萘溶剂油出口处，开两苯塔底加热器，并开萘油出口阀门；当重分缩油出口油温超过50℃时，慢慢开冷却水，调节至适宜水温，待各处温度、压力及轻苯来油正常后，开两苯塔油水分离器。

d. 仔细观察调整各处温度、压力、液面、流量等达到操作技术规定指标。

（2）脱苯工段的停工　根据生产实际情况或意外事故需要停工时，应通知有关部门和岗位，经联系准备稳妥后，进行停工操作。

① 停火、关汽。慢慢降低管式炉炉膛温度至300℃以下，然后停火，关闭总阀门和分阀门；关闭各处直接、间接蒸汽阀门。

② 关油路。首先关闭再生器进塔阀门，防止倒油，并关闭油阀门；先停富油泵，然后停贫油泵、回流泵；关闭重苯出口阀门。

③ 关水。首先减少分凝器、轻苯冷却器进水量，当轻苯停止来油后，关闭各处冷却水进口阀门。

④ 将待修设备、管道里的油放空，并吹扫干净。

特殊操作要求如下。

1. 管式炉点火操作

① 检查煤气总阀门和分阀门是否关闭严密，防止漏出煤气。

② 打开煤气总阀门和煤气过滤器底部放水阀门，放净煤气冷凝水。

③ 确认洗油已正常循环，炉内蒸汽管已通蒸汽。

④ 打开烟囱翻板至1/2。

⑤ 点燃煤气点火管。

⑥ 将点火管明火置于点火口煤气喷嘴上方，再开煤气分阀门逐一点燃各煤气喷嘴，后调节加热煤气量符合工艺要求。

2. 突然停电

① 立即关闭管式炉煤气，停止管式炉加热。

② 关闭再生器、脱苯塔直接蒸汽，关闭各冷却器冷却水进口阀门，停轻苯回流泵。

③ 与调度及供电部门联系，了解停电原因，若为短时间停电，做好来电开工准备，若停电时间长，则应请示领导按停工操作处理。

3. 突然停蒸汽

① 立即关闭各冷却器冷却水进口阀门，停回流泵，管式炉降火降温停止来油。

② 关闭再生器、脱苯塔直接蒸汽阀门，再生器停止进油。

③ 与调度及锅炉房联系，了解停蒸汽原因，若为短时停蒸汽，做好来蒸汽开工准备，若停蒸汽时间长，则应请示领导按停工操作处理。

4. 突然停水

① 立即降火、减蒸汽，调节回流量，停止来油。

② 与调度和供水部门联系，了解停水原因及停水时间长短，若停水时间短，做好来水后的开工准备，若停水时间长，则应请示领导处理。

5. 突然停仪表风

突然停仪表风后，各自控系统失控，应立即转换手动调节控制，待恢复供仪表风后，再切换转回自调。

对于不同生产规模焦化厂的脱苯工段，由于选用的工艺设备和生产的产品不同，各自的生产操作及控制的技术操作指标都会有所不同。因此，各厂应按本厂制定的生产技术操作规程进行操作。

二、洗脱苯工段常见事故及处理

洗脱苯工段的操作情况可以从洗苯塔后煤气含苯、贫油含苯、产品的质量和产量、洗油的消耗等方面来评定。生产中的一些不正常现象，可能发生的原因及一般的处理方法详见表6-13。

脱苯工段可能发生的事故、原因及处理方法详见表6-14。

表6-13　洗脱苯工段生产操作不正常现象、原因及处理方法

不正常现象	主要原因分析	一般处理方法
循环油量不足	新鲜洗油补充不足或不及时，循环油泵故障	补充新洗油；停泵、开启备用泵
洗油黏度增加	再生器操作不正常，直接蒸汽量大，带出高沸点洗油，残渣排出不足	降低再生器直接蒸汽量，增加再生器排渣量
管式炉后富油温度降低，同时分凝器后油气温度升高	油水分离操作不良，使分凝油带水	调整分凝器交通管，控制轻、重分凝油流量，使之易于与水分离；改变分凝器油气流动方式

续表

不正常现象	主要原因分析	一般处理方法
冷凝冷却器及分凝器温度同时下降，脱苯塔底压力升高	冷凝冷却器因温度低被苯堵塞；脱苯塔堵塞	关闭冷却水，并稍关脱苯塔蒸汽，使分凝器、冷凝冷却器温度升高后将苯熔化 停工清扫脱苯塔
脱苯塔顶部温度升高	回油量小 分凝器后温度高 直接蒸汽量大	增加回流量 增加分凝器最上格的冷却水量 减少直接蒸汽量

表 6-14　脱苯工段的一般事故及处理方法

事故名称	事故原因分析	一般处理方法
液泛（脱苯塔窜油）	直接蒸汽突然增加 富油带水 富油温度过高 贫油系统不通畅	减少直接蒸汽量 降低炉温 适当减小富油泵上油量 检查贫油系统，逐步恢复正常
管式炉结焦	富油流量过小 因富油泵故障，使富油在炉管内停流时间过长 炉温过高	如阻力不太大，可加大富油流量 倒备用富油泵 适当降低炉温，减少煤气量
脱苯塔淹塔	贫油系统堵塞或闸门掉闸板 贫油泵故障 富油泵上油量过大	立即减小富油泵上油量 立即倒换备用贫油泵 贫油系统问题严重时，停产检修
管式炉漏油着火	炉管腐蚀严重，加工质量差，安装不当	立即开灭火蒸汽，关闭煤气总阀门，停富油泵，关闭炉下进风门，停火降温后，查明原因，进行检修
富油泵压力猛增	富油带水（分缩油带入或因贫油温度过低，煤气中水蒸气冷凝带入） 富油系统设备、管道阻塞或阀门掉闸板	迅速降火，适当减小循环油量，找出带水原因，加以处理，水脱完后再恢复正常 富油系统有故障，查明原因，改走交通管，或换用备用设备；严重时，停产检修
分凝器或换热器呲垫跑油	富油泵压力过大未及时发现和处理	如分离器一节故障，改走交通管，关闭该节进出口油阀门，与有关部门联系，如停电时间长，按停工操作处理

复习思考题

1. 粗苯中有哪些主要组分？苯、甲苯、二甲苯一般含量为多少？
2. 从焦炉煤气中回收苯族烃的方法有哪几种？焦化厂常用的是哪一种？为什么？
3. 煤气终冷和洗萘有哪几种方式？简述各自的工艺流程。
4. 简述从煤气回收苯族烃的基本原理和工艺流程。
5. 简要分析影响苯族烃回收的因素。
6. 在回收煤气中苯族烃时，对吸收剂洗油的质量有哪些要求？
7. 洗苯塔的填料性能有哪些要求？
8. 简述生产一种苯和生产两种苯的脱苯工艺流程及其流程特点。
9. 脱苯工段的产品有哪些？对各产品质量有哪些质量指标要求？
10. 富油脱苯有哪些主要设备？简述脱苯塔、两苯塔、分凝器、管式加热炉的结构及其作用。
11. 对洗脱苯工段的正常操作有哪些要求？

12. 洗脱苯工段一般事故有哪些？产生的原因及如何处理？

13. 说明下列主要生产操作控制指标：

① 洗苯塔前、后煤气中苯族烃含量；

② 富油和贫油的含苯量；

③ 洗萘后对煤气中的含萘要求；

④ 粗苯回收率；

⑤ 富油脱苯的工艺流程中分凝器后的油气温度；

⑥ 富油脱苯的工艺流程中入脱苯塔的富油温度；

⑦ 富油的再生量。

14. 解释如下概念：粗苯回收率、分缩油、洗油再生、气体置换。

第七章　粗苯的精制

粗苯精制的目的是将粗苯加工成苯、甲苯、二甲苯等产品，这些产品都是宝贵的化工原料。目前粗苯精制的主要方法是加氢精制，包括脱重、加氢、精馏分离，副产品初馏分中的环戊二烯加工以及高沸点馏分中的古马隆与茚的提取加工。

第一节　粗苯精制主要产品及加工方法

一、粗苯的组成及主要组分的性质

粗苯主要是由苯、甲苯、二甲苯和三甲苯等苯族烃组成，还有不饱和化合物及少量含硫、氮、氧的化合物。其中各组分的含量因配煤质量和组成及炼焦工艺条件的不同而有较大波动。

180℃前粗苯中主要组分含量及其性质见表 7-1。

表 7-1　180℃前粗苯中主要组分含量及其性质

名　称	分子式	结构式	相对分子质量	相对密度 d_4^{20}	101.3kPa 时沸点/℃	结晶点/℃	折射率 n_D^{20}	质量分数/%
苯族烃								
苯	C_6H_6		78.114	0.8790	80.1	5.53	1.50112	55～80
甲苯	$C_6H_5CH_3$	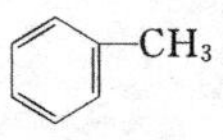	92.141	0.8669	110.6	−95.0	1.49693	12～22
邻二甲苯	$C_6H_4(CH_3)_2$	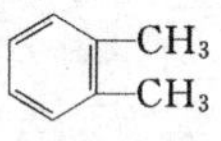	106.169	0.8802	144.4	−25.3	1.50545	0.4～0.8
间二甲苯	$C_6H_4(CH_3)_2$	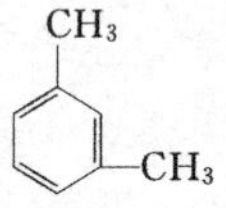	106.169	0.8642	139.1	−47.9	1.49722	2.0～3.0
对二甲苯	$C_6H_4(CH_3)_2$	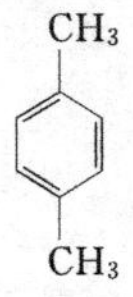	106.169	0.8611	138.35	13.3	1.49582	0.5～1.0
乙基苯	$C_6H_5C_2H_5$	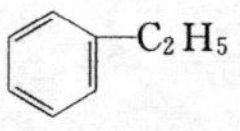	106.169	0.8670	136.2	−94.9	1.49583	0.5～1.0

续表

名　称	分子式	结构式	相对分子质量	相对密度 d_4^{20}	101.3kPa时沸点/℃	结晶点/℃	折射率 n_D^{20}	质量分数/%
苯族烃								
均三甲苯(1,3,5-三甲苯)	$C_6H_3(CH_3)_3$	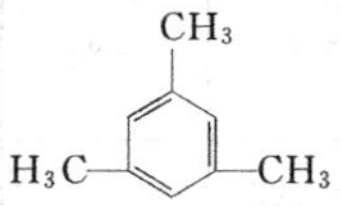	120.195	0.8652	164.7	−44.8	1.50112	0.2～0.4
连三甲苯(1,2,3-三甲苯)	$C_6H_3(CH_3)_3$	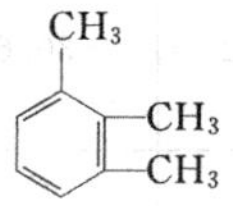	120.195	0.894	176.1	−25.4	1.5134	0.05～0.15
偏三甲苯(1,2,4-三甲苯)	$C_6H_3(CH_3)_3$	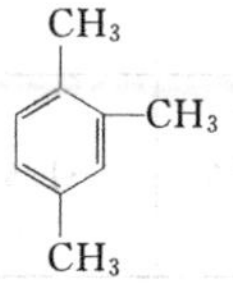	120.195	0.8758	199.35	−43.8	1.50484	0.15～0.3
异丙苯	$C_6H_5C_3H_7$	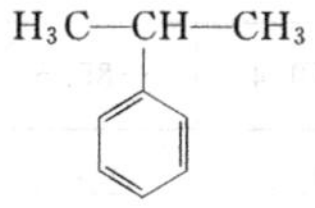	120.195	0.8618	152.4	−96.03	1.49245	0.03～0.05
正丙苯	$C_6H_5C_3H_7$	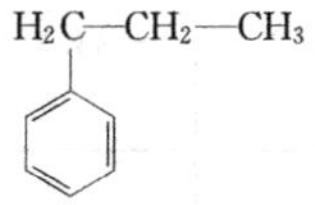	120.195	0.8620	159.2	−99.50	1.49202	
间乙基甲苯	C_9H_{12}	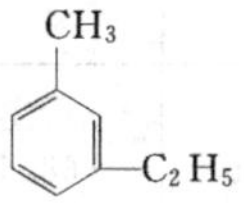	120.195	0.8645	161.33	−95.55	1.49660	0.08～0.1
对乙基甲苯	C_9H_{12}	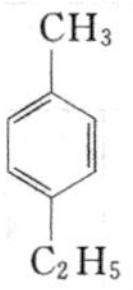	120.195	0.8612	162.02	−62.35	1.49500	
邻乙基甲苯	C_9H_{12}	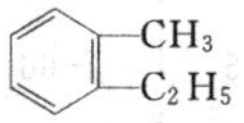	120.195	0.8807	165.15	−80.83	1.50456	0.03～0.05
不饱和化合物								
1-戊烯	C_5H_{10}	$C_3H_7CH=CH_2$	70.135	0.642	30.0	−165.2	1.3712	
2-戊烯	C_5H_{10}	$C_2H_5CH=CHCH_3$	70.135	0.650	36.94	−151.39	1.3798	0.5～0.8
2-甲基-2-丁烯	C_5H_{10}	$CH_3C(CH_3)=CHCH_3$	70.135	0.662	38.5	−133.8	1.3878	

续表

名　称	分子式	结构式	相对分子质量	相对密度 d_4^{20}	101.3kPa时沸点/℃	结晶点/℃	折射率 n_D^{20}	质量分数/%
不饱和化合物								
环戊二烯	C_5H_6		66.103	0.804	41.0	−85	1.4432	0.5～1.0
直链烯烃	C_6～C_8	—	—	0.69～0.73	66～122		1.38～1.42	0.6
苯乙烯	$C_6H_5CHCH_2$	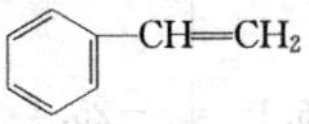	104.153	0.907	145.2	−30.6	1.5462	0.5～1.0
古马隆	C_8H_6O	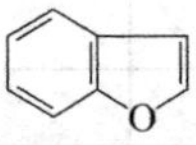	118.136	1.051	172.0	−17.8	1.5642	0.6～1.2
茚	C_9H_8	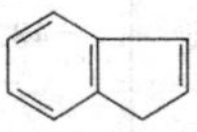	116.163	0.998	182.44	−1.5	1.5784	1.5～2.5
硫　化　物								
硫化氢	H_2S	H—S—H	34.08		−60.4	−85.5		0.2
二硫化碳	CS_2	S═C═S	76.13	1.263	46.3	−110.9	1.6278	0.3～1.5
噻吩	C_4H_4S		84.136	1.064	84.6	−38.3	1.5288	0.2～1.0
2-甲基噻吩(α-甲基噻吩)	C_5H_6S	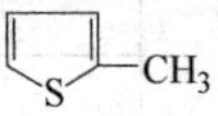	98.163	1.025	112.5	−63.5	1.5240	0.1～0.2
3-甲基噻吩(β-甲基噻吩)	C_5H_6S	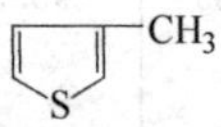	98.163	1.026	114.5	−68.6	1.5266	
其　他　夹　杂　物								
吡啶	C_5H_5N	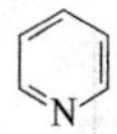	79.100	0.986	115.4	−41.7	1.5092	
2-甲基吡啶	C_6H_7N	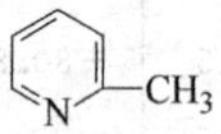	93.128	0.950	129.5	−66	1.5029	0.1～0.5
3-甲基吡啶	C_6H_7N	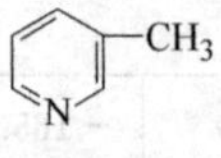	93.128	0.9564	144.1	−6.1	1.4971	
4-甲基吡啶	C_6H_7N	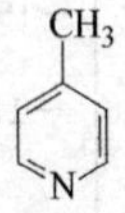	93.128	0.9546	145.3	3.8	1.504	

续表

名　称	分子式	结构式	相对分子质量	相对密度 d_4^{20}	101.3kPa 时沸点/℃	结晶点 /℃	折射率 n_D^{20}	质量分数 /%
其 他 夹 杂 物								
苯酚	C_6H_5OH	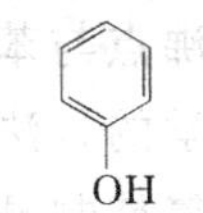	94.114	1.072	181.9	40.84	1.5425	0.1～0.6
邻甲基苯酚	C_7H_8O	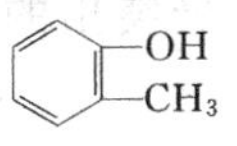	108.140	1.0465	191.5	30.9	1.5453	
间甲基苯酚	C_7H_8O	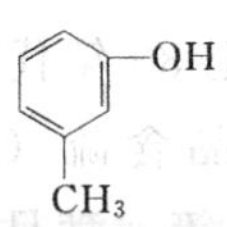	108.140	1.034	202.2	12.2	1.5398	
对甲基苯酚	C_7H_8O	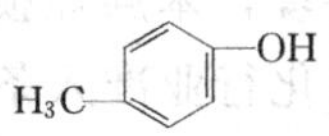	108.140	1.0347	201.9	34.8	1.5395	
萘	$C_{10}H_8$	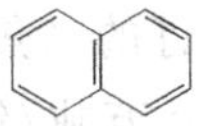	128.174	1.148	217.9	80.2	1.5822	0.5～2.0
饱和烃	C_6～C_8	—	—	0.68～0.76	49.7～131.8	65～126.6	—	0.5～2.0

粗苯中苯、甲苯、二甲苯含量占90%以上，是粗苯精制提取的主要产品。苯族烃是易流动、易燃烧、不溶于水、无色透明的液体，其蒸气与空气混合能形成爆炸性混合物。在常温常压的爆炸范围：苯蒸气1.4%～7.1%；甲苯蒸气1.4%～6.7%；二甲苯蒸气1.0%～6.0%。

粗苯中不饱和化合物含量为5%～10%，此含量主要取决于炼焦炭化室温度。炭化温度越高，不饱和化合物的含量就越低，不饱和化合物在粗苯馏分中的分布很不均匀，主要集中在140℃以上的高沸点馏分和79℃以前的低沸点馏分中。79℃以前的初馏分中主要有环戊二烯类脂肪烃，140℃以上的重苯中主要含有古马隆、茚、苯乙烯。此外还含有甲基氧茚和二甲茚等。这些不饱和化合物主要是带有一个或两个双键的环烯烃和直链烯烃，极易发生聚合、树脂化作用，易和空气中的氧形成深褐色的树脂状物质，溶解于苯类产品中，使之变成褐色。所以在生产苯、甲苯和二甲苯时，需将不饱和化合物除去。

粗苯中的硫化物含量为0.6%～2%，主要是二硫化碳、噻吩及其同系物。在刚生产出来的粗苯中尚含有约0.2%的硫化氢，但在粗苯储存过程中，逐渐被氧化成单体硫。粗苯中的硫化物还有硫醇，含量甚微，一般不超过总硫化物的0.1%。

粗苯中尚含有吡啶及其同系物和酚类，因含量甚少，不作为产品提取。

粗苯中还含有少量的饱和烃，总含量一般在0.6%～1.5%，并多集中于高沸点馏分中。因高沸点馏分产量不大，所以饱和烃的含量颇为显著。如二甲苯馏分中可达3%～5%，因而使产品的密度降低。纯苯中含有0.2%～0.8%的饱和烃，其中主要是环己烷和庚烷，它们都能与苯形成共沸化合物。

二、粗苯精制的方法

粗苯的精制方法是根据粗苯的组成、性质、产品的品种和质量要求而制定的。粗苯的主要成分苯、甲苯、二甲苯及三甲苯等由于相邻的二组分之间的沸点温度相差较大，可用精馏方法进行分离。而某些不饱和化合物及硫化物的沸点与苯类产品之间的沸点温度相差很小，不能用普通精馏的方法把它们分开，要用化学的方法分离或特殊蒸馏的方法分离。酸洗法粗苯精制曾是粗苯精制方法之一，粗苯加氢精制是当今世界普遍采用的精制工艺。萃取精馏法与酸洗精制法和加氢精制法相比，最突出的优点是回收了苯中含有的贵重化合物噻吩，目前，该法正在工业化。

酸洗法粗苯精制是轻苯经浓硫酸洗涤除去杂质，再经精馏得到苯类产品的过程。该方法投资少、设备简单、试剂（硫酸）便宜易得，20 世纪 80 年代前曾是我国唯一一种粗苯净化方法。但由于该法净化效果差，制取的苯产品含硫（噻吩）较高（200～400mg/kg），含有相当高的非芳烃（结晶点 4.9～5.2℃）等，满足不了基本有机合成的要求，工艺过程中产生的酸焦油等“三废”严重污染环境，苯族烃损失大，因此，2008 年 12 月，国家工业和信息化部公布 2008 年修订的《焦化行业准入条件》中提出“酸洗法粗（轻）苯精制装置应逐步淘汰”，“新建的粗（轻）苯精制装置应采用苯加氢等先进生产工艺，单套装置要达到 5 万吨/年及以上”。2014 年修订的《焦化行业准入条件》中提出，苯精制采用加氢工艺，单套处理粗（轻）苯能力≥10 万吨/年。

粗苯加氢精制比酸洗蒸馏精制法得到的苯质量好、收率高，并且克服了酸洗蒸馏法芳烃损失大（约损失 10%），酸焦油处理困难、易造成环境污染的缺点，粗苯加氢精制是粗苯脱重分馏成轻苯和重苯，轻苯经加氢反应除去杂质，再经萃取精馏得到苯类产品的过程。根据操作条件的不同，可分为高温加氢、中温加氢、低温加氢。

高温加氢温度是 600～650℃，使用 Cr_2O_3-Al_2O_3 系催化剂。主要进行脱硫、脱氮、脱氧、加氢裂解和脱烷基等反应，裂解和脱烷基反应所生成的烷烃大多为 C_1、C_2 及 C_4 等低分子烷烃，因而在加氢油中沸点接近芳烃的非芳烃含量很少，仅 0.4%左右。采用高效精馏法分离加氢油即可得到纯产品。莱托法（Litol）高温催化剂加氢得到的纯苯，其结晶点可达 5.5℃以上，纯度 99.9%。

中温加氢反应温度为 500～550℃，使用 Cr_2O_3-MoO_2-Al_2O_3 系催化剂。由于反应温度比高温加氢约低 100℃，脱烷基反应和芳烃加氢裂解反应弱，因此与高温加氢相比，苯的产率低，苯残油量多，气体量和气体中低分子烃含量低。在加氢油的精制中，提取苯之后的残油可以再精馏提取甲苯。当苯、甲苯中饱和烃含量高时，可以采用萃取精馏分离出饱和烃。

低温加氢反应温度为 350～380℃，使用 CoO-MoO_2-Fe_2O_3 系催化剂，主要进行粗（轻）苯加氢脱硫、脱氮、脱氧和加氢饱和反应。由于低温加氢反应不够强烈，裂解反应很弱，所以加氢油中含有较多的饱和烃。用普通的精馏方法难以将芳烃中的饱和烃分离出来，需要采用共沸精馏、萃取精馏等方法，才能获得高纯度芳烃产品。

美国、日本采用莱托尔（Litol）高温脱烷基工艺，中国自行设计了中温加氢流程，德国等国家采用鲁奇（Lurgi）低温加氢不脱烷基的工艺。上述三种加氢方法的工艺流程基本相同，本章主要介绍高温和低温加氢精制苯工艺。

三、粗苯精制产品产率

1. 高温加氢——LITOL 法加氢精制

轻苯加氢过程中，脱烷基制取一种苯（纯苯特号）的产率一般都大于100%（对轻苯中的苯），以宝钢一期工程为例，对原料中苯的产率可达113%或更高。

2. 低温加氢——K-K 法加氢精制

（1）产品产率的定义

① 产品对组分产率的定义如下式。

$$产率=\frac{最终产品量}{原料中所含组分的量}$$

② 产品对原料的产率的定义如下式。

$$产率=\frac{最终产品量}{原料粗苯量}$$

（2）产率

① 莫菲兰法加氢产品产率举例见表 7-2。

表 7-2 莫菲兰法加氢产品产率（质量分数） 单位:%

产品名称	企业 1	企业 2
纯苯	99.9(最小)	98.9
硝化甲苯	99.9(最小)	99.3①
纯甲苯	99.9(最小)②	98.9
二甲苯③	99.9(最小)	105.0

① 中间产品再萃取蒸馏一次精制出的纯甲苯（产率 98.9%）。

② 以硝化甲苯的一半为原料生产的纯甲苯。

③二甲苯中包括乙苯。

② 产品量对原料粗苯量的产率举例见表 7-3。

表 7-3 产品对原料粗苯量的产率（质量分数）

物料名称	苯	甲苯	二甲苯	非芳烃	C_8 及 C_9	重苯	原料粗苯
产率/%	66.72	16.16	3.68	2.40	1.08	8.80	100

四、粗苯精制产品的用途、质量指标

粗苯精制的主要产品为苯、甲苯、二甲苯、三甲苯（轻溶剂油）。

苯是粗苯最主要的组分，含量占55%～80%。苯为无色易挥发和易燃液体，有芳香气味，不溶于水，而溶于乙醇。苯是有机合成工业的基础原料，用途极其广泛。中国目前主要用于合成纤维、合成树脂、合成橡胶、化学农药及国防工业等方面。苯的主要用途见图 7-1。

甲苯的产率仅次于苯，可由氯化、硝化、磺化、氧化及还原等方法制取染料、医药、香料等中间体及炸药、糖精，此外还可制取己内酰胺供生产尼龙 6 用。甲苯的冰点很低（−95℃），可用作航空燃料及内燃机燃料的添加剂。

二甲苯：粗苯精制所得的工业二甲苯是对二甲苯（21%）、邻二甲苯（16%）、间二甲苯（50%）和乙基苯（7%）的混合物。工业二甲苯可用作橡胶和涂料工业的溶剂，航空和动力燃料的添加剂。从工业二甲苯中得到的邻二甲苯、间二甲苯、对二甲苯可用于制取邻苯二甲酸、间苯二甲酸、对苯二甲酸，其中邻苯二甲酸、对苯二甲酸是生产增塑剂、聚酯树脂和聚酯纤维的重要原料。

溶剂油是粗苯蒸馏 145～180℃范围内馏出的混合物，其组成大致为：二甲苯 25%～40%；脂肪烃和环烷烃 8%～15%；丙苯和异丙苯 10%～15%；均三甲苯 10%～15%；偏三甲苯 12%～20%；乙基甲苯 20%～25%。主要用于涂料、染料工业的溶剂，也可用于制取二甲苯和三甲苯同分异构体的原料。从溶剂油中分离出的三甲苯同分异构体，可用于生产苯胺染料、药物等。

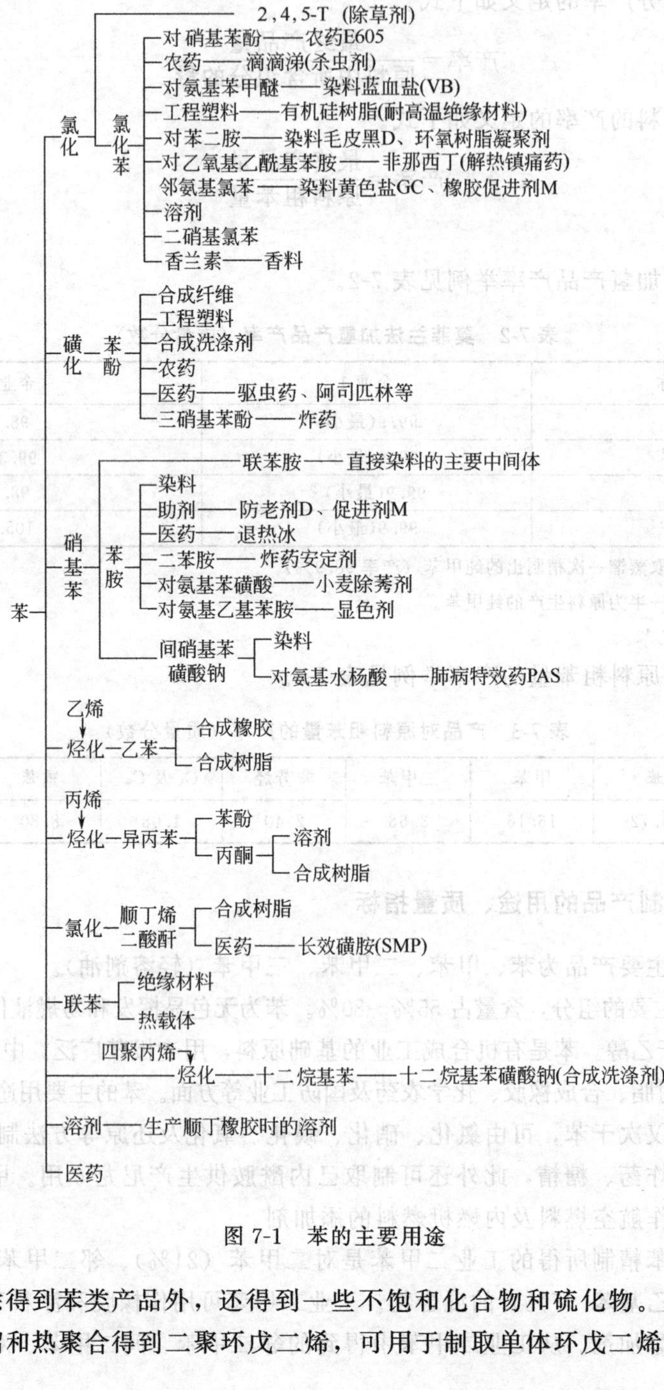

图 7-1　苯的主要用途

粗苯精制除得到苯类产品外，还得到一些不饱和化合物和硫化物。以粗苯的初馏分为原料，经蒸馏和热聚合得到二聚环戊二烯，可用于制取单体环戊二烯。二聚物及单体物均可同植物油类经热聚合制取合成树脂。环戊二烯还可通过氯化和聚合作用制取“氯丹”等有机氯杀虫剂。

古马隆和茚是制造涂料、塑料、橡胶制品和绝缘材料的原料。苯乙烯经过聚合可制成用于生产绝缘材料的无色树脂。

二硫化碳在化学工业中常用作溶剂，在农业上作为杀虫剂，选矿时作为浮选剂，还可用于生产磺酸盐。

噻吩可用于有机合成及制取染料、医药和彩色胶片药物。噻吩的衍生物——噻吩羟基三氟丙酮是分离放射元素镎、钚、铀的提取剂。

焦化苯类产品的质量指标见表 7-4 至表 7-6。

表 7-4 焦化苯的质量指标（GB/T 2283—2008）

项目		指标		
		优等品	一等品	合格品
外观		透明液体，无可见杂质		
颜色（铂-钴）	不深于	20 号		
密度（20℃）/（g/cm³）		0.878～0.881	0.876～0.881	
苯的含量（质量分数）/%	≥	99.90	99.60	—
甲苯的含量（质量分数）/%	≤	0.05	—	—
非芳烃的含量（质量分数）/%	≤	0.1	—	—
馏程[大气压 101325Pa（包括 80.1℃）]/℃	≤	—	—	0.9
结晶点/℃	≥	5.45	5.20	5.00
酸洗比色（按标准比色液）吸光度	≤	0.05	0.10	0.20
溴价/（g/100mL）	≤	0.03	0.06	0.15
二硫化碳/（g/100mL）	≤	—	0.005	0.006
噻吩/（g/100mL）	≤	—	0.04	0.06
总硫/（mg/kg）	≤	1	—	—
中性试验		中性		
水分		室温（18～25℃）下目测无可见不溶解的水		

注：槽车中苯的水层高度大于 5mm、铁桶中苯的水层高度大于 1mm 不得发货。若产品已运至需方时复检超过上述规定应由供需双方协议。

表 7-5 焦化甲苯质量指标（GB/T 2284—2009）

指标名称		指标		
		优等品	一等品	合格品
外观		透明液体，无沉淀物及悬浮物		
颜色（铂-钴）	≤	20 号		
密度（20℃）/（g/cm³）		0.864～0.868		0.861～0.870
馏程[大气压 101325Pa（包括 110.6℃）]/℃	≤	—	1.0	2.0
酸洗比色（按标准比色液）吸光度	≤	0.15	0.20	0.25
苯（质量分数）/%	≤	0.10	—	—

续表

指标名称		指标		
		优等品	一等品	合格品
非芳烃(质量分数)/%	≤	1.2	—	—
C_8 芳烃(质量分数)/%	≤	0.10	—	—
总硫/(mg/kg)	≤	2	150	—
溴价/(g/100mL)	≤	—	—	0.2
水分		室温(18～25℃)下目测无可见不溶解的水		

注：槽车中甲苯的水层高度大于 5mm、铁桶中甲苯的水层高度大于 1 mm 时不得发货。若产品已运至需方时复检超过上述规定应由供需双方协议。

表 7-6 焦化二甲苯质量指标（GB/T 2285—93）

指标名称		3℃二甲苯	5℃二甲苯	10℃二甲苯
外观		室温(18～25℃)下透明液体，每 1000mL 水中分别含有		
		0.003g	0.03g	
		不深于重铬酸钾的溶液的颜色		
密度(20℃)/(g/cm³)		0.857～0.866	0.856～0.866	0.840～0.870
馏程(大气压 101325Pa)				
初馏点/℃	≥	137.5	136.5	135.0
终点/℃	≤	140.5	141.5	145.0
酸洗比色(按标准比色液)吸光度	≤	0.6	2.0	4.0
水分		室温(18～25℃)下目测无可见的不溶解的水		
中性试验		中性		
铜片腐蚀试验	≤	2 号(即中等变色)	—	—

注：1. 铜片腐蚀试验为参考指标。

2. 槽车中二甲苯水层高度大于 5mm、铁桶中二甲苯的水层高度大于 1 mm 不得发货。若产品运至需方时复检超过上述规定应由供需双方协议。

第二节　粗（轻）苯加氢原理和主要化学反应

轻苯加氢是为了将其中含硫杂质生成相应的烃类化合物和硫化氢，使含氮杂质加氢生成氨和烃类化合物，含氧杂质生成烃类化合物和水，不饱和非芳烃化合物通过加氢被饱和，苯的同系物加氢脱烷基反应，转化为苯及低分子烷烃，从而达到净化轻苯的目的，同时抑制副反应芳烃的加氢和缩合反应，以减少苯的损失。

在粗轻苯加氢精制过程中，希望发生的正反应是加氢饱和、脱硫、脱氧、脱氮及芳构化反应；不希望发生的副反应是芳烃的加氢和缩合反应；根据需要可加以发展或抑制的是加氢裂解和脱烷基反应。

高温（LITOL 法）催化加氢主要完成加氢饱和反应、脱硫脱氧和脱氮反应、加氢裂解反应及脱烷基反应。

低温（K-K 法）催化加氢主要完成加氢饱和反应、脱硫脱氧和脱氮反应。

概括起来，催化加氢有如下化学反应。

一、加氢脱硫

加氢脱硫是加氢主要反应之一，有代表性的加氢脱硫反应如下：

$$C_4H_4S(\text{噻吩})+4H_2 \longrightarrow C_4H_{10}(\text{丁烷})+H_2S(\text{硫化氢})$$

$$CS_2(\text{二硫化碳})+4H_2 \longrightarrow CH_4(\text{甲烷})+2H_2S(\text{硫化氢})$$

$$C_4H_9SH(\text{硫醇})+H_2 \longrightarrow C_4H_{10}(\text{丁烷})+H_2S(\text{硫化氢})$$

轻苯中的硫化物主要是噻吩及其同系物，噻吩类总含量约 1%（质量分数），噻吩等有机硫化物氢解的难易程度取决于其分子结构，噻吩比硫醚、CS_2 和硫醇氢解难，其氢解的深度随升高温度而加深。如莫菲兰法是在主反应器完成噻吩氢解反应，LITOL 法在第一 LITOL 反应器完成氢解。

提高压力也是噻吩氢解的一个有效因素。如在压力 6MPa 左右的 LITOL 加氢主反应器，几乎能使噻吩完全氢解，能得到噻吩含量小于 0.3mg/kg 的苯产品。其他有机硫化物如 CS_2、硫醇等分别在主反应器和预反应器有一定量的氢化分解。低温加氢的 CS_2 主要在预反应器完成。

二、加氢脱氮和脱氧

$$C_5H_5N(\text{吡啶})+5H_2 \longrightarrow CH_3(CH_2)_3CH_3(\text{戊烷})+NH_3$$

$$C_6H_5OH(\text{酚})+H_2 \longrightarrow C_6H_6(\text{苯})+H_2O$$

研究证明，新生成的含氧化合物，特别是氮的氧化物，是聚合过程（催化剂结焦）有效的引发剂。

三、不饱和烃的脱氢或加氢

在粗（轻）苯中，不饱和烃多以不饱和芳烃、烯烃和环烯烃形式存在。其中占轻苯含量约 2%的苯乙烯及其同系物，其热稳定性差，易进行热聚合反应而生成高分子聚合物，不仅堵塞设备、管道，还会附着在加氢催化剂的表面而减低活性。不饱和烃一般在加氢预反应器通过选择性加氢被脱除，反应式为：

$$C_6H_5CH=CH_2(\text{苯乙烯})+H_2 \longrightarrow C_6H_5CH_2CH_3(\text{乙基苯})$$

同时，在加氢预反应器也伴随着一些脱硫反应，如莫菲兰法就完成 CS_2 的脱除。二烯烃的脱除也是在预反应器完成的（如环戊二烯）。

其他烯烃、环烯烃和不饱和烃类，在加氢主反应器完成脱氢或加氢反应被脱除，举例如下：

$$C_6H_8(\text{环已二烯}) \longrightarrow C_6H_6(\text{苯})+H_2$$

$$C_6H_{10}(\text{环已烯}) \longrightarrow C_6H_6(\text{苯})+2H_2$$

$$C_9H_8(\text{茚})+H_2 \longrightarrow C_9H_{10}(\text{茚满})$$

$$CH_3(CH_2)_4CH=CH_2(\text{庚烯})+H_2 \longrightarrow C_7H_{16}(\text{庚烷})$$

四、饱和烃加氢裂解

轻苯中的饱和烃主要是直链烷烃和环烷烃等，这些杂质用普通精馏分离是很困难的。催化加氢裂解是LITOL加氢特有的加氢反应，使饱和烃转化为低碳分子的饱和烷烃而被脱除，脱除比例可通过调节反应温度得到控制。有代表性的反应为：

$$H_3C\underset{\underset{CH_3}{|}}{C}HCH_2\underset{\underset{CH_3}{|}}{C}HCH_3(2,4\text{-二甲基戊烷}) + H_2 \longrightarrow C_3H_8(\text{丙烷})+C_4H_{10}(\text{丁烷})$$

$$C_6H_{12}(\text{环己烷})+3H_2 \longrightarrow 3C_2H_6(\text{乙烷})$$

$$C_6H_{12}(\text{环己烷})+3H_2 \longrightarrow 3C_2H_6(\text{丙烷})$$

$$C_7H_{16}(\text{庚烷})+2H_2 \longrightarrow C_3H_8(\text{丙烷})+2C_2H_6(\text{乙烷})$$

碳原子数小于4的链烷烃加氢也是分步进行，最终多生成CH_4：$C_4 \rightarrow C_3 \rightarrow C_2 \rightarrow CH_4$。

另外，氢裂解反应是第一LITOL反应器中的主要反应，其尚未反应的非芳香烃类的氢裂解在第二LITOL反应器中完成。由于这种反应在LITOL加氢的条件下很容易进行，轻苯中非芳香烃化合物几乎全部被裂解分离出去，所以，它是提高苯产品纯度的重要反应。氢气主要消耗在这类反应中，转化1mol烷烃和环烷烃需要1～5mol氢气。加氢裂解又是放热反应，由它造成的温升占第一LITOL反应器总温升的一半。

五、环烷烃的脱氢

饱和烃的加氢裂解消耗了相当数量的氢气，但是在一定程度上又可以由LITOL催化剂的脱氢性能得到补偿，大约可有50%的环烷烃由于脱氢而生成芳香烃和氢气，反应式为：

$$C_6H_{12}(\text{环己烷}) \longrightarrow C_6H_6(\text{苯})+3H_2$$

$$C_{10}H_{12}(1,2,3,4\text{-四氢化萘}) \longrightarrow C_{10}H_8(\text{萘})+2H_2$$

$$C_6H_5CH_2CH_2CH_3(\text{丙苯})+H_2 \longrightarrow C_6H_6(\text{苯})+CH_3CH_2CH_3(\text{丙烷})$$

事实上，脱氢反应和加氢是同时发生的。

六、加氢脱烷基

LITOL加氢催化剂所具有的加氢脱烷基性能可将苯的同系物（烷基苯）转化为苯，其典型化学反应为：

$$C_6H_5R\ (\text{芳香烃}) + H_2 \longrightarrow C_6H_6\ (\text{苯}) + RH\ (\text{链烷烃})$$

式中，R代表烷基。

具体的加氢脱烷基反应为：

$$C_6H_5CH_3\ (\text{甲苯}) + H_2 \longrightarrow C_6H_6\ (\text{苯}) + CH_4\ (\text{甲烷})$$

$$C_6H_4\ (CH_3)_2\ (\text{二甲苯}) + H_2 \longrightarrow C_6H_5CH_3\ (\text{甲苯}) + CH_4\ (\text{甲烷})$$

在预反应式中由不饱和烃类加氢生成的饱和烃类，在LITOL反应过程中又进一步被脱除烷基而生成苯类。如苯乙烯转化成的乙基苯脱烷基反应为：

$$C_6H_5CH_2CH_3\ (\text{乙基苯}) + H_2 \longrightarrow C_6H_6\ (\text{苯}) + C_2H_6\ (\text{乙烷})$$

在LITOL反应器中，如果烷基是C_6以上的，则加氢脱烷基反应是分步进行的：

$$C_9 \longrightarrow C_8 \longrightarrow C_7 \longrightarrow C_6\text{(苯)}$$

在LITOL反应中被加氢饱和的环烯烃类，如茚满加氢脱烷基反应为：

$$C_9H_{10}\text{(茚满)} + H_2 \longrightarrow C_6H_5(CH_2)_2CH_3\text{(丙苯)}$$

加氢脱烷基反应是加氢的主体反应，有一部分是在第一LITOL反应器中进行，大部分是在第二LITOL反应器中完成。加氢脱烷基反应是放热反应，也是等物质的量反应。脱烷基的反应程度可通过改变操作条件，也就是改变催化剂层的反应温度和时间的关系而得到调节。

七、芳香烃的氢化及联苯生成

这些副反应均是催化剂非选择性反应。由于芳香烃轻微程度的氢化反应，使加氢产品中混有微量环烷烃，从而降低了产品的纯度。反应式为：

$$C_6H_6\text{(苯)} + 3H_2 \longrightarrow C_6H_{12}\text{(环己烷)} + 2H_2 \longrightarrow 2C_3H_8\text{(丙烷)}$$

联苯的生成是加氢过程中苯缩合的结果，是苯损失的原因。其反应式为：

$$2C_6H_6\text{(苯)} \longrightarrow C_6H_5C_6H_5\text{(联苯)} + H_2$$

这两类非选择性反应是可逆反应，在一定的条件下就达到平衡，有1%左右的苯由于发生这种反应而损失掉。因此，苯、甲苯和二甲苯总收率不会大于100%，一般在98%～100%范围内，当过程建立起新的循环平衡后，产品就不会再因此而损失。

第三节 轻苯加氢用催化剂

催化加氢用的催化剂，是一类能够有选择地改变轻苯中某些化合物与氢进行化学反应的反应速率，而自身的组成和数量在反应前后保持不变的物料；其作用是加快化学反应时间，缩短反应到达平衡的时间。值得强调的是，催化剂不能使那些在热力学上不可能进行的反应发生，轻苯加氢用的催化剂主要有钼-钴系、钼-镍系、镍-钴系，对有机硫的脱除有明显的效果。

一、催化剂组成

轻苯加氢用的催化剂所采用的是固体催化剂，由主催化剂（活性组分）、助催化剂和载体组成。

二、催化剂的性能和作用

对主催化剂，要求其具有使H_2与C—S、C—O、C—N键反应的能力；对双烯键有选择性加氢饱和的能力；能尽量减少脱氢和聚合反应；具有抵抗有机硫化物、硫化氢、有机氮化物、金属钒和镍离子毒性的能力；具有抑制游离碳生成的能力。主催化剂主要是元素周期表第Ⅷ族和第ⅥB族过渡元素，如铬、钼、钴、镍、钨、铂和钯等。选用钼-钴、钼-镍、镍-钴双金属体系搭配使用对脱噻吩的硫显示出最大的活性。

助催化剂没有或只有很低的催化作用，但能起到提高或控制活性组分催化能力的作用。助催化剂有金属和金属氧化物，常用的钼-钴-铝系催化剂中的钴为助催化剂。

载体是主催化剂和助催化剂的支承物和分散剂。载体应该具有足够的机械强度，能承受热冲击，有一定的孔体积和比表面积，能与活性组分生成化合物或固熔体。轻苯加氢用催化剂的载体一般使用经成型、干燥和活化处理后的γ型氧化铝。

典型的轻苯加氢精制用催化剂的性质表 7-7。

表 7-7 几种轻苯加氢用催化剂的性质

牌号	M8-30①	M8-10①	①	M-116②
组成	MoO_3 15%	MoO_3 13.5%	Cr_2O_3 18%～20%	Cr_2O_3
	γ-Al_2O_3	CoO 5%	Al_2O_3	MnO_3
		γ-Al_2O_3		Na_2O
		(SiO_2 2%)	(碱金属 0.2%)	Al_2O_3
形状	片状，条状	片状，条状	条状	片状，条状
堆密度/(g/cm³)	0.7	0.68		
比表面积/(m²/g)		220	50	200～250
使用温度/℃	300～400	200～400	600～630	500～550

① 德国巴登苯胺苏打厂生产。

② 中国科学院山西煤化学研究所研制。

国内加氢净化催化剂应用举例见表 7-8。

表 7-8 加氢净化催化剂应用

应用的厂家	石家庄焦化厂①		宝钢化工公司②	
研制厂家	德国 BASF		美国 APCL	
牌号	M8-21	M8-12	Houdry	Houdry
充填的反应器	(预)D-101⑤	(主)D-102⑤	(预)R-1101⑤	(主)R-1102-3⑤
催化剂	NiO-$MoO_3$③	CoO-$MoO_3$④	CoO-MoO_3	Cr_2O_3
载体(担体)	Al_2O_3	γ-Al_2O_3	Al_2O_3	Al_2O_3
外形	压制颗粒	压制颗粒	青莲紫色小圆柱	灰绿色小圆柱
平均堆密度/(g/cm³)	0.66	0.67	0.529	0.929
内表面积/(m²/g)	约 200	约 200		
气孔率/(cm³/g)	约 0.6	约 0.6		
磨损耗率(质量分数)/%	1	1		
使用寿命/a	≥5	≥5	4	5
首次填充量/m³	4.5	11	1.93	10(R-1102)⑤ 12.02(R-1103)⑤

① 莫菲兰法加氢。

② LPPOL 法加氢。

③ 含量（质量分数）：NiO 4%；MoO_3 15%。

④ 含量（质量分数）：CoO 4%，MoO_3 15.5%，以 γ-Al_2O_3 为载体灼烧 600℃，失重约 2%。

⑤ D-101、D-102、R-1101、R-1102、R-1103 均为设备编号。

三、催化剂的活化和再生

新制备的催化剂，在使用之前，均为氧化态，活性不高、稳定性不好，选择性也差。因此，需将制成的催化剂在反应炉中进行预硫化处理。硫化剂可采用二硫化碳、硫醇、硫醚及含有少量的硫化氢的氢气。预硫化后的催化剂中的各组分均呈硫化态，如 MoS_2、Co_9S_8 等，均具有了活性。

催化剂经长期使用，由于表面沉积了炭质，活性将逐渐下降，直至完全失去活性。因此需要进行再生。催化剂的再生是采用加热器加热沉积物达到燃点温度（390～400℃）后，小心通入氧气烧去沉积的炭质，或通入水蒸气与积炭反应（$C+H_2O \longrightarrow CO+H_2$、$C+2H_2O \longrightarrow CO_2+H_2$），然后再使催化剂硫化的方法。如活性不能再生的催化剂，需要更换新催化剂。一般情况下，催化剂的寿命为 3～5 年。

第四节　催化加氢用氢气

一、补给氢及质量要求

1. 氢气的基本特性

氢气是一种易燃易爆的气体，在常压（1atm）和室温下是无色、无味、无毒，沸点很低（20.4K），氢气的自燃点为 560℃，无腐蚀性。在高温下（＞260℃），腐蚀某些金属如碳钢，它与金属中碳作用产生“氢脆”。氢是所有元素中最轻的一种，相对分子质量为 2，对空气的相对密度为 0.07，物质中密度最小，具有高度的渗透性。氢气在空气或氧气中于一定的条件下（指有火源或催化剂等）能产生爆炸，其爆炸范围见表 7-9。氢气不能供给呼吸，在高浓度下能使人窒息。

表 7-9　氢气的爆炸极限

介　质	氢的浓度/%
氢在空气中	4.0～74.2
氢在氧气中	4.66～93.9

2. 补给氢的定义

在轻苯加氢精制过程中，为保持加氢精制系统内的氢分压（氢平衡），必须不断地补充因发生加氢反应消耗的氢和尾气排放、油品带走而损失的氢，这部分氢称为加氢补充氢。

3. 补给氢质量要求

因补给氢要不断地加入加氢系统中，除对其有温度、压力及流量的要求（不同加氢工艺有不同要求）外，对补给氢的组成也有要求，见表 7-10。

表 7-10　对补给氢的质量要求

项　　目	莫菲兰加氢精制①	LITOL 加氢精制②
H_2(体积分数)/%	≥99.9	99.9
CH_4/(mg/kg)	≤1	
N_2/(mg/kg)	≤1000	
CO/(mg/kg)	≤1	≤100③
CO_2/(mg/kg)	≤1	
全硫/(mg/kg)	≤1	
O_2/(mg/kg)	无	
Cl/(mg/kg)	无	

① 宝钢化工公司三期工程。

② 宝钢化工公司一期工程。

③ CO 与 CO_2 之和不超过 100mg/kg。

二、粗氢的来源与加工方法

1. 粗氢的来源与组成

过去氢的来源主要是烃类蒸气转化及水的电解。随着工业发展，由氨裂解、甲醇蒸气转化和从各种工业排气中回收的氢也成为重要的氢气来源。不同来源的粗氢组成见表 7-11。

表 7-11 粗氢组成

序号	原料氢来源	含氢量(质量分数)/%	所含杂质成分
1	烃类蒸气转化	70～75	CO、CO_2、CH_4、Ar、N_2、H_2O
2	烃类转化①	80～90	CO、CO_2、CH_4、Ar、N_2、H_2O
3	水电解②	98～99.8	O_2、H_2O、N_2
4	氨分解②	75	NH_3、N_2、H_2O
5	甲醇转化②	75	CO_2、CO、N_2、CH_3OH、H_2O
6	氨厂释放气	60～75	CH_4、NH_3、N_2、Ar
7	甲醇厂释放气	60～70	CH_4、CO、CO_2、N_2、CH_3OH
8	排放气③	30～99	CO、CO_2、CH_4、C_2～C_6、H_2O

① 包括 CO 变换。

② 适合需要纯氢的中、小用户，就近自产氢。

③ 包括乙烯、制氯丁二烯等尾气。

在考虑释放气、工艺排气综合利用时，开展从尾气回收氢，因地制宜地加以利用或作商品氢。这是既合理使用资源，又增加经济效益的有效途径。

2. 粗氢的纯化方法

目前采用的方法有以下几种。

(1) 深冷分离法　又称低温法，是传统成熟的工艺，被普遍采用。由于膜分离和 PSA 的快速发展，低温法有被逐渐取代的趋势。

(2) 膜分离法　国外已实现工业化，制氢气能力达几万立方米。以建设周期短、投资和操作费用低、操作简单可靠、50%弹性能力、进料适应性高、寿命至少 5 年等优点，在工业领域迅速发展。国内尚处于开发应用的初始阶段。

(3) 变压吸附 (PSA) 分离法　国外已达到 (10～11) $\times 10^4 m^3/h$ 的生产能力。国内已实现中小型装置工业化。以适应性强、经济性好、操作维修简便、可实现全部自动化等一系列优点，推广很快，尤其是分离焦炉煤气中的氢。

低温法、膜分离法和 PSA 法的定性对比见表 7-12。

表 7-12 几种纯化方法比较

指　标	低温法	膜分离法	PSA 法
产品氢纯度/%	97.5	92～98①	99.9～99.999
回收率/%	90～96	85～95①	60～86
投资	大	小	较小
操作费	高	中	低
氢相对成本	1.06	1.09	1.00

① 石油化工厂及炼油厂含氢释放气中回收氢。

三、加氢反应气体的转化法制氢

加氢反应气体的转化法制氢，是以分离的加氢反应气体为原料气，经水蒸气重整和一氧化碳变换，使其中的甲烷和一氧化碳转化为氢气的过程。主要包括原料气预处理、水蒸气重整和一氧化碳转换三个过程，其工艺流程如图 7-2 所示。

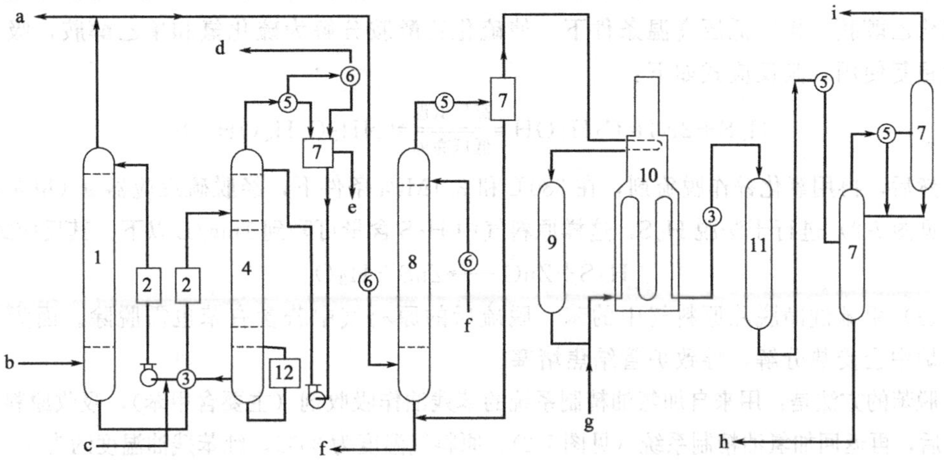

图 7-2　转化制氢工艺流程

a—去加氢系统循环气体；b—原料气；c—单乙醇胺；d—硫化氢；e—分离水；f—苯残油；g—过热水蒸气；h—分离水；i—去变压吸附分离系统；1—脱硫塔；2—过滤器；3—换热器；4—解吸塔；5—凝缩器；6—冷却器；7—分离器；8—吸苯塔；9—脱硫反应器；10—改质炉；11—转换反应器；12—重沸器

1. 原料气的组成

高温加氢的高压分离器分离出的反应气体的一小部分（占反应气体总量约 10%），其中 CH_4 约 50%、苯小于 10%、H_2S 小于 1%（见表 7-13）。可用水蒸气重整法转换制氢。

表 7-13　高温加氢分离的反应气体组成

组分	化合物	相对分子质量	流量/(kg/h)	比例(质量分数)/%
氢	H_2	2.02	1007.5	13.9
C_1	CH_4	16.04	3632.9	49.9
C_2	C_2H_6	30.07	1631.8	22.4
C_3	C_3H_8	44.09	221.8	3.0
C_4	C_4H_{10}	58.12	41.2	0.6
$>C_5$			0.9	
苯	C_6H_6	78.11	676.6	9.3
甲苯	C_7H_8	92.13	20.5	0.3
氨	NH_3	17.02	7.7	0.1
硫化氢	H_2S	34.06	43.6	0.6
合计			7284.5	100

2. 原料气预处理净化

预处理包括单乙醇胺（MEA）湿法脱硫、苯脱除和氧化锌（ZnO）干法脱硫三部分。

（1）单乙醇胺湿法脱 H_2S 和氧化锌干法脱 H_2S　原料气中的硫化氢易使重整和转换过程的氧化锌催化剂中毒，并且腐蚀设备，需先予以脱除。

单乙醇胺法是用单乙醇胺作吸收剂，在高压低温条件下吸收原料气中的硫化氢，生成硫化乙醇胺，再在低压高温条件下，使硫化乙醇胺分解为硫化氢和单乙醇胺，吸收剂再生重复使用。其反应式如下：

$$H_2S + 2NH_2C_2H_4OH \underset{\text{低压高温}}{\overset{\text{高压低温}}{\rightleftharpoons}} (NH_3C_2H_4OH)_2S$$

然后，再用氧化锌作脱硫剂，在380℃和2.1MPa条件下，经脱硫反应器9（甲苯洗净后，见图7-2）进行干法脱 H_2S，这样原料气中 H_2S 含量可降到1mg/L以下。其反应式为：

$$H_2S + ZnO \longrightarrow ZnS + H_2O$$

（2）甲苯洗净脱除原料气中的苯　脱硫后的原料气中若含有苯也需脱除。因为苯在加热炉中会受热分解，导致炉管结焦堵塞。

脱苯的方法是：用来自加氢油精制系统的苯残油作吸收剂（主要含甲苯），吸收原料气中的苯后，再返回加氢油精制系统（见图7-2）。原料气温度为35℃，纯苯残油温度约为44℃。

3. 水蒸气重整和变换

（1）水蒸气重整　在温度约800℃和2.1MPa压力下，原料气中的甲烷和水蒸气在装有镍系催化剂的改质炉10炉管中发生重整反应，吸热反应（见图7-2）：

$$CH_4 + H_2O \longrightarrow CO + 3H_2$$

在进入转换反应器前，重整后的混合气的温度必须控制在露点以上，否则冷凝水会破坏转换反应用的催化剂。

（2）一氧化碳变换　重整后的气体降温至360℃，在转换反应器中，经Fe-Cr系催化剂催化发生反应（见图7-1）为：

$$CO + H_2O \longrightarrow CO_2 + H_2$$

这样，轻苯催化加氢的反应生成的气体（尾气）经水蒸气重整和转换反应后，其氢气的含量可以增加两倍多，烷烃、芳烃含量减少85%（见表7-14）。再经变压吸附法分离氢装置得到浓度大于99.99%的纯氢。

表7-14　轻苯加氢尾气经重整和转换后组成的变化

组分	重整前/(kg/h)	重整前/%	重整后/(kg/h)	转换后/(kg/h)	转换后/%
H_2	72.4	1.8	219.1	232.8	5.9
C_1	259.1	6.5	61.4	61.4	1.6
C_2	115.1	2.9			
C_3	15.2	0.4			
C_4	2.6	0.07			
苯	0.7				
甲苯	4.5	0.1			
CO			242.1	52.3	1.3
CO_2			570.9	869.1	21.9
H_2O	3490.5	88.1	2867.2	2745.1	69.3
总量	3960.7	100.0	3960.7	3960.7	100.0

4. 改质炉

改质炉是甲烷气体重整制氢的核心设备，炉体共分对流段、屏蔽段和辐射段三部分。在辐射管里装有镍系催化剂，重整反应在这里完成，其热效率为45%。工艺参数见表7-15。

表 7-15 改质炉的工艺参数

项目		辐射	屏蔽	对流
功能		重整	蒸汽过热	气体预热
流体		反应气+蒸汽	蒸汽	反应气
压降(允许)/MPa		0.039	0.22	0.1
入口状态	温度/℃	400	225	10
	压力/MPa	2.13	2.35	2.25
出口状态	温度/℃	800	415	380
	压力/MPa	2.11	2.14	2
燃料低热值/(kJ/m^3)		12561	12561	12
燃料密度/(kg/m^3)		0.77	0.77	0.77

四、变压吸附法分离氢气

1. 基本原理

变压吸附（PSA）分离气体的基本原理是：利用吸附剂对不同气体在吸附量、吸附速度、吸附力等方面的差异，以及吸附剂的吸附容量随压力变化而变化的特性，对混合气体某些组分在压力条件下吸附、降压解析，以实现气体分离及吸附剂再生的目的。

变压吸附法分离氢气就是利用上述原理，在吸附床层内从含氢气体中分离出氢气的过程。吸附是放热过程，解吸是吸热过程，但由于吸附剂的用量很少，单位时间内吸附热量可以忽略不计，故变压吸附法分离氢气可视为恒温过程。

很多吸附剂对氢的吸附能力很弱，氢分子体积又最小，因此，在吸附过程中，除氢之外的所有其他气体都能被吸附，唯独氢气几乎不被吸附，从而分离得到含氢99.9%～99.9999%的纯氢。

2. PSA分离氢工艺

(1) 工艺过程 变压吸附法分离制氢工艺包括吸附、均压、顺向放压、逆向放压、冲洗、升压和最终升压等环节。以上诸环节按顺序进行并反复循环。得到的氢气大部分作为产品，少量用于并联操作床层的最终充压。

(2) 确定吸附塔的数量 变压吸附法分离制氢的生产装置有三床式、四床式和多床式（6～2床）。三床式、四床式装置的氢气产量为55～14000m^3/h。多床式装置的产量在14000m^3/h以上。在选择时，应根据工作压力和处理的原料气量来定。除考虑工艺可靠外，还要兼顾因塔的数量、吸附剂、控制阀数量等造成一次投资的大小。如宝钢的2000m^3/h制氢能力的PSA装置，确定为5个塔配置：2个塔吸附，3个塔再生。

(3) 装置特点 变压吸附法分离制氢装置结构简单、能耗低，制取1m^3氢气仅耗电0.4kW。而电解水制氢则需耗电5.5～6$kW·h/m^3$。这种装置在生产能力为20%～100%

范围内都能正常操作，工艺过程也容易实现自动化，且对环境无污染。

3. PSA 吸附剂

不同的含氢原料中，氢气含量、杂质组成和性质都不相同，所以应选择不同的吸附剂。

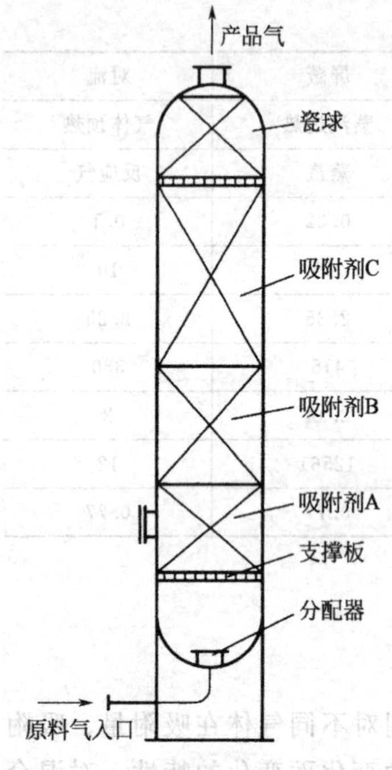

图 7-3　变压吸附塔结构示意图

常用的吸附剂有硅胶、活性炭、活性氧化铝和分子筛等。分子筛又分为沸石分子筛（ZMS）和碳分子筛（CMS）两大类。

吸附剂对不同气体的选择吸附特性可以用分离系数 δ 表示：

$$\delta=\frac{K_A+1}{K_B+1}$$

式中，K_A 和 K_B 分别为吸附剂对组分 A 和 B 的吸附系数。吸附剂对产品气体和杂质的分离系数不宜小于 2，并要具有良好的选择吸附性和脱附性，还需要有较高的机械强度和抵抗杂质毒化的能力。

4. 变压吸附塔

变压吸附分离制氢常采用多种吸附剂分层放置的变压吸附塔（见图 7-3），各层吸附剂（图中分别以 A、B、C 表示）的配比由原料气的组成决定。原料气中某种杂质含量多，则相应的吸附剂的充填量就应该适当增加。原料气由塔底进入，经气体分配器在塔体断面上均匀分布，依次上升通过诸层吸附剂，由塔顶部逸出。在吸附剂最顶部放置一层瓷球，以防吸附剂被气体带出。

5. 焦炉煤气 PSA 制氢

作为 PSA 制氢原料气的焦炉煤气必须是经煤气净化车间除焦油、脱萘、脱硫、脱氰、脱氨和脱苯等回收净化处理的净煤气。

焦炉煤气制氢的流程示意图如图 7-4 所示。工艺设备要点如下。

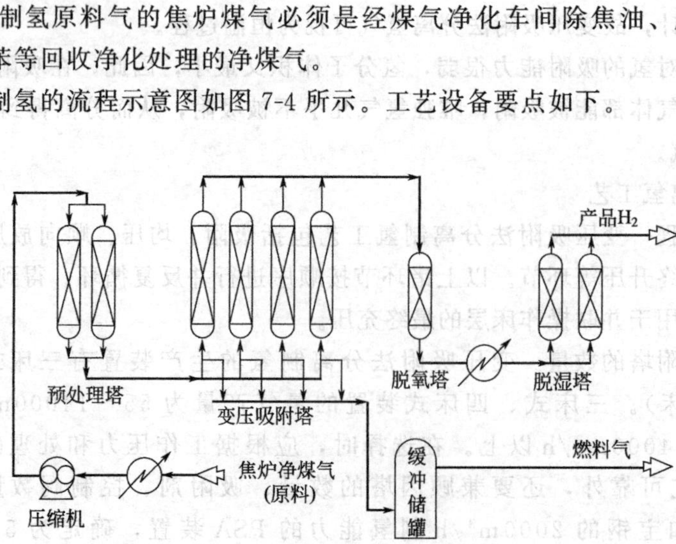

图 7-4　焦炉煤气变压吸附法分离氢流程示意图

（1）净焦炉煤气加压和中间冷却　焦化厂送至边界的净煤气压力一般为 0.06MPa 左

右，进入煤气储罐的压力为0.02MPa左右，这都不能满足PSA装置的压力要求（一般要求在2MPa左右）而需加压。煤气加压机必须选用无油压缩机，对相对分子质量较小的气体（如含氢量56%左右的焦炉煤气），从经济性出发不宜选用螺杆式压缩机。采用低温冷冻水进行中间冷却，以进一步分离煤气中残留的水和焦油、萘等组分，为预处理工艺创造条件。

(2) 净煤气的预处理　净煤气的预处理是PSA能正常运转的关键工艺。由于净焦炉煤气中尚含有少量硫化氢、氧、萘、烯烃、焦油雾和苯等杂质，会使PSA吸附剂失效，所以必须进行吸附预处理。一般由2个预吸附塔和1组控制阀组成，2塔交替作业，1塔吸附，1塔再生。再生所需的气源是后续PSA逆放和冲洗步骤排出气体的一部分。再生过程产生的含有杂质的气体汇入PSA的尾气管道，输出装置界区。

(3) 粗氢气的脱氧、干燥　为确保纯氢的质量，还需进一步脱除残留的氧。在脱氧塔（器）中，氧通过催化（钯催化剂）与氢生成水而被清除。分离生成水的粗氢再经脱湿吸附塔（器）得到干燥的纯氢。脱湿塔一般设2台，1塔吸附脱湿，1塔再生交替作业。

6. 宝钢焦炉煤气PSA制氢装置

宝钢焦炉煤气PSA制氢装置的产氢能力为2000m^3/h，由煤气压缩和中间冷却、预吸附、变压吸附、脱氧干燥等单元以及自控分检系统组成。

焦化厂生产的净焦炉煤气在煤气净化站经电捕焦油器、干塔脱硫等进行深度净化。压力约0.02MPa的煤气，经无油螺杆喷水冷却的COG压缩机的两级加压及由7℃左右冷冻水的中间冷却后，在气水分离罐中，煤气与残留水及焦油萘等组分再次得到分离。煤气进入由2个塔组成的预吸附装置，将剩余的杂质完全除去，从而达到PSA装置的工艺要求。

PSA装置由5个各装4层吸附剂的吸附塔和1组自动控制阀组成，其程序由吸附和再生两个过程组成。吸附过程使不纯物沿着吸附气流方向按照水、碳氢化合物、CO、N_2等顺序被选择吸附，得到高纯度的粗氢。再生过程经顺放、逆放、冲洗、顺升和均压等步骤使塔内吸附剂恢复到待吸附状态。

5个吸附塔在程序阀控制下，2个塔吸附，3个塔再生，周而复始交替作业。当有1个塔故障时，则变更为1个塔吸附、3个塔再生的4个塔作业模式，这样，只是吸附和再生周期变化，而产量和质量不受影响。由于预吸附和PSA不能脱除煤气中微量的氧，粗氢还得经过脱氧和脱湿干燥。最终，纯氢除制氢装置自用一部分外都压送储存到2个球罐。

该制氢装置还设置有在线检测粗氢和纯氢杂质含量的检测系统，以及保证安全运行的自控系统。

第五节　高温（莱托法）加氢净化精制工艺

粗（轻）苯催化加氢精制工艺实质上包括：

① 催化加氢净化，除去（粗）轻苯中各种杂质；

② 精馏得到苯类产品。

莱托法高温加氢温度是600～650℃，使用Cr_2O_3-Al_2O_3系催化剂。主要进行脱硫、脱氮、脱氧、加氢裂解和脱烷基等反应，裂解和脱烷基反应所生成的烷烃大多为C_1、C_2及C_4等低分子烷烃，因而在加氢油中沸点接近芳烃的非芳烃含量很少，仅0.4%左右。采用高效精馏法分离加氢油即可得到纯产品。莱托法（LITOL）高温催化剂加氢得到的纯苯，其结晶点可达5.5℃以上，纯度99.9%。

一、LITOL法工艺单元、技术特点及工艺流程

1. LITOL法工艺单元图

苯加氢精制的起始原料为粗苯（包括焦油轻油），它首先经过预备蒸馏而得到轻苯，然后将轻苯通过预加氢处理和LITOL加氢处理而得到加氢油和加氢反应气体。加氢油经过精制即得到纯苯产品。加氢反应气体首先要脱除硫化氢，脱硫后的加氢反应气体大部分作为循环气体，加热后返回预加氢处理设备作为氢源和热源。另一部分加氢反应气体用甲苯洗净，再经重整和转化，最后经吸附精制，相继脱除各种杂质而被制成99.9%以上的纯氢，作为循环气体的补充氢。LITOL法加氢净化装置单元框图如图7-5所示。

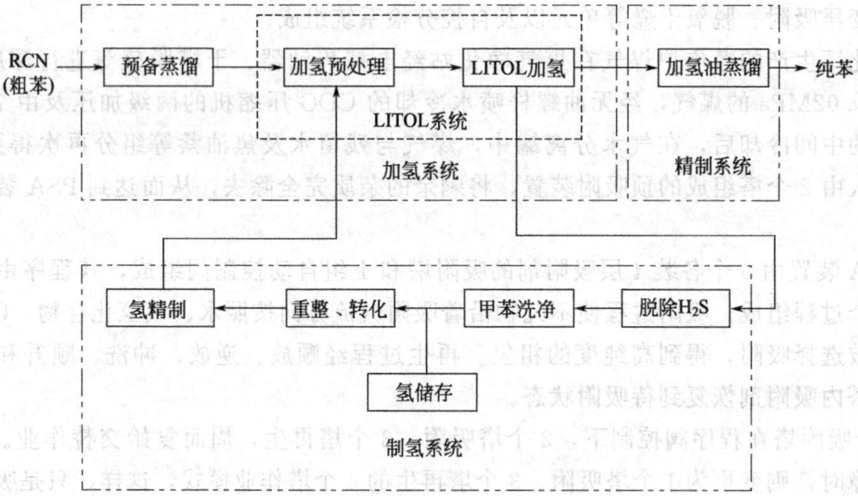

图7-5 LITOL加氢精制单元框图

2. 技术特点

LITOL法加氢净化的主要技术特点如下。

① 生产高纯度纯苯。其结晶点可达5.5℃以上（保证值是5.45℃），纯度为99.9%。这种纯苯的硫含量极低，全硫含量不超过1mg/kg。

② 能用反应气体制成高纯度氢气，做到加氢用氢完全自给，不用外来氢源。

③ 催化剂在一定操作条件下，能选择性地将甲苯、二甲苯脱烷基，最后制成单一产品即纯苯，其收率（对粗苯原料中的苯量）大于100%（113%～120%）。

④ 由于催化加氢完成得彻底，与苯沸点相近的组分均随加氢反应而被脱除，因此苯精制不需特殊蒸馏（如萃取蒸馏），而是只用一般的精馏法就可以。

3. 工艺流程图

LITOL 加氢工艺流程如图 7-6 所示。

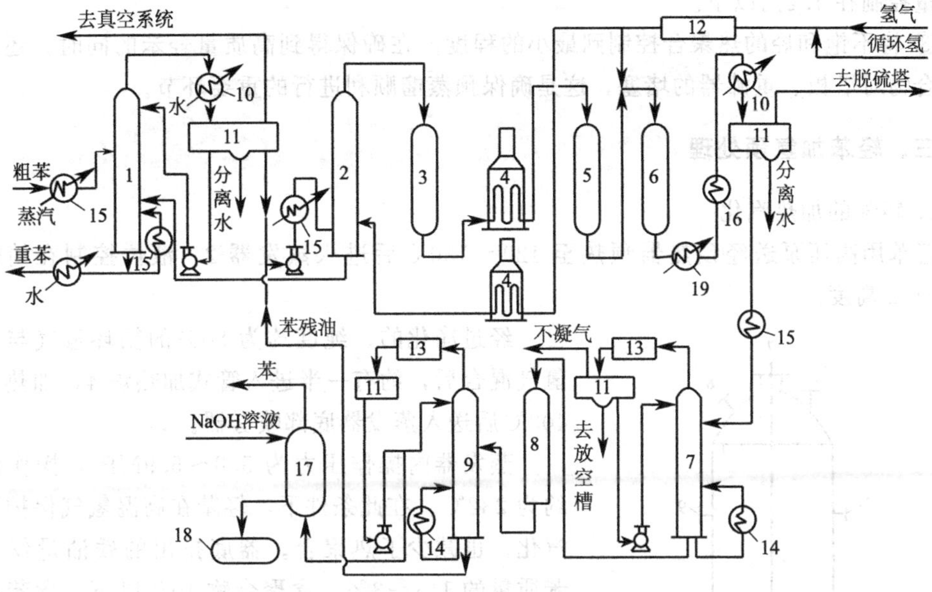

图 7-6　LITOL 加氢工艺流程

1—预蒸馏塔；2，19—蒸发器；3—预反应器；4—管式加热炉；5—第一反应器；6—第二反应器；7—稳定塔；8—白土塔；9—苯塔；10—冷凝冷却器；11—分离器；12—冷却器；13—凝缩器；14—重沸器；15—预热器；16—换热器；17—碱洗器；18—中和槽

二、粗苯预蒸馏

粗苯预蒸馏是将粗苯在预蒸馏塔中分馏成轻苯和重苯。

1. 工艺流程

原料粗苯经预热到 90～95℃进入预蒸馏塔 1，在约 26.7kPa 的绝对压力下进行分馏(负压蒸馏)，塔顶蒸汽温度控制不高于 60℃，逸出的轻苯油气经冷凝冷却器 10 冷却至 40℃，进入油水分离器 11 分离出水，小部分轻苯作回流，大部分轻苯送入加氢装置。塔底重苯经冷却至 60℃送往重苯储槽。分馏效果见表 7-16。

表 7-16　预蒸馏塔分馏效果

项目	粗苯(进料)	轻苯(塔顶)	重苯(塔底)
苯乙烯/%	100	93.6	6.4
C_9 高分子化合物/%	100	1.0	99.0
产率/%		84.7	14.8

2. 负压操作的目的

① 将有利于制苯的物质最大限度地集中在轻苯中。以 C_9 为代表的高分子化合物是集中在重苯中，是生产古马隆树脂的原料，但却不利于加氢反应，若过多地进入 LITOL 加氢系统，会增加催化剂的负荷，引起催化剂表面结焦，加快降低催化剂的活性，缩短使用周期。因此，控制轻苯中高分子化合物的含量是关键环节，一般控制在 0.15% 以下。

② 将不利于加氢反应的物质富集于重苯中。一般重苯（预蒸馏塔塔底油）中，二甲苯含量控制在1.2%以下。

③ 将不饱和烃的热聚合控制到最小的程度。在确保得到高质量轻苯的同时，还应防止聚合物对塔板、重沸器的堵塞，这是确保预蒸馏顺利进行的重要环节。

三、轻苯加氢预处理

1. 轻苯的加热汽化

轻苯用高压泵送经预热器预热至120～150℃后进入蒸发器2，液位控制在筒体的1/3～1/2高度。

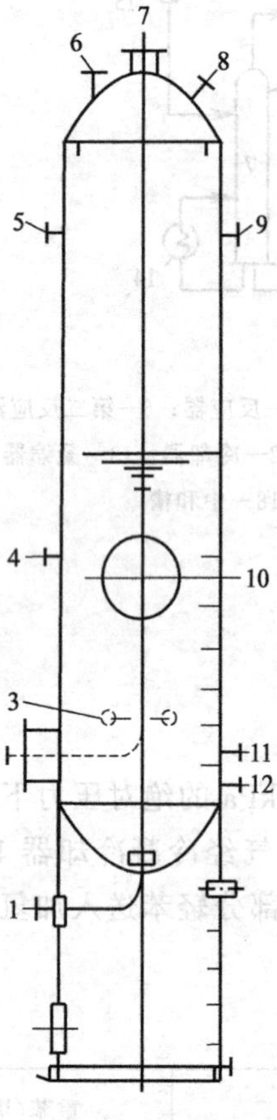

图7-7 蒸发器

1—蒸发残渣出口；2—循环气体入口；3—气体分布环管；4,5—液面指示调节器接口；6—安全阀接口；7—氢气-油混合气体出口；8—温度计插口；9,11—液面计接口；10—人孔；12—轻苯入口

经过净化的、纯度约为80%的循环氢气与补充氢气混合后，约有一半进入管式加热炉4，加热至约400℃后送入蒸发器底部喷雾器。

蒸发器内操作压力为5.8～5.9MPa，操作温度约为232℃。在此条件下，轻苯在高温氢气保护下被汽化，也减少了热聚合。器底排出的残油量仅为轻苯质量的1%～3%，含聚合物10%以下，含苯类约65%，经筒式过滤器过滤后，返回预蒸馏塔1。蒸发残油既可连续排出又可以间断方式排出。

2. 蒸发器的结构

蒸发器是钢制立式中空圆筒形设备，两端为球形封头，如图7-7所示。循环气体进入蒸发器底部并在轻苯液体中喷射鼓泡，使循环气体与轻苯充分接触换热、均匀混合。

蒸发器的液面计有两套系统，一套是玻璃板式液面计现场显示，另一套是由外浮筒式液面调节器得出信号，在仪表控制室显示。

蒸发器一般不结焦，一年检查一次，只需打开人孔进行观察。

四、轻苯预加氢

轻苯预加氢的目的是通过催化加氢脱除约占轻苯质量2%的苯乙烯及其同系物。因为这类不饱和化合物热稳定性差，在高温条件下易聚合，这不但能引起设备和管路的堵塞，还会使主反应器催化剂比表面积减少，活性下降。

1. 预加氢流程

由蒸发器顶部排出的芳烃蒸气和氢气的混合物进入预反应器3，在此进行选择性加氢，预反应器的操作压力为5.8～5.9MPa，操作温度为200～250℃。油气中的苯乙烯加氢反应生成乙苯。

2. 预反应器结构

预反应器为立式圆筒形，内填充 ϕ32mm，$L/D=1.4$ 的圆柱形 $CoO\text{-}MoO_3/Al_2O_3$ 催化剂。在催化剂上部和下部均装有 ϕ6～20mm 的瓷球，以使气源分布均匀。预反应器的操作压力为 5.8～5.9MPa，操作温度为 200～250℃，温升不大于 25℃。预反应器操作温度随原料油中苯乙烯含量的多少而有所变化。

3. 溴价与反应器的空间速率

(1) 溴价 轻苯加氢预处理的效果，可用加氢预处理前后的加氢物料（如烃苯）中的不饱和烃类的含量评价，分析上用溴价指标表示。

所谓溴价就是对 100g 物料所能吸收溴（Br）的克数。通过溴价的变化可以调节预加氢的工艺指标。一般在进出预反应器的物料管上设置取样装置。出预反应器物料溴价控制在 5g/100g 左右。

(2) 反应器的空间速度

$$\text{反应器空速}=\frac{\text{一定条件下单位时间物料的体积流量}}{\text{反应器内催化剂体积}}$$

空间速度又称空速（h^{-1}），一定条件下，用以表示反应器内催化剂的体积（m^3）和物料供给体积流量（m^3/h）之间的关系。

空速一般用 s_V 表示。一定条件是指压力为 101325Pa（1atm），气体温度为 0℃，液体温度为 15℃的情况。

加氢预反应器内的循环气体和物料的流量是基本稳定的，s_V 一般变化不大，但空速不能选择得过低，否则会引起烃类在加氢过程中分解加剧。

五、LITOL 法加氢

LITOL 法加氢的目的是完成原料轻苯的加氢裂解、部分加氢脱烷基和加氢脱硫等反应。

1. 工艺流程

预加氢后的油气经加热炉 4 加热至 600～650℃，进行主加氢反应。首先进入第一反应器 5，完成加氢裂解、部分加氢脱烷基和加氢脱硫等反应，从器底排出的油气（温升 17℃，加入适量的冷氢气（约 60℃）后称为冷激，再进入第二反应器 6，完成加氢脱烷基和加氢脱硫、部分加氢裂解等尚未完成的最后反应。由第二反应器排出的高温油气经蒸发器 19、换热器 16（与高压分离器后的加氢油换热）、冷凝冷却器 10 冷却后，进入高压分离器 11。分离出的液体统称为加氢油去提取纯苯。分离出的气体（氢气和低分子烃类）送去脱硫后，一部分送往加氢系统，一部分送转化制氢系统，剩余部分作燃料使用。

2. 注水工艺

轻苯中含有氮化合物，在 LITOL 加氢过程中，生成了 NH_3，又与原料中的 Cl^- 反应生成 NH_4Cl 等盐类，在低温条件下（200～300℃）析出结晶堵塞换热设备及管道，因此，必须向设备（管道）中注水溶解有害的铵盐。

注入的洗涤水最终流入高压分离器，然后从水分离器排出，送入 H_2S 放散塔凝液槽。

3. H_2/A 比

所谓 H_2/A 比，是指第二 LITOL 反应器出口碳氢化合物的 H_2 含量与芳香烃含量的比值。如果知道了 LITOL 反应器的碳氢化合物供给量、循环气体量和 H_2 的浓度，就能按照图 7-8 查出 H_2/A 比。

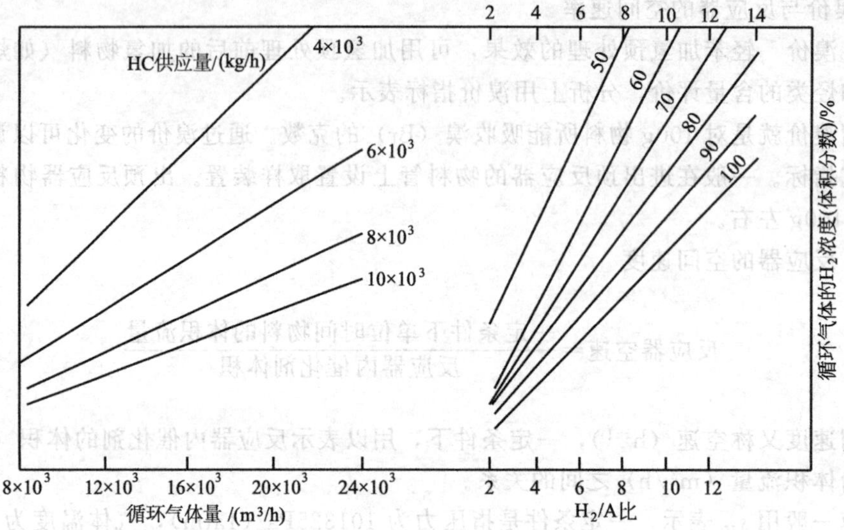

图 7-8　H_2/A 比计算值

H_2/A 比的大小直接影响着催化剂活性的老化速率。如 H_2/A 比高时，LITOL 反应器的催化剂活性降低的速度就慢。但是 H_2/A 比不能无限提高，要根据气体压缩机、加热炉能力及经济效果来适当确定。H_2/A 比一般为 5.1 左右。

4. 在主加氢过程中影响转化率的因素

(1) 反应温度　温度过低反应速率慢，温度过高不希望发生的副反应加剧，可采取控制送入的冷氢气量加以控制。

(2) 反应压力　适当的压力可以使噻吩硫的脱除率达到最高，并且能抑制催化剂床层积炭，防止出现芳烃加氢裂解反应。

(3) 进料速度　决定物料在反应器中的滞留时间。滞留时间与催化剂的性能有密切关系．性能优异的催化剂可以大大缩短物料滞留时间。

(4) 氢气与轻苯的摩尔比值　操作中此值必须大于化学计量比值，以防止生成高沸点聚合物和结焦。

六、苯精制

苯精制的目的是使加氢油通过稳定塔系、白土塔系、苯蒸馏塔系和产品的碱洗涤处理，得到合格的特级苯。

1. 稳定处理

如图 7-6 所示，由高压闪蒸分离器出来的加氢油，在预热器换热升温至 120℃后入稳定塔 7。稳定塔顶压力约为 0.81MPa，温度为 155～158℃。用加压蒸馏的方法将在高压闪蒸器中没有闪蒸出去的 H_2、小于 C_4 的烃及少量 H_2S 等组分分离出去，使加氢油得到净化。另外，加压蒸馏可以得到温度高的（179～182℃）塔底馏出物，以此作为白土精制系统的进料，可使白土活性充分发挥。

稳定塔顶馏出物经冷凝冷却进入分离器，分离出的油作为塔顶回流，未凝气体再经凝缩，分离出苯后外送处理。

2. 白土吸附处理

经稳定塔处理后的加氢油，尚含有一些痕量烯烃、高沸点芳烃及微量 H_2S。通过白土吸附加氢油在预热器 15 换热升温至 120℃后入稳定塔 7 加压蒸馏将其中的 H_2、小于 C_4 的烃及少量 H_2S 等组分分离出去，使加氢油得到净化。此外加压蒸馏可以得到温度高的塔底馏出物（179～182℃），进入活性白土塔 8，该温度下可使活性白土吸附性充分发挥。稳定塔顶压力约为 0.81MPa，温度为 155～158℃。稳定塔顶馏出物经凝缩器 13 冷凝冷却进入分离器 11，分离出的油作为塔顶回流，未凝气体再经凝缩分离出苯后外送处理。

稳定塔底出来的加氢油，在活性白土塔 8 中除去一些痕量烯烃、高沸点芳烃及微量 H_2S。

白土塔内充填以 SiO_2 和 Al_2O_3 为主要成分的活性白土，其真密度为 2.4g/mL，比表面积 $200m^2/g$，空隙体积 280mL/g。白土塔的操作温度为 180℃，操作压力约为 0.15MPa。白土活性下降后可用水蒸气蒸吹进行再生。白土塔一般设置两台正常生产、白土活性再生交替使用。

3. 分馏纯苯

经过白土塔净化后的加氢油，经调节阀减压后，温度约 104℃进入苯塔 9。

苯塔为筛板塔，塔顶压力控制在 41.2kPa，温度为 92～95℃。纯苯蒸气由塔顶馏出，经凝缩器 13 冷却至 40℃后入分离器 11。分离出的液体苯一部分作回流，其余送入碱洗器 17，用 10%的 NaOH 溶液洗涤除去其中微量的 H_2S 后，苯产品纯度达 99.9%，凝固点大于 5.45℃，全硫小于 1mg/kg（苯）。分离出的不凝性气体，可以作为燃料使用。苯塔底部的苯残油，返回轻苯储槽，重新进行加氢处理。

第六节　低温（K-K 法）加氢精制工艺

一、K-K 法工艺单元、特点及工艺流程

1. 概述

K-K 法工艺是德国 BASF/VEBA 公司开发的苯加氢工艺，后又由克虏伯·考伯斯（简称 KK）改进为焦化粗苯加氢工艺，属低温加氢工艺，习惯上将该加氢工艺称为“K-K 法加氢精制”。该工艺精制不仅能获得纯苯产品，还可以获得甲苯、二甲苯及溶剂油等。

K-K 法加氢净化装置框图如图 7-9 所示。原料首先经蒸发汽化，然后进行催化加氢净化反应处理，得到加氢油和加氢反应气体，加氢反应气体经加压并补入新鲜氢气后，循环使用。

2. 工艺特点

① 低温加氢及萃取蒸馏技术已有 30 多年的运行经验，技术先进、成熟、可靠，产

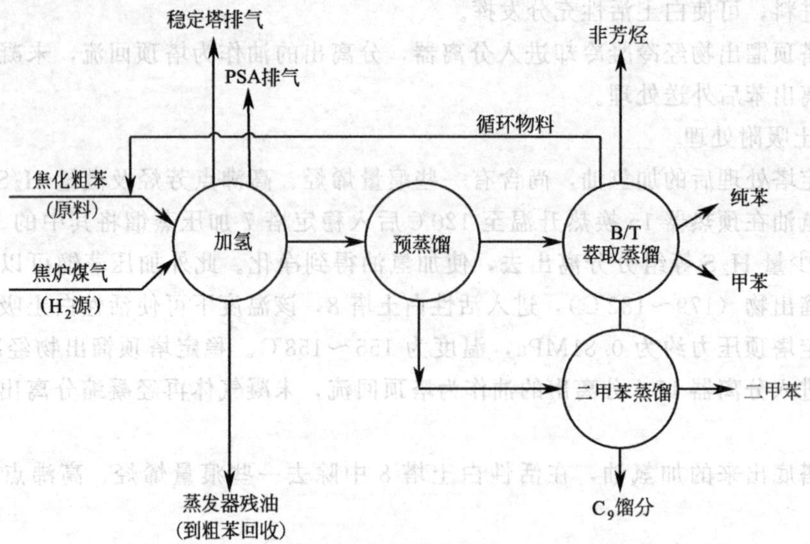

图 7-9　K-K 法加氢及莫菲兰萃取蒸馏工艺框图

品质量高，纯苯纯度可达到 99.9%以上；

② 采用高活性的催化剂和高选择性的萃取剂进行粗苯精制，可以有效地清除粗苯中的非芳烃、硫化物、氮化物等杂质，是最佳的工艺结合；

③ 溶剂热稳定性好，在 220℃下连续操作不聚合；

④ 产品总收率高，纯苯、纯甲苯的收率均为 96.9%以上；

⑤ 装置操作温度、压力低，大部分设备、管道、仪表及备品备件均可在国内解决；

⑥ 装置有很大的灵活性，原料量和原料组成可在较大的范围内变化，原料量最小可为设计能力的 60%，原料可为焦化粗苯，也可以部分加入裂解汽油；

⑦ 设计中充分利用工艺生产过程中的余热换热，以降低能耗，提高企业的经济效益。

3. 工艺流程图

K-K 法加氢净化工艺流程示意图如图 7-10 所示。

二、粗苯多段蒸发

1. 工艺过程

粗苯分段蒸发是在循环气体（含富氢气）保护下，在分段蒸发器系统进行的，如图 7-9 和图 7-11 所示。

如图 7-11 所示，原料粗苯在过滤器脱除颗粒状的聚合物后储存于缓冲槽，再由粗苯泵加压并与少部分循环气体混合，一起与主反应生成物换热升温后进入多段蒸发器顶部的混合喷嘴 3#。大部分循环气体与主反应生成物换热、导热油预热升温后进入多段蒸发器底部的混合喷嘴 1#。被加热的循环气体也起了向多段蒸发器供热的作用。

多段蒸发系统是由多段蒸发器的二段、一段和重沸器加热液相供热，热源为导热油。

2. 主要操作指标

主要操作指标见表 7-17。

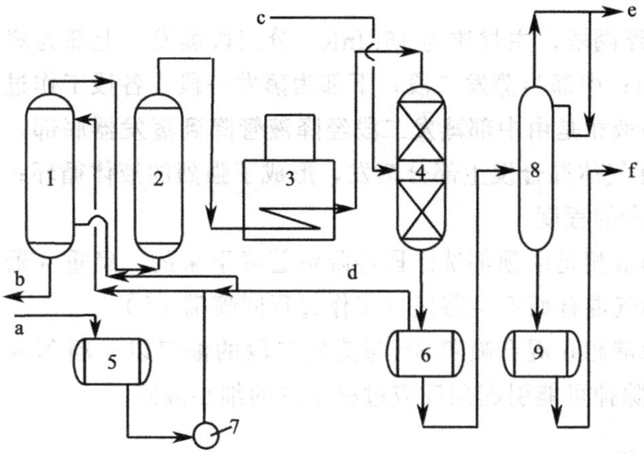

图 7-10 K-K 法加氢净化工艺流程示意图

a—焦化粗苯；b—残渣油；c—氢气；d—循环气体；e—含 H_2S 的排气；f—加氢油；
1—分段蒸发器；2—预反应器；3—加热炉；4—主反应器；5—粗苯缓冲槽；6—分离器；
7—粗苯泵；8—稳定塔；9—加氢油缓冲槽

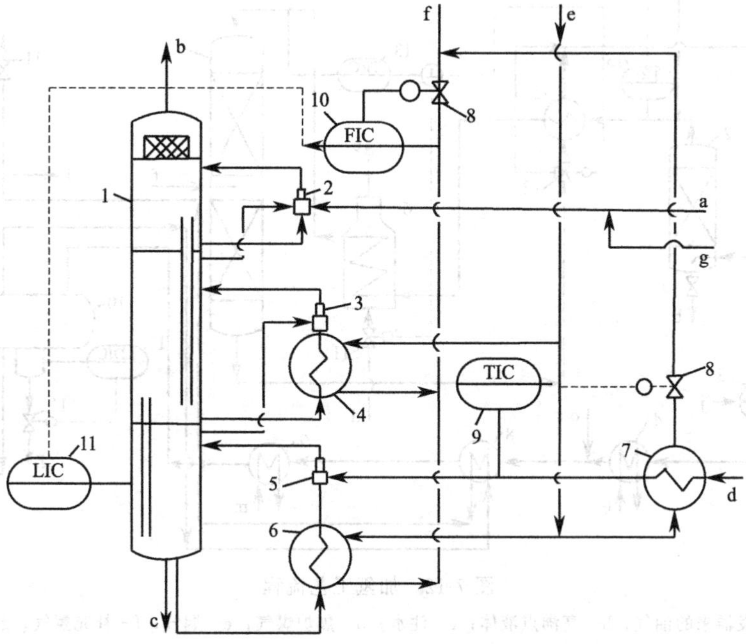

图 7-11 多段蒸发器工艺

a—经过加压和换热的粗苯（原料）；b—去预反应器的轻苯和循环气体混合物；c—蒸发残油；
d—换热升温后的循环气体；e—导热油；f—导热回油；g—预热升温的循环气体；
1—多段蒸发器；2—喷嘴 3#；3—喷嘴 2#；4—第二段重沸器；5—喷嘴 1#；6—第一段重沸器；
7—循环气体预热器；8—调节阀；9—温度指示调节；10—流量指示调节；11—液面指示调节

表 7-17 分段蒸发系统操作指标

名 称	指标	名 称	指标
分段蒸发器顶部温度/℃	200	粗苯进入喷嘴 3# 温度/℃	139～150
分段蒸发器底部温度/℃	210	循环气体进入喷嘴 1# 温度/℃	200～250
分段蒸发器底部压力/MPa	3～3.5		

3. 多段蒸发器

多段蒸发器为浮阀塔，主材质为16MnR，分三段蒸发。上部为蒸发三段（又称洗涤段），顶部设捕雾网；中部为蒸发二段；下部为蒸发一段。各段工作过程如下。

① 蒸发一段的液相是由中部蒸发二段经降液管降到蒸发器底部，经重沸器加热并在混合喷嘴1#与循环气体混合发生部分蒸发，形成了强烈的液体循环；但温升很小，有效地降低了发生热聚合的程度。

② 蒸发二段的液相是由顶部洗涤段经降液管降下来的，经重沸器加热并在混合喷嘴2#与蒸发一段的油气混合而产生蒸发（工作过程同喷嘴1#）。

③ 蒸发三段的液相在混合喷嘴3#与蒸发二段的油气以及粗苯混合后，发生最后的蒸发，油气经捕雾除掉可能引起预反应过程结焦的细小液滴。

三、混合油加氢

1. 加氢工艺流程

加氢工艺流程如图7-12所示。

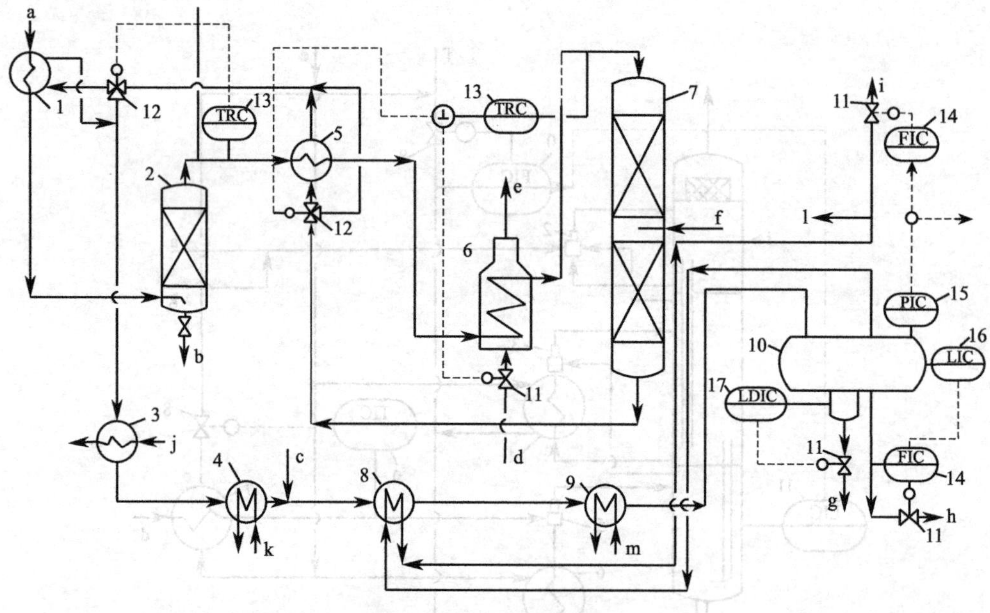

图7-12 加氢工艺流程

a—多段蒸发器来的油气；b—高沸点液体；c—注水；d—焦炉煤气；e—烟气；f—补充氢气；g—分离水；h—粗加氢油；i—放散气体；j—去循环气体换热器的循环气体；k—粗苯；l—到压缩机入口的循环气体；m—冷却水；1—油气加热器；2—预反应器；3—循环气体换热器；4—预蒸发器；5—预反应生成物换热器；6—主反应加热炉；7—主反应器；8—排气加热器；9—主反应生成物冷却器；10—分离器；11—调节阀；12—三通调节阀；13—温度记录调节；14—流量指示调节；15—压力指示调节；16—液面指示调节；17—界面指示调节

加氢过程是在预反应器和主反应器中进行的，其工艺过程如下。

① 由多段蒸发器顶来的蒸发油气，与主反应生成物换热到预反应需要的温度从预反应器底部进入，并经过催化剂床层向上流动，完成加氢饱和反应后从器顶逸出。

② 出预反应器的预反应生成物，经与主反应生成物换热以调整到主反应所需的温度从顶部进入主反应器，通过两层催化剂床层向下流，完成加氢主反应后从底部排出。

③ 出主反应器的主反应生成物依次与预反应生成物、蒸发油气及循环气体换热，并经预蒸发器、排气加热器及主反应生成物冷却器，被冷却后进入分离器。

④ 主反应器生成物在与预蒸发器换热而降温后，由定量泵间断地（每周 8h）向其注锅炉给水，以溶解析出的诸如 NH_4Cl 及 NH_4HS 等盐类。

⑤ 在反应生成物分离器分离的含氢的循环气体经脱水（雾）、预热，由循环气体压缩机循环至多段蒸发及加氢系统。

⑥ 主反应器加热炉是在需要时补充热量用：如主反应器开工运转时、主反应器正常运转需要补入的最小热量及催化剂再生时。

2. 加氢操作指标及工艺控制

主要的加氢操作指标见表 7-18。

表 7-18 主要的加氢操作指标

名　称	指　标	名　称	指　标
入预反应器入口温度/℃	180～230	分离器温度℃	35～50
出预反应器温度/℃	195～245	分离器压力/MPa	2.4～2.9
预反应器压力/MPa	3～4	补充氢压力/MPa	3.5
主反应器温度/℃	280～355	循环气体压力/MPa	3.5
主反应器压力/MPa	3～4		

注：预反应器和主反应器的温度随催化剂的活性变化而改变。

加氢工艺流程如图 7-12 所示。

① 预反应器入口的经多段蒸发的轻苯和循环气体混合后的温度是由预反应器出口的反应生成物的温度调节（TRC）的，是通过三通调节阀改变进入加热器的主反应生成物的流量实现的。

② 进入主反应器的预反应生成物的温度，是由通过三通调节阀调节主反应生成物进入预反应生成物预热器的流量来调节（TRC）的。当主反应加热炉也运转时，也通过改变进加热炉的焦炉煤气量来调节炉温。

③ 分离的油水界面通过调节排水包的工艺排水量来实现（LDIC）；加氢油的流量通过分离器的液位（LIC）和加氢油的流量（FIC）串级调节；分离器的压力通过泄压调节阀实现（FIC）。

3. 预反应器和主反应器

（1）预反应器　器内充填有活性的硫化 Ni-Mo 催化剂。当轻苯及循环气体混合物经过催化剂床层时，双烯、苯乙烯、CS_2 等易聚合的杂质在低温条件下，被加氢饱和而被除去。

在预反应器催化剂底部设置了由格栅及瓷球等组成的分布/分离装置：一方面使上升的油气均匀地分布在催化剂截面上；另一方面分离油气中沉降的聚合物并从器底排出。

Ni-Mo 催化剂是否需要再生，得由预反应器进口温差来判断，当温差约 5℃且出口温度已达到最大值时，表明需进行再生。

（2）主反应器　主反应器内充填有活性的硫化 Co-Mo 催化剂。当预加氢反应生成物流经催化剂床层时，烯烃发生加氢饱和反应，以噻吩为主的硫化物、氧化物及氮化物被加氢转化为烃类及 H_2S、H_2O 和 NH_3，并最大限度地抑制芳烃的转化。

主反应器的催化剂床层分上下两层，补充氢是由两层之间进入的。其目的是：一方面除掉氢气中的氧，以防止氧气与预反应生成物发生不必要的聚合反应；另一方面起到降低上层因催化反应而增加的温升（急冷），使下层催化反应基本上在设定的温度下完成气相催化加氢反应。

主反应催化剂的活性会随着聚合物及结焦物在其表面上的聚结而下降，此时需提高主反应器入口温度或轻微改变氢分压来平衡。Co-Mo 催化剂的活性还可由加氢油中噻吩含量确定，如果此值超标，则必须增加主反应器的入口温度。

主反应器的反应温度必须按如下原则确定：

① 增加芳烃的氢化反应；

② 增加结焦的反应。

当主反应器出口温度约 370℃时，催化剂必须再生。

四、加氢油预蒸馏

加氢油预蒸馏是粗加氢油在稳定塔最大限度地蒸出不凝性气体后的馏分（BTXS 馏分），再进行常压蒸馏分馏出苯-甲苯馏分（BT 馏分）和二甲苯-溶剂油馏分（XS 馏分）。

1. 工艺流程

加氢油预蒸馏工艺流程见图 7-13。

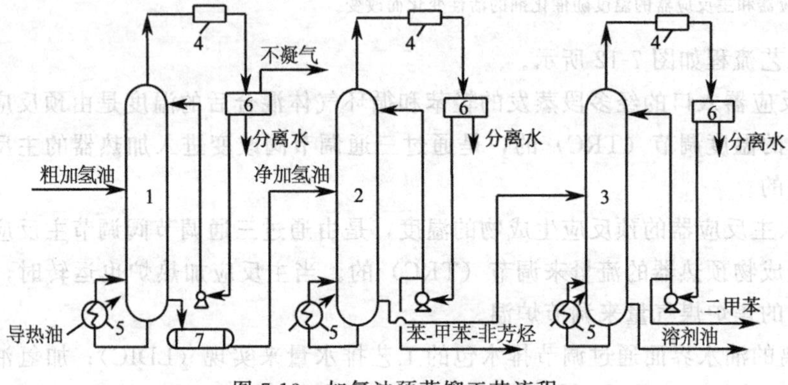

图 7-13　加氢油预蒸馏工艺流程

1—稳定塔；2—预蒸馏塔；3—二甲苯蒸馏塔；4—凝缩器；

5—重沸器；6—分离器；7—缓冲槽

粗加氢油首先进入稳定塔系统，汽提出溶解在其中的不凝性气体（H_2、N_2、NH_3、H_2S 等），热能是由塔底用导热油加热的重沸器供给。为了减少苯类产品损失，又最大限度地蒸出不凝性气体，稳定塔采用加压操作，塔底采出的是净加氢油，也称三苯馏分(BTXS 馏分)，作为预蒸馏的原料。塔顶的气相经空冷冷凝后在分离器 6 分出不凝气体和少量的水后作该塔回流。

由稳定塔底得到的三苯馏分，送至预蒸馏塔进行常压蒸馏。塔顶分馏出的苯-甲苯馏分，用空冷凝缩器 4 冷凝冷却在分离器 6 分出少量的水后，一部分作该塔回流，一部分作为萃取蒸馏的原料。

预蒸馏塔塔底由用导热油加热的重沸器供热，塔底残油（二甲苯-溶剂油馏分）送至二甲苯塔以制取二甲苯和溶剂油。

2. 稳定塔及操作指标

稳定塔为浮阀塔，主材质是16MnR。稳定塔操作指标见表7-19。

表 7-19 稳定塔操作指标

名 称	指 标
稳定塔底温度/℃	150～170
稳定塔底压力/MPa	0.5～0.7
稳定塔顶温度/℃	80～90
稳定塔顶压力/MPa	0.4～0.6
解析气体凝缩温度/℃	50～60

3. 预蒸馏塔操作指标

预蒸馏塔操作指标见表7-20。

表 7-20 预蒸馏塔操作指标

名 称	指 标
预蒸馏塔顶温度/℃	90～100
预蒸馏塔顶压力/MPa	0.04～0.05
预蒸馏塔底温度/℃	170～180
预蒸馏塔底压力/MPa	0.08-0.09

五、苯-甲苯（BT）馏分萃取蒸馏

低温加氢产生的饱和碳氢化合物与苯的相对挥发度很小（如苯与环己烷的相对挥发度为1.15），与苯的沸点差也小，并且能形成共沸混合物，用普通精馏法不能分离，这将使苯的结晶点、密度和折射率降低，严重影响其质量。因此，必须采用萃取蒸馏的方法才能得到苯的纯产品。

1. 典型萃取蒸馏的基本工艺过程

以*N*-甲酰吗啉（NFM）作萃取溶剂的萃取蒸馏工艺是20世纪60年代德国克虏伯·考伯斯公司开发的，称作莫菲兰（Morphylane）工艺。

技术成熟的莫菲兰工艺是典型的萃取蒸馏，其基本流程如图7-14所示。

萃取蒸馏的基本单元是由萃取溶剂循环系统连起来的精馏塔（萃取蒸馏塔）和汽提塔组成的。

萃取蒸馏过程是：原料（芳烃分馏物）从萃取蒸馏塔中部进入；贫萃取溶剂从塔顶喷洒降液到塔底的过程中溶解了芳烃（萃取溶剂＋芳烃），从塔底进入汽提塔进行萃取剂再生；在该塔顶分馏出芳烃，再生后的萃取溶剂（贫萃取溶剂）又从塔底循环到萃取蒸馏塔顶喷洒。其工艺要点有以下两个。

① 由于萃取蒸馏塔顶只喷洒贫萃取溶剂，不用提余液（非芳烃）回流，所以塔顶分馏出的非芳烃中只含有微量的溶剂，仅需在塔板数少的溶剂回收塔中回收溶剂，其再蒸馏的能耗在整个复杂工艺过程的热平衡中是可以忽略不计的。

② 从萃取蒸馏塔底抽出的溶解了几乎全部芳烃的萃取溶剂（溶剂＋芳烃），在操作

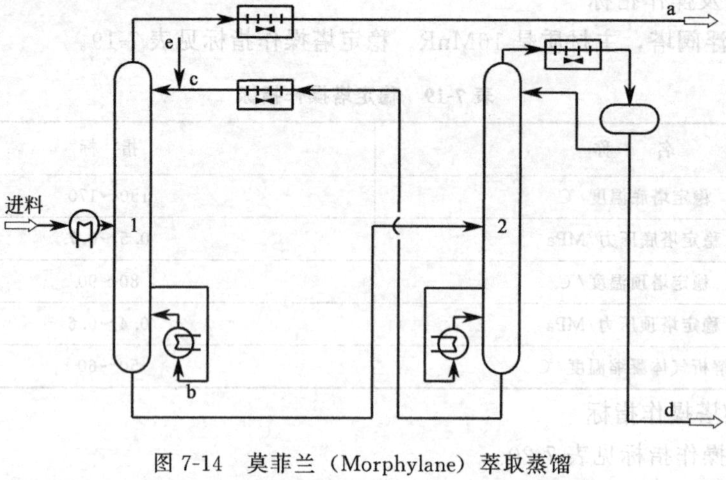

图 7-14　莫菲兰（Morphylane）萃取蒸馏

a—经回收溶剂的非芳烃；b—萃取剂+芳烃；c—贫萃取剂；d—高纯芳烃；e—补充萃取剂；

1—萃取蒸馏塔；2—汽提塔

压力低（约 0.04MPa）的汽提塔中，经过蒸馏塔底分馏出萃取溶剂，塔顶分馏出的芳烃中残留的溶剂几乎检测不出，所以切取的芳烃无需再净化处理即可分离高纯苯和硝化甲苯。

2. 苯-甲苯馏分萃取蒸馏工艺流程

苯-甲苯馏分萃取蒸馏工艺流程如图 7-15 所示。

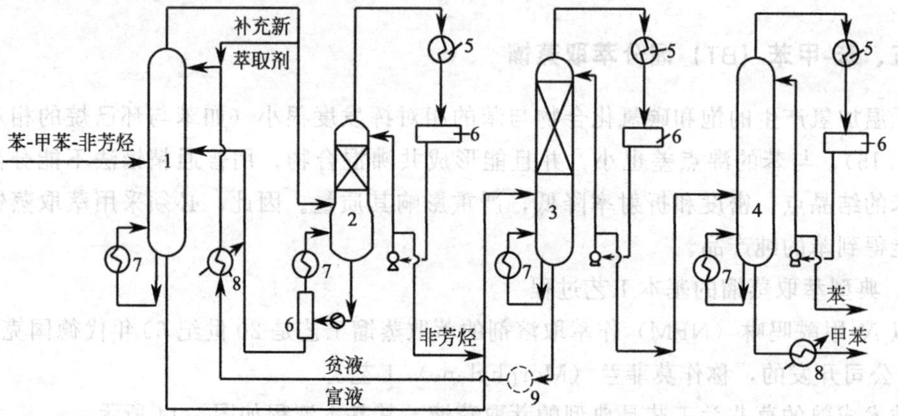

图 7-15　苯-甲苯馏分萃取蒸馏工艺流程

1—萃取塔；2—溶剂回收塔；3—汽提塔；4—苯-甲苯蒸馏塔；5—凝缩器；

6—分离器；7—重沸器；8—冷却器；9—塔底重沸器

苯-甲苯-非芳烃馏分由萃取塔 1 的中部进入，*N*-甲酰吗啉由塔上部进入，在流经上部填料段过程中，完成了液-液萃取操作，同时净化了由塔顶排出的非芳烃气体。物料经塔下部的浮阀塔盘完成蒸馏过程，塔底排出富溶剂油。萃取塔顶温度 90℃，塔底温度 175℃；萃取塔塔顶压力 0.2MPa，塔底压力 1.55MPa。

萃取塔顶部逸出的含少量溶剂的非芳烃气体进入填料溶剂回收塔 2，从塔顶分馏出非芳烃，塔底油经分离器分为轻相和重相。轻相含非芳烃和芳烃，强制循环返回溶剂回收塔底部，重相含少量溶剂和芳烃返回萃取塔填料的下部。溶剂回收塔塔顶温度 79℃，塔底温度 151℃。

萃取塔底排出的富液进入汽提塔下段，塔顶采出苯-甲苯馏分，塔底排出贫液。贫液经换热和冷却后进入萃取塔。汽提塔顶温度 56℃，塔底温度 185℃；汽提塔顶压力 −0.005MPa，塔底压力 −0.05MPa。为了去除萃取剂在循环使用中形成的高聚物及混入的铁锈等固体颗粒，从汽提塔底间歇定量地引入再生槽进行减压蒸馏，再生温度 200℃。

由汽提塔得到的苯-甲苯馏分送入蒸馏塔 4，塔顶采出纯苯，塔底采出甲苯。蒸馏塔顶温度 85℃，塔底温度 128℃；蒸馏塔顶压力 0.03MPa，塔底压力 0.06MPa。

3. 萃取蒸馏萃取剂的选择及其性能

(1) 萃取剂的选择　萃取精馏是向精馏塔顶连续加入高沸点添加剂也就是萃取剂，改变料液中被分离组分间的相对挥发度，使普通精馏难以分离的液体混合物变得易于分离的一种特殊精馏方法。萃取蒸馏的关键是选择萃取剂。判定萃取剂的有效、合理可行的方法，是对含有烃类和溶剂的混合物的初沸点进行对比，见表 7-21。

表 7-21　溶剂存在下烃的沸点差

存在的溶剂		烃类的沸点差 Δt/℃	
溶剂名称	沸点/℃	苯-甲基环己烷	苯-正庚烷
N-甲酰吗啉(NFM)	243	26	36
N-甲基吡咯烷酮	203	14	27

从表 7-21 可知，苯与非芳烃的 Δt 越大，说明蒸馏分离越容易，证明混入的溶剂（萃取剂）性能好，例如 NFM。

萃取溶剂选择条件如下。

① 能够提高非芳烃与芳烃之间的相对挥发度。

② 对芳烃有很大的溶解度，同时也能溶解非芳烃，否则就不适用于芳烃萃取蒸馏。

③ 萃取溶剂的沸点应大大高于芳烃，这样便于汽提芳烃。

④ 与待分离组分不会产生共沸混合物。

⑤ 热稳定性和化学稳定性较好，循环使用过程损失小。

N-甲酰吗啉是首选，也有采用环丁砜和 *N*-甲基吡咯烷酮等作萃取剂的。

(2) 萃取剂的性能　见表 7-22。

表 7-22　萃取精馏溶剂的性质

溶剂	密度/(g/cm³)		760mmHg 下的沸点/℃	黏度/mPa·s		α 值		溶剂含水量/%
						溶剂含量		
	20℃	50℃		20℃	50℃	75%	86%	
二甘醇	1.13	1.10	245	3.3	2.3	1.1	3.6	11
N-甲基吡咯烷酮	1.033	1.01	203	1.8	1.2	4.5	6.2	25
环丁砜	1.26	1.23	285	9.7 (30℃时)	2.0 (100℃时)	5.8	6.5	10
二甲基亚砜	1.10	1.09	189	1.8 (25℃时)	—	2.8	3.6	—
N-甲酰吗啉	1.153	1.126	243	8.1	3.6	3.0	—	—

4. 以 *N*-甲酰吗啉为萃取溶剂的萃取蒸馏工艺特点

以 N-甲酰吗啉为萃取溶剂的萃取蒸馏工艺明显的优点如下。

① 由于 NFM 的闪点与着火点都比较高，不需严格的防火防爆措施。

② 由于 NFM 沸点高，且它与 C_6～C_9 烃类不会形成共沸混合物，很适合用于萃取蒸馏来精制 C_9 以下的各类芳烃。只需用简单的蒸馏即可将溶剂与芳烃分离。分离的芳烃不含溶剂，也不需要再洗涤便得高纯产品。

③ 由于 NFM 对水及芳烃有完全的可溶性，可以用廉价的水萃取回收非芳烃中残存的溶剂，然后再用芳烃进行反萃取。

④ 由于 NFM 具有弱碱性，与水 1∶1 配制成溶液时 pH 值是 8.6，不会发生对设备的腐蚀。

⑤ 由于 NFM 热稳定性极好，即使热传递速度达到 76×10^3 kJ/(m^2·h) 条件下，也几乎不发生热分解而生成高分子聚合物或缩聚物现象。

⑥ 由于 NFM 有良好的化学稳定性，为提高其选择性，用 10%水稀释成溶液时也不发生水解反应，碳钢设备能长期使用。

NFM 与烃类混合后的初沸点见表 7-23。

表 7-23　*N*-甲酰吗啉和烃的沸点及混合后的初沸点

项　目		*N*-甲酰吗啉(NFM)	苯	甲基环己烷	正庚烷
沸点/℃		243	80	101	98
NFM 与烃混合后初沸点①/℃	0.1MPa		136	110	100
	0.3MPa		203	174	157
混后苯与烃初沸点差(Δ*t*)/℃	0.1MPa			26	36
	0.3MPa			29	46

① 指的是 85%NFM 萃取剂与 15%烃的混合物的初沸点。

5. B/T 馏分萃取蒸馏工艺要点

通过向混有非芳烃的 B/T 馏分中添加 *N*-甲酰吗啉萃取溶剂（NFM），以改变物料的蒸气分压，使非芳烃（如链烷烃、环烷烃）从芳烃（B/T）中分离，以达到除去的目的。

(1) B/T 馏分蒸馏工艺　是由萃取蒸馏塔、溶剂回收塔、汽提塔、B/T 分馏塔等系统组成。

(2) 萃取蒸馏塔系

① 工艺过程。萃取蒸馏塔是由集萃取及蒸馏为一体构造的特殊设备。B/T 馏分（原料）从塔的中部进入，其上部是填有两段金属填料的塔段，NFM 从塔顶部注入，在经填料传质并向塔底流动的过程中，完成液-液萃取操作过程。同时也冲洗净化经由塔顶排出的、富集全部非芳烃的蒸发气体。下部是装有浮阀塔板的塔段，物料在此完成蒸馏工艺过程，塔底排出的是富集芳烃（B/T）的 NFM 溶剂油（富溶剂油）。

萃取蒸馏塔所需的热量分别由导热油和汽提塔底热贫溶剂（NFM）加热的重沸器提供。在顶部填料下部还注入调节温度用的未经最终冷却的贫 NFM。

② 操作控制。

A. 萃取蒸馏塔操作控制的目标是：

a. 确保塔底富集芳烃的 NFM 中不含非芳烃；

b. 尽量降低塔顶油气中芳烃及溶剂的含量。

B. 原料温度及 NFM 添加比例是实现目标的保证：

a. 为进一步提纯塔顶的蒸发气体，NFM 必须按照对原料量的正常比例添加；

b. 输入系统的总热量必须稳定，不能随着塔底产品量的变化而改变，要确保稳定；

c. 在塔底热量不变的前提下，NFM 或者烃（HC）原料温度的变化将直接影响塔顶蒸发量的变化。故采取了一系列的如入塔 NFM 的 TIC 调节等极其精确的热量输入的控制。

(3) 溶剂回收塔系　从达到萃取蒸馏塔的操作控制目的而言，溶剂回收塔系是萃取蒸馏不可缺少的一个组成部分。其目的是将萃取蒸馏塔顶蒸气中的少量 NFM 从非芳烃中回收下来。

溶剂回收塔顶装有两段不规则填料。萃取塔顶蒸气从填料的下部进入，塔顶回流冲洗上升气体中挟带的 NFM。蒸馏所需的热量由热贫 NFM 加热、强制循环的重沸器供给。强制循环的塔底油经分离器分为轻、重两相，重相含少量 NFM-芳烃，返回到萃取蒸馏塔填料的下部；轻相含非芳烃-芳烃，强制循环至溶剂回收塔底部。溶剂回收塔的基本特征是在塔底部分，正常操作条件下有相分离现象。

(4) 汽提塔系　汽提塔上段充填的是规整填料，下段为板式塔段。B/T 馏分与 NFM 混合物从下部进塔，塔顶排出纯净的 B/T 馏分，塔底排出提贫 NFM。汽提塔分别由热油和 B/T 馏分加热的重沸器供热。为防止 NFM 分解，要真空操作（约 0.05MPa）。

汽提塔相当于 B/T 馏分的解吸塔，是轻芳烃组分及重 NFM 组分的蒸馏设备。

汽提塔是塔底无液位控制的装置。塔底液位是由初次装入量确定的，该塔底排出的 NFM 流量等于萃取塔底液位控制的量减去其溶解的芳烃量（B/T）。

塔顶芳烃回流是为了除去该塔填料段上升气流中的 NFM。

(5) NFM 萃取剂的再生　再生的目的是通过蒸馏除去含量很少的高沸点分解/聚合物等化学不纯物以及混入 NFM 中的铁锈等固体颗粒。再生在带有热油加热蛇管的溶剂再生槽中进行。从汽提塔底间歇（定量）引出 NFM 进行真空蒸馏。蒸馏温度见表 7-21。蒸出的 NFM 等物料回系统，再生槽底残留的残渣装桶送出装置外。

(6) B/T 馏分萃取蒸馏系统操作指标　操作指标也包括了热油供热、B/T 分离及二甲苯间歇蒸馏的主要操作指标，见表 7-24。

表 7-24　B/T 馏分萃取蒸馏系统操作指标

名　称	指　标	名　称	指　标
热油炉的热油进口温度/℃	210	溶剂再生槽温度/℃	200
热油炉的热油出口温度/℃	280	B/T 分离塔底温度/℃	128
萃取蒸馏塔底温度/℃	175	B/T 分离塔底压力/MPa	0.06
萃取蒸馏塔顶温度/℃	90	B/T 分离塔顶温度/℃	85
溶剂回收塔底温度/℃	151	B/T 分离塔顶压力/MPa	0.03
溶剂回收塔顶温度/℃	79①	二甲苯蒸馏塔底温度/℃	205

续表

名　称	指　标	名　称	指　标
汽提塔底温度/℃	185	二甲苯蒸馏塔底压力/MPa	0.09
汽提塔顶温度/℃	56	二甲苯蒸馏塔顶温度/℃	146
		二甲苯蒸馏塔顶压力/MPa	0.04

① 当生产苯-用苯时的指标。

六、加氢油（BTXS 馏分）的溶剂萃取

粗苯低温（K-K 法）加氢精制工艺除 B/T 馏分萃取蒸馏法脱出非芳烃的方法外，还有三苯馏分（BTXS 馏分）溶剂萃取法脱出非芳烃的方法，全称为溶剂萃取低温加氢法。

溶剂萃取低温加氢法在国内外得到广泛应用，大量被应用于以石油高温裂解汽油为原料的加氢过程，目前在焦化粗苯加氢过程中也得到应用。

在苯加氢反应工艺上，与萃取蒸馏低温加氢法相近，而在加氢油的处理上则不同，是以环丁砜为萃取剂采用液-液萃取工艺，把芳烃与非芳烃分离开来。工艺流程见图 7-16。

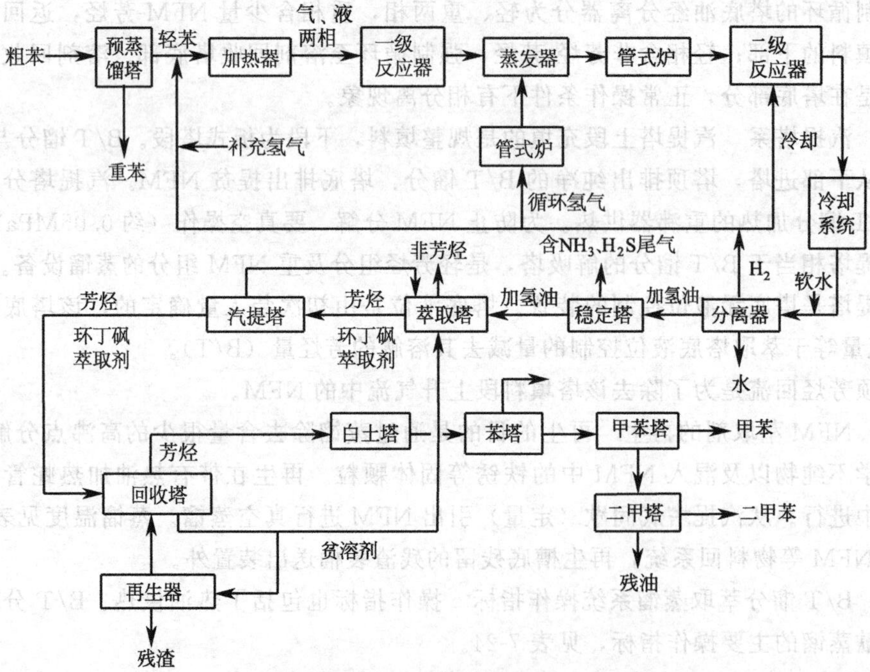

图 7-16　溶剂萃取加氢精制工艺

粗苯经预蒸馏塔分离成轻苯和重苯，然后对轻苯进行加氢，除去重苯的目的是防止 C_9 以上重组分使催化剂老化。轻苯与补充氢气和循环氢气混合，经加热器加热后，以气、液两相混合状态进入一级反应器，一级反应器的作用与莱托法和 K-K 法的预反应器相同，使苯乙烯和一烯烃加氢饱和，一级反应器中保持部分液相的目的是防止反应器内因聚合而发生堵塞。一级反应器出来的气、液混合物在蒸发器中与管式炉加热后的循环氢气混合被全部气化，混合气体经管式炉进一步加热后进入二级反应器，在二级反应器中发生脱硫、脱氮、烯烃饱和反应。一级反应器催化剂为 Ni-Mo 型，二级反应器催化剂

为 Co-Mo 型，一级反应器结构是双催化剂床层，使用内床层循环氢气冷却来控制反应器温度。二级反应器产物经冷却后被注入软水，然后进入分离器，注水的目的与 K-K 法相同，溶解生成的 NH_4HS、NH_4Cl 等盐类，防止其沉积。分离器把物料分离成循环氢气、水和加氢油，加氢油经稳定塔排出 NH_3、H_2S 后进入萃取塔。萃取塔的作用是以环丁砜为萃取剂把非芳烃脱除掉，汽提塔进一步脱除非芳烃，回收塔把芳烃与萃取剂分离开，回收塔出来的芳烃经白土塔，除去微量的不饱和物后，依次进入苯塔、甲苯塔、二甲苯塔，最终得到苯、甲苯、二甲苯。

目前，粗苯低温（K-K 法）加氢精制工艺中脱除加氢油中非芳烃的方法有两种，BT 馏分萃取蒸馏法脱出非芳烃的方法和三苯馏分（BTXS 馏分）溶剂萃取法脱出非芳烃的方法。这两种方法的投资和操作费用是相当的，但萃取剂、萃取方式不同，溶剂萃取法使用环丁砜萃取剂，通过液液萃取脱出三苯馏分中的非芳烃；萃取蒸馏法（伍德法）使用 *N*-甲酰吗啉萃取剂，通过萃取蒸馏脱出两苯馏分（苯-甲苯馏分）中的非芳烃。

环丁砜氧化生成硫化物变酸性后易腐蚀设备，需加碱调节。

七、生产主要设备

1. 反应器

轻苯加氢反应器构造见图 7-17。它中部是圆柱体，两端是两个半球形封头，内衬隔热层和保护层。反应器内依次填充氧化铝球和催化剂。反应器的强度应按压力容器设计。原料进入反应器后，经缓冲器、油气分布器、催化剂床层到油气排出拦筐后离开。反应器的容积以单位体积催化剂在单位时间内处理的物料体积（标准状态下的气体体积即空间速度）为计算依据。空间速度低时，物料在催化剂床层中的停留时间长，反应物转化率高，但裂解反应也加剧；空间速度高时，物料在催化剂床层中的停留时间短，处理能力大，但反应不彻底。空间速度与催化剂的性能对加氢生成物的质量有影响，需要经过实验和生产实践确定。为了防止反应器在长期使用中因隔热层损坏引起胴体局部过热而造成事故，需要在反应器外壁涂上示温变色漆，以便随时进行监视。

2. 白土塔

白土塔（也称白土塔吸附塔）构造见图 7-18，其塔体由碳钢制作，塔内底部设有格栅和金属网，金属网上填充活性白土。它是以活性白土为吸附剂，从加氢油中吸附微量烯烃、硫化氢等杂质的设备。加氢油由吸附塔顶部进入，经吸附除去杂质后由塔底排出。加氢油在塔内空间速度以 0.8m/s 为宜。活性白土的活性，随使用时间延长而逐渐降低。用过的活性白土可以用水蒸气定期吹扫进行再生。活性白土的活性经多次使用和再生，其活性不能再恢复时，则需更换新的。活性白土的使用寿命一般为三年左右。

3. 屏蔽电泵

(1) 屏蔽电泵的作用与结构　屏蔽电泵由电动机和泵构成一个整体，采用电动机和泵共轴形式。定子的内表面和转子的外表面由非导磁性的耐腐蚀金属薄板密封焊接，使定子绕组和转子铁芯与输送液体完全隔开，不会受到输送液的浸蚀。输送不结晶、不凝固、无颗粒的小于 150℃的介质。另外，叶轮与转子装在一根轴上，由电机前后 2 个轴承支撑。整个转子体浸没在输送液中，没有接液部与外界贯通的转动零部件，因而是一种绝对无泄漏的结构。屏蔽电泵结构见图 7-19。

(2) 屏蔽电泵的特点

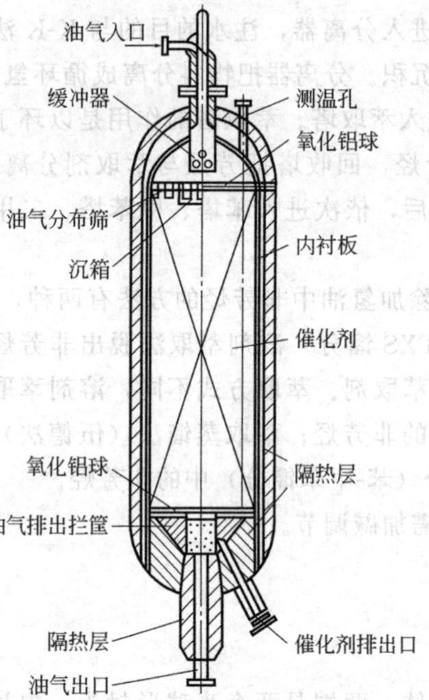

图 7-17　轻苯加氢反应器

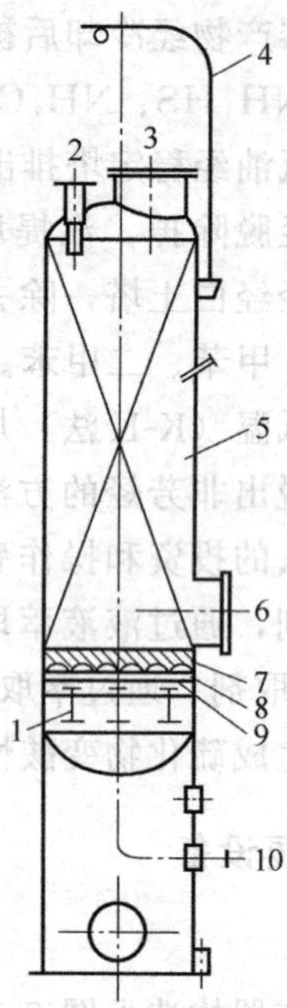

图 7-18　白土塔

1—支撑格栅；2—加氢油入口；3，6—人孔；4—吊柱；5—白土；7—支承白土层；8—金属网；9—格栅；10—加氢油出口

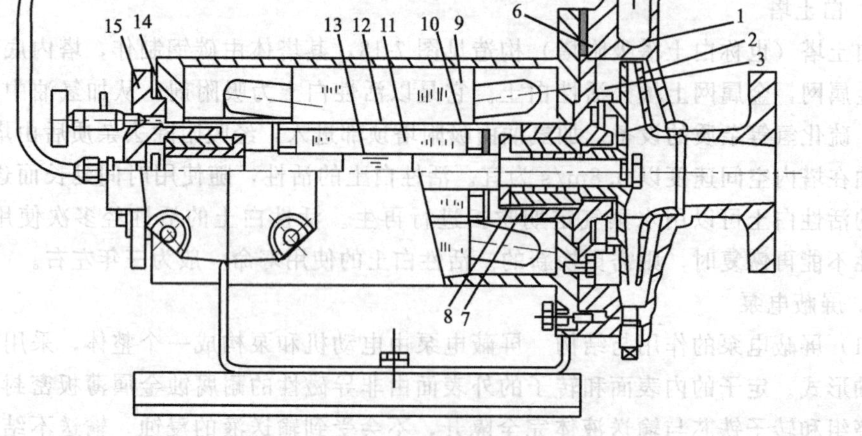

图 7-19　屏蔽电泵

1—泵体；2—叶轮；3—前轴承室；4—过滤器；5—循环管路；6—垫片；7—轴承；8—轴套；9—定子；10—定子屏蔽套；11—转子；12—转子屏蔽套；13—轴；14—垫片；15—后轴承室

① 输送液体不会泄漏，适合于输送对人体有害的、强腐蚀性的、易燃易爆的、昂贵的、有放射性的液体；

② 不会从外界吸入空气或其他东西，适合于真空系统的运行和一接触外界空气就变质的物料输送场合；

③ 不需要注入润滑液和密封液，既省去了注油的麻烦，也不会污染输送液；

④ 适合输送高温、高压、超低温、高熔点液体，利用这种泵无轴封的特点来解决有轴封泵难以解决的上述特殊液体；

⑤ 电机与泵一体，采用积木式结构，非常紧凑，所以体积小、重量轻、占地面积小，在安装方面无须熟练技术；

⑥ 因无冷却电机风扇，所以运转声音很小；

⑦ 主要维护只是更换轴承，所以减少了运行成本。

第七节 萃取精馏

1975年以来，前苏联焦化工作者进行的一系列研究工作表明，对于深度净化苯中饱和烃和噻吩杂质最有前途的方法是萃取精馏法。天津大学和北京石油化工学院采用萃取精馏法制备苯类产品和噻吩。

一、萃取精馏的溶剂

苯-噻吩物系接近理想物系，服从拉乌尔定律。在常压下苯和噻吩的沸点只相差4.1℃，其相对挥发度为1.1～1.13，显然，用普通的精馏法很难进行分离。如果向苯-噻吩溶液中加一种溶剂，由于该溶剂与原有两个组分之间相互作用的不同，因而使得它们的相对挥发度发生了变化，而且溶剂的沸点又比原有任一组分都高，因而将随釜液离开精馏塔，实现了萃取精馏选择的溶剂应具有高的选择性。由苯-噻吩与极性溶剂形成的体系，溶剂的选择性取决于溶剂分子的外电子层的 π 电子与苯和噻吩分别形成稳定程度不同的 π-络合物的能力，使得苯比噻吩的挥发度降低。在溶剂浓度接近85%～90%（摩尔分数）时，使用 *N*,*N*-二甲基甲酰胺，苯-噻吩的相对挥发度为1.45～1.5；使用 *N*-甲基吡咯烷酮，苯-噻吩的相对挥发度为1.40～1.45。根据文献报道选择性比较好的溶剂有 *N*、*N*-二甲基甲酰胺、*N*-甲基吡咯烷酮、单乙醇胺、1,2-乙二胺、*N*-甲酰吗啉、环丁砜、二甘醇等。萃取精馏溶剂的性质见表7-22。

溶剂的选择除具有高的选择性外，还应满足使用安全无毒、不腐蚀、热稳定性好、价格便宜、来源方便及易于再生等要求。

二、萃取精馏的工艺流程

萃取精馏的工艺流程见图7-20。

以轻苯为原料，首先经初馏塔切取头馏分，塔底液进入苯蒸馏塔，塔顶得到的苯-噻吩馏分送萃取精馏装置。在该馏分中要求甲苯含量尽可能低，否则在萃取精馏时，甲苯也会作为重组分随噻吩溶剂一起自塔底引出，增加了溶剂回收和噻吩精制的困难。苯蒸馏塔塔底液送入甲苯塔，塔顶切取甲苯，塔底液为二甲苯。在苯蒸馏塔得到的苯-噻吩馏

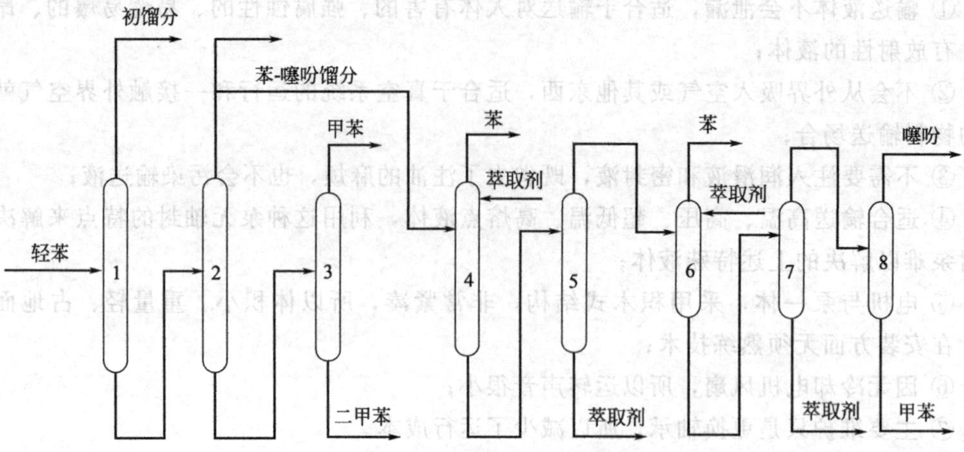

图 7-20 萃取精馏的工艺流程

1—初馏塔；2—苯塔；3—甲苯塔；4—第一萃取精馏塔；5—第一蒸出塔；

6—第二萃取精馏塔；7—第二蒸出塔；8—噻吩精馏塔

分送入第一萃取精馏塔，塔顶切取苯，塔底液送入第一蒸出塔。第一蒸出塔塔顶切取质量分数约30%的噻吩馏分，塔底为萃取溶剂。从第一蒸出塔得到的噻吩馏分送入第二萃取精馏塔，塔顶切取苯馏分，然后返回第一萃取精馏塔，塔底液送入第二蒸出塔。从第二蒸出塔顶切取的噻吩馏分送入噻吩精馏塔，则得到质量分数高于98%的噻吩产品。从蒸出塔底排出的萃取溶剂循环使用。苯和甲苯可以单独进行酸洗去除不饱和化合物。

三、萃取精馏的主要产品质量

萃取精馏的主要产品质量见表7-25。

表 7-25 萃取精馏的主要产品质量

名　称	纯度/%	最高纯度/%	主要杂质含量/($\times10^{-6}$)	主要杂质最低含量/($\times10^{-6}$)	备　注
纯苯	99.95	99.98	1	0.2	主要杂质为噻吩
甲苯	99.5	99.8	100	50	主要杂质为甲基噻吩
二甲苯	10℃或5℃二甲苯		500	200	主要杂质为苯乙烯
噻吩	98	99.5	15000	5000	主要杂质为苯
重质苯					初馏点150℃以上
初馏分					苯含量10%以下
溶剂油					$C_8 \sim C_9$ 芳烃
苯非芳烃					苯含量60%以下
甲苯非芳烃					甲苯含量60%以下
甲基噻吩					甲基噻吩含量60%
二甲苯非芳烃					二甲苯含量60%以下
粗苯乙烯					苯乙烯和苯乙炔90%

第八节　初馏分的加工

一、初馏分的组成、性质和加工方法

初馏分的组成很复杂，依轻苯原料的组成、初馏塔的操作、储存时间、气温条件等而定，一般波动范围很大。参见表7-26。

表 7-26 初馏分的组成

组　　分	粗苯的初馏分体积分数/%	轻苯的初馏分体积分数/%
二硫化碳	15～25	25～40
环戊二烯及二聚环戊二烯	10～15	20～30
其他不饱和化合物	10～15	15～25
苯	30～50	5～15
饱和化合物	3～6	4～8

用色谱法进行分析，发现初馏分含有近 40 种组分。初馏分在储存期间，部分环戊二烯会发生聚合作用，因而在初馏分中的含量也会有变化。其含量的变化情况见表 7-27。

由于环戊二烯与二硫化碳的沸点仅相差 3.8℃，与其他一些烯烃和烷烃的沸点也很接近，只用精馏法难以得到较高纯度的二硫化碳及环戊二烯产品。初馏分的加工方法主要有热聚合法和硫酸洗涤法。硫酸洗涤法因酸洗操作繁重，且不能得到环戊二烯，所以很少用。

表 7-27 初馏分中环戊二烯的聚合情况　　单位：%

组　　分	新鲜初馏分	储放 10 天后	储放 20 天后	储放 28 天后
环戊二烯	27.5	11.4	7.0	6.6
二聚环戊二烯	—	15.9	19.0	20.1

二、热聚合法生产二聚环戊二烯

1. 生产二聚环戊二烯的原理和化学反应

热聚合法生成二聚环戊二烯是根据环戊二烯在加热时能聚合生成二聚环戊二烯，聚合反应方程式如下：

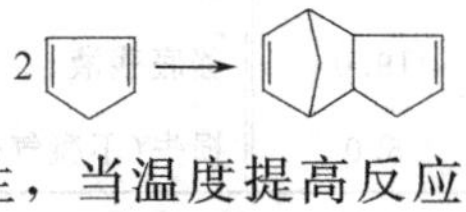

聚合过程在室温下即开始发生，当温度提高反应显著加快，温度超过 100℃时发生解聚反应，二聚物变为单体环戊二烯，同时还会形成三聚物和四聚物。二聚环戊二烯有两种形式：α 型和 β 型。室温下只形成 α-二聚环戊二烯，在较高温度下，α、β 型同时形成。α-二聚物在 100℃即开始解聚形成单体，到 170℃解聚结束。β-二聚环戊二烯解聚反应还不清楚。因此聚合温度控制在 60～80℃，以防因温度过高引起突然解聚而发生暴沸。二聚环戊二烯的沸点为 168℃，当精馏热聚合后的初馏分时，二聚物呈釜底残液被分离出来。

2. 热聚合法间歇操作工艺流程

二聚环戊二烯生产工艺流程如图 7-21 所示。

初馏分直接装入聚合釜 4，釜内用间接蒸汽加热，在全回流操作条件下进行热聚合，聚合时间 16～20h。使环戊二烯聚合成沸点为 168℃的二聚环戊二烯，聚合操作完成后进行精馏，先切取 40℃馏分入前馏分槽 13，然后依次切取工业二硫化碳（48℃前）、中间馏分（60℃前）、轻质苯馏分（78℃前）。所得前馏分可送回炉煤气管道中，中间馏分及

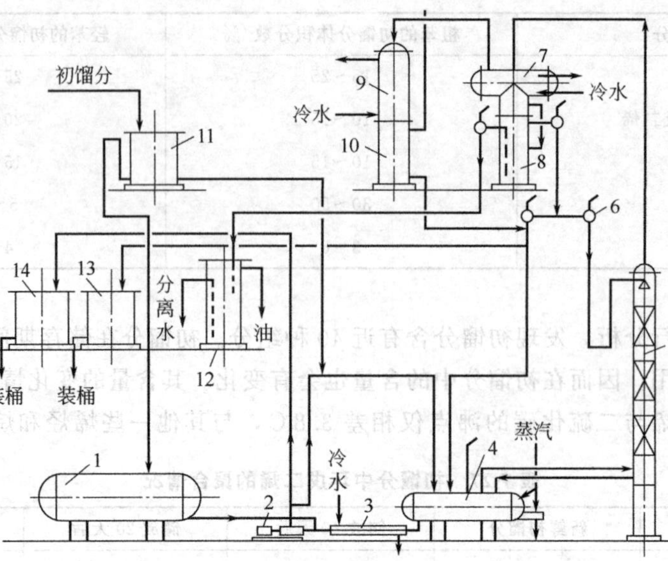

图 7-21　二聚环戊二烯生产工艺流程

1—原料槽；2—气泵；3—冷却套管；4—聚合釜；5—蒸馏塔；6—视镜；7—冷凝器；8—油水分离器；9—尾气冷凝器；10—气液分离器；11—高位槽；12—控制分离器；13—前馏分槽；14—二聚体槽

轻质苯可送回粗苯或轻苯原料中。精馏结束后，釜内残液即为工业二聚环戊二烯，其质量分数为 70%～75%，其中还含有 3%～5%的沸点低于 100℃的组分、环戊二烯及烯烃等。用直接蒸汽蒸馏釜残液，可得到含量不小于 95%的二聚环戊二烯馏分。

各种馏分的切取温度和产率见表 7-28。

表 7-28　各馏分的切取温度和产率

馏 分 名 称	切取温度/℃	产率/%	馏 分 名 称	切取温度/℃	产率/%
前馏分	40	7.4	中间馏分(动力苯和苯馏分)	78	10.0
工业二硫化碳	48	19.0	釜底残液	120	31.5
中间馏分	60	5.0	损失(不凝气体)		27.1

聚合操作完成后，精馏过程可提取的各种馏分主要组分见表 7-29。

表 7-29　热聚合后初馏分中提取的产品及组成

馏 分 名 称	主要组分含量(质量分数)/%		
	二硫化碳	不饱和化合物	苯
前馏分	35～45	25～30	
工业二硫化碳	70～75	5～15	10～20
中间馏分	25～35	10～15	25～50
动力苯	3～5	10～20	75～80
苯馏分	0.5～1.0	5～10	85～95

工业二硫化碳含有相当数量的易于氧化和树脂化的不饱和化合物，会使产品变坏。为防止此种现象的发生，要往新鲜的二硫化碳中加入 0.05%～0.06%的阻氧化剂——二

甲酚以稳定产品的质量。也可以二次精馏提高工业二硫化碳的质量。

二聚物是制取单体环戊二烯的原料。方法是将二聚物放在裂解罐内气化，然后送入裂解釜裂解，使单体环戊二烯蒸气从塔顶逸出，温度为42～46℃，于骤冷条件下冷凝下来，所得产品中环戊二烯含量可达90%，冷凝液需在－12℃以下储存。

环戊二烯是制取二烯系有机氯农药和杀虫剂的重要原料。环戊二烯同植物油在二甲苯或溶剂油中催化共聚时，可得到高质量的塑料薄膜。环戊二烯还可用作制取镇静剂及止疼药物、火箭燃料添加剂、汽油抗震剂等的原料。

初馏分中的各组分均为易挥发物，而且还易燃、易爆、有毒，所以生产车间必须实行强制通风，采取防火、防爆、防中毒和防静电积累等措施。

第九节　古马隆-茚树脂的生产

古马隆-茚树脂具有良好的化学稳定性、防水性、热塑性、绝缘性、耐磨性、坚固性和溶解性，能生产附着性很好的坚固薄膜。因此在涂料、橡胶、塑料、电动机、造纸等工业中得到广泛应用。

一、古马隆和茚的性质

古马隆又名苯并呋喃或氧杂茚，是一种具有芳香气味的无色油状液体，不溶于水，易溶于乙醇、苯、二甲苯、轻溶剂油等有机溶剂。主要存在于煤焦油及粗苯的沸点为168～175℃的馏分中。

古马隆在碱液和稀硫酸溶液中相当稳定，但极易被浓酸分解。在浓硫酸、氟化硼乙醚配合物、氯化铝等催化剂的作用下，会发生激烈的聚合反应，生成相对分子质量不很高的黏稠的树脂状聚合物。

茚是一种无色油状液体，不溶于水，易溶于苯、四氯化碳、丙酮和二硫化碳等有机溶剂中。主要存在于煤焦油及粗苯的沸点为176～182℃的馏分中。茚的化学性质比古马隆更为活泼，易氧化，在光的作用下能发生程度较低的聚合反应。

古马隆和茚同时存在时，在催化剂（浓硫酸、氯化铝、氟化硼等）的作用下，或在光和热的影响下，能发生聚合反应，生成高分子的古马隆-茚树脂。该树脂是古马隆-茚混合物的聚合体，其相对分子质量在500～2000。

二、古马隆-茚树脂的制取步骤

1. 原料的初馏

制取古马隆的原料有重苯、重质苯和脱酚脱吡啶的酚油。这些原料中古马隆和茚的含量不同，且沸点范围也比较宽，所以需进行初馏，以切取适用的古马隆-茚馏分。

不同沸点范围的馏分制取树脂时，树脂的产率及性质见表7-30。

影响树脂质量的有害杂质主要有苯乙烯（沸点145～146℃）、二聚环戊二烯（沸点168℃）、甲基茚（沸点205℃）等。苯乙烯能使树脂的软化点降低，二聚环戊二烯影响树脂的透明度，在原料初馏时，应尽量除去。

表 7-30 不同原料树脂的产率及性质

馏分沸点范围/℃	<160	160～180	180～200	200～220	220～240	240～260
树脂产率/%	4.9	20.3	35.0	12.7	4.2	6.2
树脂性质	黏性	硬质	硬质	软质	黏性	黏性

在重苯和脱酚酚油中古马隆和茚的含量仅为20%～25%，重苯的200℃前馏出量为50%～55%，酚油为65%～80%，且二者的含萘量均较高，必须进行初馏。重质苯中古马隆和茚的含量一般高于45%，200℃前馏出量高于80%，含萘量低于10%，是生产优质树脂的原料，质量好的重质苯可不经过初馏。

原料进行初馏时，切取古马隆-茚馏分的沸点范围为160～190℃，其质量要求是：

初馏点/℃	>150	干点/℃	<210
160℃前馏出量(体积分数)/%	<5	含萘量/%	<4
200℃前馏出量(体积分数)/%	>90		

2. 古马隆-茚馏分的净化

初馏后得到的古马隆-茚馏分中，含有酚和吡啶类等杂质，会影响树脂的质量，需分别用14%～15%的氢氧化钠溶液（固体氢氧化钠的用量为原料含酚量的50%～70%）和40%～46%硫酸（折合100%硫酸用量为原料中吡啶含量的1.3～1.5倍）洗涤除去。用稀硫酸洗涤时，还能除去一部分能生成暗色树脂的碳氢化合物。

一般经净化后的古马隆-茚馏分中，酚和吡啶的含量应不大于0.5%，否则将影响下一步的聚合反应，使树脂的质量下降，含酚量不合格还会引起设备的腐蚀。

碱洗和酸洗后古马隆-茚馏分需进行水洗和脱色。水洗的目的是除去在酸碱洗涤过程中生成盐类及游离的酸和碱；脱色是将酸洗中和后的馏分，通过蒸馏最大限度的除去馏分中酸洗后产生的萘和酸焦油等杂质，改善古马隆-茚树脂的色泽。

3. 聚合反应

古马隆-茚馏分的聚合和生产可采用间歇方式或连续方式，本节介绍间歇方式。采用的催化剂有硫酸和氟化硼等。

净化后的古马隆-茚馏分，用92%～93%的硫酸做催化剂，加入量为馏分量的4%～5%在洗涤器中进行聚合。硫酸的浓度过高，树脂在苯中溶解性会减弱，还会增加硫酸与聚合液中甲基苯类的磺化；浓度过低，树脂的聚合度低，软化点降低。

聚合温度控制在80℃。温度过高，易生成暗色酸性树脂，油类的挥发损失也较大；温度过低，聚合反应缓慢。

在硫酸催化作用下的古马隆-茚聚合，是以正离子型加成反应的形式进行的，其反应速率极快，为了控制温度和降低聚合物的密度（聚合程度），除用洗涤器内的蛇管冷却器间接冷却外，一般还在聚合前加入定量的重溶剂油作为稀释剂（连续聚合可不加稀释剂）。在稀释后的馏分中，古马隆-茚的含量一般为20%～25%，相对密度不应大于0.97（20℃）。

聚合反应的终点，可以根据聚合液的密度不再增加或聚合液的温度不再上升来确定。

古马隆-茚的聚合采用硫酸法的优势是聚合成本低，但易产生磺化反应，树脂及溶剂油的收率低，树脂的灰分高，易呈暗色。

氟化硼乙醚配合物对不饱和化合物聚合的催化能力强，反应时间短，树脂的收率高

(一般比硫酸法高10%)，质量好。但氟化硼价格昂贵，对设备的腐蚀大。氟化硼乙醚配合物与空气中的水蒸气生成氟化氢，对人体呼吸道有强烈的刺激，对设备的严密性要求高，所产生的含氟废水也较难处理。

采用氯化铝作催化剂时，聚合效果与成本与氟化硼基本相同，但氯化铝在聚合过程中析出氯化氢和氯气，对人体有危害，同时也腐蚀设备，操作也较繁琐，其应用受到了限制。

4. 中和及水洗

聚合反应完毕放出废酸，然后用水洗涤（加水量为溶液体积的6%～8%)，静置后放出废水，用14%～15%的碱液进行中和，中和温度保持在50～60℃，以防乳化，中和后再用净水洗涤，控制水温80～90℃，油温60～80℃，避免剧烈搅拌，以防乳化，进行至分离水呈中性为止。

5. 最后精馏

为了得到软化点合格的古马隆-茚树脂，并回收稀释剂，采用精馏的方法将稀释剂与未聚合物分离出来。精馏时，聚合液温度保持在200℃左右，温度过高树脂将分解成苯、酚、甲苯等解聚物。精馏时应通入直接蒸汽或在50～60kPa真空度下减压操作。

精馏所得的前馏分即为稀释剂，可循环使用，然后是未聚合的油类，可作为精溶剂油。当溶剂油馏出量减少时，在减压下继续蒸出高沸点油，釜内残液达到规定的软化点(＞80℃）时即为古马隆-茚树脂产品。

三、制取古马隆-茚树脂的工艺流程

古马隆-茚树脂的生产工艺流程见图7-22。

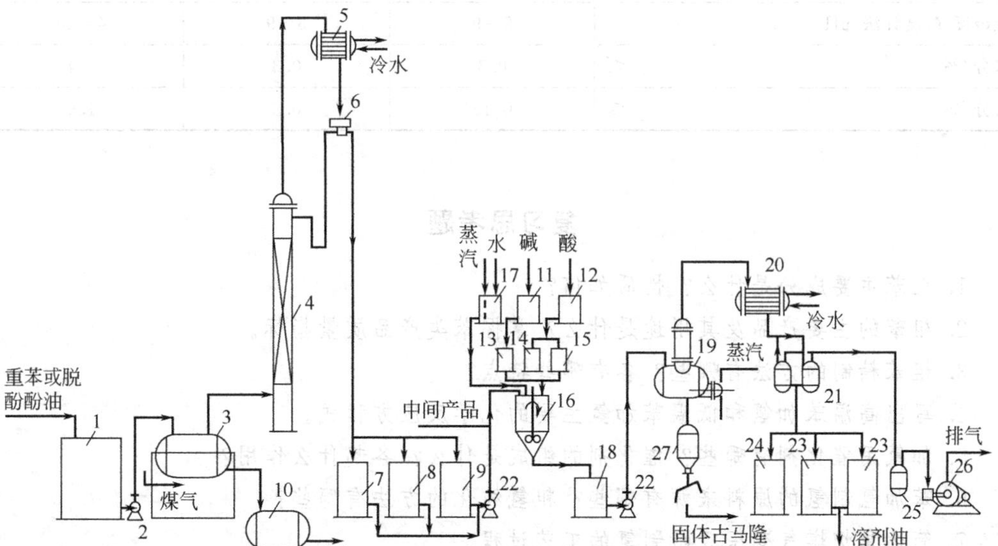

图7-22 制取古马隆-茚树脂的工艺流程

1—原料槽；2—泵；3—初馏釜；4—初馏塔；5—冷凝器；6—回流分配器；7—前馏分槽；8—萘油槽；9—精馏分槽；10—残油槽；11—碱高位槽；12—酸高位槽；13—稀碱计量槽；14—稀酸计量槽；15—浓酸计量槽；16—洗涤聚合器；17—热水槽；18—聚合液储槽；19—终馏釜；20—冷凝冷却器；21—接收槽；22—泵；23—溶剂油槽；24—高沸点油槽；25—缓冲罐；26—真空泵；27—热包装下料漏斗

原料脱酚酚油或重苯油原料槽1由泵2送入初馏釜3进行初馏。当初馏脱酚酚油时，先切取前馏分（145℃前），再切取古马隆-茚馏分（145～195℃）。当塔顶温度升至195℃时取馏出样分析，当初馏点达170℃、干点达205℃时，结束蒸馏。釜内残油于自然冷却后放入残油槽10。前馏分和残油均送回煤焦油工段配入煤焦油重蒸。

当蒸馏重苯时，在塔顶温度为150℃前切取前馏分（若量太少也可不切），塔顶温度升至150℃开始回流，切取古马隆-茚馏分（精重苯），当塔顶温度升至195℃时，取样分析，当初馏点达180℃、干点达210℃时，停止提取精重苯，在塔顶温度为195～210℃时提取低萘油，在210～225℃时提取高萘油，在220℃左右结束蒸馏，釜内残油于自然冷却后放入残油槽10。前馏分送入精苯原料槽，低萘油和残油送回煤焦油工段重蒸，高萘油送往工业萘工段作原料。

初馏所得的精馏分用泵送入洗涤聚合器16进行碱洗、酸洗净化和聚合反应，然后经热水洗涤，再用稀碱液中和至pH为8～9。

将合格的聚合液用泵送入终馏釜19进行最后精馏，馏出高沸点油类时，釜内取样测定树脂软化点，软化点合格（>80℃）时，结束蒸馏，放料进行热包装，并冷却成为固体古马隆。

由脱酚酚油或重苯生产的固体古马隆-茚树脂的质量指标见表7-31。

表7-31　固体古马隆-茚树脂的质量指标

指标名称		指标		
		特级	一级	二级
外观颜色(按标准比色液)	不深于	3	3	7
软化点(环球法)/℃		80～90		
酸碱度(酸度计法)pH		5～9	5～9	4～10
水分/%	≤	0.3	0.3	0.4
灰分/%	≤	0.15	0.5	1.0

复习思考题

1. 粗苯主要成分是什么？性质如何？
2. 粗苯的主要产品及其用途是什么？掌握苯类产品质量指标。
3. 粗苯精制的方法有哪些？各有哪些特点？
4. 写出高温苯加氢和低温苯加氢主要的化学反应方程式。
5. 加氢用催化剂有哪些？催化剂的组成是什么？各起什么作用？
6. 苯加氢制氢的原料来源有哪些？粗氢纯化的方法有哪些？
7. 简述焦炉煤气变压吸附制氢的工艺过程。
8. 粗苯脱重（预备蒸馏）的目的是什么？绘制粗苯脱重的工艺流程图。
9. 简述高温加氢精制粗苯的过程，绘制高温加氢精制粗苯工艺流程方框图。
10. 熟练掌握低温加氢精制粗苯的流程，绘制低温加氢精制粗苯工艺流程方框图。
11. 简述加氢精制的主要设备加氢反应器、白土塔的结构和作用。
12. 萃取剂有哪些？各适宜应用在哪些工艺中？

13. 简述轻苯催化加氢的原理及主要的化学反应。

14. 绘制高温加氢、低温加氢的工艺流程图。

15. 苯加氢车间主要设备正常操作，开、停工操作，特殊操作的项目与主要内容是什么？

16. 为什么要特别强调苯加氢车间的安全防火？简述苯加氢车间安全防火的主要操作。

17. 简述初馏分的组成、加工目的及加工方法。

18. 绘制热聚合法生产二聚环戊二烯的工艺流程。

19. 古马隆、茚的性质是什么？古马隆-茚树脂的特点是什么？

20. 生产古马隆-茚树脂的步骤有哪些？绘制制取古马隆-茚树脂的工艺流程图。

第八章 煤焦油的初步蒸馏

第一节 煤焦油的组成、性质及主要产品的用途

煤焦油是煤在干馏和气化过程中得到的黑褐色、黏稠性的油状液体。根据干馏温度和过程方法的不同，煤焦油可分为低温煤焦油（干馏温度在450～600℃）、中温煤焦油（干馏温度在700～900℃）、高温煤焦油（干馏温度在1000℃左右）。低温煤焦油的特征是颜色稍褐，密度小，其中主要成分是高级酚、软蜡、短链的脂肪族饱和烃和烯烃。中温煤焦油和高温煤焦油是低温煤焦油在高温下经二次裂解的产物。本章主要讨论高温煤焦油，以下简称煤焦油。

一、煤焦油的组成和性质

煤焦油的组成和物理性质波动范围大，这主要取决于炼焦煤组成和炼焦操作的工艺条件。所以，对于不同的焦化厂来说，各自生产的煤焦油质量和组成是有差别的。

1. 煤焦油的组成

组成煤焦油的主要元素中，碳占90%左右，氢占5%左右，此外还含有少量的氧、硫、氮及微量的金属元素等。

高温煤焦油主要是芳香烃所组成的复杂混合物，估计其组分总数有上万种，目前已查明的约500种，其中某些化合物含量甚微，含量在1%左右的组分只有10多种。表8-1列出了煤焦油中主要组分的含量及性质。

表8-1 高温煤焦油的组成

名称	分子式	结构式	相对分子质量	相对密度 d_4^{20}	沸点(101.325 kPa)/℃	熔点/℃	占煤焦油质量分数/%
碳氢化合物							
苯	C_6H_6		78.114	0.879	80.1	5.53	0.12～0.15
甲苯	$C_6H_5CH_3$	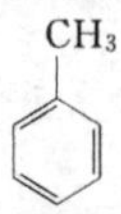	92.141	0.866	110.6	−95.0	0.18～0.25
二甲苯	$C_6H_4(CH_3)_2$	—	106.169	—	—	—	0.08～0.12
苯的高级同系物	—	—	—	—	—	—	0.8～0.9
茚	C_9H_8	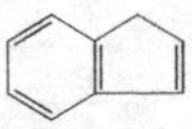	116.163	0.9915	182.44	−1.5	0.25～0.3

续表

名　称	分子式	结构式	相对分子质量	相对密度 d_4^{20}	沸点(101.325 kPa)/℃	熔点/℃	占煤焦油质量分数/%
			碳氢化合物				
四氢化萘	$C_{10}H_{12}$	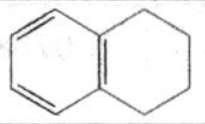	132.206	0.971	207.2	−31.5	0.2～0.3
萘	$C_{10}H_8$	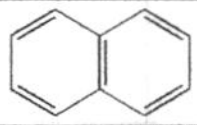	128.174	1.145	217.9	80.2	8～12
α-甲基萘	$C_{11}H_{10}$	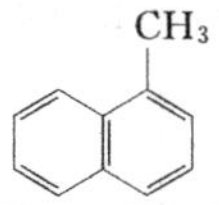	142.201	1.0203	244.69	−30.48	0.8～1.2
β-甲基萘	$C_{11}H_{10}$	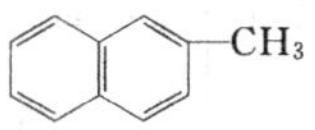	142.201	1.029	241.1	34.57	1.0～1.8
二甲基萘及同系物	—	—	—	—	—	—	1.0～1.2
联苯	$C_{12}H_{10}$	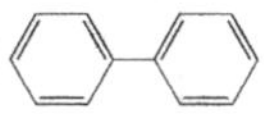	154.212	1.180	255.2	69.2	0.30
苊	$C_{12}H_{10}$	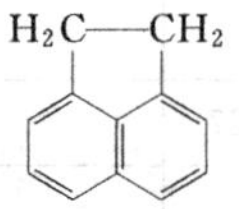	154.212	1.0242 (99℃)	277.2	95.3	1.2～1.8
芴	$C_{13}H_{10}$	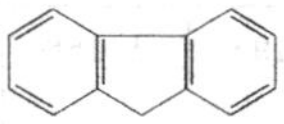	166.223	1.181	294	116	1.0～2.0
蒽	$C_{14}H_{10}$	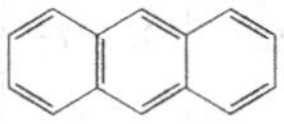	178.234	1.251	340.7	216.04	1.2～1.8
菲	$C_{14}H_{10}$	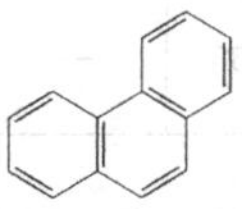	178.234	1.179 (25℃)	338.4	100.5	4.5～5.0
甲基菲	$C_{15}H_{12}$	—	192.251	—	351.5～355	—	0.9～1.1
荧蒽	$C_{16}H_{10}$	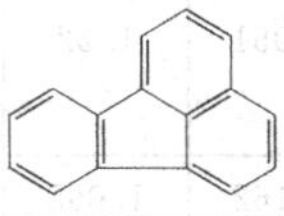	202.256	1.236	383.5	111	1.8～2.5
芘	$C_{16}H_{10}$	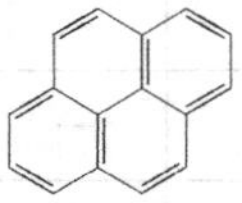	202.256	1.277	393.5	150	1.2～1.8
苯并芴	$C_{17}H_{12}$	—	216.283	—	—	—	1.0～1.1
䓛	$C_{18}H_{12}$	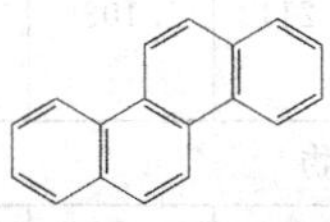	228.294	1.274	441	256	0.65
1,2-苯并蒽	$C_{18}H_{12}$	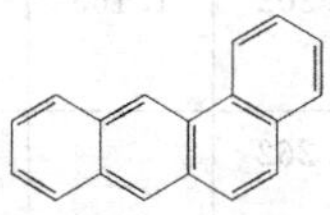	228.294	—	435～437.6	160.4	0.68

续表

名　称	分子式	结构式	相对分子质量	相对密度 d_4^{20}	沸点/℃	熔点/℃	占煤焦油质量分数/%
			含氧化合物				
苯酚	C_6H_5OH	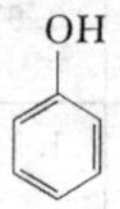	94.114	1.0708	181.9	40.84	0.2～0.5
邻甲酚	$C_6H_4CH_3OH$	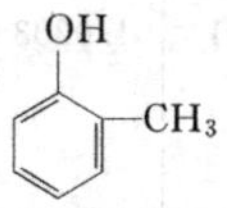	108.140	1.0465	191.5	30.9	
间甲酚	$C_6H_4CH_3OH$	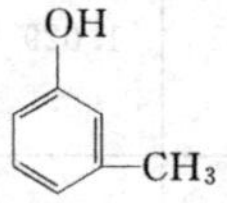	108.140	1.0336	202.2	12.2	0.4～0.8
对甲酚	$C_6H_4CH_3OH$	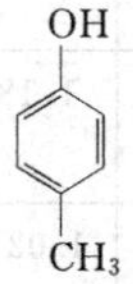	108.140	1.0331	201.5	34.7	
二甲酚	$C_6H_3(CH_3)_2OH$	—	122.167	—	201～225	26～75	0.3～0.5
高沸点酚		—		—	—	—	0.75～0.95
氧芴	$C_{12}H_8O$	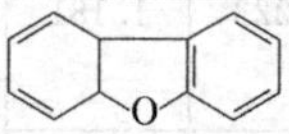	168.195	1.168	287	83	0.6～0.8
古马隆	C_8H_6O	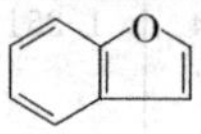	118.135	1.0776	173～174	<－18	0.04
苯并氧芴	$C_{16}H_{10}O$	—	218.255	—	—	—	0.5～0.7
			含氮化合物				
吡啶及其同系物	—	—	—	—	—	—	0.1～0.11
吲哚	C_8H_7N	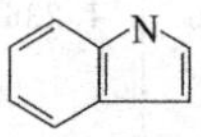	117.051	1.22	254.7	52.5	0.10～0.16
喹啉	C_9H_7N	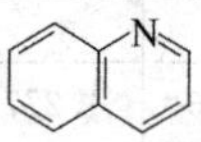	129.162	1.095	237.7	－15.6	0.18～0.25
喹啉同系物	—	—	—	—	—	—	0.20～0.22
其他盐基物	—	—	—	—	—	—	0.7～0.8
咔唑	$C_{12}H_9N$	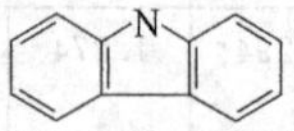	167.211	1.1035	354.76	246～247	1.5
			含硫化合物				
硫杂茚	C_8H_6S	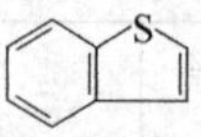	134.202	1.165	219.9	31.3	0.4
硫杂芴	$C_{12}H_8S$	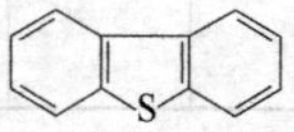	184.262	—	331.4	97	0.35

表 8-1 所列化合物中碳氢化合物均呈中性。含氧化合物中，主要为酸性的酚类及少量的中性化合物（如氧芴、古马隆等）。含氮化合物中，含氮杂环的氮原子上有氢原子相连时呈中性（如咔唑、吲哚等）；而当无氢原子相连时呈碱性（如吡啶、喹啉）。含硫化合物皆呈中性。煤焦油中不饱和化合物含量虽少，但在受热和某些介质作用下易聚合成煤焦油渣，给化学产品回收及精制过程带来许多麻烦，而被看作是有害成分。煤焦油质量标准见表 2-1。

2. 煤焦油的性质

煤焦油的闪点为 96～105℃，自燃点为 580～630℃，燃烧热为 35700～39000kJ/kg。

煤焦油的蒸发潜热 λ 可用下式估算：

$$\lambda = 494.1 - 0.67t \tag{8-1}$$

式中　t——煤焦油的温度，℃。

煤焦油馏分相对分子质量可按下式估算：

$$M = \frac{T_K}{B} \tag{8-2}$$

式中　M——煤焦油馏分相对分子质量；

T_K——蒸馏馏分馏出 50%时的温度，K；

B——系数，对于洗油、酚油馏分为 3.74，对于其余馏分为 3.80。

煤焦油的相对分子质量可按各馏分相对分子质量进行加和计算确定，煤焦油、煤焦油馏分和煤焦油组分的理化性质参数也可查阅有关图表。

二、煤焦油中各种馏分的产率

煤焦油的产率主要受炼焦煤的性质、炼焦操作制度的影响。若原料煤的挥发分增加，煤焦油产率也随之增加；若采用高气煤配比，可使煤焦油产率达 4%～4.2%；当炼焦温度升高时，煤焦油产率下降，而密度、游离碳增加，酚类产品减少，萘和蒽类芳香族产品增加。

一般在煤焦油连续蒸馏时，切取的馏分如表 8-2 所示。

表 8-2　煤焦油馏分

馏分名称	切取温度范围/℃	产率/%	密度/(kg/L)	主要组成
轻油	＜170	0.4～0.8	0.88～0.90	主要苯族烃，含酚小于 5%及少量古马隆、茚等不饱和化合物
酚油	170～210	1.0～2.5	0.98～1.01	酚和甲酚 20%～30%；萘 5%～20%；吡啶碱 4%～6%
萘油	210～230	10～13	1.01～1.04	萘 70%～80%；酚类 4%～6%；砒啶类 3%～4%
洗油	230～300	4.5～6.5	1.04～1.06	酚类 3%～5%；萘小于 15%；重吡啶类 4%～5%
一蒽油	300～360	16～22	1.05～1.10	蒽 16%～20%；萘 2%～4%；高沸点酚类 1%～3%；重吡啶类 2%～4%
二蒽油	初馏点 310℃ 馏出 50%时 400℃	4～6	1.08～1.12	多环化合物，如荧蒽等
沥青	残液	54～56	—	多环化合物

三、煤焦油主要产品及用途

煤焦油各馏分进一步加工时，可分离和制取多种产品，其中提取的主要产品有以下几种。

萘：萘为无色单斜晶体，易升华，不溶于水，能溶于醇、醚、三氯甲烷和二硫化碳，是煤焦油加工的重要产品之一。

萘是非常宝贵的化工原料，是煤焦油产品中数量最多的产品。中国所生产的工业萘多用于制取邻苯二甲酸酐，以供生产涤纶、工程塑料、染料、涂料及医药之用。同时还可用来制取炸药、植物生长刺激素、橡胶及塑料的抗老化剂等。

酚及其同系物：酚为无色结晶，可溶于水、乙醇、冰醋酸及甘油等，呈酸性。酚广泛用于生产合成纤维、工程塑料、农药、医药、染料中间体及炸药等。甲酚的用途也很大，可用于生产合成塑料（电木）、增塑剂、防腐剂、炸药、杀菌剂、医药及人造香料等。二甲酚和高沸点酚可用于制造消毒剂。苯二酚可用作显影剂。

蒽：蒽为无色片状结晶，不溶于水，能溶于醇、醚、四氯化碳和二硫化碳。目前蒽的主要用途是制取蒽醌系染料及各种涂料。

菲：菲为白色带荧光的片状结晶，能升华，不溶于水，微溶于乙醇、乙醚，可溶于乙酸、苯、二硫化碳等。可用于制造人造树脂、植物生长激素、鞣料，还原染料及炭黑等。菲经氢化制得全氢菲，可用于生产喷气式飞机燃料。菲氧化成菲醌可作农药。

沥青：沥青是煤焦油蒸馏时的残液，为多种高分子多环芳烃所组成的混合物。根据生产条件的不同，沥青软化点可在70～150℃之间波动。中国生产的电极沥青和中温沥青的软化点为75～90℃。沥青可用于制造建筑用的屋顶涂料、防湿剂、耐火材料黏结剂及用于筑路。目前，用沥青生产沥青焦、改质沥青，以制造炼铝工业所用的电极。

各种油类：煤焦油蒸馏所得的各种馏分在提取出有关单组分产品后，即得到各种油类产品。其中洗油馏分脱除酚类和吡啶碱类后，用作吸收煤气中苯类的吸收剂。脱除了粗蒽的一蒽油是配制防腐油的主要组成部分。

第二节　煤焦油加工前的准备

中国煤焦油年产量大，年产量700万吨以上，由于煤焦油集中加工具有基建投资少，经济效益好；可以增加产品品种，提高产品质量；有利于降低能耗；有利于采用先进技术，消除污染；使煤焦油车间大修改造费的使用更加合理。所以现代煤焦油加工向高集中化、大型化、高质量、高产率、多品种、低消耗、无污染的方向发展。煤焦油加工厂的煤焦油来源较广，而为了保证煤焦油加工操作的正常稳定，提高设备的生产能力和安全运行，必须做好煤焦油加工前的准备工作。准备工作包括运输及储存、煤焦油质量的均合、煤焦油脱水及脱盐等。

一、煤焦油的储存和运输

焦化厂回收车间所生产的粗煤焦油，可储存在钢筋混凝土的地下储槽或钢板焊制成的直立圆柱形储槽中，多数工厂用后者，其容量按储备10～15昼夜的煤焦油量计算。通常设置储槽数目至少为三个，一个槽送油入炉，一个槽用作加温静置脱水，另一个接收煤焦油，三槽轮换使用，以保证煤焦油质量的稳定和蒸馏操作的连续。

煤焦油储槽结构如图8-1所示。储槽内设有加热用蛇形管，管内通以蒸汽，在储槽外壳包有绝热层以减少散热，使煤焦油保持85～95℃，在此温度下煤焦油容易和水分分离。分离出来的水可沿槽高方向安设的带有阀门的溢流管流放出，收集到收集罐中，并使之与氨水混合，以备加工。储槽外设有浮标式液面指示器和温度计，槽顶设有放散管。

对于回收车间生产的煤焦油，含水往往在10%左右，可经管道用泵送入煤焦油储槽。经静置脱水后含水3%～5%。外购的商品煤焦油，则需用铁路槽车输送进厂。槽车有下卸口的，可从槽车自流入敞口溜槽，然后用泵泵入煤焦油储槽中。如槽车没有下卸口，则用泵直接泵入煤焦油储槽。

外销煤焦油需脱水至4%以下才能输送到外厂加工。为了适于长途输送，槽车上应装置蒸汽加热管，以防煤焦油在冬天因气温低而难以卸出。

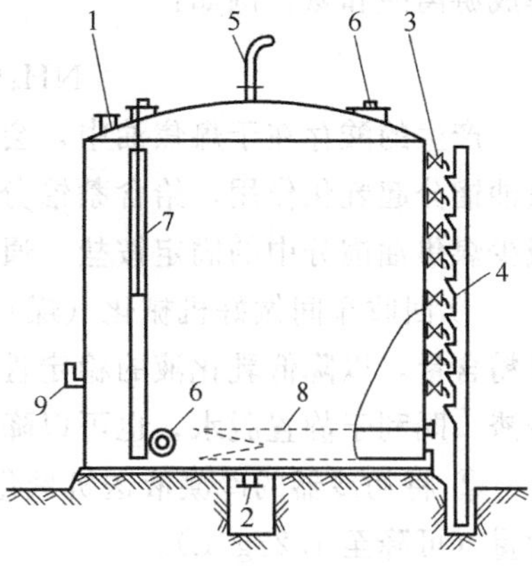

图8-1　煤焦油储槽

1—煤焦油入口；2—煤焦油出口；3—放水旋塞；4—放水竖管；5—放散管；6—人孔；7—液面计；8—蛇管蒸汽加热器；9—温度计

二、煤焦油质量的均合

煤焦油加工车间或大型加工厂，常常加工几个炼焦化学厂的煤焦油，这些煤焦油在馏分的含量、密度、游离碳含量和灰分等指标有很大的差别。为保证连续煤焦油精馏装置正常工作，杂油和外来煤焦油要按一定比例混合。均匀程度一般按含萘量检查，波动不应超过1%。

三、煤焦油的脱水

煤焦油是从荒煤气中分离出来的，分离的方法是在集气管用循环氨水喷洒使其冷却冷凝，又在初冷器中进一步冷凝冷却后加以回收的，因此含有大量的水。经回收车间澄清和加热静置脱水后送往煤焦油精制车间的煤焦油含水量仍保持在4%左右。

煤焦油含水多，会使煤焦油蒸馏系统的压力显著提高、流动阻力加大，甚至打乱蒸馏操作制度。此外，伴随水分带入的腐蚀性介质，还会引起设备和管道的腐蚀。

煤焦油脱水可分为初步脱水和最终脱水。

煤焦油的初步脱水是在煤焦油储槽内用加热静置法实现的，脱水条件是：煤焦油温度维持在80～95℃，静置时间36h以上。水和煤焦油因密度不同而分离。静置脱水后使煤焦油中水分降至2%～3%。

在连续式管式炉煤焦油蒸馏系统中，煤焦油的最终脱水是先在管式炉的对流段加热，而后在一段蒸发器内闪蒸而完成的。如煤焦油含水2%～3%，当管式炉对流段煤焦油出口温度达120～130℃时，可使煤焦油水分脱至0.5%以下。此外，也可在专设的脱水装置中，使煤焦油在加压（490～980kPa）及加热（130～135℃）条件下进行脱水。加压脱水法的优点是水不汽化，分离水以液态排出，节省了汽化所需的潜热，耗热少。

四、煤焦油的脱盐

煤焦油中所含的水实属氨水，其中所含少量的挥发性铵盐在最终脱水阶段可被除去，而占绝大部分的固定铵盐仍留在脱水煤焦油中，当加热到220～250℃时，固定铵盐会分解成游离酸和氨。例如：

$$NH_4Cl \xlongequal{220\sim250℃} HCl + NH_3$$

产生的酸存在于煤焦油中，会引起管道和设备的腐蚀。此外，铵盐的存在还会使煤焦油馏分起乳化作用，给含萘馏分的脱酚操作造成困难。因此必须采取脱盐措施，尽量减少煤焦油馏分中的固定铵盐。通常采用三个办法。

① 回收车间做好机械化（煤）焦油氨水澄清槽的操作，尽量降低煤焦油中游离碳和煤粉含量，以降低乳化液的稳定性；煤焦油车间（或加工厂）要定期清除原料储槽中的残渣，既利于静置脱水，也可以降低沥青中灰分含量。

② 将初冷器的冷凝液送机械化（煤）焦油氨水澄清槽，降低循环氨水中固定铵盐的含量（可降至 1.25g/L）。

③ 在煤焦油入管式炉一段煤焦油泵前连续加入碳酸钠溶液，使之与固定铵盐发生复分解反应，生成稳定的钠盐。固定铵盐与碳酸钠的反应如下：

$$2NH_4Cl + Na_2CO_3 \longrightarrow 2NH_3 + CO_2 + 2NaCl + H_2O$$

$$2NH_4SCN + Na_2CO_3 \longrightarrow 2NH_3 + CO_2 + 2NaSCN + H_2O$$

$$(NH_4)_2SO_4 + Na_2CO_3 \longrightarrow 2NH_3 + CO_2 + Na_2SO_4 + H_2O$$

以上反应中所生成的钠盐在煤焦油加热蒸馏温度下不会分解。

由高位槽来的 8%～12% 的碳酸钠溶液经转子流量计加入一段泵的吸入管中，使煤焦油和碳酸钠溶液充分混合。碳酸钠的加入量取决于煤焦油中固定铵盐的含量，可按下列反应计算：

$$\begin{array}{ccccc} 2NH_4Cl & + & Na_2CO_3 & \longrightarrow & (NH_4)_2CO_3 + 2NaCl \\ 2\times17 & & 106 & & \\ 1 & & x & & \end{array}$$

则煤焦油中每克固定氨（固定铵盐分解得到的氨称为固定氨）的碳酸钠耗量为：

$$x = \frac{106\times1}{2\times17} = 3.1\ (\mathrm{g})$$

式中　17——氨的相对分子质量；

106——Na_2CO_3 的相对分子质量。

考虑到碳酸钠和煤焦油的混合程度不够，或煤焦油中固定铵盐含量可能发生变化，所以实际加入量要比理论量过剩 25%。其计算式如下：

$$q_V = \frac{q_m \times c \times 3.1 \times 1.25}{10 \times w_B \times \rho} \tag{8-3}$$

式中　q_V——碳酸钠溶液的消耗量，L/h；

w_B——碳酸钠溶液的质量分数，%；

c——固定铵盐含量，换算为每千克煤焦油中含氨克数，g/kg（一般为 0.03～0.04 g/kg）；

3.1——按化学反应计算求得的碳酸钠的理论需要量，见上述计算过程；

ρ——碳酸钠溶液的密度，kg/m^3；

q_m——进入管式炉一段的煤焦油量，kg/h。

碳酸钠溶液含量以 8%～12% 为宜，若碳酸钠溶液浓度太高，则加入的量就少，不易和煤焦油混合均匀，使得固定铵盐不能完全除去；若碳酸钠溶液浓度太低，则加入量要多，给煤焦油带来大量水分。另外，加碱量不宜过多。生产实践表明，脱盐后煤焦油中，固定铵盐小于 0.1g/kg 煤焦油，能保证管式炉正常操作。否则，白白消耗了碱，还导致沥青的灰分增加。

通常以二段泵出口煤焦油 pH 在 7.5～8 作为控制指标。应当指出，铵盐极易溶于水而不易溶于煤焦油，故欲脱盐，必须先脱水。

煤焦油经脱水脱盐后应达到如下质量指标。

送入管式炉对流段的煤焦油：水分<4%；灰分<0.1%；游离碳含量<5%。

送入管式炉辐射段的煤焦油：水分<0.5%；pH 7.3～8.0。

第三节　煤焦油的连续蒸馏

煤焦油加工的主要任务是获得萘、酚、蒽等工业纯产品和洗油、沥青等粗产品。由于煤焦油中各组分含量都不太多，且组成复杂，不可能通过一次蒸馏加工而获得所需的纯产品。所以，煤焦油加工都是先在蒸馏中，切取富集某些组分的窄馏分，再进一步从窄馏分中提取所需的纯产品。

煤焦油蒸馏时，每个组分应富集于相应的馏分中，即每个组分在相应馏分中集中度较高，如萘油中萘的集中度用下式计算：

$$\text{萘在萘油中的集中度}（\%）=\frac{\text{萘油馏分中萘含量}}{\text{原料煤焦油中萘含量}}\times 100\%$$

煤焦油蒸馏按生产规模不同可分为间歇蒸馏和连续蒸馏。后者分离效果好，各种馏分产率高，酚和萘可高度集中在一定的馏分中。因此，生产规模较大的煤焦油车间均采用管式炉连续蒸馏装置。

一、一次气化过程和一次气化温度

在实际生产中，液体混合物的蒸发，一般可通过两种方法来实现：微分蒸馏法和一次气化法。微分蒸馏法也称简单蒸馏法，是将液体混合物置于蒸馏釜中加热，并连续地将蒸气从蒸馏釜中排出，在冷凝器中冷凝，蒸馏的结果是得到两种液体混合物。一次气化法或称平衡蒸馏法，是将液体混合物加热，并使其部分气化，一直达到指定温度，才将处于平衡状态的气液两相一次分开。这种分离过程叫做一次气化过程或一次气化法。显然将一次气化得到的气体冷凝，将得到具有较低沸点的液体混合物。

1. 煤焦油的一次气化过程

在管式炉加热的煤焦油连续蒸馏装置中，煤焦油的蒸馏（粗分离）就是用一次气化（或称一次蒸发）的方法来完成的。完成此过程所采用的设备包括煤焦油泵、管式炉、二段蒸发器。完成分离过程的条件与特点如下。

① 无水煤焦油被煤焦油二段泵压送，进入管式炉辐射段的炉管内加热，在湍流状态下，通过炉管进入二段蒸发器。

② 管式炉炉膛内布置的炉管具有足够大的受热面积，借助煤气燃烧产生高温火焰和烟气，主要以辐射传热方式快速向炉管和管内物料传热。

③ 煤焦油沿炉管流动过程中，一边升温一边气化，出口达到规定的温度时，也达到

了规定的气化率。

④ 煤焦油的升温和气化过程是：开始主要是低沸点组分气化；随着温度升高，高沸点组分气化量不断增加；在气化过程中气液两相始终密切接触，可以认为在炉管内任何截面处气液两相处于平衡状态；在气化和升温过程中，先期气化的组分在其后的高温区段内，因管路管间的限制被处于压缩状态。

⑤ 被处于压缩状态的气液两相，一旦进入二段蒸发器所提供的大空间内，压力突然降低，一方面在炉管内生成的气液两相瞬间完成分离；另外还有一部分在炉管内未气化的组分也会因压力降低而气化（气化需要的热量只有靠液相降低温度的显热来提供）。由这两个过程完成的气化叫一次气化过程。由于在蒸发器内完成此过程非常快，又称为闪蒸分离过程。简称为闪蒸。

2. 一次气化温度（一次蒸发温度）

煤焦油管式炉连续蒸馏工艺要求，二蒽油以前的全部馏分在二段蒸发器内一次蒸出，为了使各种馏分及沥青的产率及质量都符合工艺要求，需根据原料煤焦油的组成和分离产品的不同，以及过热蒸汽的温度和用量，合理地确定一次气化温度。

一次气化温度是指经管式炉加热后的煤焦油进入二段蒸发器闪蒸时，气液两相达到平衡状态时的温度。如前所述，这个温度比管式炉二段出口温度低，比沥青从二段蒸发器排出的温度高。因此，煤焦油在管式炉出口的温度，应综合考虑上述各种因素的影响，以保证产品的质量和数量为目标来确定。不过在实际生产中还要向二段蒸发器内通过热蒸汽。显然，过热蒸汽的温度和用量，对于各馏分和沥青的产量、质量以及馏出温度都有影响。

一般最适宜的一次气化温度应保证从煤焦油中蒸出的酚和萘最多，并能得到软化点为80～90℃的沥青。显然，即使煤焦油的组成相同，当对沥青的软化点要求不一样时，最适宜的一次气化温度也有差异。由表8-3中可以看出，随着一次气化温度的提高，煤焦油馏分产率增加，沥青的产率相应下降，沥青的软化点和游离碳含量相应增加。

表8-3　一次气化温度对产率的影响

气化温度/℃	320	340	360
馏分物对煤焦油的产率/%	21.6	28.5	33.5
沥青对煤焦油产率/%	78.4	71.5	66.5
沥青软化点/℃	30	45	55

在正常操作范围内，根据实际生产经验积累，一次气化温度可近似地按下述经验公式计算：

$$t=683-\tan\alpha(174.5-w_x) \tag{8-4}$$

式中　t——一次气化温度，℃；

w_x——煤焦油馏分产率（质量分数），%；

$\tan\alpha$——在一定压力下按下式求出一次蒸发直线的斜率：

$$\tan\alpha=3.24-8.026\times10^{-3}\times p_m$$

p_m——二段蒸发器内油气的分压（绝对压力），kPa。

例　已知脱水煤焦油处理量为9500kg/h，馏出物产率为45%；二段蒸发器操作压力为 44.13kPa，当地大气压力为 98.07kPa。通入器内的直接过热水蒸气量是脱水煤焦油量的 1.5%。求一次气化温度。

解　二段蒸发器内绝对压力为：

$$p=98.07+44.13=142.2\ (\text{kPa})$$

因通入直接过热水蒸气，油气的分压应为：

$$p_m=py$$

式中　y——气相中油气的摩尔分数。

馏出物产量　　$q_m=9500\times45\%=4275\ (\text{kg/t})$

通入水汽量　　$q_m'=9500\times1.5\%=143\ (\text{kg/t})$

油气平均相对分子质量取 $M_m=155$，则

$$x=\frac{q_m/M_m}{q_m/M_m+q_m'/M_w}=\frac{4275/155}{4275/155+143/18}=0.776$$

$$p_m=142.2\times0.776=110.35\ (\text{kPa})$$

$$\tan\alpha=3.24-8.026\times10^{-3}\times110.35=2.354$$

因此，一次气化温度即为：

$$t=683-2.354\times(174.5-45)=378\ (℃)$$

一次蒸发温度同通入的直接过热蒸汽量有关，通入蒸汽量越多，则一次蒸发温度就越低。实际上，通入的直接蒸汽量每增加 1%，可使一次蒸发温度降低约 15℃。生产上一般控制一次蒸发温度为 370～380℃。

由一次气化过程可知，管式炉二段出口温度及一次气化温度，对煤焦油和沥青的产率及沥青质量（软化点、游离碳的含量等）都有决定性的影响。当直接过热蒸汽的通入量一定时，提高一次蒸发温度（即提高管式炉二段出口温度）时，馏分的产率即随之相应地增加，而沥青产率则减少，同时沥青的软化点和游离碳含量也随之增加。

煤焦油馏分产率与一次蒸发温度之间的关系如图 8-2 所示呈直线关系。

沥青软化点与煤焦油加热温度（管式炉二段出口温度）之间的关系如图 8-3 所示。

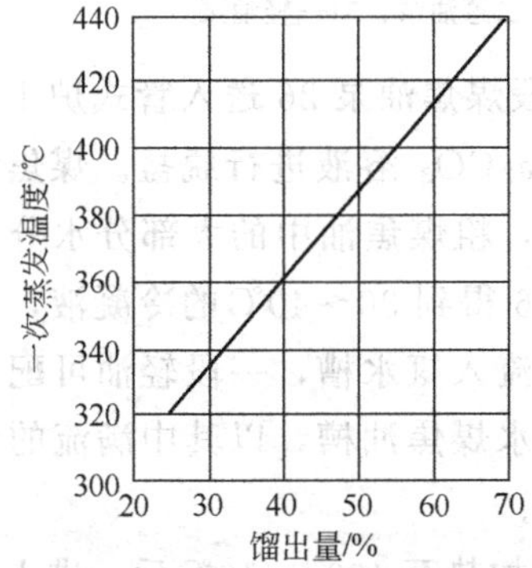

图 8-2　煤焦油馏分产率与一次蒸发温度间的关系

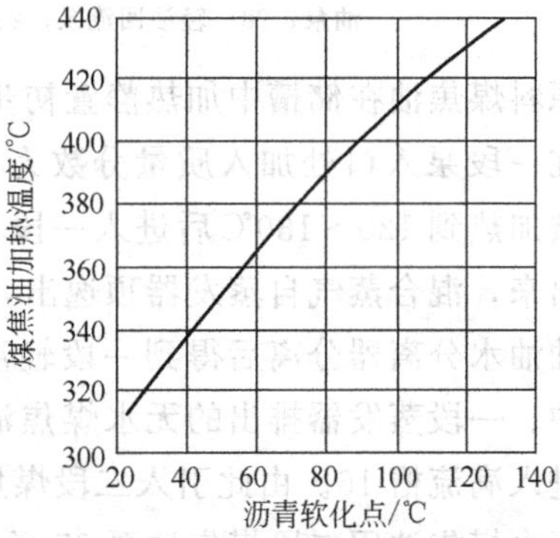

图 8-3　沥青软化点与煤焦油加热温度间的关系

二、煤焦油连续蒸馏工艺流程

近年来，煤焦油加工的主要目的大致有两类：一是对煤焦油分馏，将沸点接近的化合物集中到相应的馏分中，以便分离出单体产品；二是以获得电极生产所需原料（电极焦、电极黏结剂）为目的。所以，煤焦油连续蒸馏工艺也有多种流程。下面介绍几种典

型的工艺流程。

1. 常压两塔式煤焦油连续蒸馏流程

煤焦油常压两塔式连续蒸馏工艺流程如图 8-4 所示。

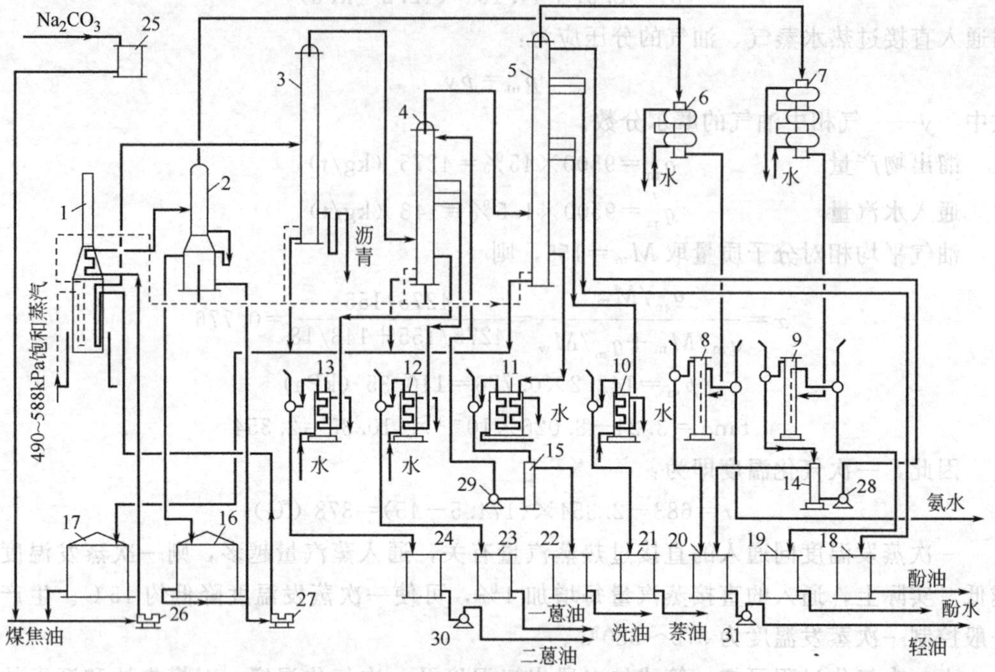

图 8-4 常压两塔式煤焦油连续蒸馏流程

1—煤焦油管式炉；2—一段蒸发器及无水煤焦油槽；3—二段蒸发器；4—蒽塔；5—馏分塔；6—一段轻油冷凝冷却器；7—馏分塔轻油冷凝冷却器；8—一段轻油油水分离器；9—馏分塔轻油油水分离器；10—萘油埋入式冷却器；11—洗油埋入式冷却器；12—一蒽油冷却器；13—二蒽油冷却器；14—轻油回流槽；15—洗油回流槽；16—无水煤焦油满流槽；17—煤焦油循环槽；18—酚油接收槽；19—酚水接收槽；20—轻油接收槽；21—萘油接收槽；22—洗油接收槽；23—一蒽油接收槽；24—二蒽油接收槽；25—碳酸钠溶液高位槽；26—一段煤焦油泵；27—二段煤焦油泵；28—轻油回流泵；29—洗油回流泵；30—二蒽油泵；31—轻油泵

原料煤焦油在储槽中加热静置初步脱水后，用一段煤焦油泵 26 送入管式炉 1 的对流段，在一段泵入口处加入质量分数为 8%～12%的 Na_2CO_3 溶液进行脱盐。煤焦油在对流段被加热到 120～130℃后进入一段蒸发器 2，在此，粗煤焦油中的大部分水分和轻油蒸发出来，混合蒸气自蒸发器顶逸出，经冷凝冷却器 6 得到 30～40℃的冷凝液，再经一段轻油油水分离器分离后得到一段轻油和氨水。氨水流入氨水槽，一段轻油可配入回流洗油中。一段蒸发器排出的无水煤焦油进入器底的无水煤焦油槽，以其中满流的无水煤焦油进入满流槽 16。由此引入二段煤焦油泵前管路中。

无水煤焦油用二段煤焦油泵 27 送入管式炉辐射段加热至 400～410℃后，进入二段蒸发器 3 一次蒸发，使馏分与煤焦油沥青分离。沥青自底部排出，馏分蒸气自顶部逸出进入蒽塔 4 下数第 3 层塔板，塔顶用洗油馏分打回流，塔底排出二蒽油。自第 11、13、15 层塔板的侧线切取一蒽油。一蒽油和二蒽油分别经埋入式冷却器冷却后，放入各自储槽，以备送去处理。

自蒽塔 4 顶逸出的油气进入馏分塔 5（又称洗塔）下数第 5 层塔板。洗油馏分自塔底排出，萘油馏分从第18、20、22、24层塔板侧线采出；酚油馏分从第36、38、40层塔板采出。这些馏分经冷却后进入各自储槽。自馏分塔顶出来的轻油和水的混合蒸气冷凝冷却和油水分离后，水导入酚水槽，用来配制洗涤脱酚时所需的碱液；轻油入回流槽，部分用作回流液，剩余部分送粗苯工段处理。

蒸馏用直接蒸汽经管式炉辐射段加热至450℃，分别送入各塔底部。

中国有些焦化厂，在馏分塔中将萘油馏分和洗油馏分合并一起切取，叫做二混馏分。此时塔底油称为苊油馏分，含苊量大于25%。这种切取二混馏分的操作可使萘较多地集中在二混馏分中，萘的集中度达93%～96%，从而可提高工业萘的产率。同时，洗油馏分中的重组分已在切取苊油馏分时除去，也提高了洗油质量。

两塔式连续蒸馏的主要操作指标如下：

一段煤焦油管式炉出口温度/℃	120～130	洗油馏分(塔底)温度/℃	225～235
二段煤焦油管式炉出口温度/℃	400～410	二混馏分侧线温度/℃	196～200
一段蒸发器顶部温度/℃	105～110	一蒽油馏分侧线温度/℃	280～295
二段蒸发器顶部温度/℃	370～374	二蒽油馏分(塔底)温度/℃	330～355
蒽塔顶部温度/℃	250～265	一段蒸发器底部压力(表压)/kPa	≤29.4
馏分塔顶部温度/℃	95～115	二段蒸发器底部压力(表压)/kPa	≤49
酚油馏分侧线温度/℃	160～170	各塔底部压力(表压)/kPa	≤49
萘油馏分侧线温度/℃	198～200	大气压力/kPa	约100

两塔式连续蒸馏所得各馏分的产率（对无水煤焦油）和质量指标如表8-4所示。

表8-4 两塔式煤焦油蒸馏馏分产率和质量指标

馏分名称	产率(对无水煤焦油)/%		密度/(g/m^3)	组分含量(质量分数)/%		
	窄馏分	二混馏分		酚	萘	苊
轻油馏分	0.3～0.6	0.3～0.6	≤0.88	<2	<0.15	—
酚油馏分	1.5～2.5	1.5～2.5	0.98～1.0	20～30	<10	—
萘油馏分	11～12	16～17	1.01～1.03	<6	70～80	—
洗油馏分	5～6		1.035～1.055	<3	<10	—
苊油馏分	—	2～3	1.07～1.09	—	—	>25
一蒽油馏分	19～20	17～18	1.12～1.13	<0.4	<1.5	—
二蒽油馏分	4～6	3～5	1.15～1.19	<0.2	<1.0	—
中温沥青	54～56	54～56	1.25～1.35	软化点80～90℃(环球法)		

2. 常压一塔式煤焦油连续蒸馏工艺流程

常压一塔式煤焦油连续蒸馏工艺流程如图8-5所示。该流程是从两塔式连续蒸馏改进发展而来的，两种流程的最大不同之处是，一塔式流程取消了蒽塔，二段蒸发器改由两部分组成，上部为精馏段，下部为蒸发段。

经静置脱水后的原料煤焦油用一段煤焦油泵25打入管式炉1的对流段，在泵前加质量分数为8%～12%的Na_2CO_3溶液脱盐，在管式炉一段煤焦油被加热到120～130℃后，进入一段蒸发器2进行脱水。分离出的无水煤焦油通过二段煤焦油泵26送入管式炉辐射段加热至400～410℃后，进入二段蒸发器3进行蒸发分馏，沥青由塔底排出，油气升入上部精馏段。二蒽油从上数第四层塔板侧线引出，经冷却器13冷却后送入二蒽油接收槽22。其余馏分的混合蒸气自顶部逸出进入馏分塔4的下数

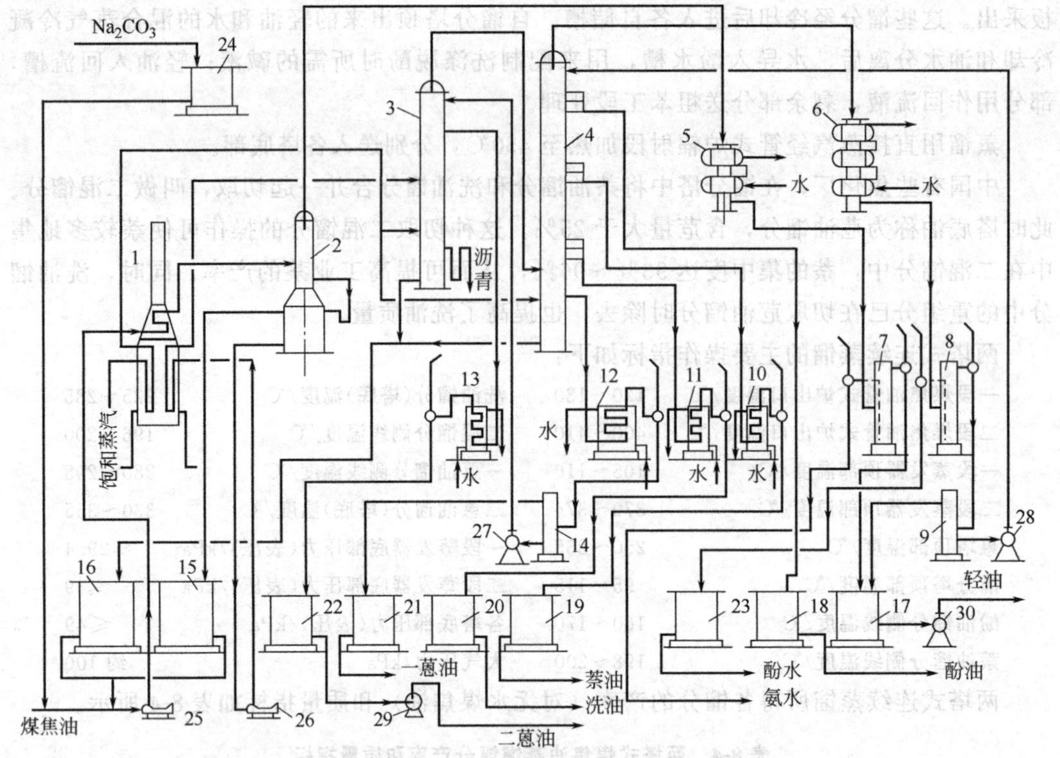

图 8-5　常压一塔式煤焦油连续蒸馏工艺流程

1—煤焦油管式炉；2—一段蒸发器及无水煤焦油槽；3—二段蒸发器；4—馏分塔；5—一段轻油冷凝冷却器；6—馏分塔轻油冷凝冷却器；7—馏分塔轻油冷凝冷却器；8—馏分塔轻油油水分离器；9—轻油回流槽；10—萘油埋入式冷却器；11—洗油埋入式冷却器；12—一蒽油冷却器；13—二蒽油冷却器；14—一蒽油回流槽；15—无水煤焦油满流槽；16—煤焦油循环槽；17—轻油接收槽；18—酚油接收槽；19—萘油接收槽；20—洗油接收槽；21—一蒽油接收槽；22—二蒽油接收槽；23—酚水接收槽；24—碳酸钠溶液高位槽；25—一段煤焦油泵；26—二段煤焦油泵；27—一蒽油回流泵；28—轻油回流泵；29—二蒽油泵；30—轻油泵

第 3 层塔板。自馏分塔 4 底部排出的一蒽油，经一蒽油冷却器 12 冷却后，一部分回流入二段蒸发器（回流量为 1t 无水煤焦油 0.15～0.2t，以保持二段蒸发器顶部温度），其余送去处理。由第 15、17、19 层塔板侧线采出洗油馏分；由第 33、35、37 层切取萘油馏分；由第 51、53、55 层切取酚油馏分。各种馏分分别经各自的冷却器冷却后引入各自的中间槽，再送去处理。由塔顶出来的轻油和水的混合蒸气经冷凝冷却器 6 和馏分塔轻油油水分离器 8 分离后，部分轻油回流入塔（回流量为 1t 无水煤焦油 0.35～0.4t），其余送入粗苯工段处理。

国内有些化工厂对一塔式流程做了如下改进：将酚油馏分、萘油馏分和洗油馏分合并一起作为三混馏分，这种工艺可使煤焦油中的萘最大限度地集中到三混馏分中，萘的集中度达 95%～98%，从而可提高萘的产率。馏分塔的塔板数可从 63 层减到 41 层（提馏段 3 层，精馏段 38 层），三混馏分自下数第 25、27、29、

31 或 33 层塔板采出。

煤焦油一塔式连续蒸馏的主要操作指标如下：

一段煤焦油管式炉出口温度/℃	120～130	洗油馏分侧线温度/℃	225～245
二段煤焦油管式炉出口温度/℃	400～410	三混馏分侧线温度/℃	200～220
一段蒸发器顶部温度/℃	105～110	一蒽油馏分(塔底)温度/℃	270～290
二段蒸发器顶部温度/℃	315～325	二蒽油馏分(塔底)温度/℃	320～335
馏分塔顶部温度/℃	95～115	一段蒸发器底部压力(表压)/kPa	⩽29.4
酚油馏分侧线温度/℃	165～180	二段蒸发器底部压力(表压)/kPa	⩽49
萘油馏分侧线温度/℃	200～215	馏分塔底部压力(表压)/kPa	⩽49

一塔式连续蒸馏所得各馏分产率（对无水煤焦油）和质量指标见表 8-5。

表 8-5　一塔式煤焦油蒸馏馏分产率和质量指标

馏分名称	产率(对无水煤焦油)/%		密度/(g/m^3)	酚含量(质量分数)/%	萘含量(质量分数)/%
	窄馏分	三混馏分			
轻油馏分	0.3～0.6	0.3～0.6	⩽0.88	<2	<0.15
酚油馏分	1.5～2.5		0.98～1.0	20～30	<10
萘油馏分	11～12	18～23	1.01～1.03	<6	70～80
洗油馏分	5～6		1.035～1.055	<3	<10
			1.028～1.032	6～8	45～55
一蒽油馏分			1.12～1.13	<0.4	<1.5
二蒽油馏分			1.15～1.19	<0.2	<1.0
中温沥青			1.25～1.35	软化点 80～90℃(环球法)	

3. 煤焦油常-减压连续蒸馏流程

煤焦油常-减压连续蒸馏工艺流程如图 8-6 所示。煤焦油依次与甲基萘油馏分、一蒽油馏分和煤焦油沥青多次换热到 120～130℃进入脱水塔。煤焦油中的水分和轻煤焦油馏分从塔顶逸出，经冷凝冷却和油水分离后得到氨水和轻油馏分。脱水塔顶部送入轻油回流，塔底的无水煤焦油送入管式炉加热到 250℃左右，部分返回脱水塔底循环供热，其余送入常压馏分塔。酚油蒸气从常压馏分塔逸出，进入蒸汽发生器，利用其热量产生 0.3MPa 的蒸汽供本装置加热用。冷凝的酚油馏分部分送回塔顶作回流，从塔侧线切取萘油馏分。塔底重质煤焦油送入常压馏分塔管式炉加热到 360℃左右，部分返回常压馏分塔底循环供热，其余送入减压馏分塔。减压馏分塔顶逸出的甲基萘油馏分蒸气在换热器中与煤焦油换热后冷凝，经气液分离器分离得到甲基萘油馏分，部分作为回流送入减压馏分塔顶部，从塔侧线分别切取洗油馏分、一蒽油馏分和二蒽油馏分。各馏分流入相应的接收槽，分别经冷却后送出，塔底沥青经沥青换热器与煤焦油换热后送出。气液分离器顶部与真空泵连接，以造成减压蒸馏系统的负压。

常减压蒸馏的主要操作指标如下：

沥青换热器煤焦油出口温度/℃	120～130	萘油馏分侧线温度/℃	200～210
脱水塔顶部温度/℃	100～110	常压馏分塔管式炉重质	
脱水塔管式炉煤焦油出口温度/℃	250～260	煤焦油出口温度/℃	360～370
常压馏分塔顶部温度/℃	170～185	减压馏分塔顶部压力/kPa	<26.6

各种馏分对无水煤焦油的产率（质量分数）：

轻油馏分/%	0.5～1.0	酚油馏分/%	2.0～2.5

萘油馏分/%	11～12	一蒽油馏分/%	14～16
甲基萘馏分/%	2～3	二蒽油馏分/%	6～8
洗油馏分/%	4～5	沥青/%	54～55(软化点 80～90℃环球法)

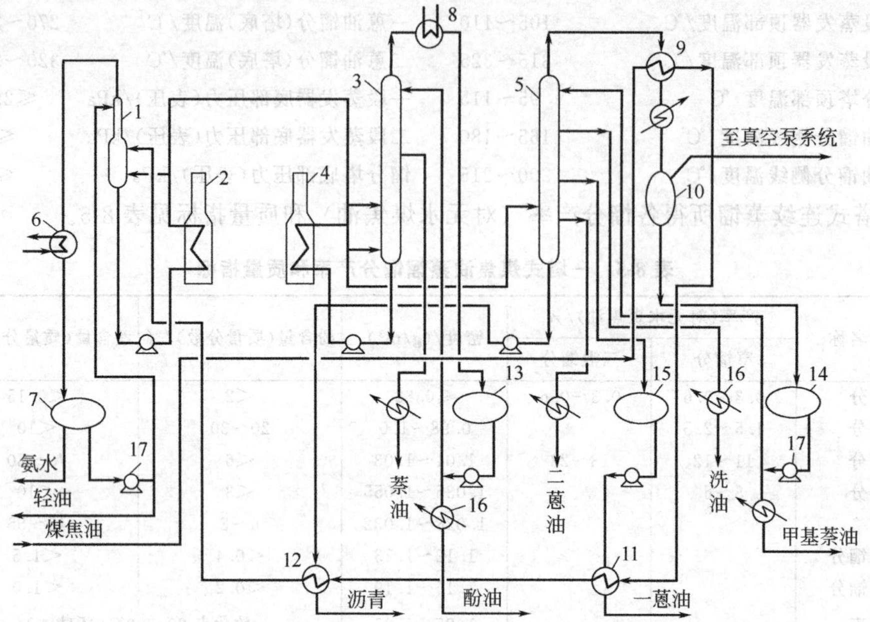

图 8-6 煤焦油常-减压连续蒸馏工艺流程

1—脱水塔；2—脱水塔管式炉；3—常压馏分塔；4—常压馏分塔管式炉；
5—减压馏分塔；6—轻油冷凝冷却器；7—油水分离器；8—蒸汽发生器；9—甲基萘油换热器；
10—气液分离器；11—一蒽油换热器；12—沥青换热器；13—酚油回流槽；14—甲基萘油回流槽；
15—一蒽油中间槽；16—馏分冷却器；17—油泵

4. 煤焦油连续减压蒸馏流程

因为液体的沸点随着压力的降低而降低，所以煤焦油在负压下蒸馏可降低各组分的沸点，避免或减少高沸点物质的分解和结焦现象，提高轻重组分间的相对挥发度，有利于蒸馏分离。煤焦油连续减压蒸馏工艺流程如图 8-7 所示。

原料煤焦油用泵 27 送入煤焦油预热器 12（用 784kPa 蒸汽加热）后进入软沥青热交换器 A13 与软沥青换热，被加热到 120～130℃后，再进入预脱水塔 10。进塔煤焦油温度由煤焦油含水量和轻油质量来确定，用预热蒸汽量来调节。煤焦油中大部分水分和部分轻油气化后从塔顶逸出，经冷凝冷却和油水分离后，轻油回流入脱水塔 3 顶部。预脱水塔 10 底部出来的煤焦油靠液柱压力自流入脱水塔 3。

脱水塔塔底煤焦油用循环泵 26 压送入重沸器 9 加热后返回塔内，供给脱水塔所需热量。重沸器用 3920kPa 的蒸汽加热。脱水塔顶温度用回流量来调节。塔顶流出的水和轻油蒸气经冷凝冷却和油水分离后，轻油部分打回流，其余送入轻油槽。全部分离水经再次油水分离后，送入氨水槽。

脱水塔底的煤焦油用泵 28 送入软沥青热交换器 B14 换热后进入管式加热炉 5。煤焦油出管式炉的温度由原料性质、处理量及分馏塔操作压力等因素而确定。管式加热炉用

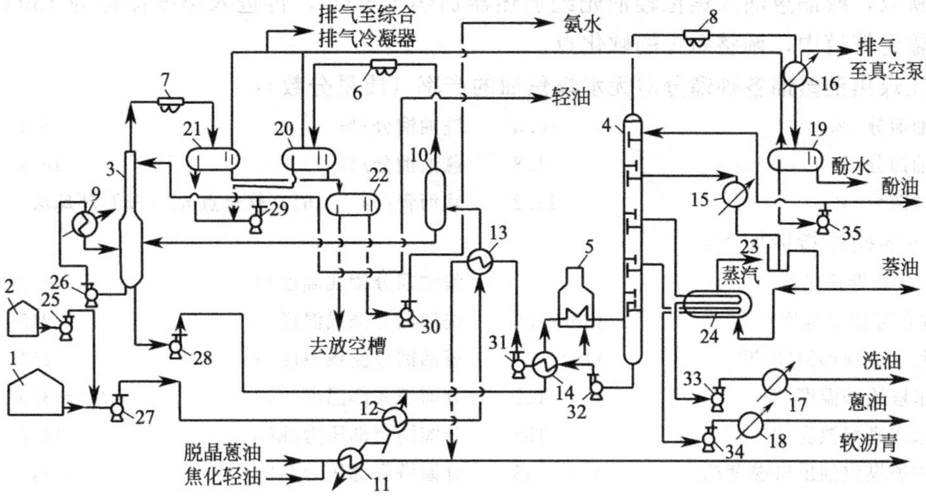

图 8-7 煤焦油连续减压蒸馏工艺流程

1—煤焦油槽；2—Na_2CO_3 槽；3—脱水塔；4—分馏塔；5—加热炉；6—1 号轻油冷凝冷却器；7—2 号轻油冷凝冷却器；8—酚油冷凝器；9—脱水塔重沸器；10—预脱水塔；11—脱晶蒽油加热器；12—煤焦油预热器；13—软沥青热交换器 A；14—软沥青热交换器 B；15—萘油冷却器；16—酚油冷却器；17—洗油冷却器；18—蒽油冷却器；19—主塔回流槽；20—1 号轻油分离器；21—2 号轻油分离器；22—3 号轻油分离器；23—萘油液封槽；24—蒸汽发生器；25—Na_2CO_3 装入泵；26—脱水塔循环泵；27—煤焦油装入泵；28—脱水塔底抽出泵；29—脱水塔回流泵；30—氨水输送泵；31—软沥青升压泵；32—主塔底抽出泵；33—洗油输送泵；34—蒽油输送泵；35—酚油输送泵（主塔回流泵）

焦炉煤气作燃料，其流量根据分馏塔 4 入口煤焦油温度调节。

经管式炉加热后的煤焦油进入馏分塔 4 被分馏成各种馏分，塔顶馏出酚油，从侧线依次采出萘油、洗油和蒽油馏分，塔底得到软沥青。分馏塔顶操作压力为 13.3kPa，由减压系统通入真空槽的氮气来调节。

自馏分塔 4 顶部蒸出的酚油气被酚油空气冷凝器 8 冷凝冷却后，又在酚油水冷却器 16 中冷却到大约 40℃，进入回流槽 19，水冷却器内的未凝酚油气被引入减压系统。回流槽内的酚油大部分回流入塔，其余部分送入酚油槽。馏分塔顶温度由酚油质量而定，并根据塔顶温度来调节回流量。

萘油馏分经用 60～65℃的温水在萘油冷却器 15 冷却至 80℃进入萘油液封槽 23。

洗油馏分和蒽油馏分，先通过蒸汽发生器 24 降温至 106℃，再分别用泵 34、35 送入冷却器 17、18 冷却后，送入各自的储槽。

馏分塔底设有液面调节器以控制软沥青的送出量。塔底排出的软沥青先通过软沥青热交换器 B14 与脱水塔来的煤焦油换热，被冷却到 200℃，再经软沥青热交换器 A13 与原料煤焦油换热，又被冷却到 140～150℃。为了保持软沥青热交换器内沥青的流速一定，防止管内壁沉积污垢，从与原料煤焦油换热后的软沥青中引出一小部分循环到升压泵吸入侧，其余部分在管道内配油，调整软化点后送入软沥青储槽。

馏分塔底排出的软沥青的软化点为 60～65℃。为了制取生产延迟焦、型煤的黏结剂以及高炉炮泥的原料，要加入脱晶蒽油、焦化轻油进行调配得到软化点为 35～40℃的软沥青。所以，脱晶蒽油及焦化轻油先经加热器加热至90℃，再进入温度保持为130℃的软沥青输送管道中，调整沥青的软化点。

减压煤焦油蒸馏各种馏分对无水煤焦油的产率（质量分数）：

轻油馏分/%	0.5	洗油馏分/%	6.4
酚油馏分/%	1.8	蒽油馏分/%	16.9
萘油馏分/%	13.2	软沥青/%	61（软化点60～65℃环球法）

其主要操作指标如下：

1号软沥青换热器		萘油馏分侧线温度/℃	152
煤焦油出口温度/℃	130～135	洗油馏分侧线温度/℃	215
预脱水塔顶部温度/℃	110～120	蒽油馏分侧线温度/℃	264
脱水塔顶部温度/℃	100	分馏塔底部温度/℃	325～330
脱水塔底部温度/℃	185	分馏塔顶部压力/kPa	13.3
管式炉煤焦油出口温度/℃	330～335	分馏塔底部压力/kPa	33～41
分馏塔顶部温度/℃	118～120	大气压力/kPa	约100

5. 煤焦油分馏和电极焦生产工艺流程

生产用于制造电极焦和电极黏结剂的沥青的煤焦油分馏工艺流程如图8-8所示。

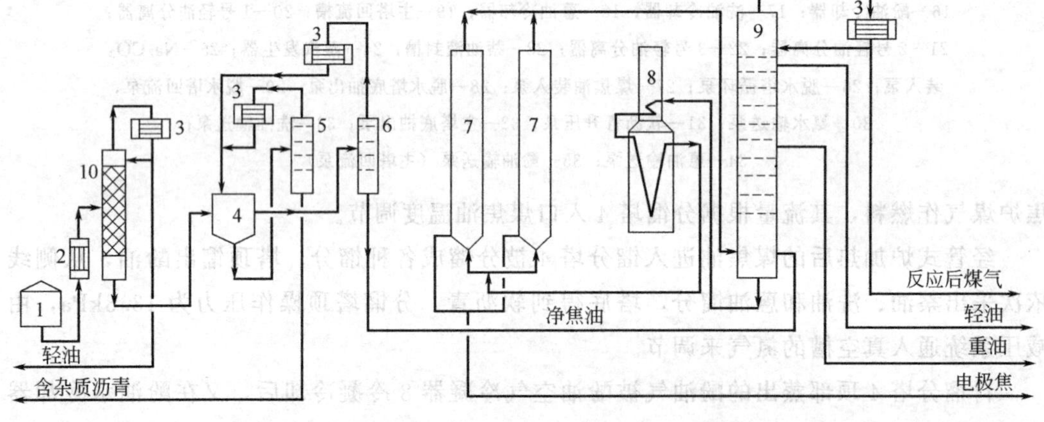

图8-8 煤焦油分馏和电极焦生产工艺流程

1—煤焦油槽；2—预热器；3—冷凝器；4—萃取器；5，6—溶剂蒸出器；7—焦化塔；8—管式炉；9—馏分塔；10—脱水塔

煤焦油经预热器2预热至140℃进入脱水塔10脱水，塔顶采出的水和轻油混合蒸气经冷凝冷却和油水分离后，部分轻油回流至脱水塔顶板，其余去轻油槽。塔底排出的脱水煤焦油在萃取器4内用脂肪族烃（正已烷、石脑油等）和芳香族烃（萘油、洗油等）的混合溶剂进行萃取，可使喹啉不溶物分离，并在重力作用下沉淀下来。脱水煤焦油与溶剂混合后分为两相，上部为净煤焦油，下部为含喹啉不溶物的煤焦油。含杂质的煤焦油在溶剂蒸出器5的器顶蒸出的溶剂和轻馏分经冷凝器3后返回萃取器，蒸出器底排出软化点为35℃含有杂质的沥青，这种沥青可用于制取筑路煤焦油和高炉用燃料煤焦油。

萃取器上部的净煤焦油送入溶剂蒸出器6，蒸出溶剂的净煤焦油用泵送入馏分塔9底部，分馏成各种馏分和沥青。沥青从馏分塔9的底部排出并泵入管式炉，加热至500℃再进入并联的延迟焦化塔7中的一个塔，焦化塔所产生的挥发性产品和油气从塔顶返回馏分塔内，并供给所需的热源。

焦化塔内得到的主要产品是延迟焦，它对软沥青的产率约为64%。所得延迟焦再经煅烧后即得成品沥青焦。沥青焦对延迟焦的产率约为86%，其质量规格为：硫含量0.3%～0.4%，灰分含量0.1%～0.2%；挥发分<0.5%；重金属（主要是钒）<5mg/kg；真密度1960～2040kg/m^3。

馏分塔顶引出的煤气（占煤焦油4%），经冷凝后所得冷凝液返回塔顶板；自二段塔板引出的是含酚、萘的油；从塔中段采出的是含苊的重油。

第四节　煤焦油蒸馏主要设备

在上述几种流程中都涉及管式加热炉、一次蒸发器、二次蒸发器和馏分塔等，这些设备即是煤焦油蒸馏的主要设备。

一、管式加热炉

目前国内煤焦油加工企业煤焦油蒸馏装置中都采用管式加热炉，其中圆筒式管式炉已经很普及。它主要有燃烧室（辐射室）、对流室和烟囱三部分组成，其构造和图6-27所示类似，不再详述。

圆筒管式加热炉的规格依生产能力的不同而不同，炉管均为单程，辐射段炉管和对流段光管的材质均为1Cr5Mo合金钢。辐射段炉管沿炉壁圆周等距直立排列，无死角，加热均匀。对流段光管在燃烧室顶水平排列，兼受对流及辐射两种传热方式作用。蒸汽过热管设置在对流段和辐射段，其加热面积应满足将所需蒸汽加热至450℃。辐射段炉管加热强度取为75400～92100kJ/(m^2·h)，对流管采用光管时，加热强度取为25200～41900kJ/（m^2·h）。

由以上各节所讨论的内容可知，煤焦油分离主要是靠消耗热能而实现的。因此，为实现预定的分离任务，需消耗多少燃料是一个重要的技术经济指标。为确定燃料耗量，需根据选定的工艺过程和操作条件对管式炉进行物料衡算和热量衡算。

1. 物料衡算

原始数据：原料煤焦油水分含量为4%。

分离得到如下馏分及其产量。

各馏分产率（对无水煤焦油的）：

轻油	酚油	萘油	洗油	一蒽油	二蒽油	沥青
0.6%	2.0%	11.5%	5.5%	20%	6%	54.4%

为实现该分离任务，选用常压两塔式煤焦油连续蒸馏流程（见图8-4）。由图8-4可知，整个流程中所需要的热能全是由管式炉烧煤气提供，提供热能包括以下三部分：管式炉在对流段为煤焦油脱水提供热能，在辐射段对无水煤焦油加热提供热能，以及使饱和蒸汽成为过热蒸汽提供热能。以下先做物料衡算，再做热量衡算，最后求出煤气用量。

为简化计算，假设：煤焦油水分全部在一段蒸发器中脱除，占无水煤焦油0.25%的轻油在一段蒸发时蒸发，脱盐用碱液不计入，物料损失忽略不计，不考虑无水煤焦油满流。

以1000kg/h煤焦油为计算基准的物料衡算结果见表8-6。

表 8-6　管式炉含一段、二段蒸发器的物料衡算

序号	输入物料/(kg/h)	序号	输出物料/(kg/h)
1	煤焦油水分：1000×4%=40	1	从一段蒸发器蒸出的煤焦油水分：1000×4%=40
2	无水煤焦油：1000−40=960	2	轻油：从一段蒸出 960×0.25%=2.4 从二段蒸出 960×(0.6%−0.25%)=3.36
		3	酚油：960×2%=19.2
		4	萘油：960×11.5%=110.4
		5	洗油：960×5.5%=52.8
		6	一蒽油：960×20%=192
		7	二蒽油：960×6%=57.6
		8	沥青：960×54.4%=522.24
共计 1000		共计 1000	

2. 热量衡算

原始数据如下。

温度：原料煤焦油 80℃，对流段出口煤焦油 130℃，辐射段出口煤焦油 400℃，一段蒸发器底部煤焦油 110℃，顶部蒸气 105℃，二段蒸发器底部沥青 360℃，顶部油气 350℃，进入管式炉的饱和水蒸气 143℃，过热蒸汽 400℃。

过热的水蒸气量按无水煤焦油量的 4%计算，其他数据与物料衡算相同。

(1) 对流段煤焦油吸收的有效热量　热量衡算基准：温度，0℃；物料量，1000kg/h（煤焦油），计算结果见表 8-7。

表 8-7　管式炉对流段和一段蒸发器煤焦油的热量衡算

序号	输入热量/(kJ/h)	序号	输出热量/(kJ/h)
1	无水煤焦油带入热量： $Q_1=960\times1.675\times80=128640$ 式中　1.675——无水煤焦油在 0～80℃的平均质量比热容，kJ/(kg·K)	1	一段蒸发器顶部轻油蒸气带走的热量： $Q_3=2.4\times(450.1+1.926\times105)=1566$ 式中　450.1——轻油在 105℃的蒸发潜热，kJ/kg； 1.926——轻油在 0～105℃之间的平均质量比热容，kJ/(kg·K)
2	煤焦油中水分带入热量： $Q_2=40\times4.187\times80=13398$ 式中　4.187——水在 0～80℃的平均质量比热容，kJ/(kg·K)	2	一段蒸发器底排出的无水煤焦油带走的热量： $Q_4=(960-2.4)\times1.675\times110=176438$ 式中　1.675——无水煤焦油在 0～110℃的平均质量比热容，kJ/(kg·K)
		3	一段蒸发器顶水汽带走热量： $Q_5=40\times(2248+4.187\times105)=107505$ 式中　2248——水在 105℃时的蒸发潜热，kJ/kg； 4.187——水在 0～105℃的平均质量比热容，kJ/(kg·K)
总热量 $Q_{对入}=142038$		总热量 $Q_{对出}=285509$	

对流段煤焦油吸收的有效热量为：

$$Q_{对}=Q_3+Q_4+Q_5-Q_1-Q_2=285509-142038=143471\ (\text{kJ/h})$$

(2) 辐射段煤焦油吸收热量　辐射段二段蒸发器煤焦油的热量衡算见表 8-8。

表 8-8　辐射段二段蒸发器煤焦油的热量衡算

序号	输入热量/(kJ/h)	序号	输出热量/(kJ/h)
1	无水煤焦油带入热量： $Q_1=(960-2.4)\times1.675\times110=176438$	1	二段蒸发器顶油气带走的热量： $Q_2=(3.36+19.2+110.4+52.8+192+57.6)\times(376.8+1.884\times350)=451120$ 式中　376.8——混合油在0℃的蒸发潜热，kJ/kg； 1.884——混合油在 0～350℃ 的平均质量比热容，kJ/(kg·K)
		2	二段蒸发器底沥青带走的热量： $Q_3=522.24\times1.758\times360=330515$ 式中　1.758——沥青在 0～360℃ 的平均质量比热容，kJ/(kg·K)
总热量 $Q_{辐入}=176438$		总热量 $Q_{辐出}=781635$	

辐射段煤焦油吸收的有效热量为：

$$Q_{辐}=Q_2+Q_3-Q_1=781635-176438=605197\ (\text{kJ/h})$$

(3) 蒸汽过热段水汽吸收的有效热量　管式炉蒸汽过热段热量衡算见表 8-9。

表 8-9　管式炉蒸汽过热段热量衡算

输入热量/(kJ/h)	输出热量/(kJ/h)
饱和蒸汽带入的热量(392.3kPa，143℃饱和蒸汽)： $Q_3=960\times4\%\times2742=105293$ 式中　2742——饱和蒸汽的焓，kJ/h	过热蒸汽带走的热量(392.3kPa，400℃过热蒸汽)： $Q'_3=960\times4\%\times[2742+2.093\times(400-143)]=125948$ 式中　2.093——水蒸气在 143～400℃ 的平均质量比热容，kJ/(kg·K)

蒸汽过热及水汽吸收的有效热量为：

$$Q_{过}=125948-105293=20655\ (\text{kJ/h})$$

这样，管式炉每 1h 加热每 1000kg 煤焦油吸收的总有效热量为：

$$Q'_{\text{T}}=143471+605197+20655=769323\ (\text{kJ/h})$$

管式炉用焦炉煤气做燃料，炉热工效率取 $\eta=70\%$，则供给管式炉热量为：

$$Q_{\text{T}}=\frac{Q'_{\text{T}}}{\eta}=\frac{769323}{0.7}=1099033\ (\text{kJ/h})$$

焦炉煤气热值 $Q_{低}=17585\text{kJ/m}^3$，则每 1000kg 煤焦油的焦炉煤气耗用量为：

$$V=\frac{Q_{\text{T}}}{Q_{低}}=\frac{1099033}{17585}=62.5\ (\text{m}^3)$$

二、蒸发器

1. 一段蒸发器

一段蒸发器为塔式圆筒形设备，作用是快速蒸出煤焦油中所含水分和部分轻油。如图 8-9 所示。塔体由碳素钢或灰铸铁制成。煤焦油从塔中部沿切线方向进入。为了保护设备内壁不受冲激磨损腐蚀，在煤焦油入口处装有可拆卸的保护板。入口的下部有 2～3 层分配锥。煤焦油入口至捕雾层有高为 2.4m 以上的蒸发分离空间，顶部设钢质拉西环捕雾层，塔底为无水煤焦油槽。气相空塔速度一般取 0.2m/s。

2. 二段蒸发器

二段蒸发器的作用是将 400～410℃的过热无水煤焦油闪蒸并使馏分与沥青分离。在两塔式流程中所用二段蒸发器不带精馏段，构造较简单。而一塔式流程中所用的蒸发器带有精馏段，其构造如图 8-10 所示。

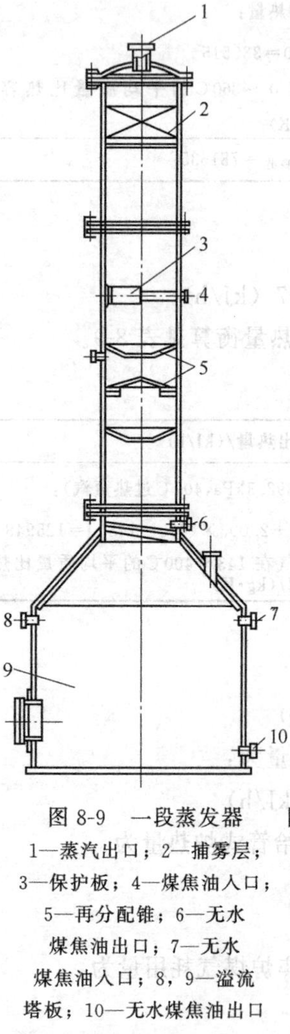

图 8-9　一段蒸发器

1—蒸汽出口；2—捕雾层；3—保护板；4—煤焦油入口；5—再分配锥；6—无水煤焦油出口；7—无水煤焦油入口；8，9—溢流塔板；10—无水煤焦油出口

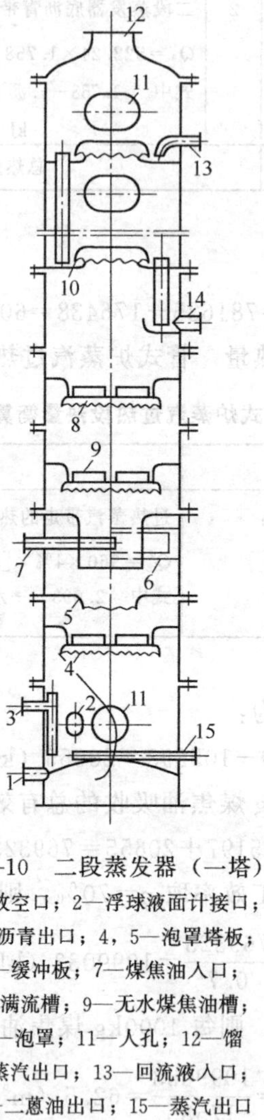

图 8-10　二段蒸发器（一塔）

1—放空口；2—浮球液面计接口；3—沥青出口；4，5—泡罩塔板；6—缓冲板；7—煤焦油入口；8—满流槽；9—无水煤焦油槽；10—泡罩；11—人孔；12—馏分蒸汽出口；13—回流液入口；14—二蒽油出口；15—蒸汽出口

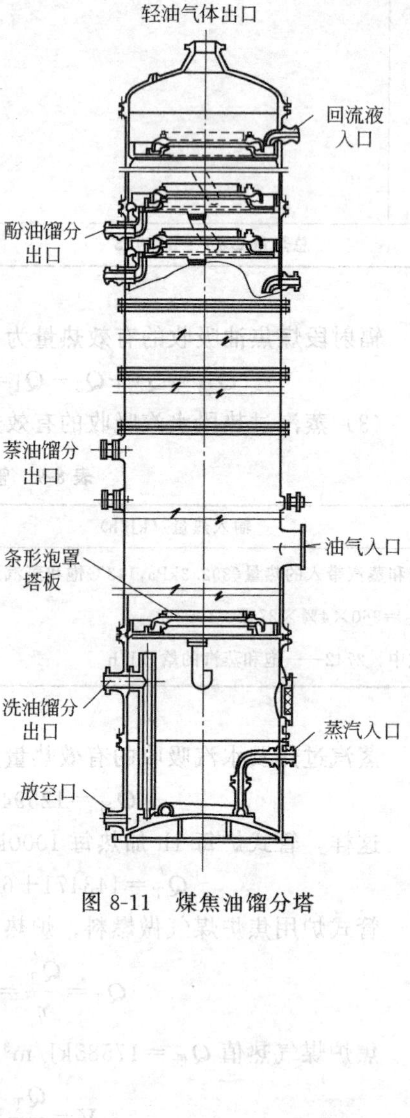

图 8-11　煤焦油馏分塔

二段蒸发器的塔体是由若干灰铸铁或不锈钢塔段组成的圆筒形设备。加热后的无水煤焦油气液混合物由蒸发段上部沿切线方向进入塔内闪蒸。为了减缓煤焦油冲击力和热腐蚀作用，在煤焦油入口部位设有缓冲板。煤焦油沿缓冲板在进料塔板上形成环流，并由周边汇入中央大降液管，越过降液管齿形堰，沿降液管内壁形成环状油膜流至下层溢流板。在此板上沿径向向四周外缘流动。再越过齿形边堰及环形降液管外壁形成环状油膜流至器底。这两层塔板的大降液管也是上升气体的通道，因此这两个降液管就形成气液两相间进行传热与传质的表面积。所蒸发的油气和进入的直接蒸汽一起进入精馏段。

沥青聚于器底。

二段蒸发器精馏段装有4～6层泡罩塔板。塔顶加入一蒽油作为回流液。由蒸发段上升的蒸汽汇同闪蒸的馏分蒸气与回流液体在精馏段各塔板上传热、传质，从精馏段最下层塔板侧线排出二蒽油馏分，油气从塔顶排出，送入馏分塔底部。

在精馏段与蒸发段之间也设有两层溢流塔板，其作用是捕集上升蒸气所夹带的沥青液滴，并将液滴中的馏分蒸气充分蒸发出去。

无精馏段的蒸发器中，煤焦油入口以上有高于4m的分离空间，顶部有不锈钢或钢质拉西环捕雾层，馏分蒸气经捕雾层除去夹带的液滴后，全部从塔顶逸出。气相空塔速度一般取0.2～0.3m/s。

三、馏分塔

馏分塔是煤焦油蒸馏工艺中切取各种馏分的设备，其结构如图8-11所示。馏分塔分精馏段和提馏段，内设塔板。塔板间距一般为350～500mm，相应的空塔气速可取0.35～0.45m/s。进料塔板与其上升塔板间宜采用2倍于其他板间距。用灰铸铁制造塔体时，采用泡罩塔板，泡罩有条形、圆形和星形等；用合金钢制造塔体时，采用浮阀塔板。

馏分塔的塔板数及切取各馏分的侧线位置，见表8-10。

表8-10 煤焦油馏分塔塔板层数和切取各馏分的侧线位置

项目名称		两塔式流程		一塔式流程	
		切取窄馏分	切取二混馏分	切取窄馏分	切取三混馏分
塔板总层数		47	47	63	41
精馏段塔板层数		44	44	60	38
提馏段塔板层数		3	3	3	3
侧线位置（塔板层数自下向上数）	轻油馏分	塔顶	塔顶	塔顶	塔顶
	酚油馏分	36～42	36～42	51～57	25～35
	萘油馏分	18～26	切取二混馏分(18～26)	33～39	
	洗油馏分	塔底	塔底(萘油)	15～21	备用15～19
	一蒽油馏分			塔底	塔底

馏分塔内各馏分分布规律如下。

① 温度是进料口处最高，并沿塔高向上逐渐下降，各侧线出口的温度分别是：塔顶出口温度125℃左右，酚油150℃左右，萘油200℃左右，洗油230℃左右，一蒽油出口温度为310℃左右。

② 萘、酚分布很广，而在某一位置集中度最大，酚集中度最高部位的酚含量占酚总含量的30%～35%，该处可提取酚油馏分，作为侧线位置。萘集中度可达75%～80%，常根据温度计指示结合取样化验确定适当的萘油侧线位置。

③ 塔内压力也是沿着高度方向逐渐变化的，一般进料口压力（表压）不大于29400Pa，塔顶出口压力为14700～19800Pa。

影响馏分塔操作的因素很多，主要有以下几个方面的因素。

① 原料油的性质与组成。

② 煤焦油泵流量。

③ 冷凝冷却系统操作。

④ 塔顶轻油回流量及性质。

⑤ 各侧线位置及开度。

⑥ 塔底过热蒸汽温度及流量等。

第五节　沥青的冷却及加工

一、沥青的冷却和用途

1. 沥青的冷却

由二段蒸发器底部出来的沥青温度一般为 350～380℃，这样的沥青在空气中能着火燃烧，必须使其冷却至常温，主要有如下两种冷却方式。

(1) 自然冷却　将沥青放入密闭的卧式或立式冷却储槽（仅通过放散管与大气相通）中，进行自然冷却（夏季 6～8h，冬季 3～4h），将其冷却至 150～200℃，再放入沥青池中。该方法简单，但对环境污染严重，劳动条件差，故很少采用。

(2) 自然冷却和直接水冷却　由二段蒸发器底排出的温度为 370℃左右的沥青，经冷却储槽冷却至 150～200℃，然后进入沥青高位槽静置并自然冷却 8h，再经给料器放入浸于水中的链板输送机冷却——沥青与冷却水直接接触冷却，沥青凝固成条状固体，由水池中带出后经漏嘴放至胶带输送机，装车或卸入沥青储槽。链板输送机移动速度为 10m/min，沥青在水池中停留时间为 2～3min。由高位槽顶及给料器放出的沥青烟雾被引入吸收塔用洗油喷洒吸收，除去沥青烟的气体捕集液滴后排入大气。洗油可循环利用，但必须定期更换。这种方法是机械化操作，劳动条件有很大改善，得到广泛应用，但仍存在污染环境的问题。

目前，许多焦化厂对第二种冷却方法也进行了改造，采用了间接水冷却-直接水冷却方式。主要改进是：以冷却沥青用气化冷却器代替第二种方法中的自然冷却，在沥青烟捕集装置中，增设了洗油喷射器，工艺流程如图 8-12 所示。

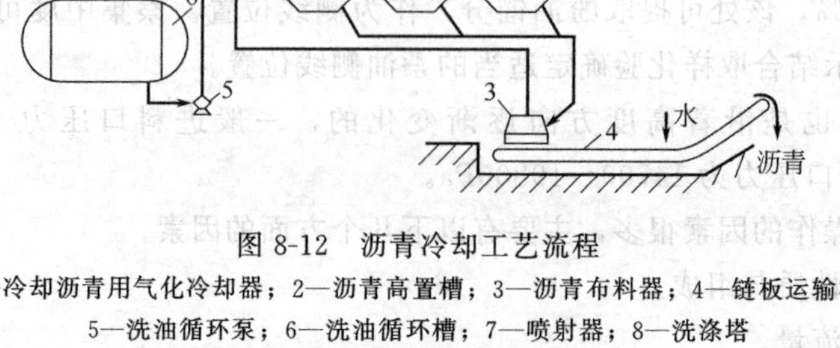

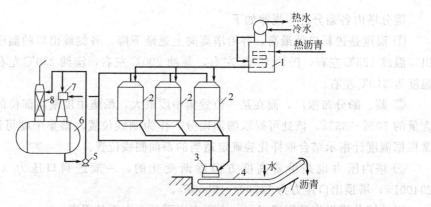

图 8-12　沥青冷却工艺流程

1—冷却沥青用气化冷却器；2—沥青高置槽；3—沥青布料器；4—链板运输机；
5—洗油循环泵；6—洗油循环槽；7—喷射器；8—洗涤塔

温度为350～380℃的沥青，经冷却沥青用气化冷却器1，冷却至220～240℃，然后进入沥青高置槽2静置并自然冷却8h，经带吸气罩的沥青布料器3，将沥青以条状分布在浸入水池中的链板运输机4上，在输送过程中沥青被冷却固化，并将冷却成条状固体的沥青输送至卸料仓。在卸料仓经漏嘴装车或送入沥青仓库。

由高置槽顶及布料分配器放出的沥青烟雾被洗油喷射器7吸入，并用洗油洗涤吸收，在洗油循环槽6上部空间进行气液分离，尾气经洗涤塔8后，由烟囱排入大气。喷射器和洗涤塔的洗油由洗油循环泵5提供。洗油循环使用，一般每两个月更换新洗油一次。

2. 沥青的用途

沥青的用途非常广泛。软化点为40～60℃的软沥青用于铺设路面和防水工程，软化点为75～95℃（环球法）的中温沥青用于生产油毡和建筑防水层，还可以用于制取高级沥青漆；软化点为95～130℃的硬沥青用于制取炭黑和铺路；用沥青生产无灰沥青焦，用于制造石墨电极等。

二、改质沥青的生产

1. 沥青改质处理的意义与质量要求

为了适应工业发展的需要，中国自行研制的改质沥青工业生产装置于20世纪80年代初在一些焦化厂建成投产，从而开辟了沥青加工利用的一条新途径。

以中温沥青为原料进行加热改质处理时，沥青中的芳烃发生热聚合和缩合，产生氢、甲烷和水。同时，沥青中原有的β-树脂的一部分转化为二次α-树脂，苯不溶物的一部分转化为二次β-树脂，这种沥青称为改质沥青。

煤焦油或煤沥青成分十分复杂，用苯萃取后的苯不溶物（即煤焦油或煤沥青中不溶于苯的成分）含量，用BI表示；苯不溶物再用喹啉萃取后又产生喹啉不溶物，其含量用QI表示；喹啉不溶物（QI）相当于α-树脂，主要是一些炼焦时形成的细分散的煤焦油渣及无机盐等；将苯不溶物减去喹啉不溶物即BI－QI的组分相当于β-树脂。β-树脂是不溶于苯而溶于喹啉的中分子芳烃聚合物，含碳率高，是具有非常好的黏结性的组分。这种黏结性芳烃聚合物（大部分是相对分子质量为400以上的中分子化合物）的存在及所含数量，是煤焦油沥青作为电极黏结剂的最重要特性。

普通中温沥青中BI值约为18%，QI值约为6%。对这种沥青进行加热改质处理时，可有效地增加BI的含量。经过加热处理的沥青，其QI值可增大至8%～16%，BI值增至25%～37%（依用户要求不同而控制其含量）。显然。BI－QI值也得到增加。因黏结性组分有了增加，沥青即得到了改质。

改质沥青是制取冶金工业用电极的重要原料。由于它的主要用途是用于制作电极，有时也称电极沥青。改质沥青在制作电极时作为黏结剂，在电极成型过程中使分解的碳质原料形成塑料糊，压制成各种形状的工程结构。沥青在焙烧过程中发生焦化，将原来分散的碳质黏结成碳素的整体，具有所要求的结构强度。

改质沥青的质量标准如表8-11所示。

2. 改质沥青制取工艺流程

改质沥青制取工艺流程形式有多种，下面介绍一种较普遍采用的釜式连续加压改质沥青生产工艺流程，如图8-13所示。

表 8-11 改质沥青的质量标准

指 标 名 称	指 标		指 标 名 称	指 标	
	一级	二级		一级	二级
软化点(环球法)/℃	100～115	100～120	结焦值/% ≥	54	50
甲苯不溶物含量(抽提法)/%	28～34	＞26	灰分/% ≤	0.3	0.3
喹啉不溶物/%	8～14	6～15	水分/% ≤	5	5
β-树脂含量/% ≥	18	16			

注：水分只作为生产中控制指标，不作为考核依据。如超过上述规定，则按超过部分扣除产量。

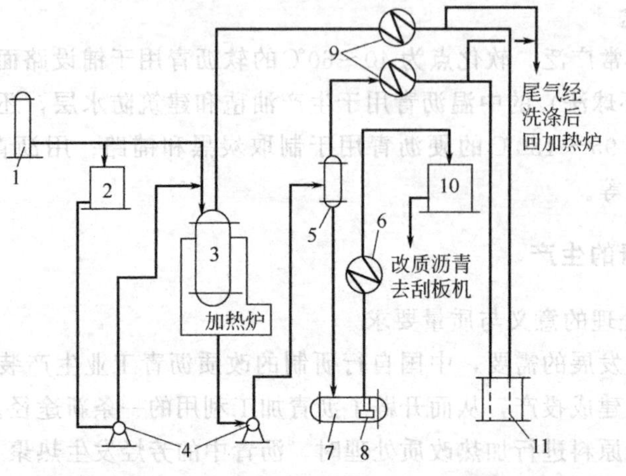

图 8-13 釜式连续加压改质沥青生产工艺流程

1—二段蒸发器；2—中间槽；3—反应釜；4—沥青泵；5—闪蒸塔；6—沥青冷却器；
7—改质沥青中间槽；8—沥青泵；9—冷凝冷却器；10—沥青高置槽；11—闪蒸油槽

将中温沥青由煤焦油蒸馏的二段蒸发器 1 底部自流到中间槽 2，用沥青泵 4 送到反应釜 3，反应釜外围有用煤气加热的加热炉，控制釜内温度为 400～420℃，釜内压力为 9×10^3kPa，停留 5h，供其发生聚合和缩合，从而形成改质沥青。反应后的沥青由器底引入闪蒸塔，由于压力解除，油气闪蒸出来，液体沥青聚于塔底，并通过通入的过热蒸汽来调整其软化点，最后由闪蒸塔底部排出的即为改质沥青，自流到改质沥青中间槽 7，定期送经沥青冷却器 6，至沥青高置槽 10。反应釜和闪蒸塔顶逸出的反应气体和油气分别经冷凝冷却器 9 冷凝成液体后，自流入闪蒸油槽 11，尾气两级洗涤后，送加热炉烧掉。

此流程也可改成常压操作。常压流程是在加压流程的基础上，把沥青管线稍加改动，即中温沥青由二段蒸发器底部直接流入反应釜，釜底改质沥青自流到改质沥青中间槽，其余和加压流程相同。

改质沥青产品中苯不溶物和喹啉不溶物含量的控制和软化点的调整可以分别在反应釜和闪蒸塔上进行。此生产流程的特点如下。

① 生产灵活性大。该装置在加压、减压和常压下操作均可；既可连续生产，又可间歇生产；既可单釜，又可双釜串联使用。

② 反应釜内装有搅拌器，可使物料加热均匀，防止了釜壁结焦。

③ 由于中温沥青由二段蒸发器底部出来不经冷却直接进反应釜，因此，热量利用率高。

④ 尾气在真空泵前后经两次清洗净化后送加热炉烧掉，消除了污染，有利于环境保护。

⑤ 该流程投资省，经济效益高。

第六节　煤焦油蒸馏主要生产操作和常见事故处理

管式炉法煤焦油连续蒸馏操作，应根据原料煤焦油的组成、性质及工艺加工的目的要求，保证生产出的馏分质量和产率符合要求。中国目前特别要求保证萘的最大集中度，尽量减少萘和酚在蒸馏过程中的损失。本节以两塔式年处理30万吨煤焦油生产来说明煤焦油蒸馏的操作和生产中常见事故处理问题。

一、煤焦油蒸馏主要生产操作

1. 管式炉对流段及一段蒸发器的操作

该段的主要任务是将原料煤焦油最终脱水，使所得无水煤焦油剩余水分保持在0.5%以下。技术上规定如下：

原料煤焦油的温度/℃	80～90	一段泵出口压力/Pa	$\leqslant 6\times10^5$
原料煤焦油的水分/%	4以下	管式炉一段出口温度/℃	120～130

管式炉对流段的煤焦油进入一次蒸发器，在蒸发器内与水分同时蒸发时，占煤焦油质量0.2%～0.3%的轻油及微量的酚、萘也被蒸发出来。控制对流段温度不超过130℃的目的就是减少酚和萘随水分和轻油夹带出去。

在操作过程中，要控制对流段的煤焦油处理比辐射段的处理量多0.5～1.0m^3/h，以使无水煤焦油满足辐射段处理的需要。但两者不宜相差过大，否则多余的无水煤焦油送回原料煤焦油槽，将重新混入水分，并导致煤焦油灰分增加和热量的浪费。

2. 管式炉辐射段及二段蒸发器的操作

该段的任务是将煤焦油加热到规定的温度，使一次气化过程充分完成，并得到软化点合格的沥青产品。所以必须很好地控制辐射段煤焦油出口温度，其温度为(400±5)℃；经常检查，观察炉膛火焰，防止火焰直接灼烧炉管或砌体，及时检查煤气耗量，各部位温度和煤焦油流量，力保稳定操作。

二段煤焦油泵的压力是考察辐射段工作情况的重要指标。煤焦油脱水不好，处理量增加或加热温度提高，均会造成二段泵后压力的升高。当炉管内结焦或泄漏时，泵后压力也显著波动。二段煤焦油泵出口压力应不超过1.176MPa。

要控制二段蒸发器通入的过热蒸汽量和温度，直接水蒸气可降低一次气化温度，通常每增加1%的过热蒸汽可降低一次气化温度约15℃。直接水蒸气量过多，易夹带油渣，使沥青软化点升高，使一部分高沸点煤焦油馏分进入蒽油馏分，降低蒽油及其他馏分的质量。为保证煤焦油一次气化温度不降低，蒸汽的温度必须过热至400℃。

两塔式流程的二段蒸发器顶部的捕焦层，经常会被沥青等物质堵塞造成压力升高，应定期清扫。而一塔式流程二段蒸发器上部有几层精馏塔板，并有一蒽油回流，堵塞现象基本消除。但这些塔板无提馏作用，若对回流控制不当，将使侧线采出的二蒽油含萘量偏高，有时甚至会使一蒽油含萘，萘损失加大，因此控制蒽塔塔顶温度及侧线位置也是很重要的。

二段蒸发器技术操作规定如下：

送入管式炉二段的煤焦油水分/%	≤0.5	管式炉二段出口温度/℃	390～400

二段泵煤焦油流量应比一段泵煤焦油流量小/(m^3/h)	0.5～1.0	管式炉过热蒸汽出口温度/℃	400～450
二段泵出口压力/Pa	≤6×10^5	管式炉的炉膛温度/℃	≤750
二段泵固定氨盐含量/(g/kg 煤焦油)	≤0.01	管式炉烟道吸力/Pa	90～110
		管式炉烟道废气温度/℃	150～200

3. 蒽塔和馏分塔的操作

操作过程中应保证塔具有良好的分离效率，提高萘的集中度，使出塔的各馏分都符合质量指标要求。由于馏分切取的方法不同，各种流程操作制度和工艺指标也各不相同。但主要都是控制与调节塔顶温度、回流量、过热蒸汽量、馏分采出量及侧线位置等。

在两塔式流程中蒽塔操作的主要任务是保证一蒽油质量，并正确地确定塔顶温度以保证洗油质量，蒽塔塔顶温度一般为250～260℃，洗油回流量为0.15～0.25m^3/m^3（无水煤焦油）。

馏分塔的主要任务是最大限度地提高萘的集中度，尽量减少酚油、洗油、蒽油等馏分的含萘量。对洗油主要是保证蒸馏试验合格。各馏分采出量及侧线位置对它们质量互有影响，所以应根据情况及时进行调节，确保生产操作稳定进行。

蒽塔和馏分塔的技术操作指标如下：

蒽塔塔顶油气温度/℃	250～260	蒽塔洗油回流量/(m^3/h)	2～4
馏分塔塔顶油气温度/℃	110～120	馏分塔轻油回流量/(m^3/h)	5～7
入馏分塔过热蒸汽温度/℃	≥400	各塔塔压（表压）/Pa	≤5×10^4

各冷凝冷却器及冷却器油出口温度：

轻油	酚油	萘油	洗油	一蒽油	二蒽油
25～35℃	50～60℃	85～95℃	50～60℃	80～90℃	80～90℃

各冷却设备冷却水出口温度≤45℃。

两塔式流程控制的馏分质量指标见表8-12。

表 8-12 两塔式流程控制的馏分质量指标

馏分名称	相对密度	含酚	含萘	蒸馏试验
轻油	0.880～0.900	≤5%		初馏点≥90℃ 180℃前馏出量≥90%
酚油	0.980～1.010	＞22%	≤5%	初馏点≥170℃ 200℃前馏出量≥80% 230℃前馏出量≥95%
萘油	1.010～1.040		＞75%	初馏点≥205℃ 230℃馏出量≥85% 270℃馏出量≥95%
洗油			≤20%(无洗油脱萘装置) ＜15%	初馏点≥230℃ 300℃前馏出量≥90%
一蒽油	1.050～1.100		≤5%	初馏点≥270℃ 300℃前馏出量≤10% 360℃前馏出量≤45%～55%
二蒽油	1.080～1.120		≤3%	360℃前馏出量≤20%

沥青的质量指标：

软化点	甲苯不溶物	灰分	水分	挥发分
75～90℃(环球法)	18%～25%	≤3%	≤5%	60%～70%

4. 馏分塔的轻油回流

一段蒸发器顶部逸出的一段轻油与馏分塔顶逸出的二段轻油的质量有明显的不同。

一段轻油主要与管式炉对流段加热温度有关，温度越高，质量越差，含萘可高达40%以上，干点增高，密度增大，分离后油易带水。如将一段轻油和二段轻油合并作为回流，易引起馏分塔温度波动，恶化产品质量，增加酚和萘的损失。因此，在操作上，一段轻油不能混入二段轻油中，宜将一段轻油配入原料煤焦油重蒸。

5. 直接蒸汽用量和温度的控制

直接蒸汽在常压煤焦油蒸馏操作中的作用是进行汽提，降低沸点，并作为操作调节手段。在热量基本满足要求的条件下，宜将气量尽量减少，仅作为调节塔底产品质量之用。这样既有利于提高分馏效率，又可提高设备生产能力，减少酚水的外排量。

二段蒸发器用直接蒸汽量与一次蒸发温度有关，在对沥青软化和馏分产率等同样要求前提下，增加气量，可以降低一次蒸发温度；而减少气量就需要提高一次蒸发温度。

由管式炉出来的过热蒸汽，由于气量小，管线长，降温较大，易使进塔过热蒸汽温度偏低，故宜加强管道和设备保温措施，并提高管式炉出口过热蒸汽温度不低于400℃。

6. 管式炉煤焦油蒸馏开工、停工操作

(1) 开工步骤

① 开工前的准备。检查各储槽存量及质量，煤气及动力系统情况。用蒸汽按工艺流程吹扫管线，检查管道的堵塞和漏油情况，确认一切具备开工条件后，向管式炉过热器送蒸气，并放散于空气，冷却器和冷凝冷却器通冷水。

② 进行冷循环。开一段泵向管式炉一段送煤焦油，待无水煤焦油槽进入半槽油时开动二段泵向管式炉二段打煤焦油，其量比一段少0.5～1.0m^3/h，多余的煤焦油满流至中间槽。这时冷却循环路线为：原料煤焦油槽→一段泵→管式炉一段加热管→一段蒸发器→无水煤焦油槽→二段泵→管式炉二段加热管→二段蒸发器→原料槽。正常情况下需进行3～4h。

③ 进行热循环。

a. 循环前的准备工作：将烟道阀板全开，使其吸力量大，关闭防爆孔、清扫孔、窥视孔，对煤气进行爆发实验至合格，用蒸汽清扫炉膛驱赶炉内空气，以免点火时爆炸。

b. 在冷循环没有问题时，可点燃专用的煤气弯管，然后依次伸入火嘴内点燃（应先将弯管伸入火嘴内，然后开煤气），由窥视孔检查各火嘴燃烧情况，并加以调节。

c. 管式炉开始加热后，停止过热蒸汽放散，并通向馏分塔下部加热器，预热各塔至切换沥青为止。

d. 在预热塔的同时以每小时50～60℃的升温速度提高二段蒸发器出口温度，并使其升至正常操作温度。

e. 在热循环中进一步检查泵、管道、设备、仪表等情况。发现异常情况要及时处理。

④ 转入正常操作。

a. 确定热循环没有问题时转入正常操作，当二段蒸发器温度达360～380℃切取沥青，停止热循环，向二段蒸发器通入过热蒸汽。取沥青试样分析软化点来调整二段蒸发器出口温度及蒸汽量。当沥青流出后，即可提取二蒽油。

b. 二蒽油是在二段蒸发器上部提取，顶部用一蒽油的回流来控制二蒽油质量。

c. 当馏分塔顶温度稳定后，可先提取萘油，再提取酚油。

d. 当二蒽油提取后，可在馏分塔内提取洗油和一蒽油。

(2) 正常的调节手段

① 一段煤焦油出口温度可用管式炉隔墙通风道和清扫孔的进风量来调节。

② 烟道吸力、废气温度和空气过剩系数靠炉后烟道、闸板调节。

③ 各塔塔顶温度用回流来调节。

④ 二蒽油质量可用一蒽油的回流来调节。

⑤ 一蒽油质量可用一蒽油侧线的开度来调节。

⑥ 洗油质量可用馏分塔底过热蒸汽量及萘油侧线开度调节。

⑦ 萘油酚油质量可用馏分塔塔顶温度及二段出口温度调节。

⑧ 沥青质量可用二次蒸发器底部过热蒸汽量及二段出口温度调节。

(3) 停工操作

① 准备工作：将中间槽抽空，在停工前4h关闭一蒽油侧线进行洗塔，关火停止加热。

② 当二段出口温度降至280～300℃时，将二段蒸发器煤焦油流向中间槽，用蒸汽吹扫一段加热器中煤焦油至一次蒸发器，蒸汽连续吹扫1～2h。

③ 当过热蒸汽降至360℃时，停止向各塔通蒸汽，多余汽放散。

④ 当馏分塔塔顶温度降至110℃时，停止轻油回流改用洗油回流，使塔顶温度下降。

⑤ 当蒽塔塔顶温度降至230℃时，停止回流，用蒸汽扫通回流泵入口管道。

⑥ 任何一种馏分，当其断流时即关闭侧线，并用蒸汽吹扫管道。

二、管式炉煤焦油蒸馏常见事故及处理

管式炉煤焦油蒸馏操作中常见事故及处理措施见表8-13。

表8-13　管式炉煤焦油蒸馏操作事故及处理措施

故障现象	产生原因	处理措施
管式炉管漏油	炉管烧穿	按一般停工处理
系统温度下降	①突然停蒸汽阀门控制故障 ②煤气压力下降	①停止煤气加热，一段泵仍运转，将沥青转入中间槽，进行循环操作，蒸汽长期不来，按正常停工处理 ②先用二段蒸发器的过热蒸汽调节沥青软化点，若仍不合格时可采取减量或停工处理
二段温度突然升高并超过规定范围	①管堵 ②蒸汽量大	①停工处理 ②调小蒸汽供给量
整个系统压力增大	①冷却水系统及管道堵塞 ②蒸汽量增大或蒸汽温度升高	①停工处理 ②调小蒸汽量或调小煤气量
二次蒸发器压力增大	①塔底压力增大而塔顶压力不大，可能是上部填料堵塞 ②塔顶及塔底压力均增大，可能是蒽塔或馏分塔压力增大	①减少塔底加热量，提高过热蒸汽温度，减少煤焦油处理量 ②增大水压，开大侧线，疏通冷却器及放散管手段调节，当塔压超过5×10^4Pa或更大时，还找不到原因，应停工后再查找原因
一、二段泵压过高	①原料煤焦油或脱水煤焦油水分过大 ②二段管式炉管被石墨堵塞	①调节阀门，降低泵的流量。若降量至一定程度，压力还不稳定，应考虑停工处理 ②关煤气停止加热，停工处理

复习思考题

1. 低温煤焦油和高温煤焦油有何区别？
2. 煤焦油有哪些物理性质？工厂常用哪些指标检查煤焦油质量？
3. 煤焦油由哪几种元素组成？组成煤焦油的化合物一般可分为哪几类？
4. 煤焦油加工主要有哪些产品？用途如何？煤焦油为何需要集中加工？
5. 煤焦油加工前应做哪些准备工作？
6. 煤焦油运输和储存有哪些需求？
7. 煤焦油为什么要混匀？
8. 煤焦油脱水分为几个步骤？初步脱水和最终脱水有哪几种方法？
9. 煤焦油加工前为什么要脱盐？
10. 煤焦油脱盐的方法是什么？
11. 对煤焦油脱盐有什么要求？脱盐后的钠盐有什么害处？
12. 什么叫一次气化和一次气化温度？
13. 煤焦油馏分产率及沥青软化点与一次气化温度有何关系？
14. 管式炉加热的原理是什么？
15. 管式炉操作应控制哪些指标？
16. 煤焦油蒸馏有哪几种流程？各适用于什么条件？
17. 管式炉煤焦油连续蒸馏流程有哪几种形式？
18. 单塔式流程有何优点？
19. 两塔式流程有何特点？
20. 煤焦油蒸馏系统的操作是怎样进行的？

第九章　工业萘及精萘的生产

萘是有机化学工业的重要原料，是煤焦油中含量最多（占煤焦油的8%～12%），提取价值很高的最重要组分，国内外市场上萘是供不应求的，广泛用于生产染料、增塑剂、合成纤维、橡胶、树脂和各种化学助剂等。目前，中国生产的主要产品是工业萘，大部分用于气相催化氧化生产邻苯二甲酸酐（苯酐）；其余部分加工成精萘，供其他用户使用。此外，用精馏方法生产工业萘的同时，还可得到含有α-甲基萘、β-甲基萘、二甲基萘和苊组分的洗油，用于焦化厂洗苯。因为α-甲基萘、β-甲基萘、工业苊等的应用价值已经引起人们的重视，所以洗油的分离加工也已实现了工业化。

过去中国焦化厂从煤焦油中主要提取萘，生产的产品是压榨萘或进一步将压榨萘加工成结晶萘或升华萘——也称为精萘，不仅工艺落后，设备笨重复杂，操作条件差，污染环境，而且萘的资源得不到充分利用。为了扩大萘的资源，满足国民经济需要，加强环境保护，改善工人操作条件，提高萘的回收率，目前，除少数老焦化厂还生产传统的精萘外，大部分厂均生产工业萘，而且精萘的生产也大为改观。本章将对工业萘生产作重点介绍，对区域熔融法和分步结晶法生产精萘工艺只作简单介绍。

第一节　工业萘的生产

一、生产工业萘的原料与产品质量

1. 生产工业萘的原料

从煤焦油蒸馏的各种流程中所得的含萘较高馏分均可作为生产工业萘的原料，常用的原料如表9-1所示的前三种馏分。

表 9-1　含萘馏分及组成

馏分		含酚/% / 含吡啶碱/%	含萘/%	密度(20℃)/(kg/L)	蒸馏试验				
					初馏点/℃	230℃前/%	240℃前/%	270℃前/%	干点/℃
1	萘油馏分	2.95 / 2.6	>70	1.01～1.03	215	—	—	—	<260
2	萘洗二混馏分	2.9～3.3 / —	55～65	1.032	217～219	—	75～85	—	275～282
3	酚萘洗三混馏分	6.0～8.0 / —	45～50	—	210～215	30～45	—	75～90	290±5
4	轻酚萘洗四混馏分	— / —	37～43	—	185～195	62～66	—	92～95	280～285

不管哪种馏分，均含有酸性组分（如酚类）、碱性组分（如吡啶类、喹啉类）、中性组分（除萘以外，还有不饱和稠环类、硫杂茚等）等。其中有的沸点与萘的沸点相近，精馏时易混入工业萘中而影响产品质量。为保证工业萘的质量，并且提取这些产品，在精馏前都需进行碱洗和酸洗处理。经过碱洗和酸洗处理的馏分叫作已洗萘油馏分或已洗萘洗二混馏分或已洗酚萘洗三混馏分。这些已洗馏分均可作为工业萘生产的原料。

但在实际生产中，若用只经碱洗不经酸洗的混合馏分进行精馏，原料中的吡啶碱类大多转入酚油和精馏残油（洗油）中，而工业萘中仅有0.1%左右，基本上不影响萘的质量，因此某些焦化厂采用碱洗后的馏分精馏生产工业萘，对切取出酚油、洗油，再分别进行酸洗提取重吡啶碱类。当生产规模较小不需要提取重吡啶类产品时，也可不用硫酸洗涤。

由于目前工业萘大部分用于制取邻苯二甲酸酐（苯酐），随着苯酐生产的工艺改进，含有少量不饱和化合物的工业萘，对苯酐产品质量及催化剂性能均无不良影响。因此，现在许多焦化厂都用只经碱洗的原料馏分提取工业萘。

2. 工业萘的质量

工业萘的质量标准如表 9-2 所示，表中也给出了精萘的技术指标。

表 9-2　焦化萘的质量标准

指标名称		指标					
		精萘			工业萘		
		优等品	一等品	合格品	优等品	一等品	合格品
外观		白色片状结晶，白色或粉红色片状结晶			白色，允许带微红或微黄粉状、片状结晶		
结晶点/℃	≥	79.8	79.6	79.3	78.3	78.0	77.5
不挥发物/%	≤	0.01	0.01	0.01	0.04	0.06	0.08
灰分/%	≤	0.005	0.005	0.005	0.01	0.01	0.02

注：1. 不挥发物按生产厂出厂检验数据为准。

2. 工业萘在液体供货时，不挥发物指标由供需双方规定。

二、工业萘生产工艺流程

1. 双炉双塔工业萘连续精馏流程

所谓双炉双塔，是指该流程中采用了两台管式炉、两座精馏塔（初馏塔和精馏塔）。其生产工艺流程如图 9-1 所示。

经碱洗后温度为80～90℃的原料，经静置脱水后，由原料泵 2 从原料槽 1 中抽出，打入原料与工业萘换热器 3，与从精馏塔 5 顶部来的温度为 218℃的萘蒸气进行热交换使温度升至 210～215℃，再进入初馏塔 4。

原料在初馏塔中的初步分离，是靠管式炉 6 提供热量产生沿塔上升的蒸汽，原料中所含的酚油以 190～200℃气态从初馏塔顶部逸出，进入酚油冷凝冷却器 9 被水冷凝冷却至 30～35℃，再进入酚油油水分离器 10，冷凝液中的分离水从分离器底部排入酚水槽（以待脱酚），冷凝液中的酚油则从分离器上部满流入酚油回流槽 11，由回流泵 12 抽出，打入初馏塔 4 的顶部，以控制塔顶温度，其余酚油从回流槽上部满流入酚油槽 13，送洗涤工序回收加工。

原料中所含的萘油和洗油馏分以液态混入热循环油，一起流入初馏塔底储槽，再由初馏

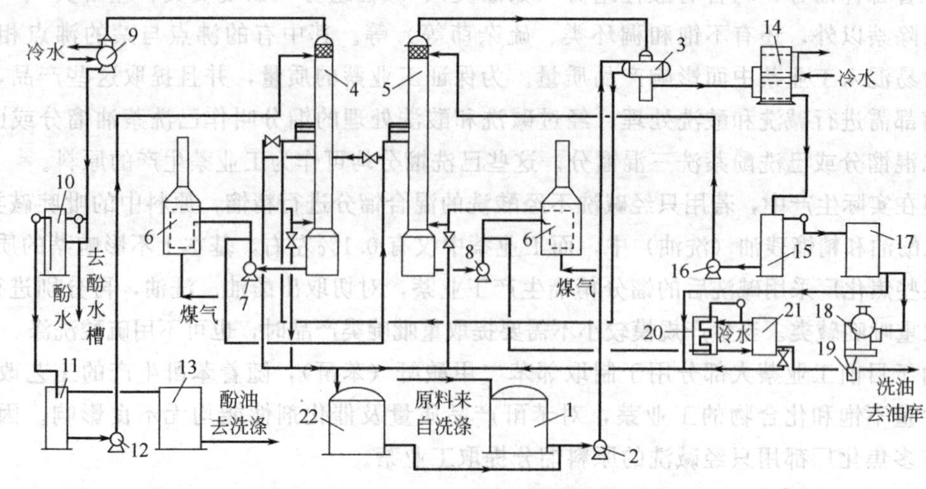

图 9-1　双炉双塔工业萘连续精馏流程

1—原料槽；2—原料泵；3—原料与工业萘换热器；4—初馏塔；5—精馏塔；6—管式炉；7—初馏塔热油循环泵；8—精馏塔热油循环泵；9—酚油冷凝冷却器；10—油水分离器；11—酚油回流槽；12—酚油回流泵；13—酚油槽；14—工业萘气化冷凝冷却器；15—工业萘回流槽；16—工业萘回流泵；17—工业萘储槽；18—转鼓结晶机；19—工业萘装袋自动称量装置；20—洗油冷却器；21—洗油计量槽；22—中间槽

塔热油循环泵 7 抽出，一部分打入初馏塔管式炉 6，被燃料燃烧加热至 265～270℃部分气化后，再回到初馏塔下部，供作初馏的热量，另一部分则以 230～235℃的温度打入精馏塔 5。

精馏塔中的萘油、洗油混合馏分靠管式炉 6 循环加热而进行分馏，其中的萘以 218℃的气态从精馏塔顶部逸出，经换热器 3 进行热交换后，再进入工业萘气化冷凝冷却器 14 被水冷却至 100～110℃，以液态进入工业萘回流槽 15，部分工业萘由回流槽底被工业萘回流泵 16 抽出，打入精馏塔 5 的顶部，以控制塔顶温度，其余工业萘从回流槽上部满流入工业萘储槽 17，再放入转鼓结晶机 18，便得到含萘＞95％的工业萘。

流入精馏塔底储槽的残油为 245～250℃温度，被精馏塔热油循环泵抽出，一部分打入精馏塔管式炉 6，被加热至 275～282℃部分气化后，又回入精馏塔内部，供做精馏的热量。多余的另一部分残油则打入洗油冷却器 20。被水冷却后的洗油放入油库。

其生产操作指标如表 9-3 所示。

对于常压和真空精馏，生产操作指标与当地大气压强及生产中采用的设备和管路的阻力密切相关。表中给出的一些指标是中国东部沿海地区焦化厂的指标。

为了稳定管式炉的操作和工业萘的质量，还需注意以下几点。

① 进料量要均匀稳定。

② 原料水分稳定并小于 0.5％，为了减少水分，操作中尽量避免停泵换槽。

③ 初馏塔和精馏塔残液应连续稳定排放，保持塔底液位稳定，排放量不宜频繁改变，一般为原料量的 20％～25％。若排放量过少，塔底液位上升，会造成物料和热量不平衡；反之亦然。

④ 严格控制初馏塔温度。若塔顶、塔底温度偏低，则酚油切割不尽，影响精馏塔操作，若塔顶、塔底温度偏高，则酚油中含萘量增加，既降低了萘的精制率，又容易堵塞酚油管道，一般按初馏塔切割的酚油含萘量应小于 10％～15％。

⑤ 严格控制精馏塔温度。从塔顶切割工业萘中萘含量应大于95%，从塔底侧线切割而得低萘洗油中含萘量应小于5%，从塔底排出的残油含萘量应小于2%。

表 9-3　工业萘的操作指标

项目与指标	已洗萘油		已洗萘洗混合分		已洗酚萘洗混合分	
	初馏系统	精馏系统	初馏系统	精馏系统	初馏系统	精馏系统
原料含萘量/%	＞70		65～68			
原料水分/%	0.5		0.5			
原料温度/℃	80～90		80～90			
管式炉温度/℃	200～210	252～256	210～215	241～250		
管式炉出口温度/℃	252～254	274～278	265～270	275～282		
塔顶温度/℃	185～190	218～220	192～194	218～219		220
塔底温度/℃	232～238	252～256	248～250	268～270	242～245	268～272
酚油冷却器出口温度/℃	60～70		80～85			
气化器出口温度/℃		110～120		103～104		
塔底气相压力/(9.8×10^4Pa)	0.4	0.8	0.4	0.8		
回流比	1.5～2.5	1～1.3				
煤气耗量/(m^3/t 工业萘)			4.85			

该工艺流程的特点是：从初馏塔切取酚油，从精馏塔顶切取含萘＞95%的工业萘及低萘洗油，萘的精制率达90%左右，热效率高，操作费用和成本较低，而且操作稳定。

2. 单炉单塔生产工业萘精馏流程

单炉单塔生产工业萘精馏流程如图9-2所示。

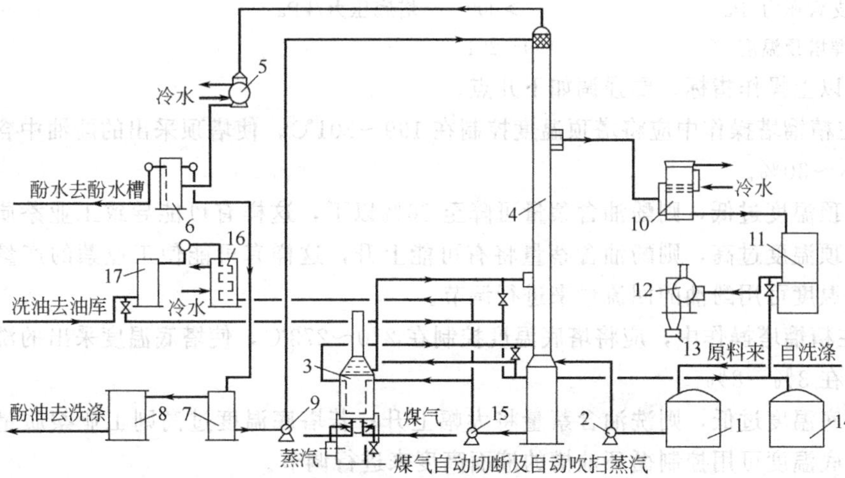

图 9-2　单炉单塔生产工业萘精馏流程

1—原料槽；2—原料泵；3—管式炉；4—工业萘精馏塔；5—馏分冷凝冷却器；6—油水分离器；7—酚油回流槽；8—酚油槽；9—酚油回流泵；10—工业萘气化冷凝冷却器；11—工业萘储槽；12—转鼓结晶机；13—工业萘装袋自动称量装置；14—中间槽；15—热油循环泵；16—洗油冷却器；17—洗油计量槽

已洗的萘油、洗油混合分在原料槽1中间接加热至80～90℃，再静置脱水，然后由原料泵2抽出送入管式炉3的第一组炉管中预热至240～250℃，从第26层塔盘进入精馏塔4，塔顶气相温度控制在199～201℃，塔顶逸出的气体经酚油冷凝冷却器5冷凝冷却后进入油水分离器6，与水分离后的酚油进入回流槽7，所得含酚10%以下，含萘35%以下的酚油从回流槽底部用酚油回流泵9进行塔顶回流。

从油水分离器6的底部间歇排出少量的酚油和水至酚油槽8，酚油槽中积累的油水混合物用倒油泵倒入洗涤器脱水后，即得酚油，再将其与煤焦油蒸馏所得的酚油混合脱酚，脱酚后的净酚油送往油库酚油成品槽。

塔底的洗油用热油循环泵15抽出，经管式炉3的第二组炉管加热到297～300℃后打回塔内，从热油循环泵15的出口分出一部分洗油，经冷却器16冷却后通过计量槽17流入洗油油库。成品洗油含萘量应小于10%，供粗苯工段煤气洗苯用。

从工业萘精馏塔的第46层塔盘侧线采出温度为219℃（含萘大于95%）的液体工业萘，经工业萘气化冷凝冷却器10冷却至120℃左右，流入工业萘储槽11，再经转鼓结晶机12冷却结晶，即可得到白色片状结晶——工业萘。

开停工时，塔内油及水可从塔底放至地下放空槽。工业萘不合格时，可由气化冷凝冷却器后窥视镜下切换至中间槽。中间槽中的油可用倒油泵倒回原料槽处理。

单炉单塔生产工业萘时操作指标规定如下（中国东部沿海地区焦化厂特定设备的指标）：

原料槽温度/℃	80～90	精馏塔第46块塔板温度/℃	218～220
原料泵出口压力/kPa	200～300	精馏塔底循环油槽温度/℃	268～272
热油循环泵出口压力/kPa	200～250	馏分冷凝冷却器出口温度/℃	75～85
原料出管式炉油温度/℃	240～250	工业萘汽化冷凝冷却器后工业萘温度/℃	100～120
循环油出炉温度/℃	297～300	精馏塔第12块板汽相压力/kPa	60
管式炉炉膛温度/℃	<850	塔底压力/kPa	90～100
煤气支管压力/Pa	>800		
萘精馏塔顶温度/℃	199～201		

对于以上操作指标，要强调如下几点。

① 在精馏塔操作中应将塔顶温度控制在199～201℃，使塔顶采出的酚油中含萘量保持在26%～30%。

若塔顶温度过低，则酚油含萘量可降至26%以下，这样有可能导致工业萘质量不合格；若塔顶温度过高，则酚油含萘量将有可能上升，这样有可能使工业萘的产量有所下降。塔顶温度可用酚油的回流量来进行调节。

② 在精馏塔操作中，应将塔底温度控制在270～273℃，使塔底温度采出的洗油中含萘量保持在3%～8%。

若塔底温度过低，则洗油含萘量将大幅上升；若塔底温度过高则工业萘质量也会不合格，塔底温度可用控制循环油槽的液面高度来进行调节。

③ 单塔生产时，由于同时连续地采出酚油、工业萘和洗油三种产品，因此，按原料组成中各产品的含量比例采出，以稳定生产，保持萘塔操作的稳定和较高的萘精制率。

④ 精馏塔在稳定状态下，塔顶、塔底和侧线各处温度波动范围不大，由塔底至塔顶70层浮阀塔盘的温度降为75～78℃，即每块塔盘的温度降平均在1℃左右，塔底或塔顶的温度波动会影响全塔温度梯度的变化。因此，在操作中调节单一因素要考虑对全塔温度的影响，切勿单项大幅度调节，而应精心细调，仔细观察全塔的变化情况。

该工艺流程的特点是采用萘油或混合馏分为原料，在设有管式炉、精馏塔的系统中进行精馏，从精馏塔中切取酚油、含萘大于95%的工业萘和低萘洗油。它与双炉双塔工艺比较，简化了流程，降低了动力消耗，减少了设备，但操作稳定性略差一些，同时操作控制的难度较大。

3. 单炉双塔加压连续精馏

因采用的原料馏分不同，各厂具备的条件不同，单炉双塔加工工艺有所不同，对于以萘油馏分为原料，且有氮气供给条件的加工厂所用工艺流程如图9-3所示。其特点是，精馏塔（萘塔）在加压条件下操作，以萘蒸气冷凝冷却器作为初馏塔的再沸器，被称为双效精馏。

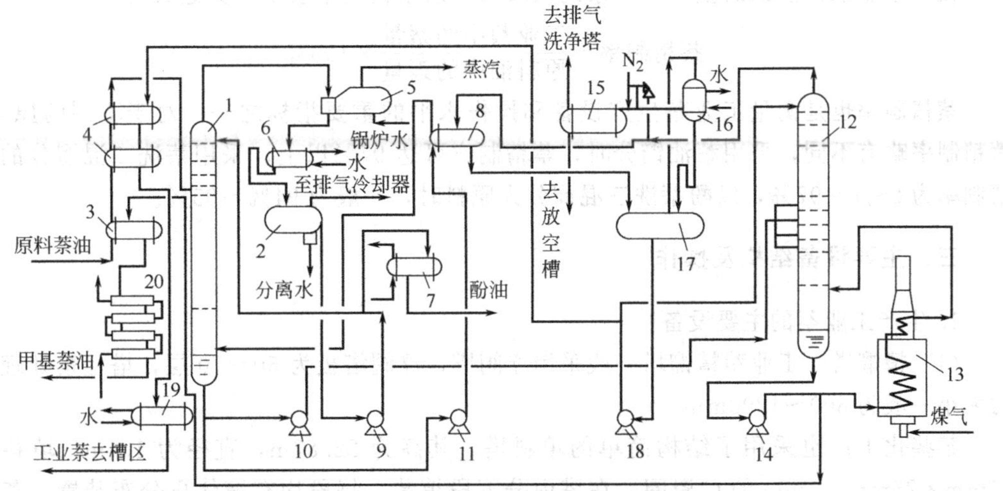

图9-3 单炉双塔加压连续精馏流程

1—初馏塔；2—初馏塔回流液槽；3—第一换热器；4—第二换热器；5—初馏塔第一凝缩器；6—初馏塔第二凝缩器；7—冷凝器；8—重沸器；9—初馏塔回流泵；10—初馏塔底抽出泵；11—初馏塔重沸器循环泵；12—萘塔；13—加热炉；14—萘塔底液抽出泵；15—安全阀喷出气凝缩器；16—萘塔排气冷却器；17—萘塔回流液槽；18—萘塔回流泵；19—工业萘冷却器；20—甲基萘油冷却器

脱酚后的萘油经换热器3、4后进入初馏塔1。由初馏塔顶逸出的酚油气经初馏塔第一凝缩器5，将热量传递给锅炉给水使其产生蒸汽。冷凝液再经初馏塔第二凝缩器6而进入初馏塔回流液槽2。在此，大部分作为回流返回初馏塔塔顶，少部分经冷却后作脱酚的原料。初馏塔底液体被分成两路，一部分用泵送入萘塔12，另一部分用循环泵11送入重沸器8，与萘塔顶逸出的萘蒸气换热后返回初馏塔，以供初馏塔热量。为了利用萘塔顶萘蒸气的热量，萘塔采用加压操作。压力是靠调节阀自动调节加入系统内的氮气量和向系统外排出的气体量而实现的。从萘塔顶逸出的萘蒸气经初馏塔重沸器8，冷凝后入萘塔回流液槽17。在此，一部分送到萘塔顶作回流，另一部分送入第二换热器4和工业萘冷却器19冷却后作为产品排入储槽。回流槽的未凝气体排入排气冷却器冷却后，用压力调节阀减压至接近大气压，再经安全阀喷出气凝缩器15而进入排气洗净塔。在萘塔排气冷却器16冷凝的萘液流入回流槽。萘塔底的甲基萘油，一部分与初馏原料换热，再经冷却排入储槽；另外大部分通过加热炉加热后返回萘塔，供给精馏塔所必需的热量。

单炉双塔加压连续精馏制工业萘工艺操作指标见表9-4。

表 9-4 单炉双塔加压连续精馏制工业萘工艺操作指标

初馏系统		精馏系统	
第一换热器萘油温度/℃	125	萘塔顶部压力/Pa	225
第二换热器萘油温度/℃	190	萘塔顶温度/℃	276
初馏塔顶温度/℃	198	第二换热器工业萘温度/℃	193
初馏塔重沸器出口温度/℃	255	冷却器出口工业萘温度/℃	90
第一凝缩器酚油温度/℃	169	加热炉出口温度/℃	301
第二凝缩器酚油温度/℃	130	循环冷却水温度/℃	80

在上述制取工业萘的生产中，萘的回收效果以萘精制率表示，其定义为：

$$萘精制率=\frac{工业萘中的萘量}{原料油中的萘量}\times100\%$$

萘精制率也是衡量工业萘生产设备和操作水平的重要指标之一。对于不同的原料，萘精制率略有不同，采用萘油馏分时，萘精制率可达 97%以上，采用萘洗二混馏分的萘精制率为 96%～97%，以酚萘洗三混馏分为原料时，一般为 94%～95%。

三、主要设备结构及操作

1. 生产工业萘的主要设备

（1）精馏塔　工业萘精馏塔一般采用浮阀塔，浮阀塔板为 50～70 层，塔径按处理量的大小一般为 800～1200mm。

某些化工厂也采用了结构简单的填料塔，其高为 22.87m，直径为 1.4m，填料是 25mm×25mm×3mm 的 C 瓷圈，在塔内分五段填装，每段均有液体再分布装置。若采用内回流的方式，则冷凝冷却器在塔顶，并配有回流分配器。

（2）冷凝冷却器　冷凝冷却器是一个直径为 1.2m、长为 3.376m、冷却面积为 $122m^2$ 的列管式换热器，生产时冷却水走管内，萘蒸气以 138～140℃的温度从器顶进入管间，换热后再以 80～90℃的温度从器底呈液体流出。冷却水从器底进入，器上部以 40～50℃温度流出。

（3）转鼓结晶机　其结构如图 9-4 所示。

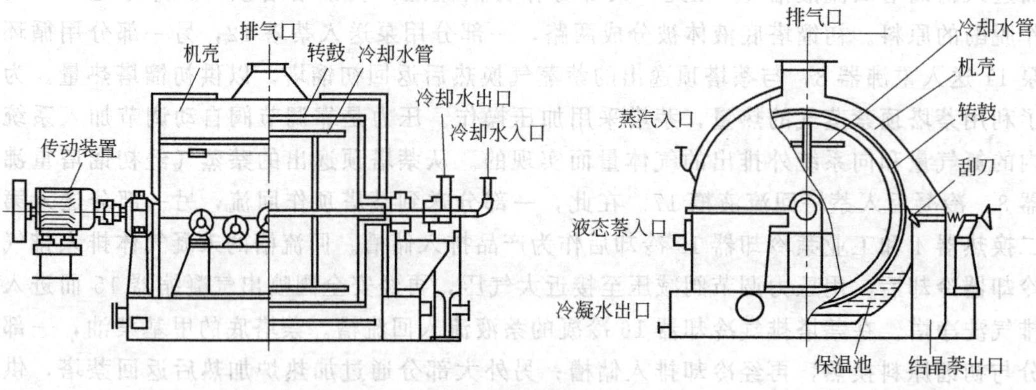

图 9-4　转鼓结晶机

转鼓结晶机是将熔融状态萘连续冷却成固态散状萘的机器。转鼓结晶机由机壳、保温池、转鼓、刮刀、冷却水管和传动装置组成。刮刀材料为铸铝青铜合金，以防摩擦产生火花。钢转鼓应在鼓面上镀硬质铬。转鼓空心轴内装有冷却水管，并与装在鼓内顶部且与鼓面平行的数根喷水管连接。冷却水喷向转鼓内壁的上部以冷却鼓壁。

将合格的液态工业萘放入通间接蒸汽的保温池内，转鼓下表面浸入液态萘中，随着转鼓的转动，萘被鼓内的水冷却而结晶，附着在转鼓的外壁上，凝固在转鼓面上的物料由刮刀成片状刮下漏入漏斗。刮刀通过弹簧由手轮压紧。为减少萘升华损失及改善操作环境，当连续放入热料时，可停止供蒸汽或少供蒸汽。

转鼓的转速可由三组皮带轮更换选用，分别为 5r/min、10r/min、15r/min。

转鼓结晶机有直径 1.2m、长 1.2m、生产能力 1.2～1.6t/h 及直径为 0.8m、长 0.8m、生产能力为 0.5t/h 两种型号。

(4) 工业萘气化冷凝冷却器　气化冷凝冷却器由上、下两部分组成，其结构如图 9-5 所示。

经换热器换热后的工业萘蒸气和液体混合物进入下部(下段) 列管管间，冷凝并冷却至 100～105℃的液体工业萘由气化器底部排出。在下部列管中存有约 2/3 的水（软化水)，水被工业萘蒸气和热液体的混合物间接加热而产生水蒸气。水蒸气由外部导管 13 上升到气化冷凝冷却器上部。在上部的列管管间水蒸气被冷凝成水，再进一步冷却后经外部另一导管 12 自动流到设备下部。这样，水在下部进行加热气化，在上部进行冷凝冷却，构成了水与蒸气的闭路循环。在设备上部的列管内通入冷却水间接冷凝冷却列管外闭路循环的水蒸气。

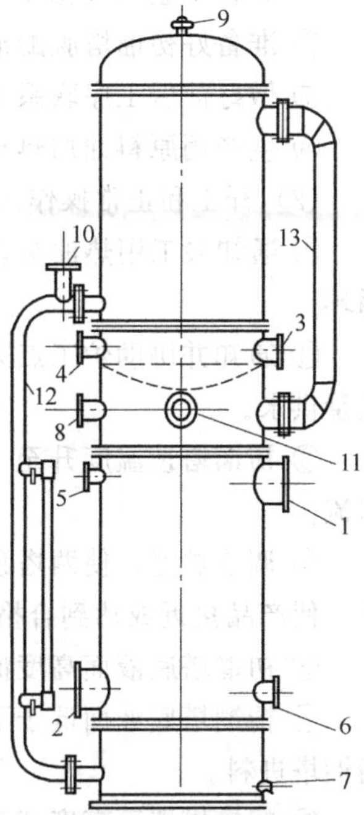

图 9-5　工业萘气化冷凝冷却器

1—萘蒸气入口；2—液萘出口；3—冷却水入口；4—冷却水出口；5，9—放气口；6—蒸汽清扫口；7—放空口；8—安全阀接口；10—放散口；11—补充水入口；12，13—外部导管

这种过程既利用了水的汽化潜热大，又利用了相变传热系数高的特点。这样就可利用较小的水量在较小的设备内将工业萘冷凝冷却。此外，由于采用了将水的汽液两态的转变分开进行的设备，水汽化上升而冷凝后下降，水与水蒸气形成的闭路循环系统中，既无需输送设备又不需经常补充新鲜水。因为用的是软化水，不存在产生水垢的麻烦。上部的冷却水出口温度控制在 40℃以下，冷却水侧水垢的生成也可大为减轻。

冷凝冷却器总高 4147mm，直径 1216mm，管数 760 根，冷却水压 250kPa，管内水折流四次。在设备中部的短节内有一锅底形隔板，以供上部水能折流四次。

设备下部管内是冷凝水汽化，管外空间是工业萘蒸气的冷凝冷却，换热面积为 $90m^2$，列管的管径 ϕ25mm×2.5mm，管长为 1410mm，管数为 859 根，萘蒸气压力 30kPa（表压）以下。设备使用温度不超过 250℃，下部应保温。在设备底部节内存在闭路循环热水。

2. 生产工业萘的操作

双炉双塔生产工业萘的主要操作过程如下。

双炉双塔生产工业萘的开车操作如下所述。

（1）开车前的准备

① 检查水、电、汽、煤气系统是否符合开车的调节和要求。

② 检查系统所属设备、管道、仪表、安全设备是否完好齐全，对停车检修设备、管道、阀门必须按要求试压试漏合格。

③ 检查阀门开闭，管线走向是否正确。

④ 用蒸汽吹扫管线（包括夹套管、伴随管），保证畅通，无泄漏。吹扫蒸汽时要注意窥镜和流量检查装置的管路，蒸汽必须走旁路。凡需过泵吹扫蒸汽的管路，过泵时间不宜过长，扫通后应立即关闭蒸汽阀；一般情况下严禁吹扫蒸汽入塔。

⑤ 制备工业萘气化冷却器循环软水，并保持一定水温。

⑥ 准备好初馏塔脱酚油回流液。

⑦ 做好前后工序联系工作，平衡好原料的来源、供应及产品的储存、输送工作。

⑧ 生产用原料油加热至规定温度取样分析。

（2）开工和正常操作

① 通知泵工用热油泵装塔，塔底液面比正常操作液面高 300mm，然后两塔进行热油循环。

② 通知并协助炉工点火升温。塔顶有油气后，关闭放散小阀门。冷凝冷却器要适时适量供水。

③ 初馏塔顶温度升至 190℃时，开始打回流。精馏塔顶温度升至 210℃时，开始打回流。

④ 调节炉温，使两塔顶回流量增加到规定的范围内，单塔进行运转的时间一般情况下，使产品接近或达到合格。

⑤ 初馏塔底液面高度低于操作液面下限时，初馏塔进料。

⑥ 精馏塔底液面低于下限，初馏塔底温度 245℃时，液面高度高于正常操作液面时，精馏塔进料。

⑦ 精馏塔液面高度高于正常操作液面，一般温度高于 275℃时，开始排残油。

⑧ 有关仪表在适当的时候投入运转。

⑨ 根据取样分析结果，按照技术指标的要求，调整各部操作，使生产操作正常稳定。

⑩ 正常操作过程中，经常检查冷凝冷却器的温度，及时调节供水量。发现仪表有问题，及时与仪表工联系修理。改变与其他岗位有关的操作需事先联系。

双炉双塔生产工业萘的停车操作如下所述。

（1）正常停车

① 通知泵工停原料泵，通知炉工降温灭火。

② 工业萘不合格时，及时通入原料槽。

③ 逐步减少塔顶回流。停止精馏塔进料。

④ 残油不合格时，及时通入原料槽，一般情况停进料后停排残油。

⑤ 逐渐减少冷凝冷却器的给水量。

⑥ 初馏塔顶温度降至 150℃时，精馏塔顶温度降至 200℃时，停两塔回流。当塔底温度降至 200℃时，打开塔顶放散小门。

⑦ 停两塔热油循环泵。把初馏塔底油经热油泵倒入原料槽。精馏塔底的油（含萘量

不高）存入塔中。

⑧ 各冷凝冷却器停止供水，油要放空。各工艺管道，用蒸汽清扫畅通。各夹套管、伴随管停止供蒸汽。

⑨ 停工过程中，自动调节仪表要改为手动，停工后仪表停空气、停电。

⑩ 各设备要处于停工状态。

（2）紧急停车，暂时停车

① 紧急停车。停电或加热炉炉管泄漏，设备严重泄漏应立即熄火，用蒸汽清扫初馏塔、精馏炉炉管（吹扫蒸汽要密切观察管路压力缓慢递增），其他按正常停车处理。

② 系统停水、停蒸汽、停煤气可作暂时停车，待恢复供蒸汽、供水、供煤气后再复原，操作按正常停、开车程序进行。

双炉双塔生产工业萘的正常操作如下所述。

① 按照操作技术规程控制好温度、压力、流量、液位等指标。

② 保证系统物料平衡，操作要维持稳定。

③ 每小时进行一次工业萘流样测定（结晶点）。

④ 每小时按规定做好各岗位的原始记录。

双炉双塔生产工业萘的不正常现象及其处理办法如表 9-5 所示。

表 9-5　工业萘生产过程中不正常现象及其处理方法

故障现象		故障产生的原因	处　理　措　施
初馏精馏系统	塔温升高	①突然停水 ②原料供给不足	①降低炉温,加大回流量。使塔顶无馏出后停回流泵,清扫回流管路,供水恢复后系统还原 ②原料供给量加大
	塔液泛	进料量太大	适当降温,增大回流量,减少处理量,液泛消除后,据产品质量按工艺标准重新调整控制指标
	塔压升高	①加热系统供热过多 ②回流带水或原料水分增加 ③供水系统水不足 ④冷凝器或相关管路,放散堵塞	①加热系统适当降温 ②及时脱水 ③降泵荷处理 ④及时清通,若情况严重做暂时停车处理
管式炉操作系统	炉温突变	突然停电停水	打开烟囱翻板,向炉膛通入消火蒸汽降温,并对炉管清扫
	炉膛内火大,油流量变小	油管漏油	迅速关闭煤气阀熄火,用蒸汽清扫炉膛,避免事态扩大
	炉温突然升高	①热油循环泵出故障 ②仪表失灵 ③泵的驱动电动机跳闸	①换备用泵,及时修复,备用泵也无法使用时,紧急停车,不得延误 ②检查原因,及时处理 ③开备用泵,对跳闸者,查明原因,并修复待用

第二节　精萘的生产

精萘是粗萘（工业萘）进一步提纯制得结晶点 79.3℃以上的含萘 98.45%以上的萘产品。根据化验得知，工业萘中的杂质主要是与萘沸点较接近的四氢萘、硫杂茚、二甲酚等。为了制造纯度更高的精萘，就要利用萘与这些杂质熔点不同的物理性质进行分离，或者利用化学方法来改变它们的化学组成，因此提出了精萘的一些生产方法，主要有熔融-结晶法、加氢法、酸洗蒸馏法、溶剂结晶法、升华法和甲醛法等。本节主要介绍区域熔融法和分步结晶法制取精萘的工艺过程。精萘的质量指标见表 9-2。

一、区域熔融法制取精萘

区域熔融法制取精萘主要是以工业萘为原料，利用固体萘与其他杂质熔点的差别，于精制机内用区域熔融法进行提纯，再将所得已提纯的萘送蒸馏塔去精馏，进一步除去高沸点及低沸点杂质后，即得精萘产品。

1. 区域熔融法精制萘的原理

由物理化学知识可知，当把一个熔融液体混合物冷却时，若在部分结晶温度区内，结晶出来的固体是固态溶液，则该固体溶液中各组分的含量与原来液体混合物有所不同，在固体溶液中高熔点组分的含量将增大。若将所得到的固体溶液反复进行熔融-结晶-液固分离，则最终得到的固体溶液中高熔点组分的含量就会越来越高。区域熔融法生产精萘就是基于这种原理。

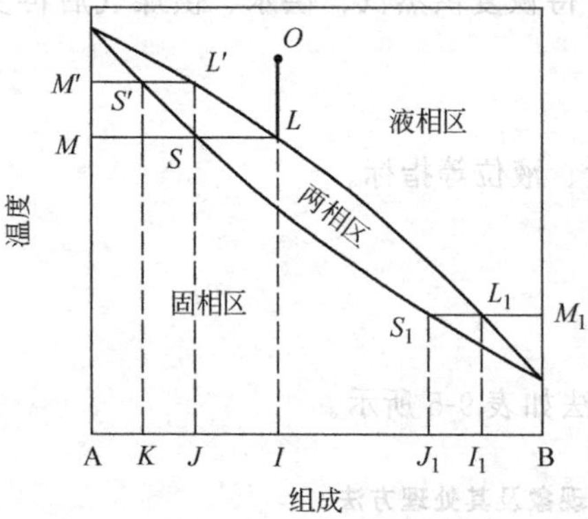

图 9-6 能生成任意组成固体溶液系统的相图

若 A、B 两种熔点不同的组分能生成任意组成的固态溶液，其相图如图 9-6 所示。

由图 9-6 可见，当组成为 I 的液体混合物从 O 点开始冷却降温，降温至 L 点，将有固体溶液析出，如 S 点所示，S 点的固相组成变为 J，即固体中含有的 A 组分比原来液体中所含的要多，但仍含有 B 组分；当将 J 组成的固体升温至 L' 以上变成液态，再将此液态冷却到 L' 点，又有固相在 S' 点析出，S' 处的固体组成变为 K，即固体中含有的 A 组分比液体在 L' 处又增多了，亦即更纯了。由图 9-6 可知，将任何熔融液混合物降温至两相区，或将固态溶液升温至两相区，总能得到平衡的固相和液相，固相中高熔点组分 A 更富集，液相中组分 B 更富集。

对于具有这样相图的混合物（如工业萘），在说明区域熔融精制有关问题时，常用理论分配系数（K）的概念，其定义为：

$$K=\frac{\text{析出固体中杂质含量}}{\text{原来液体中杂质含量}}$$

如图 9-6 左端所示，设原来液体组成为 I，则在第一次冷却结晶后的 $K_i=MS/ML$；第二次冷却结晶后的 $K_i=M'S'/M'L'$。在这种情况下，I 组成的混合物被认为是组分 A（高熔点组分）的溶液中含有杂质 B（低熔点组分），杂质 B 使主要组分的熔点下降，K 即小于 1。

另外，再如图 9-6 右端所示，设原来液体组成为 I_1，低熔点组分 B 为混合物中的主要组分，当其冷却结晶时，析出的固体组成为 J_1，其中杂质 A 组分的含量显然增大，$K=M_1S_1/M_1L_1$，杂质 A 使主要组分的熔点上升，则 K 大于 1。

由上可见，对于符合以上相图的液体——工业萘来说，不管组成如何，析出固体中所含萘组分总要比原来液体中为多。把析出的固体（如工业萘），在两相区内经多次熔融-结晶-液固分离处理后，纯组分萘可以从精制装置一端得到，而工业萘中绝大部分杂质则从装置的另一端排出。这与精馏原理是类似的。

从精制设备得到的萘在纯度上一般可以达到要求，为了进一步清除杂质，改善其表面色泽，在精馏塔中再精馏一次可分出少量塔底塔顶馏分，塔侧线得到精萘产品。

2. 工艺流程

萘区域熔融法又称连续式多组分结晶法，其工艺流程如图 9-7 所示。

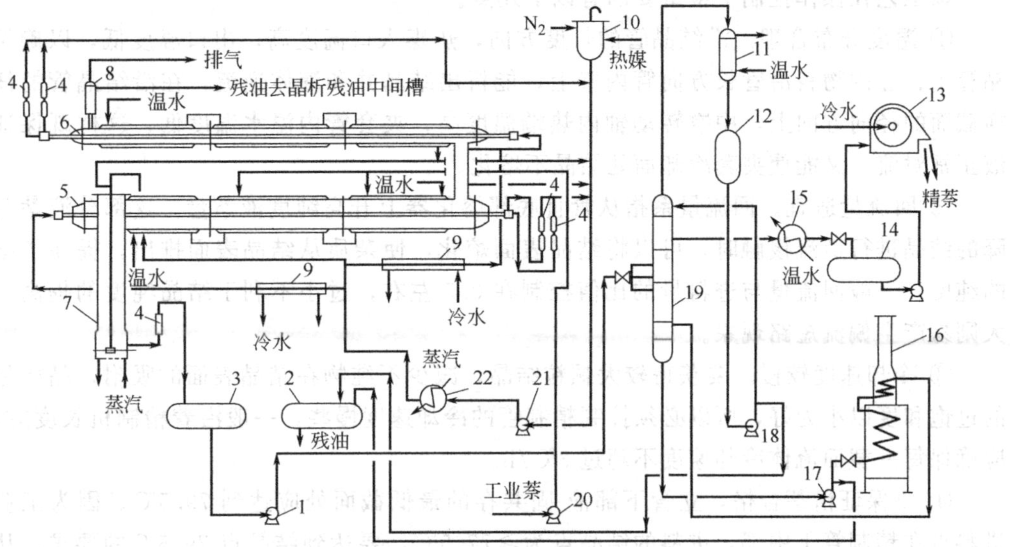

图 9-7　区域熔融法制取精萘工艺流程

1—萘馏塔原料泵；2—晶析残油中间槽；3—晶析萘中间槽；4—流量计；5—萘精制机管Ⅰ；6—萘精制机管Ⅱ；7—萘精制机管Ⅲ；8—晶析残油罐；9—冷却水夹套；10—热媒膨胀槽；11—凝缩器；12—回流槽；13—转鼓结晶机；14—精萘槽；15—冷却器；16—加热炉；17—循环槽；18—回流泵；19—蒸馏塔；20—装入泵；21—热媒循环泵；22—加热器

由萘储槽来的温度为 82～85℃的工业萘，用装入泵 20 送入萘精制机管Ⅰ，被管外夹套中的温水冷却而析出结晶。结晶由螺旋输送器刮下，并送往靠近立管的左端（热端）。残油则向右端（冷端）移动，并通过连接管进入精制管Ⅱ的热端，在向精制管Ⅱ的冷端移动的过程中，又不断析出结晶。结晶又被螺旋输送器刮下，并送回热端，并经过连接管下沉到管Ⅰ的冷端，在残液和结晶分别向冷、热端逆向移动的过程中，固液两相始终处于充分接触，不断相变的状态，以使结晶逐步提纯。富集杂质的残液叫晶析残油，最终从精制管Ⅱ冷端排出，去制取工业萘的晶析残油中间槽 2，从精制管Ⅰ的热端排出的结晶下沉到精制管Ⅲ。管Ⅲ下部有用低压蒸汽作热源的加热器，由上部沉降下来的结晶在此熔化。熔化的液体一部分做回流液沿管Ⅲ上浮与下沉的结晶层逆流接触，另一部分是作为精制产品，称为晶析萘，温度为 85～90℃，自流入晶析萘中间槽 3。

精制管Ⅰ和Ⅱ夹套用的温水，是从温水槽供给的。用后的温水经冷却到规定温度后，返回温水槽循环使用。精制管Ⅰ、Ⅱ、Ⅲ中心的中空轴用热媒（热载体）循环。热媒装入高置槽，依靠液位差压入热媒循环泵 21 入口，经泵加压后，在加热器中被加热至 85℃，在冷却水夹套 9 中，再用冷却水调整温度，使热媒分别以不同温度送入精制管Ⅰ、Ⅱ的中空转动轴中，都是从热端进入，冷端排出。以控制精制机的温度梯度，用后的热媒循环进入泵 21 的吸入口。

晶析萘由原料泵 1 送入蒸馏塔 19，进料温度由蒸汽加套管加热到 140℃。塔顶馏出的 220℃油气冷凝冷却至 114℃进入回流槽 12，其中一部分作为轻质不纯物送到晶析残油中间槽2，其余作为回流。侧线采出的液体精萘温度约220℃，经冷却后流入精萘槽14，再送入转鼓结晶机13结晶，即为精萘产品。塔底油一部分经加热炉16循环，加热至227℃作为蒸馏塔热源，一部分作为重质不纯物送到晶析残油中间槽2。

该工艺在操作控制上最重要的有以下几点。

① 温度分布合理。沿结晶管的长度方向，热媒入口温度高，出口温度低，以确保结晶管Ⅰ、Ⅱ内物料沿管长方向管内壁上，能析出结晶并和液体逆流，在沿结晶管的任一横截面的径向方向上，中空转动轴内热端温度高，夹套管内温水温度低，这样既保证固液正常对流，又能使夹套冷却面处结晶不熔化。

② 回流量适宜。回流量系指从管Ⅲ底部熔化器上升高纯度液萘量。这部分液萘与下降的结晶进行逆流接触时，可以将结晶表面熔化，使杂质从结晶表面排出，提高了结晶的纯度。一般回流量与进料量的比值控制在0.5左右，过小不利于结晶纯度的提高，过大则易产生偏流短路现象。

③ 冷却速度较慢。要获得较大颗粒结晶，减少不纯物在结晶表面的吸附，晶析母液的过饱和度以小为好，所以必须控制精制管的冷却速度慢些，一般沿着精制机长度方向，应确保每一截面流体冷却速度不超过3℃/h。

④ 要保证精萘合格，立管下部液-固共存的最低截面处应达到79.5℃。因为工业萘进料点在精制管Ⅰ中部，进料的结晶点为≥77.5℃，要达到结晶点79.5℃的要求，从管Ⅰ进入管Ⅲ的上端处应达到>78.5℃才能保证。

3. 主要设备——区域熔融精制机

区域熔融精制机的构造如图9-8所示。

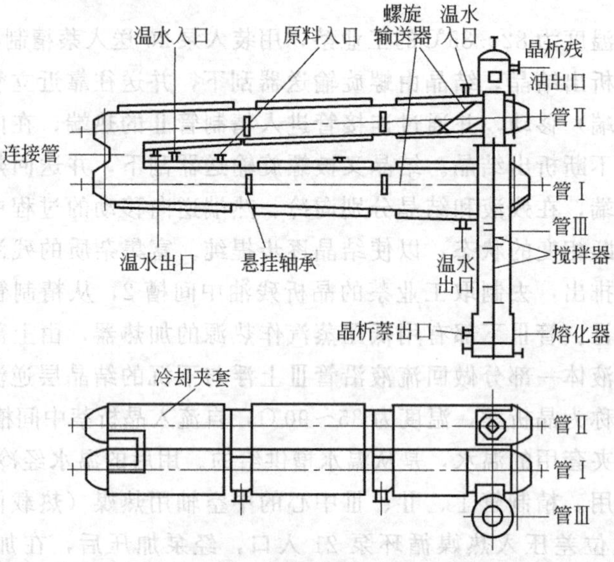

图9-8 区域熔融精制机

精制机是由两个相互平行的水平横管Ⅰ、Ⅱ和一个垂直立管Ⅲ及传动机构等部件组成。工业萘进入的横管称为管Ⅰ，向与立管Ⅲ连接方向倾斜。排出晶析残油的横管称为管Ⅱ，向与管Ⅰ连接处倾斜。垂直立管称为管Ⅲ，在其底部有一个结晶融化器，晶析萘从此处排出。

管Ⅰ和管Ⅱ外有温水冷却夹套，内部有中空转动轴，轴上附有带刮刀的三线螺旋输送器和支撑转动轴的中间轴承。管Ⅰ和管Ⅱ由转换导管连接，其中间有调节结晶满流的调节挡板。管Ⅲ内部有立式搅拌器，管外缠绕通蒸汽的铜保护管。螺旋输送器和立式搅拌器各由驱动装置带动。

区域熔融法为连续生产过程，产品质量稳定。但是，一个煤焦油加工厂不可能只生产精萘，而不生产工业萘，这是因为硫杂茚等杂质又随晶析萘油（残油）返回与脱酚含萘原料按比例混合作为工业萘生产的原料。于是在保证精萘质量的同时，还要求生产工业萘的原料中，硫杂茚含量不能太高。因此，在生产精萘的同时，必须生产相当数量的工业萘，且随原料馏分中所含硫杂茚数量不同，两者生产的比例也有所不同，一般情况是精萘产量占 20%～30%，工业萘产量 70%～80%。因其基建投资和操作费用高，操作条件要求较严。所以在中国目前还没有得到普遍应用。

二、分步结晶法制取精萘简介

1. 分步结晶法制取精萘工艺流程

分步结晶法最先应用在捷克马尔克斯焦化厂，实际上这是一种间歇式区域熔融法，也是利用固体萘与杂质熔点的差别而实现分离的，其工艺流程如图 9-9 所示。

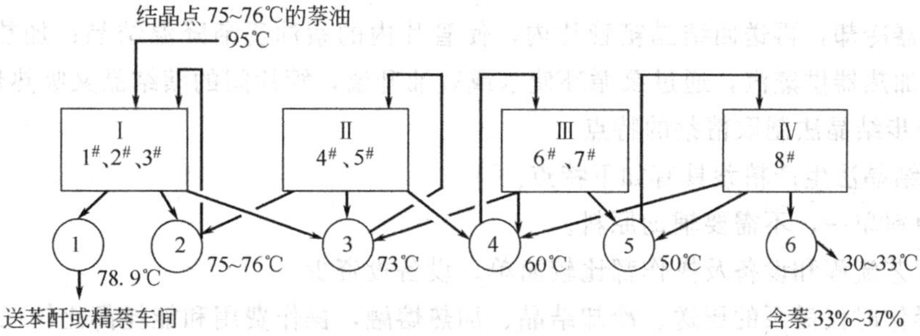

图 9-9 分步结晶法制取精萘工艺流程

1#～8#—结晶箱；1～6—萘油槽（温度为结晶点）；Ⅰ～Ⅳ—结晶箱

本工艺所用原料为结晶点在 71.5～73℃的萘油馏分，经碱洗脱酚后的馏分在 60 块塔板的精馏塔内精馏，从 50 层塔板引出结晶点为 75～76℃的萘油作为结晶的原料。

分步结晶过程设有 8 个结晶箱，分以下四个步骤进行。

① 萘油（结晶点 75～76℃）首先进入 1、2、3# 结晶箱Ⅰ。以 2.5℃/h 的速度根据需要进行冷却或加热。萘油温度降低时有结晶析出，当降低至 63℃时，放出不合格萘油（其结晶点为 73℃）至萘油槽 3。将结晶箱Ⅰ升温至 75℃，再放出熔化的萘油（其结晶点为 75℃）至萘油槽 2。将结晶箱Ⅰ连续升温至剩下的结晶全部熔化，得到液体产品为工业萘，结晶点不小于 78.9℃，放入萘油槽 1，作为生产萘酚或精萘的原料。

② 来自萘油槽 3 的结晶点为 73℃，温度为 90℃的萘油，在 4#、5# 结晶箱Ⅱ中以 5℃/h 的速度冷却或加热。当温度降至 56℃时，放出结晶点为 60℃的萘油至槽 4，作为进入结晶箱Ⅲ的原料。再将结晶箱Ⅱ升温至 71℃放出结晶点为 73℃的萘油返回槽 3 使用。最后升温至全部熔化，得到结晶点为 75～76℃的萘油再返回结晶箱

Ⅰ生产工业萘。

③ 结晶点为60℃，温度为85℃的萘油装入6#和7#结晶箱Ⅲ，以6℃/h的速度冷却或加热，当冷却至48～49℃时，放出结晶点为50℃的萘油至槽5，作为结晶箱Ⅳ的原料。再将结晶箱Ⅲ升温至57～58℃，放出结晶点为60℃的萘油返回槽4使用。最后升温至全部熔化，得到结晶点为73℃的萘油作为结晶箱Ⅱ的原料。

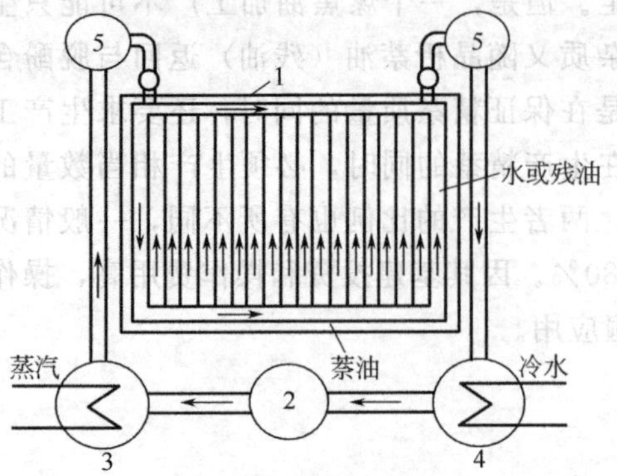

图 9-10　萘结晶箱升降温示意图
1—结晶箱；2—泵；3—加热器；
4—冷却器；5—汇总管

④ 结晶点为50℃，温度为80℃的萘油装入8#结晶箱Ⅳ，以0.5～2℃/h的速度冷却或加热。当冷却至28～32℃时，放出结晶点为30～33℃的萘油至槽6，含萘33%～37%。这部分萘油硫杂茚含量高，可作为提取硫杂茚的原料或作为燃料油使用。然后升温，放出结晶点为40～45℃的萘油返回槽5使用。最后升温至全部熔化，得结晶点为60℃的萘油至槽4作为结晶箱Ⅲ的原料。

结晶箱升温和降温的实现过程如图9-10所示。冷却时，用泵使结晶箱管片内的水或残油经冷却器冷却，再送回结晶箱管片内，使管片内的萘油逐渐降温结晶；加热时，停供冷水，由加热器供蒸汽，通过泵循环使水或残油升温，管片间的萘结晶又吸热熔化。

2. 分步结晶法制取精萘的特点

分步结晶法生产精萘具有如下特点。

① 原料单一，不需要辅助原料。

② 工艺流程和设备及操作都比较简单，设备投资少。

③ 操作时仅需泵的压送、冷却结晶、加热熔融，操作费用和能耗都比较低。

④ 生产过程中不产生废水、废气、废渣，对环境无污染。

⑤ 原料可用工业萘也可用萘油馏分，产品质量可用结晶循环次数加以调节，灵活性较大。

⑥ 生产工艺较成熟，产品质量稳定，也可用于生产工业萘。

由于这种方法既可生产精萘，也可生产工业萘，因此，在国内的焦化厂中该工艺流程比较受重视。

复习思考题

1. 萘的分离精制方法有哪些?

2. 生产工业萘的原料有哪些?各有何特点?

3. 简述生产工业萘的工艺流程和特点。

4. 管式炉连续生产工业萘的主要操作要点有哪些?

5. 管式炉连续生产工业萘的主要设备有哪些?简述工业萘气化冷凝冷却器的结构及冷却过程。

6. 简述区域熔融法和分步结晶法生产精萘的原料、工艺原理、生产过程及特点。

第十章　粗酚、粗重吡啶及粗蒽的提取和精制

第一节　粗酚及粗重吡啶的制取

一、酚类及吡啶碱类的组成和分布

1. 酚类的组成及分布

酚类化合物是煤热裂解的产物，一般从煤焦油中提取。煤焦油中所含酚类的组成相当复杂，根据沸点不同，可将其分为低级酚和高级酚。低级酚系指苯酚、甲酚、二甲酚，高级酚系指三甲酚、乙基酚、丙基酚、丁基酚、苯二酚、萘酚、菲酚及蒽酚等。高级酚含量低，组成复杂，很难提取分离。将煤焦油蒸馏分离成各种馏分时，酚类物质统称为粗酚，按沸点不同，分布在各种馏分中。

酚类化合物的用途广泛，是制取塑料、黏合剂、涂料、染料、医药、合成纤维的重要原料。

粗酚在煤焦油各馏分中的分布情况见表10-1。

表10-1　粗酚分布情况（占煤焦油中酚类的质量分数）

轻油/%	酚油/%	萘油/%	洗油/%	蒽油/%	合计/%
0.8	40.2	33.2	15.6	10.2	100

酚类各组分在煤焦油及各馏分中的分布情况见表10-2。

表10-2　酚类各组分在煤焦油及各馏分中的分布（质量分数）

名　称	酚/%	邻甲酚/%	间甲酚/%	对甲酚/%	二甲酚/%	高级酚/%	合计/%
煤焦油	12.37	13.50	8.53	8.6	16.62	40.38	100
轻油馏分	76.4	17.6	3.6	2.4	—	—	100
酚油馏分	44.0	15.0	20.0	10.0	11	—	100
萘油馏分	5.5	13.2	24.8	17.5	26	13	100
洗油馏分	4.0	6.8	9.0	5.2	21	54	100
蒽油馏分	—	—	—	—	10	90	100

酚类能与水部分互溶，其溶解度随温度的升高而增大，随相对分子质量增大而减少。因此，煤焦油和煤焦油馏分的分离水都是含酚废水，必须经过处理合格后才能外排。

酚类化合物有特殊气味，有毒，对皮肤具有腐蚀作用，暴露在空气中颜色变深。在生产操作中应注意防止跑、冒、滴、漏，注意人身安全。

2. 吡啶碱类的组成及分布

吡啶碱均为有特殊气味的无色液体，可溶于水、乙醇、乙醚和苯等有机溶剂。吡啶及其同系物在焦化产品中的分布见表10-3。

表 10-3　吡啶及其同系物在焦化产品中的分布（质量分数）

盐　　基	焦炉煤气/%	粗苯/%	煤焦油/%	盐　　基	焦炉煤气/%	粗苯/%	煤焦油/%
吡啶	58	30	12	4-甲基吡啶	28	21	51
2-甲基吡啶	33	30	37	2,6-二甲基吡啶	23	22	55
3-甲基吡啶	28	21	51	三甲基吡啶	8	5	87

吡啶及其同系物在煤焦油馏分中的组成见表 10-4。

表 10-4　吡啶及其同系物在煤焦油馏分中的组成（质量分数）

组分名称	轻油/%	酚油/%	萘油/%	洗油/%	一蒽油/%
吡啶	65.2	12.7	0.085		
β,γ-甲基吡啶	2.38	13.62	0.569		
2,6-二甲基吡啶	12.84	12.11	0.129		
2,4-二甲基吡啶		4.16	8.590		
苯胺					
3,5-二甲基吡啶					
2,3,6-三甲基吡啶	3.29	14.7	14.45	0.143	0.492
2,4,6-三甲基吡啶					
未知物Ⅰ	16.34	31.8	3.98	0.486	1.06
间位甲基苯胺		5.89	16.10	0.235	0.123
未知物Ⅱ		4.76	7.83	0.753	1.48
喹啉			45.5	73.3	46.0
异喹啉			1.93		4.67
2-甲基喹啉			0.687	9.75	4.07
6-甲基喹啉				3.71	2.76
7-甲基喹啉				3.71	2.76
4-甲基喹啉				2.02	1.26
3-甲基喹啉				7.00	
2,6-二甲基喹啉				1.265	1.55
2,4-二甲基喹啉				1.297	2.28
未知物Ⅲ					26.0

二、馏分的洗涤

煤焦油中的酚类一般从洗油、萘油及酚油馏分中提取。酚类具有弱酸性，因此，可用含 NaOH 的碱液从馏分中提取萃取酚。煤焦油处理过程中，从煤焦油馏分中提取粗酚的过程总称为“洗涤”。脱酚的化学反应是：

$$C_6H_5OH + NaOH \longrightarrow C_6H_5ONa + H_2O$$

$$C_6H_4CH_3OH + NaOH \longrightarrow C_6H_4CH_3ONa + H_2O$$

生成的酚钠溶于碱液中，因含酚钠盐的碱液密度较大，且与上述各种馏分互不相容，靠密度差分成两个液层。

通常含酚馏分中也含有吡啶碱类，与酚类会形成配位化合物，影响脱酚过程的一些重要生产指标。而且吡啶类稍溶于酚盐，也会影响酚盐质量和吡啶的回收率。对这些相互制约的因素，在生产流程的设定和生产操作条件制定等方面，应针对不同的馏分及含酚量的不同作出安排。

吡啶具有弱碱性，可用硫酸与其反应进行提取，当馏分以质量分数为 15%～17% 的硫酸洗涤时，吡啶碱类与硫酸发生中和反应：

$$C_5H_5N + H_2SO_4 \longrightarrow C_5H_5NH \cdot HSO_4$$

$$2C_5H_5N + H_2SO_4 \longrightarrow (C_5H_5NH)_2SO_4$$

$$C_9H_7N + H_2SO_4 \longrightarrow C_9H_7NH \cdot HSO_4$$

$$2C_9H_7N + H_2SO_4 \longrightarrow (C_9H_7NH)_2SO_4$$

生成的硫酸吡啶可溶于酸液中，因其密度大，与油馏分互不相容，同样可以分成两个液层。

洗涤方法按洗涤操作方式可分为间歇洗涤和连续洗涤两种。按被洗涤馏分以及馏分中酚类和吡啶碱类含量的相对大小，可分为碱洗-酸洗-碱洗流程和酸洗-碱洗流程。目前，大型煤焦油加工企业多以酚萘洗混合馏分为洗涤原料，采用连续洗涤操作。常用的工艺流程有以下几种。无论是采用何种流程，已洗馏分均应达到如下指标：含酚量＜0.5%，含吡啶碱量＜1%。得到的中性酚钠盐含酚量为20%～50%，含游离碱≤1.5%。中性硫酸吡啶盐类含吡啶类≥20%，含游离酸≤2%。

1. 泵前混合式连续洗涤工艺流程

被洗涤馏分是酚萘洗混合馏分，其中含酚物质5%～6%，含吡啶物质3%～4%。由于煤焦油馏分中酚含量高于吡啶含量，所以采用先碱洗脱酚再酸洗脱吡啶的工艺，即碱洗（1)→酸洗(1)→酸洗(2)→碱洗(2)，这种安排及其所采用的操作条件，正是针对脱酚和脱吡啶两者相互制约而提出的。其工艺流程如图10-1所示。

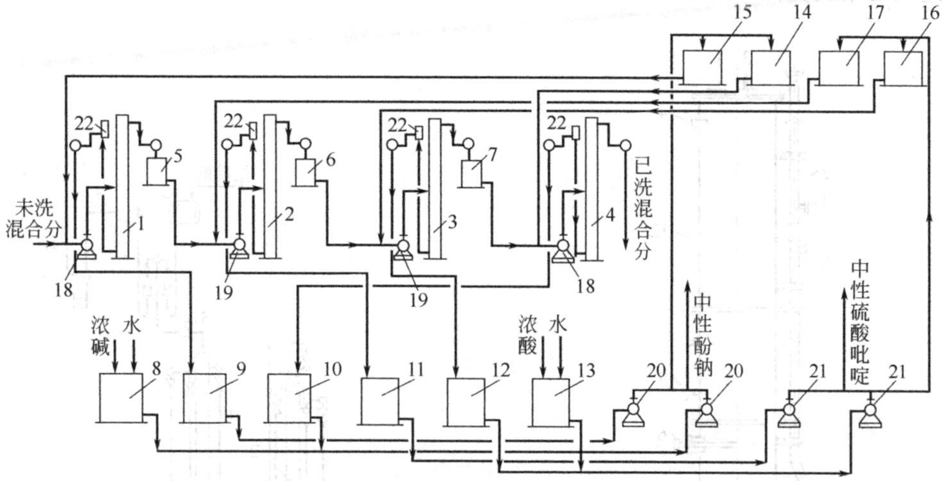

图10-1　泵前混合式连续洗涤工艺流程

1—一次脱酚分离器；2—一次脱吡啶分离器；3—二次脱吡啶分离器；4—二次脱酚分离器；5—一次脱酚缓冲槽；6—一次脱吡啶缓冲槽；7—二次脱吡啶缓冲槽；8—洗碱槽；9—中性酚钠槽；10—碱性酚钠槽；11—中性硫酸吡啶槽；12—酸性硫酸吡啶槽；13—稀酸槽；14—稀碱高位槽；15—碱性酚钠高位槽；16—稀硫酸高位槽；17—酸性硫酸吡啶高位槽；18—连洗用碱泵；19—连洗用酸泵；20—碱泵；21—酸泵；22—液位调节器

首先将含酚6%～8%，含吡啶碱3%～4%，温度为75～78℃的混合馏分与含游离碱6%～8%的碱性酚盐在泵18前管道内混合，经泵搅拌后打入一次脱酚分离器1（连洗塔)，将酚脱至3%左右的油分与生成的中性酚钠澄清分离。中性酚盐由分离器底部排出，经液位调节器22流入中性酚钠槽9。

自一次脱酚分离器顶部排出的混合馏分经缓冲槽5再与自酸性硫酸吡啶高位槽17来的含游离酸5%～6%的酸性硫酸吡啶于泵19前管道内混合，经泵搅拌后打入一次脱吡啶分离器2，将混合馏分内吡啶碱含量脱至2%。所生成的中性硫酸吡啶由分离器底部排除，经液位调节器22流入中性硫酸吡啶槽11。

自一次脱吡啶分离器2顶部出来的混合馏分，经缓冲槽6与自稀硫酸高位槽16来的质量分数为15%～17%的稀硫酸在连洗用酸泵19前混合，经泵搅拌后打入二次脱吡啶分离器3，将吡啶碱脱至低于1%，生成的酸性硫酸吡啶由分离器底部排出，经液位调节器22流入酸性硫酸吡啶槽12。

二次酸洗后的混合馏分从分离器顶部排出，经二次脱吡啶缓冲槽7与来自高位槽14的含 NaOH 10%～14%新鲜稀碱液在二次脱酚分离器4进行二次碱洗，将混合馏分含酚量脱至0.5%以下。生成的碱性酚钠由分离器底部排出，经液位调节器排至碱性酚钠槽10，已洗混合馏分由分离器顶部排出，作为生产工业萘的原料。

物料在每一分离器发生反应并进行澄清分离，停留时间不低于3.5h，反应温度一般为80～85℃。

连洗塔一般是空塔，是一个中空的直立圆筒形设备，高9.5m，直径依处理能力而定。一般直径为0.85～1.0m。脱吡啶设备内壁有两层辉绿岩铸石的耐酸内衬，油与试剂的混合物由设于塔中部的入口管进入塔内，并由喷头喷出后，在塔内进行反应并澄清分离。

连洗塔结构如图10-2所示。

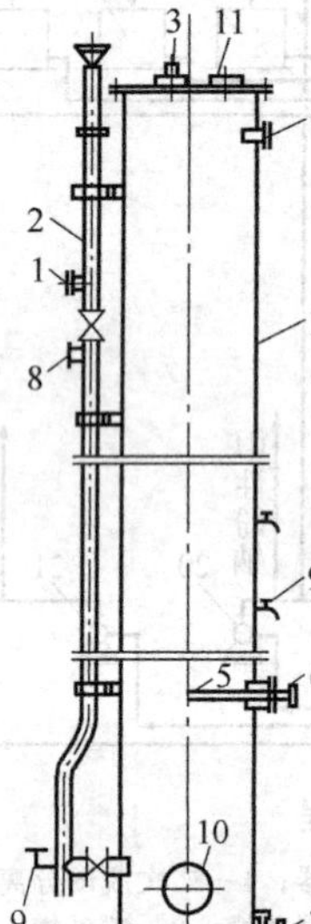

图10-2　连洗塔

1—盐类出口；2—液面调节器；3—放散管；4—洗后油分出口；5—油及试剂混合物的喷头；6—油及试剂混合物的入口；7—放空管；8—吹扫蒸汽管；9—取样管；10—人孔；11—检查孔；12—塔体

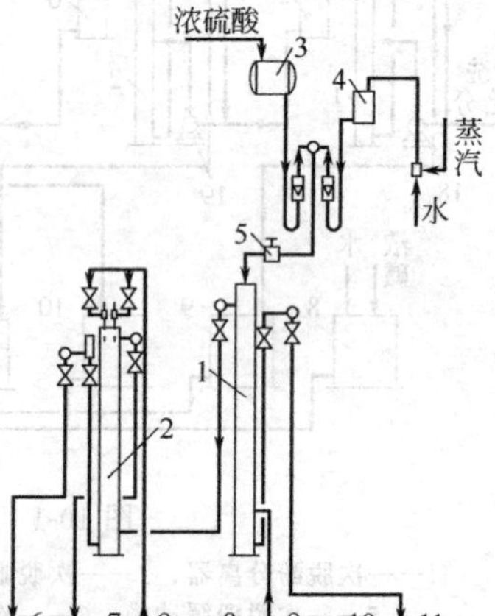

图10-3　对喷式连续洗涤工艺流程

1—脱盐基塔；2—脱酚塔；3—浓酸高位槽；4—水高位槽；5—混合器；6—中性酚钠槽；7—净萘油槽；8—碱性酚钠槽；9—泵；10—原料萘油槽；11—中性硫酸吡啶槽

2. 对喷式连续洗涤工艺流程

对喷式连续洗涤工艺流程如图10-3所示。要洗涤的原料是萘油馏分。其中酚类和吡啶类的含量均在2.5%～3.0%，这种馏分中含酚类和吡啶类物质较少，且含量差别不大，可选用酸洗-碱洗过程。

用泵9将原料萘油槽10中的馏分送入脱盐基塔1的下部，用喷嘴向上喷，稀硫酸自塔顶注入塔内。反应后得到的硫酸吡啶由塔底经液位调节器排入中性硫酸吡啶槽11。脱除了吡啶的馏分从塔上部排出，进入脱酚塔2的下部。自碱性酚钠槽8出来的新碱液或碱性酚钠，用泵 9 送至脱酚塔顶部，经视镜流入塔内，馏分和碱液在塔的脉冲区内充分接触反应，中性酚钠由塔底部经液位调节器排至中性酚钠槽 6，净馏分由塔顶排入净萘油槽 7。

3. 喷射混合器式连续洗涤工艺流程

喷射混合器式连续洗涤工艺流程如图 10-4 所示。脱酚后的馏分和稀硫酸用泵连续送入喷射混合器 9，两者混合后再经管道混合器 10，馏分中的吡啶碱与硫酸反应生成硫酸吡啶后进入分离塔 1，自塔底排出硫酸吡啶，脱吡啶后的馏分进入中和塔 2 的底部。中和塔装有质量分数为 20% 的氢氧化钠，以中和馏分中的游离酸。中和后的馏分从中和塔顶部排出。为了保证驱动流体所需的流量，设置了循环管线。分离塔排出的乳化物和泥浆进入 1 号泥浆槽 3，分离所得重液流入硫酸吡啶槽。

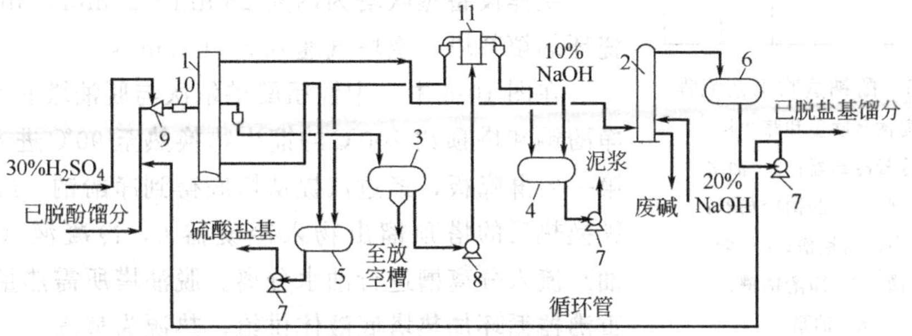

图 10-4　喷射混合器式连续洗涤工艺流程

1—分离塔；2—中和塔；3—1 号泥浆槽；4—2 号泥浆槽；5—硫酸吡啶槽；6—馏分槽；7—输出泵；8—泥浆装入泵；9—喷射混合器；10—管道混合器；11—离心分离机

本工艺所采用的喷射混合器由喷嘴、接收室、混合室及扩散器四部分组成。其工作原理是利用工作流体在高压下经喷嘴高速喷射，使其静压能转变为动能，在接收室产生真空而将液体吸入，工作流体与吸入流体在混合室混合后再进入扩散器，在扩散器中混合液体流速逐渐减小，即动能逐渐减小，而静压能逐渐增高，故能将液体排出。

本工艺所采用的管道混合器是一种静态型混合器，内部填充着单元。它的作用原理是通过的液体被单元不断地分割和叠加，流体被单元分割后，在向前流动中旋转而改变方向。由于这种作用而使两种液体互相混合。

第二节　粗酚盐的净化、分解及粗酚精制

一、粗酚盐的净化

在碱洗脱酚过程中得到的中性酚盐尚含 1%～3% 的中性油、萘和吡啶碱等杂质，在用酸性物质分解前必须将这些杂质除去，以免影响粗酚精制产品质量。粗酚盐的净化工艺有蒸吹法和轻油洗净法。

1. 蒸吹法

目前，国内常用的有两种工艺流程，其流程如图 10-5 和图 10-6 所示。

在图 10-5 中，粗酚钠于中性酚钠槽 5 内静置分离出一部分中性油后，用泵送入冷凝

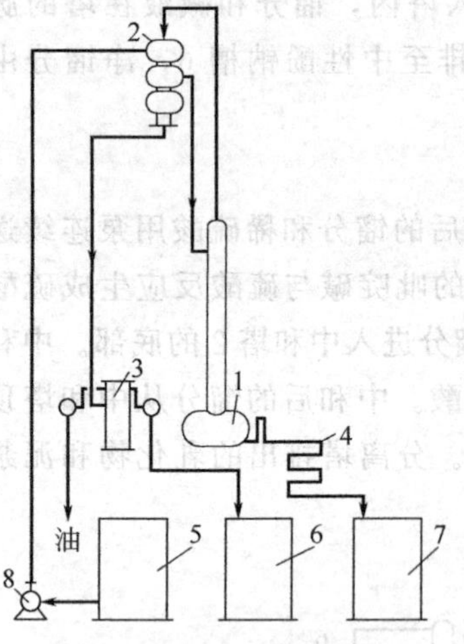

图 10-5　酚钠蒸吹工艺流程

1—酚钠蒸吹釜和蒸吹柱；2—冷凝冷却器；3—油水分离器；4—酚钠冷却器；5—中性酚钠槽；6—酚水槽；7—净酚钠槽；8—油泵

冷却器 2 上段，与蒸吹柱顶蒸出的 103～108℃的油水混合气换热至 90～95℃后进入酚钠蒸吹柱 1 上部，用喷嘴喷淋于蒸吹柱的填料上。蒸吹釜内以间接蒸汽加热，同时用直接蒸汽蒸吹。直接蒸汽由釜进入填料层，与向下流动的粗酚钠接触，将其中的油类杂质和部分水分蒸吹出来。釜内温度为 105～110℃的净化酚钠经油封进入冷却器，冷却至 40～50℃后进入净酚钠槽 7。温度为 105℃左右的水蒸气和油汽经冷凝冷却和油水分离后，水排至酚水槽。含酚 7～12g/L 的酚水送污水处理设备处理。净化后的酚钠中的中性油含量小于 0.05%，含酚 26%～28%。

主体设备蒸吹塔为内充 25mm×25mm×3mm 钢环或瓷环的填料塔，空塔气速 0.5～0.8m/s。

在图 10-6 中，中性粗酚钠依次与脱油塔底约 110℃的净酚钠和塔顶约 100℃的馏出物换热至 90℃进入脱油塔 4 第一层淋降板，经过汽提从塔底得到净酚钠。经与中性酚钠换热后的塔顶馏出物入冷凝器 6，冷凝液（又叫脱出油）流入分离槽进行油水分离。脱油塔所需热量由虹吸式重沸器循环加热塔底液体供给，热源为蒸汽。

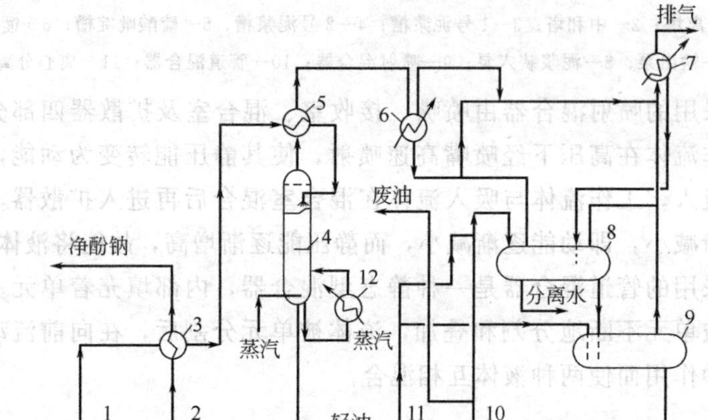

图 10-6　粗酚钠脱油工艺流程

1—粗酚钠泵；2—塔底油泵；3—塔底换热器；4—脱油塔；5—塔顶换热器；6—塔顶冷凝器；7—排气冷却器；8，9—脱出油分离槽；10—油泵；11—轻油装入泵；12—重沸器

为提高脱出油分离槽的油水分离效果，可将密度较小的煤焦油轻油补入脱出油中，并用泵 10 使其在脱出油槽到脱出油分离槽 8 到脱出油分离槽 9 间循环。若分离效果恶化，可直接向脱出油分离槽 9 加入新轻油，以改善油水分离效果。

塔底净酚钠与原料粗酚钠换热后，温度为 70℃，用泵送至净酚钠槽，作为酚钠分解的原料。

2. 轻油洗净法

轻油洗净工艺流程如图 10-7 所示。

一般轻油采用粗苯馏分，轻油由高位槽流入填料塔，并从塔顶溢流排出。粗酚钠用泵打入塔顶，在塔内与轻油充分接触而洗净，洗净的精制酚钠盐溶液从塔底经液面调节器排出，一部分向塔顶循环。

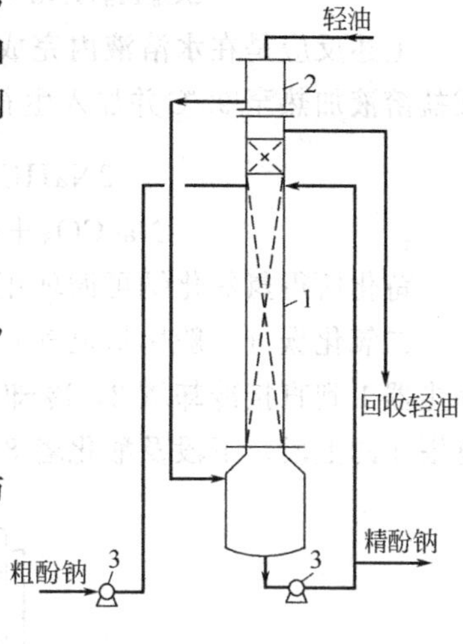

图 10-7　轻油洗净工艺流程

1—轻油洗净塔；2—高位槽；3—泵

二、精制酚盐的分解

精制酚盐的分解可用硫酸分解法和二氧化碳分解法，根据各厂情况而定。

1. 硫酸分解法

硫酸分解法的化学反应，以酚钠盐为例（其他酚盐与此类似）。

$$2C_6H_5ONa + H_2SO_4 \longrightarrow 2C_6H_5OH + Na_2SO_4$$

连续式硫酸分解酚钠工艺流程如图 10-8 所示。

将净化后的酚钠和质量分数为 60％的稀硫酸，一同进入喷射混合器 2，再经管道混合器 3 流入 1 号分离槽 4，

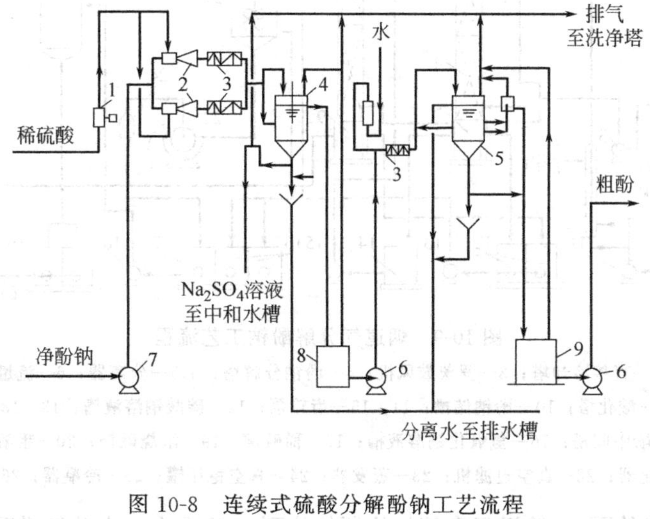

图 10-8　连续式硫酸分解酚钠工艺流程

1—洗酸泵；2—喷射混合器；3—管道混合器；4—1 号分离槽；5—2 号分离槽；6—粗酚泵；7—净酚钠泵；8—粗酚中间槽；9—粗酚储槽

反应得到的粗酚和硫酸钠溶液分为两个液层；密度较低的粗酚，从槽上部溢出进入中间槽 8，底部排出硫酸钠溶液。将粗酚及占粗酚量 30％的水经管道混合器 3 混合后流入 2 号分离槽 5，洗去粗酚中的游离酸。含酚 0.4％～0.6％的分离水从槽上部排出，粗酚由槽底部经液位调节器排入粗酚储槽。所得粗酚含硫酸钠 10～20mg/kg。

2. 二氧化碳分解法

硫酸分解法不仅要耗用硫酸，而且产生的外排硫酸钠污水中还含有酚。这样，既损失了酚，又必须处理含酚废水。采用二氧化碳分解法，不仅可克服上述缺点，并可用苛化法处理废水回收烧碱，循环使用。

二氧化碳分解酚钠的反应如下：

$$C_6H_5ONa + CO_2 + H_2O \longrightarrow C_6H_5OH + NaHCO_3$$

$$2C_6H_5ONa+CO_2+H_2O \longrightarrow 2C_6H_5OH+Na_2CO_3$$

上述反应是在水溶液内完成的，生成的粗酚和碳酸盐溶液按密度差自然分层。将碳酸盐溶液加热至95℃并加入生石灰苛化反应为：

$$2NaHCO_3 \xrightarrow{95℃} Na_2CO_3\downarrow+CO_2+H_2O$$

$$Na_2CO_3+CaO+H_2O \longrightarrow CaCO_3\downarrow+2NaOH$$

苛化所得氢氧化钠可循环用于煤焦油馏分的脱酚。

二氧化碳（一般用烟道气）分解法工艺流程如图10-9所示。250℃左右的烟道气经除尘器1到直接冷却塔2，冷却至40℃左右，经罗茨鼓风机加压，分成三路分别送到分解塔4的上段、下段及酸化塔8的底部。

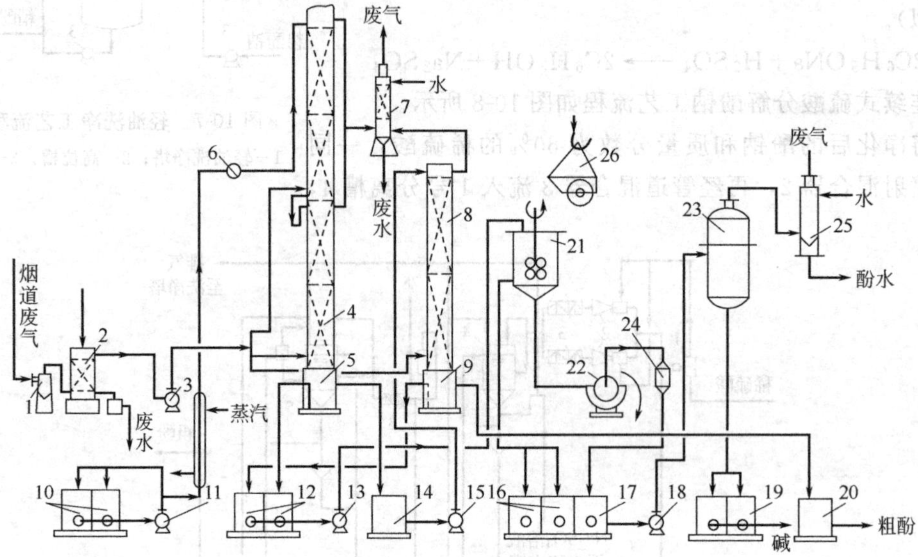

图10-9　烟道气分解酚钠工艺流程

1—除尘器；2—直接冷却塔；3—罗茨鼓风机；4—酚钠分解塔；5,9—分离器；6—流量计；7—酚液捕集器；8—酸化塔；10—酚钠储槽；11，15—齿轮泵；12—碳酸钠溶液槽；13，18—离心泵；14—粗酚中间槽；16—氢氧化钠溶液槽；17—稀碱槽；19—浓烧碱槽；20—粗酚储槽；21—苛化器；22—真空过滤机；23—蒸发器；24—真空稳压罐；25—冷凝器；26—抓斗

酚钠溶液用齿轮泵11输送经套管加热器加热到50℃左右，由分解塔顶喷淋而下，先后在上段和下段与上升的烟道器进行两次分解。由于二氧化碳供给量极度过量，经两次分解后的分解率可达99%。生成的粗酚和碳酸钠混合液在塔底分离器中分层并分离后，上层的粗酚进入中间槽14，下层的碳酸钠溶液（含量为10%～15%）流入碳酸钠溶液槽12。

粗酚初次产物中含有的少量未完全分解的高沸点酚盐，再经齿轮泵15送入酸化塔8的顶部进行第三次分解，分解率可达99.5%。第三次分解后的粗酚在分离器9分层分离，上层的粗酚流入粗酚储槽20，作为粗酚精制的原料；下层的碳酸钠溶液流入碳酸钠溶液槽12。

从分解塔和酸化塔逸出的废气，经酚液捕集器7洗涤后放散。分解酚钠后生成的碳酸钠溶液用泵送入苛化器21，在机械搅拌下装入石灰乳，搅拌至碳酸钠溶液中游离碱含量低于1.5%后静置分层。为增大碳酸钙颗粒，利于沉淀分离，应向苛化器内通入间接蒸汽加热到101～103℃。氢氧化钠溶液放入氢氧化钠溶液槽16，苛化器底的碳酸钙泥渣用真空过滤机22过滤，并用水冲洗滤饼，滤饼干燥后即为碳酸钙产品。过滤所得含氢氧化钠为4%～5%的滤液经真空稳压罐24放入稀碱槽，同苛化器得到的氢氧化钠溶液一起送往蒸发器23浓缩，得到质量分数为10%左右的氢氧化钠溶液。蒸发器顶逸出的水蒸气经冷凝后排入下水道。

经分解后所得粗酚，应符合表10-5质量指标。

表10-5　粗酚质量指标

指标名称		指标	指标名称		指标
酚及同系物的含量(按无水计算)/%	≥	83	吡啶碱质量分数/%	≤	0.5
馏程(按无水计算)			pH		5～6
210℃前(体积分数)/%	≥	60	灼烧残渣质量分数(按无水计)/%	≤	0.4
230℃前(体积分数)/%	≥	80	水分/%	≤	10
中性油质量分数/%	≤	0.8			

三、粗酚的精制

为了脱除粗酚中的水分、油分、树脂状物质和硫酸钠等杂质，并提取苯酚、甲酚及工业二甲酚等产品，粗酚必须进行精制。粗酚精制是利用酚类化合物沸点差异采用精馏法进行加工的分离过程。原料粗酚来源于煤焦油馏分脱酚所得的粗酚和废水脱酚所得的粗酚。由于酚类沸点较高，为防止高温下发生聚合反应，精馏宜在减压下进行。粗酚精制工艺流程有减压间歇精馏和减压连续精馏操作。

1. 减压间歇精馏

减压间歇精馏用于加工量较小的场合，其工艺由脱水、脱渣和精馏三部分组成。

(1) 脱水和脱渣　为了缩短精馏时间和避免树脂状物质热聚合，先进行粗酚脱水和脱渣。粗酚脱水、脱渣工艺流程如图10-10所示。

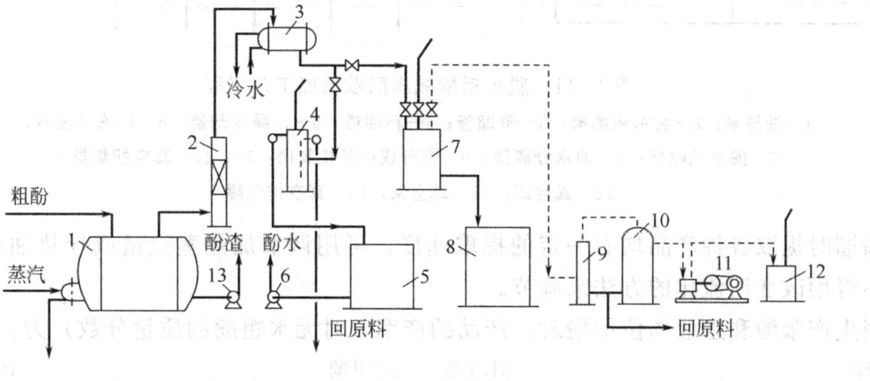

图10-10　粗酚脱水、脱渣工艺流程

1—脱水釜；2—脱水填料柱；3—冷凝冷却器；4—油水分离器；5—酚水槽；6—酚水泵；7—馏分接收槽；8—全馏分储槽；9—真空捕集器；10—真空罐；11—真空泵；12—真空排气罐；13—酚渣泵

粗酚在脱水釜1内常压下用蒸汽间接加热脱水4～6h，脱出的酚水和少量轻馏分的混合蒸汽进入脱水填料柱2，柱顶逸出的蒸汽经冷凝冷却和油水分离后，轻馏分送回粗酚中，含酚3%～4%的酚水用于配制脱酚用的碱液。当脱水填料柱温度达到140～150℃时，脱水结束。若不脱渣即停止加热，釜内粗酚作为精馏原料。若要脱渣，则在脱水后启动真空系统，当釜顶真空度达70kPa和釜顶上升管温度达到165～170℃时，脱渣结束。馏出的全馏分作为精馏原料。

(2) 间歇精馏　脱水粗酚或全馏分的减压间歇精馏工艺流程如图 10-11 所示，脱水粗酚或全馏分靠真空吸入蒸馏釜 3，当蒸馏釜真空度达 53.2kPa 进行装料，釜内真空度达 73.15～79.8kPa 并稳定时，开始加热蒸馏釜内原料，进行精馏，蒸馏釜采用中压蒸汽（压力为 2.4～3.5MPa）或导热油等高温热载体间接加热，先蒸出残余的水分，然后按所选择的操作制度切取不同的馏分，馏分蒸气经过精馏塔 4 精馏，馏出物经冷凝冷却器冷却后进入回流分配器 6。按表 10-6 和表 10-7 规定的要求调节回流比。馏出物一部分流回精馏塔，其余流入相应的产品接收槽。由真空泵抽吸来保证蒸馏系统所需的负压，抽出的气体通过真空捕集器内的碱液层，吸收脱除气体中的酚，然后经真空罐排往大气。

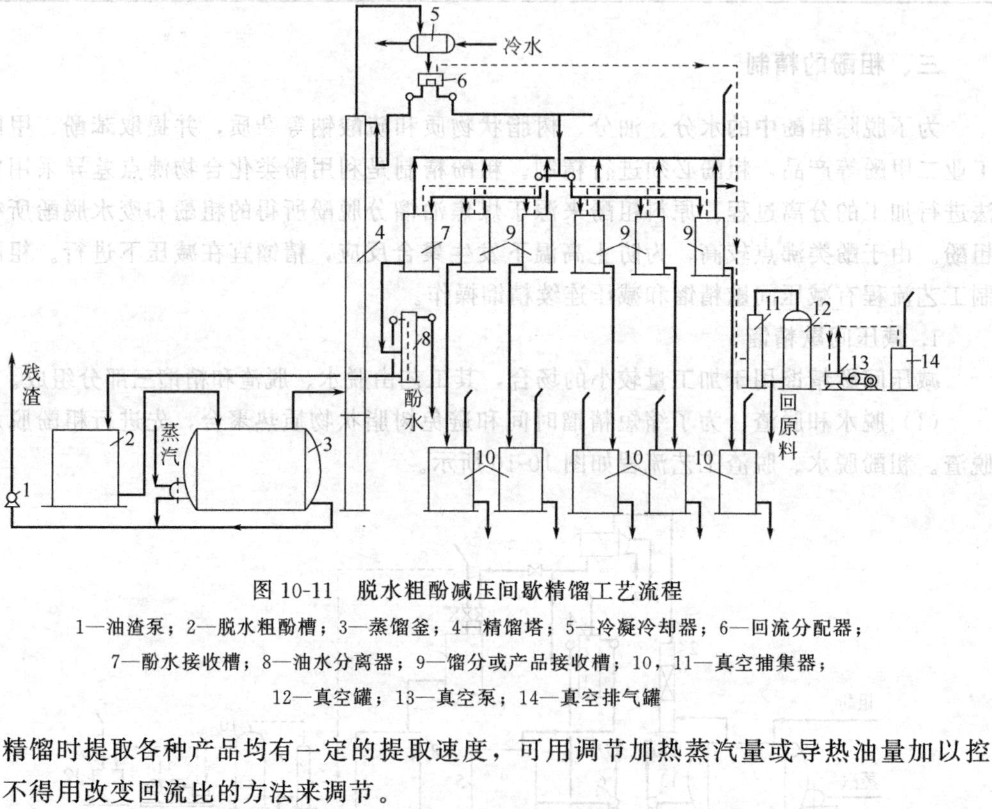

图 10-11　脱水粗酚减压间歇精馏工艺流程

1—油渣泵；2—脱水粗酚槽；3—蒸馏釜；4—精馏塔；5—冷凝冷却器；6—回流分配器；7—酚水接收槽；8—油水分离器；9—馏分或产品接收槽；10，11—真空捕集器；12—真空罐；13—真空泵；14—真空排气罐

精馏时提取各种产品均有一定的提取速度，可用调节加热蒸汽量或导热油量加以控制，不得用改变回流比的方法来调节。

当生产苯酚和工业邻位甲酚时，产品的产率（对无水粗酚的质量分数）为：

苯酚	31.1%	二甲酚	10.8%
工业邻位甲酚	8.1%	酚渣	15.3%
二混甲酚	31.7%		

切取不同馏分的操作制度见表 10-6、表 10-7。

表 10-6　由脱水粗酚提取混合馏分和二混甲酚的切取制度

产品和馏分	回流比	塔顶真空度/kPa	馏分切换条件	
			开　始	终　了
水与轻馏分	0.5～3	88		塔顶温度达 120℃
混合馏分	1～3	88	塔顶温度 120℃	初馏点　182～183℃ 干点　190～191℃

续表

产品和馏分	回流比	塔顶真空度/kPa	馏分切换条件	
			开　始	终　了
邻甲酚馏分	3	88	初馏点　182～183℃ 干点　190～191℃	初馏点　190～191℃ 干点　198～199℃
二混馏分	2	88	初馏点　190～191℃ 干点　198～199℃	初馏点　202～203℃ 干点　208～209℃
二甲酚	0	最大	初馏点　202～203℃ 干点　208～209℃	馏出完毕

注：表中所示真空度和温度指标，适用于沿海地区。

表 10-7　混合馏分二次精馏的切换制度

产品和馏分	回流比	塔顶真空度/kPa	馏分切换条件	
			开始	终了
轻馏分	1～3	88		结晶点　38.7℃
苯酚	4～6	88	结晶点　38.7℃	结晶点上升后又降至 38.7℃
中间馏分	2～3	88	结晶点下降至 38.7℃	初馏点　182～183℃ 干点　190～191℃
邻甲酚馏分	3～4	88	初馏点　182～183℃ 干点　190～191℃	初馏点　190～191℃ 干点　198～199℃

注：表中所示真空度和温度指标，适用于沿海地区。

2. 减压连续精馏

减压连续精馏工艺流程如图 10-12 所示。

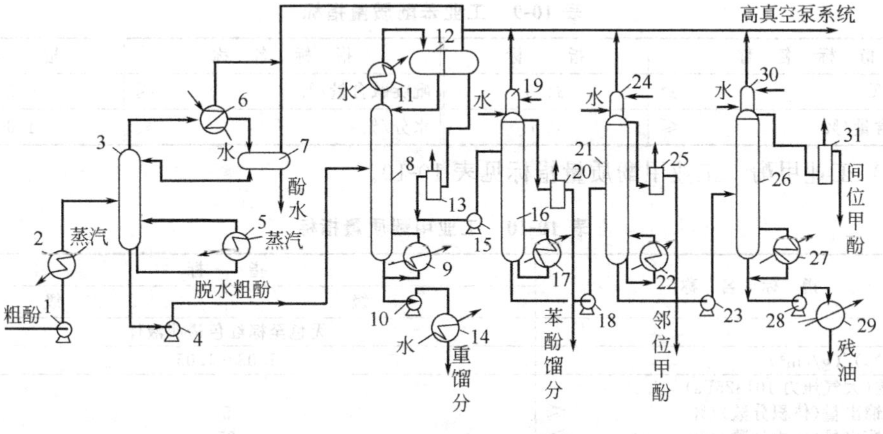

图 10-12　粗酚减压连续精馏工艺流程

1—粗酚泵；2—预热器；3—脱水塔；4—初馏塔进料泵；5，9，17，22，27—重沸器；6，11，19，24，30—凝缩器；7，12—回流槽；8—初馏塔；10—初馏塔底泵；13，20，25，31—液封罐；14，29—冷却器；15—苯酚馏分塔进料泵；16—苯酚馏分塔；18—邻位甲酚塔进料泵；21—邻位甲酚塔；23—间位甲酚塔进料泵；26—间位甲酚塔；28—残油泵

粗酚在预热器 2 中预热至 55℃进入脱水塔 3。脱水塔顶压力为 29.3kPa，温度为 68℃。塔低由重沸器 5 供热。温度为 141℃。脱水塔顶逸出的水汽经凝缩器 6 冷凝成酚水流入回流槽 7，部分作为塔顶回流，其余部分经隔板满流入液封罐排出。脱水粗酚用泵 4 从塔底送入初馏塔 8，在初馏塔中分馏为甲酚以前的轻馏分与二甲酚以后的重馏分。初

馏塔顶压力为10.6kPa，温度为124℃，塔底压力为23.3kPa，温度为178℃。由初馏塔顶排出的轻馏分蒸气经凝缩器11冷凝后进入回流槽12，部分回流入初馏塔顶，其余经液封罐13送入苯酚馏分塔16。在苯酚馏出塔中将轻馏分分馏为苯酚馏分和甲酚馏分。苯酚馏分塔顶压力为10.6kPa，温度为115℃，塔底压力为43.9kPa，温度为170℃。由苯酚馏分塔顶逸出的苯酚馏分蒸气经凝缩器19冷凝后进入回流槽，部分以内回流方式作塔顶回流，其余经液封罐20流入接收槽。甲酚馏分一部分经重沸器循环供热，另一部分由塔底送入邻位甲酚塔21。邻位甲酚塔顶压力为10.6kPa，温度为122℃，塔底压力为33kPa，温度为167℃。邻位甲酚塔顶采出邻位甲酚产品，塔底残油送入间位甲酚塔26。间位甲酚塔顶压力为10.6kPa，温度为135℃，塔底压力为30.6kPa，温度为169℃。间位甲酚塔顶采出间位甲酚产品，塔底排出残油。各塔所用热源均采用蒸汽，经重沸器将热量提供给在塔底和重沸器间循环的部分残油。

初馏塔底所得的重馏分和间位甲酚塔底残油中，主要是二甲酚以后的高沸点酚，可以通过另外的减压间歇精馏装置生产二甲酚。

3. 酚类产品质量

(1) 苯酚和工业酚　苯酚产品质量指标见表10-8，苯酚产品中苯酚含量大于97%，工业苯酚产品质量指标见表10-9，产品中苯酚含量约93%，甲酚含量约7%。苯酚易潮解，含有水分时，其熔点急剧下降。

表10-8　焦化苯酚质量指标

指标名称	一级	二级	指标名称	一级	二级
外观	白色或略有颜色的结晶		水分/% ≤	0.2	0.3
结晶点(对脱水物)/℃ ≥	40.0	39.7	中性油/% ≤	0.1	0.1

表10-9　工业苯酚质量指标

指标名称	指标	指标名称	指标
结晶点/℃ ≥	31.0	吡啶碱含量/% ≤	0.3
中性油含量/% ≤	0.5	水分/% ≤	1.0

(2) 工业甲酚　工业甲酚质量指标见表10-10。

表10-10　工业甲酚质量指标

指标名称	指标	
	一级	二级
外观	无色至棕红色透明液体	
密度(20℃)/(g/cm³)	1.03～1.05	
蒸馏试验(大气压力101325Pa)		
190℃馏出量(体积分数)/% ≤	5	
200℃馏出量(体积分数)/% ≥	95	
间甲酚含量/% ≥	41	34
中性油含量/% ≤	1.0	
水分/% ≤	1.0	

(3) 邻甲酚　邻甲酚质量指标见表10-11。

表10-11　邻甲酚质量指标

指标名称	指标
邻甲酚含量(干基)/% ≥	96
苯酚含量/% ≤	2

续表

指标名称		指标
2,6-二甲酚含量/%	≤	2
水分/%	≤	0.5

(4) 间对甲酚　间对甲酚质量指标见表10-12。

表10-12　间对甲酚质量指标

指标名称		指标	
		一级	二级
外观		无色至褐色透明液体	
密度(20℃)/(g/cm³)		1.030～1.040	
蒸馏试验(大气压力101325Pa)195～205℃馏出量(体积分数)/%	≥	95	
水分/%	≤	0.3	0.5
中性油含量/%	≤	0.2	0.3
间甲酚含量/%	≥	50	45

注：如需方对外观指标有特殊要求可由供需双方协议。

(5) 工业二甲酚　工业二甲酚质量指标见表10-13。

表10-13　工业二甲酚质量指标

指标名称		指标	
		一级	二级
外观		无色至棕红色透明液体	
密度(20℃)/(g/cm³)		1.01～1.04	
蒸馏试验(大气压力101.325kPa)205℃前馏出量(体积分数)/%	≤	5	
225℃前馏出量(体积分数)/%	≥	95	90
中性油含量/%	≤	1.0	1.5
水分/%	≤	1.0	

第三节　粗吡啶盐基的精制

吡啶碱类一般为所处理煤焦油量的0.5%～1.5%，其中大部分是高沸点组分。吡啶碱类能与水互溶，温度越高溶解性越好。若在吡啶的水溶液中加入盐类，吡啶即可析出。吡啶具有弱碱性，可与硫酸或乙酸形成配位化合物，在馏分中也能和酚类成配位化合物，但这些配位化合物极不稳定，很易分解。

焦化厂的粗吡啶盐基来源主要有二，一是硫酸铵母液中得到的粗轻吡啶盐基；二是对煤焦油馏分进行酸洗得到的粗重吡啶盐基。对轻、重粗吡啶加工后得到的各种精制产品，是制取医药、染料中间体及树脂中间体等的重要原料，并可用作有机溶剂。

一、粗轻吡啶盐基的精制

从饱和器法生产硫酸铵的溶液中得到的粗轻吡啶盐基一般为：吡啶及其同系物含量

不小于60%，水分含量不大于15%，密度（20℃）不大于1012kg/m³。

粗轻吡啶盐基的精制过程一般分为脱水、初馏（粗制）和精馏。

粗轻吡啶盐基中的水分，易与吡啶盐基互溶形成共沸溶液。吡啶的沸点为115.5℃，水的沸点为100℃。若水和吡啶混合物中含有57%的吡啶时，常压下形成具有最低沸点92.6℃的共沸溶液。显然，如果直接对该混合物加热脱水，则粗轻吡啶盐基将与水一起蒸出而无法分离。所以为了脱除吡啶盐基中的水分，必须采用恒沸蒸馏的方法。

恒沸蒸馏主要用于分离具有恒沸点或由沸点非常接近的组分组成的液体混合物。恒沸精馏是将某种物质——称之为夹带剂，加入液体混合物中，使其与混合物中的一个组分或多个组分形成新的恒沸混合液而加以蒸馏分离。对于吡啶-水混合液来说，由于苯与水是互不相容的，苯和水两相共存时能形成低共沸点物，其共沸点将低于苯的沸点。常压下将苯和水于69℃可一起馏出，且冷凝后苯与水不互容。而此温度下粗轻吡啶盐基不会一起馏出，这样就可从粗轻吡啶盐基中将水脱出。

粗轻吡啶盐基精制工艺流程如图10-13所示。

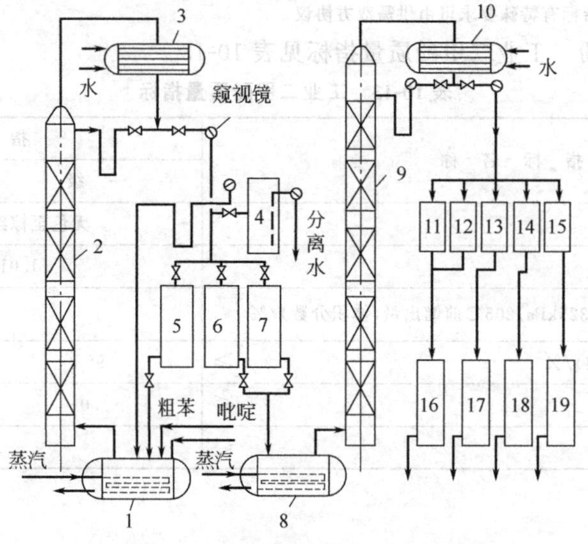

图10-13　粗轻吡啶盐基精制工艺流程

1—初馏釜；2—初馏塔；3，10—冷凝冷却器；4—油水分离器；5～7—吡啶馏分槽；8—精馏釜；9—精馏塔；11，12—吡啶计量槽；13—α-甲基吡啶计量槽；14—β-甲基吡啶计量槽；15—吡啶溶剂计量槽；16～19—产品储槽

先将粗轻吡啶盐基用压缩空气压入间歇初馏釜1中进行蒸馏，在较短时间内将馏分完全蒸出。馏出物经填料初馏塔2进入冷凝冷却器3后，得到的含水全馏分流入吡啶馏分槽5、6、7。釜内残渣可排入煤焦油氨水澄清槽。

将除渣后的粗轻吡啶盐基从吡啶分离槽放回初馏釜，再加入相当于粗轻吡啶盐基量20%～30%的纯苯进行脱水蒸馏。苯和水的混合蒸气经初馏塔进入冷凝冷却器，冷凝后流入油水分离器4，分离出的苯返回蒸馏釜，分离水排入酚水系统。当塔顶温度上升至80℃，分离器后分离水量逐渐减少到等于零时，脱水结束。接着将苯采出，至塔顶温度继续上升到90℃时，采苯结束。

脱水后的粗轻吡啶盐基，由于组成复杂，一次精馏很难得到合格产品，通常采用两次甚至多次精馏。

第一次精馏（初馏）是将脱水后的粗轻吡啶盐基分段切取110～120℃馏分Ⅰ和120～160℃馏分Ⅱ，其切取操作制度及馏分质量规格见表10-14。

表 10-14 粗轻吡啶盐基的初馏操作制度

馏分名称	回流比	切取条件		质量规格
		开始	终了	
苯和水	开始全回流1～1.5，脱水0.5～1h	塔顶温度69～71℃	塔顶温度80℃，分离器水层不增长	—
苯	4～5	塔顶温度80℃	塔顶温度90℃	—
110℃前馏分	8	塔顶温度90℃	塔顶温度110℃	—
110～120℃馏分Ⅰ	8	塔顶温度110℃	塔顶温度120℃	外观微黄色且透明，水分不大于0.5%，120℃前全部馏出
120～160℃馏分Ⅱ	8	塔顶温度120℃	170℃时停釜	外观透明，初馏点不小于118℃，155℃前馏出量不小于90%

有时为了生产工业二甲基吡啶，可继续蒸馏切取160～200℃的二甲基吡啶馏分，再精制得到工业二甲基吡啶。

第二次精馏是以馏分Ⅰ和馏分Ⅱ为原料，分别在精馏系统加工制取纯产品。

从馏分Ⅰ中主要提取纯吡啶。馏分Ⅰ由储槽自流入精馏釜8进行精馏，馏出物经填料精馏塔9进入冷凝冷却器10，冷凝冷却后排入计量槽，再放入相应产品储槽。

110～120℃馏分Ⅰ的精馏操作制度见表10-15。

表 10-15 粗轻吡啶110～120℃馏分Ⅰ的精馏操作制度

馏分名称	切取条件	
	开始	终了
110℃前馏分	初馏	塔顶温度110℃
110～114.5℃馏分	110℃	初馏点114.5℃
114.5～116.5℃纯吡啶	初馏114.5℃	干点116.5℃停釜

从馏分Ⅱ中可提取α-甲基吡啶、β-甲基吡啶及吡啶溶剂等产品。其切取操作制度见表10-16。

采完α-甲基吡啶、β-甲基吡啶后，切取145.5～160℃之间的馏分放回馏分槽。釜内残液可排入煤焦油氨水澄清槽，或提取混二甲基吡啶和2,4,6-三甲基吡啶。

整个精馏过程是间歇进行的。初馏塔和精馏塔均为填料塔，有的厂采用浮阀塔。

表 10-16 粗轻吡啶馏分Ⅱ的精馏操作制度

馏分名称	切取馏分塔顶温度/℃		馏分名称	切取馏分塔顶温度/℃	
	开始	终了		开始	终了
110℃前馏分	初馏	110	126～131℃馏分α-甲基吡啶	126	131
110～120℃馏分	110	120	131～138℃吡啶溶剂	131	138
120～126℃馏分	120	126	138～145℃β-甲基吡啶	138	145

本装置属通用精馏装置，如设有减压系统。本装置也可对粗重吡啶盐基、喹啉馏分及工业三甲苯等进行精馏加工。

粗轻吡啶盐基经精制加工后得到的产品主要有纯吡啶、α-甲基吡啶、β-甲基吡啶馏分，其质量标准如表 10-17 至表 10-19 所示。

表 10-17　纯吡啶的质量指标

指标名称		指标	指标名称		指标
颜色(铂-钴)	不深于	30号	初馏点/℃	⩾	114.5
密度(20℃)/(g/cm^3)		0.980～0.984	终点/℃	⩽	116.5
馏程(大气压 101325Pa)			水分/%	⩽	0.2
总馏程范围/℃	⩽	1.5	水溶性		全溶

表 10-18　α-甲基吡啶的质量指标

指标名称		指标
外观		无色至微黄色透明液体
馏程(大气压 101325Pa)126～131℃馏出量(体积分数)/%	⩾	95
水分/%	⩽	0.3

表 10-19　β-甲基吡啶的质量指标

指标名称		指标
外观		无色至微黄色透明液体
密度(20℃)/(g/cm^3)		0.930～0.960
馏程(大气压 101325Pa)140～145℃馏出量(体积分数)/%	⩾	95

二、粗重吡啶盐基的精制

对煤焦油馏分进行酸洗所得的中性硫酸吡啶用氨水或碳酸钠溶液分解后，得到粗重吡啶盐基。粗重吡啶盐基为暗黑色油状液体，其规格为：密度不低于 1000kg/m^3，吡啶盐基含量 70%，水分小于15%。粗重吡啶盐基的精制过程也包括脱水、初馏和精馏三个工序。粗重吡啶盐基的初馏和精馏均在减压下进行，在脱水及初馏时釜内真空度为 80kPa；在对有关馏分进行最后精馏时，釜内绝对压力保持为 50～80kPa。初馏及精馏等各项操作制度列于表 10-20 至表 10-22。在粗轻吡啶盐基初馏切取 120～160℃馏分后的残渣，也在这里精馏处理，操作制度见表 10-23，供制定有关操作制度时选用和参考。

表 10-20　初馏操作制度（某厂）

馏分名称	产率/%	切换条件(按产品取样试验)
水	16.5	初馏至窥镜呈透明
前馏分	11.34	至蒸馏试验 163～177℃馏出量>10%
2,4,6-三甲基吡啶馏分	6.42	至蒸馏试验 177℃前馏出量<10%
浮选剂Ⅰ	与Ⅱ共计 21.8	至蒸馏试验 230～240℃馏出量>10%
喹啉馏分	28.36	至蒸馏试验 240℃前馏出量<50%
浮选剂Ⅱ	与Ⅰ共计 21.8	至总馏出量占装釜量 85%停釜

精馏操作时，按各馏分分别进行。

表 10-21　2,4,6-三甲基吡啶馏分精馏操作制度（某厂）

馏分名称	回馏比	塔温/℃	釜温/℃	切换条件(按产品取样试验)
前馏分	12～15	95	150	采油至蒸馏试验 153～165℃馏出量>95%
二甲基吡啶	10～12	—	—	至蒸馏试验 153～165℃馏出量<95%

续表

馏分名称	回馏比	塔温/℃	釜温/℃	切换条件(按产品取样试验)
2,4,6-三甲基吡啶馏分Ⅰ	10～12	165～168	185～187	至蒸馏试验165～173℃馏出量≥95%
2,4,6-三甲基吡啶	10～12	168～174	187～192	至蒸馏试验165～173℃馏出量<95%
2,4,6-三甲基吡啶馏分Ⅱ	15～18	174～177	192～194	至蒸馏试验177℃前馏出量<95%停釜

表 10-22　喹啉馏分的精馏操作制度（某厂）

馏分名称	切换条件(按产品取样试验)
水	采油至窥镜透明
浮选剂Ⅰ	至蒸馏试验230～240℃馏出量>50%
喹啉馏分Ⅰ	至蒸馏试验235～240℃馏出量>95%
工业喹啉	至蒸馏试验235～240℃馏出量<95%
喹啉馏分Ⅱ	至蒸馏试验240℃前馏出量<50%
浮选剂Ⅱ	至总馏出量占装釜量95%停釜

表 10-23　120～160℃馏分残渣的精馏操作制度（某厂）

馏分名称	切换条件(按产品取样试验)
前馏分	采油至蒸馏试验153～165℃馏出量>95%
二甲基吡啶	至蒸馏试验153～165℃馏出量<95%
2,4,6-三甲基吡啶	至蒸馏试验177℃前馏出量<10%停釜

粗重吡啶盐基精制所得的主要产品有工业喹啉、混合二甲基吡啶、浮选剂、2,4,6-三甲基吡啶等。

工业喹啉：外观为微黄色透明液体，密度为1086～1096kg/m^3，235～240℃蒸馏时的馏出量的体积分数不小于95%，折射率n_4^{20}不小于1.620，水分不大于1.0%，在10%的稀盐酸中全溶。喹啉是重要的医药原料，还可用于制取染料及作橡胶硫化促进剂、溶剂和浮选剂。

2,4,6-三甲基吡啶：外观为无色透明液体，蒸馏馏程165～173℃的含量82%～94%。2,4,6-三甲基吡啶主要用于制造口服避孕药的原料，也可用于制取染料及植物生长刺激素。

混合二甲基吡啶：外观为微黄色透明液体，蒸馏馏程153～165℃的馏出量不小于95%（体积分数），混合二甲基吡啶可用于制取二甲基吡啶的各种同分异构物。它们均可用作制取医药、染料助染剂、树脂、橡胶硫化促进剂及有机合成的原料。

浮选剂：外观为暗黑色油状液体，吡啶盐基的体积分数大于60%，浮选剂可用于有色金属的浮选。

第四节　粗蒽的制取和精制

一、粗蒽的制取

粗蒽（又称工业蒽）是用煤焦油的一蒽油馏分（或蒽油馏分），经冷却和过滤分离而得到的一种黄绿色结晶物。

一蒽油馏分的主要质量指标见表 10-24。

表 10-24　一蒽油馏分的质量指标

密度/(kg/m³)	水分/%	蒸馏试验		
		初馏点/℃	300℃前馏分/%	360℃前馏分/%
1110～1140	<0.5	>260	<15	>60～70

粗蒽（工业蒽）的主要质量指标见表 10-25。

表 10-25　粗蒽的质量指标

指标名称		特级	一级	二级
蒽含量(质量分数)/%	⩾	36	32	25
油含量(质量分数)/%	⩽	6	11	15
水分(质量分数)/%	⩽	2.0	3.0	5.0

目前，制取粗蒽的常用工艺主要有一蒽油馏分一段冷却结晶法和二段冷却结晶法两种。

1. 一段冷却结晶法

一蒽油馏分一段冷却工艺流程如图 10-14 所示。

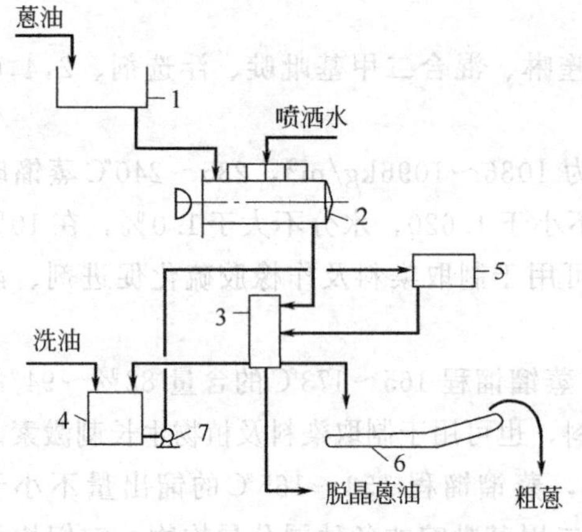

图 10-14　一蒽油馏分一段冷却工艺流程

1—蒽油高置槽；2—机械化结晶机；3—离心分离机；4—洗网液中间槽；5—洗网液高置槽；6—刮板输送机；7—泵

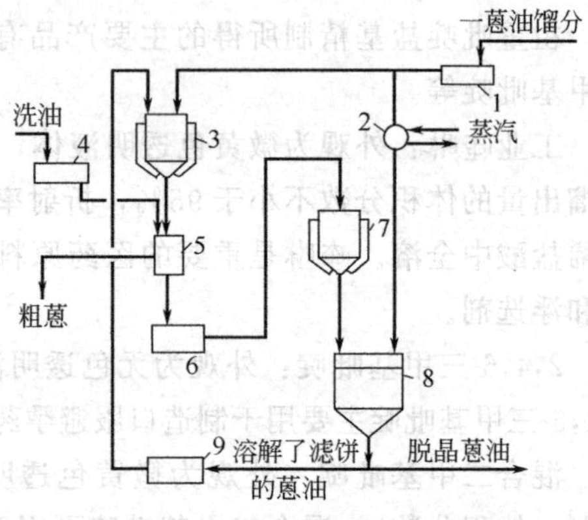

图 10-15　一蒽油二段冷却工艺流程

1—蒽油高置槽；2—加热器；3—一段结晶冷却器；4—洗油槽；5—离心分离机；6，9—油槽；7—二段结晶冷却器；8—结晶洗滤机

将一蒽油馏分装入高置槽 1，温度保持在 80～90℃。由此装入机械化结晶机 2 内进行结晶。结晶机外部用冷却水喷洒冷却，机内用带刮刀的搅拌器搅拌，物料温度从 80～90℃降至 40～50℃，析出粗蒽结晶。然后再以 0.5℃/h 的降温速度冷却至 32～38℃。形成的结晶浆液送入离心分离机 3，进行液-固分离并且甩干，最后用冷结晶蒽油洗净、甩干，由刮刀卸出，经刮板输送机送入粗蒽储斗。洗网液自流入中间槽 4，循环使用，当含蒽达 8%～9%，全部更换，送回一蒽油馏分槽或原料煤焦油槽。

分离粗蒽结晶用的离心机为 WG-1200 型或 WG-800 型。在操作过程中，两台离心机定期更换使用。离心机网箅需要用预热的洗油或脱晶蒽油清洗。

2. 二段冷却结晶法

一蒽油二段冷却工艺流程如图 10-15 所示。

一蒽油馏分自高置槽 1 先在一段结晶冷却器 3 内冷却结晶，温度控制在 55～60℃。所得结晶浆液送入离心分离机 5，为保证粗蒽产品的质量，滤饼用从洗油槽 4 下来的 60℃的热洗油洗涤甩干后卸出。离心液经油槽 6 送入二段结晶冷却器 7，温度控制在35～40℃。结晶浆液送入结晶洗滤机 8，分离出脱晶蒽油后，再用加热到 150～160℃的一蒽油馏分溶解洗滤器内的滤饼，然后通过油槽 9 返回一段结晶冷却器 3。

这样，可得到含蒽 40%的粗蒽。一蒽油中蒽的回收率可达 80%。

二、粗蒽的精制

粗蒽是蒽、菲和咔唑及部分油类的混合物，呈黄绿色糊状结晶，这些化合物的熔点和沸点都很高，故粗蒽的精制过程比较复杂。未被分离加工的粗蒽一般只能用于制造炭黑。而经加工分离后，所得的精蒽、精菲和精咔唑是生产染料和医药等的重要原料。

由粗蒽精制为精蒽的方法很多，在中国已工业化的方法主要有以下几种。

(1) 硫酸法　该法是将粗蒽于二倍氯苯溶液溶解，粗蒽中的菲和芴等因溶于氯苯而与蒽、咔唑分离。然后将蒽、咔唑的混合物再用 20～30 倍的氯苯于常温下溶解，再逐渐加入 90%以上的浓硫酸，咔唑与浓硫酸生成硫酸咔唑。硫酸咔唑为胶状浓缩物，沉于洗涤器放出而与蒽分离。洗涤器内液体用 20%的碱液中和，而后冷却至 20～25℃，经真空过滤及离心分离分出蒽结晶，再经一次结晶处理后，即可得到精蒽。该法溶剂耗量大，咔唑有较大损失，已少采用。

(2) 溶剂萃取法　溶剂萃取法是利用蒽、菲及咔唑在一定溶剂中具有不同的溶解度而将它们分离的。可用溶剂有重质苯、糠醛、丙酮、多烷基苯-*N*-甲基吡咯烷酮、二甲基甲酰胺、*N*-甲基-3-己内酰胺等。国内常用以下两种方法。

一种是将粗蒽用重苯溶解，除去可溶的菲和芴等，再用 90℃的吡啶溶解蒽和咔唑混合物，然后进行冷却和过滤。将所得滤渣再用吡啶溶解，因咔唑在溶剂中具有较大溶解度，蒽则很少溶解，再经冷却、结晶、过滤后得到精蒽。咔唑溶液送去回收溶剂的同时，可得到纯度为 80%～90%的咔唑。

另一种是将粗蒽用重质苯或轻溶剂油加以溶解除去菲、芴等，经冷却、结晶、真空过滤，所得滤渣再以糠醛和上述溶剂混合物（第一次 50%糠醛，第二次为 70%糠醛，用量与滤渣比例为 1∶1）加以溶解，除去咔唑，再经真空过滤和离心干燥，即得精蒽。

(3) 溶剂萃取-精馏法　溶剂萃取-精馏法是将粗蒽用溶剂油溶解所得脱菲半精蒽，送入乳化精馏塔内进行精馏，切取蒽馏分，经结晶离心分离干燥后，即得精蒽成品。同时也得到咔唑和菲的产品。目前，有些厂用这种方法生产精蒽，简化了工艺流程和设备，改善了操作条件，产品质量稳定，比前两种方法有较大的优点。因此受到普遍重视和采用。下面重点介绍溶剂萃取-精馏法。

溶剂萃取-精馏法生产精蒽的工艺流程如图 10-16 所示。

把原料粗蒽与由泵送来的溶剂油按 1∶2 的比例装入洗涤器 3 内，用间接蒸汽加热到 85～90℃，机械搅拌半小时，然后用气泵 4 泵入结晶机 5 内，冷却到 35～38℃，再经间歇立式离心机6离心分离，得到一次脱菲半精蒽（蒽和咔唑之和约为90%），装入半精蒽料仓7中。

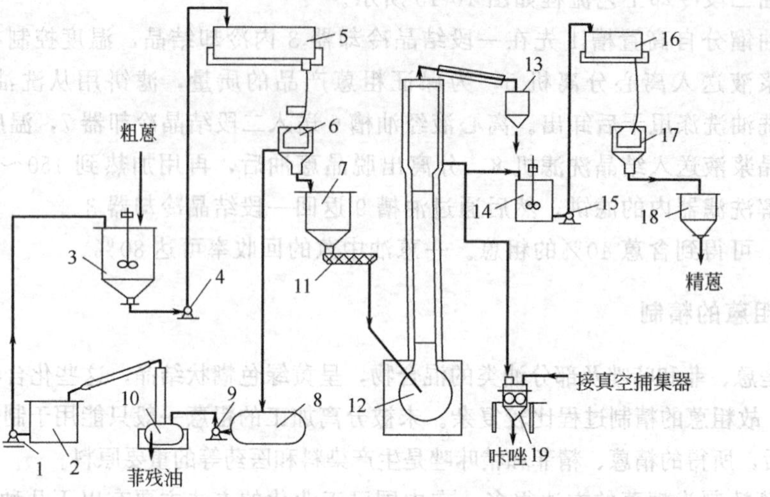

图10-16　溶剂萃取-精馏法生产精蒽的工艺流程

1，4，9，15—泵；2—新溶剂油槽；3—洗涤器；5，16—结晶机；6，17—立式离心机；7—半精蒽料仓；8—含菲溶剂油槽；10—脱菲蒸馏釜及蒸馏柱；11—螺旋输送机；12—乳化塔的蒸馏釜；13—轻油槽；14—蒽馏分中间槽；18—干燥器；19—转鼓结晶机

由离心机6分离出来的母液流入含菲溶剂油槽8，用泵9送入脱菲蒸馏釜10，由塔顶逸出的溶剂油油气经冷凝冷却后流入新溶剂油槽2中。这样溶剂就得到回收和循环使用。釜内菲残油经冷却结晶及离心分离后即得粗菲，脱晶油可用作工业燃料油。

料仓7中的半精蒽用螺旋输送机装入乳化塔的蒸馏釜12内，蒸馏釜设有厚为30mm的金属浴夹套，夹套内装有铅锡金属热载体。开始时按填料精馏塔的操作方法进行操作，前段馏出轻油及330℃前馏分。当塔顶温度上升到330～335℃时，关闭位于Π形管下部的零位阀门，建立乳化层，进行全回流。当塔顶温度下降至最低点（即温度不再下降）时，将温度稳定2h后，开始切取馏分，直至塔顶温度再上升到330℃时，将切去的馏分转入蒽馏分中间槽14。中间槽内的馏分间接加热到85～90℃，用气泵送入结晶机16，经冷却结晶后送入立式离心机17，进行结晶分离，再用刮板输送机送入真空干燥器干燥后，即得精蒽产品。

当蒽馏分的点样含蒽下降，咔唑含量上升到10%左右时，停止往蒽馏分中间槽切取馏分，改切取咔唑馏分，送入转鼓结晶机，即得咔唑产品。于结晶机内升华的气体由真空泵吸入捕集器捕集下来，尾气放空。

当金属浴温度上升到550～600℃时停止加热，待稍冷却后出渣。对于高沸点高熔点产品的生产，保温工作是很重要的。为了防止物料在精馏塔及管路中凝结堵塞及减少塔体散热，精馏塔外壁用厚度为150mm的膨胀珍珠岩保温层保温。塔顶及部分管路要用保温夹套保温；热载体汽缸油在加热釜加热，用加热釜内的液下泵送入夹套进行保温。

精蒽有非常广泛的用途，目前中国主要用它制取重要的染料中间体——蒽醌，但还不能满足染料工业的需要。

由粗蒽精制所得的蒽质量标准见表10-26。

表 10-26 蒽的质量标准

指标	纯蒽(试剂)	精蒽Ⅰ	精蒽Ⅱ	精蒽Ⅲ
外观	白色带微黄色	不规定	不规定	不规定
熔点/℃	215～217	213～215	不规定	不规定
纯蒽含量/%	≥98.0	≥94	≥90±2	≥85±2
咔唑含量/%	≤1.0	≤2.5	≤6.0	≤8.0

复习思考题

1. 酚类产品主要集中分布在煤焦油的哪些馏分中？从煤焦油各馏分中提取酚类产品有什么重要意义？

2. 煤焦油含酚馏分洗涤脱酚的主要反应有哪些？

3. 在煤焦油含酚馏分洗涤脱酚过程中操作条件有哪些？

4. 简述煤焦油馏分连续洗涤的主要过程。

5. 粗酚盐为什么要净化处理？

6. 精制酚盐有哪些方法？二氧化碳分解法精制酚盐的主要反应有哪些？简述其工艺流程。

7. 中性硫酸吡啶分解的方法有哪几种？写出各自的反应式。

8. 粗酚精制最后得到哪些主要产品？画出粗酚精制加工产品工艺方案流程图。

9. 粗酚间歇减压精馏流程有哪些优点？

10. 以煤焦油含酚馏分为原料生产酚类产品经过哪些主要生产过程？

11. 粗轻吡啶盐基和粗重吡啶盐基精制后将能制取哪些主要产品？画出精制加工产品工艺系统示意图。

12. 简述一蒽油的组成和粗蒽的生产过程。

13. 精蒽的生产方法有哪几种？

14. 简述溶剂萃取-精馏法生产精蒽的工艺流程。

附 录

附表 1 各种温度下焦炉煤气中水蒸气的体积、焓和含量（总压力 101.33kPa）

温度/℃	干煤气体积/m^3	饱和煤气中的水汽分压/kPa	煤气分压/kPa	0℃时体积为 $1m^3$ 的干煤气经水汽饱和后所具有的体积/m^3	$1m^3$ 饱和煤气中的水汽含量/g	0℃时体积为 $1m^3$ 的干煤气经水汽饱和后其中的水汽含量/g	0℃时体积为 $1m^3$ 的干煤气的焓/(kJ/m^3)	0℃时体积为 $1m^3$ 的干煤气经水汽饱和后其中水汽的焓/(kJ/m^3)	0℃时体积为 $1m^3$ 的干煤气经水汽饱和后的总焓/(kJ/m^3)
0	1.000	0.608	100.72	1.006	4.9	4.93	0.00	12.27	12.27
1	1.004	0.657	100.68	1.010	5.1	5.15	1.51	12.81	14.32
2	1.007	0.706	100.63	1.014	5.6	5.68	3.02	14.15	17.17
3	1.011	0.755	100.58	1.018	6.0	6.11	4.52	15.24	19.76
4	1.015	0.814	100.52	1.023	6.4	6.55	6.03	16.37	22.40
5	1.018	0.873	100.46	1.027	6.8	6.98	7.54	17.46	25.00
6	1.022	0.932	100.40	1.031	7.3	7.52	9.05	18.80	27.84
7	1.026	1.000	100.33	1.036	7.8	8.08	10.55	20.22	30.77
8	1.029	1.069	100.26	1.041	8.3	8.64	12.06	21.65	33.70
9	1.033	1.147	100.18	1.045	8.9	9.30	13.57	23.32	36.89
10	1.037	1.226	100.11	1.049	9.4	9.86	15.08	24.74	39.82
11	1.040	1.314	100.02	1.054	10.1	10.65	16.58	26.75	43.33
12	1.044	1.402	99.93	1.058	10.7	11.32	18.09	28.47	46.56
13	1.048	1.500	99.83	1.063	11.4	12.12	19.60	30.52	50.12
14	1.051	1.598	99.73	1.068	12.1	12.92	21.19	32.53	53.63
15	1.055	1.706	99.63	1.073	12.9	13.84	22.60	34.88	57.48
16	1.058	1.814	99.52	1.078	13.7	14.77	24.11	37.26	61.38
17	1.062	1.932	99.40	1.083	14.5	15.70	25.62	39.65	65.27
18	1.066	2.059	99.27	1.088	15.4	16.76	27.13	42.33	69.46
19	1.070	2.197	99.14	1.093	16.4	17.93	28.64	45.34	73.98
20	1.073	2.334	99.00	1.098	17.4	19.10	30.14	48.32	78.46
21	1.077	2.481	98.85	1.103	18.4	20.30	31.65	51.37	83.02
22	1.081	2.638	98.64	1.109	19.5	21.63	33.16	54.81	87.96
23	1.084	2.805	98.53	1.115	20.6	22.97	34.66	58.28	92.95
24	1.088	2.981	98.35	1.120	21.8	24.42	36.17	62.01	98.18
25	1.091	3.158	98.17	1.126	23.1	26.00	37.68	66.03	103.70
26	1.095	3.354	97.98	1.133	24.4	27.65	39.18	70.25	109.44
27	1.099	3.560	97.77	1.139	25.8	29.30	40.69	74.53	115.22
28	1.102	3.766	97.57	1.145	27.3	31.26	42.20	79.59	121.79
29	1.106	3.991	97.34	1.151	28.8	33.15	43.71	84.45	128.16
30	1.110	4.227	97.11	1.158	30.4	35.20	45.22	89.76	134.98
31	1.113	4.472	96.86	1.165	32.1	37.40	46.73	95.46	142.18
32	1.117	4.737	96.60	1.172	33.9	39.73	48.24	101.49	149.72
33	1.121	5.011	96.32	1.179	35.7	42.10	49.74	107.60	157.34
34	1.125	5.305	96.03	1.187	37.7	44.75	51.25	114.50	165.76

续表

温度/℃	干煤气体积/m^3	饱和煤气中的水汽分压/kPa	煤气分压/kPa	0℃时体积为$1m^3$的干煤气经水汽饱和后所具有的体积/m^3	$1m^3$饱和煤气中的水汽含量/g	0℃时体积为$1m^3$的干煤气经水汽饱和后其中的水汽含量/g	0℃时体积为$1m^3$的干煤气的焓/(kJ/m^3)	0℃时体积为$1m^3$的干煤气经水汽饱和后其中水汽的焓/(kJ/m^3)	0℃时体积为$1m^3$的干煤气经水汽饱和后的总焓/(kJ/m^3)
35	1.128	5.609	95.72	1.195	39.7	47.45	52.76	121.50	174.25
36	1.132	5.923	95.41	1.203	41.8	50.28	54.26	128.87	183.13
37	1.135	6.257	95.08	1.211	44.8	53.27	55.77	136.62	192.38
38	1.139	6.600	94.73	1.219	46.3	56.43	57.28	144.86	202.14
39	1.143	6.973	94.36	1.227	48.7	59.74	58.78	153.49	212.27
40	1.146	7.355	93.98	1.236	51.2	63.27	60.29	162.66	222.95
41	1.150	7.757	93.58	1.246	53.8	67.02	61.80	172.37	234.17
42	1.154	8.179	93.15	1.256	56.5	70.95	63.31	182.63	245.93
43	1.157	8.610	92.72	1.265	59.4	75.13	64.82	193.60	258.41
44	1.161	9.071	92.26	1.275	62.4	79.60	66.33	205.20	271.51
45	1.165	9.552	91.78	1.286	65.4	84.10	67.83	216.96	284.79
46	1.168	10.062	91.270	1.297	68.7	89.12	69.33	230.02	299.36
47	1.172	10.581	90.751	1.309	72.0	94.27	70.84	243.50	314.34
48	1.176	11.131	90.202	1.322	75.5	99.80	72.35	258.07	330.42
49	1.180	11.709	89.623	1.335	79.2	105.70	73.86	273.48	347.34
50	1.183	12.307	89.025	1.348	83.0	111.8	75.36	289.48	364.84
51	1.187	12.925	88.407	1.361	87.0	118.4	76.87	306.89	383.76
52	1.190	13.582	87.750	1.375	91.0	125.2	78.38	324.64	403.02
53	1.194	14.269	87.063	1.300	95.3	132.5	79.88	343.82	423.70
54	1.198	14.975	86.357	1.406	99.7	140.1	81.39	363.67	445.06
55	1.201	15.710	85.622	1.423	104.3	148.1	82.90	385.56	468.46
56	1.205	16.485	84.847	1.440	109.1	157.1	84.41	408.34	492.74
57	1.209	17.279	84.053	1.458	114.1	166.4	85.91	432.92	518.83
58	1.212	18.123	82.945	1.477	119.2	176.2	87.42	458.45	545.87
59	1.216	18.986	82.346	1.497	124.6	186.5	88.93	485.67	574.60
60	1.220	19.888	81.442	1.518	130.1	197.5	90.43	514.56	604.99
61	1.224	20.829	80.483	1.540	135.9	209.3	91.94	545.54	637.48
62	1.227	21.810	79.522	1.563	141.9	221.8	93.45	579.03	671.23
63	1.231	22.830	78.502	1.588	148.1	235.2	94.96	614.20	709.16
64	1.235	23.879	77.453	1.615	154.5	249.5	96.46	651.88	748.35
65	1.238	24.978	76.455	1.644	161.1	264.9	97.97	692.92	790.89
66	1.242	26.125	75.207	1.674	168.1	281.8	99.48	737.30	840.96
67	1.245	27.312	74.021	1.705	175.1	298.6	100.99	782.09	883.08
68	1.249	28.537	72.795	1.740	182.5	317.6	102.49	832.34	934.82
69	1.253	29.812	71.520	1.776	190.1	337.6	104.00	885.51	989.51
70	1.256	31.136	70.196	1.814	198.0	359.0	105.51	942.45	1047.96
71	1.260	32.509	68.823	1.856	206.2	382.7	107.01	1005.25	1112.27
72	1.264	33.931	67.401	1.901	214.7	408.2	108.52	1072.66	1181.18
73	1.267	35.412	65.920	1.948	223.3	435.0	110.03	1144.25	1254.28
74	1.271	36.951	64.381	2.001	232.5	465.1	111.54	1224.22	1335.76
75	1.275	38.530	62.802	2.058	241.9	498.6	113.04	1311.72	1424.77
76	1.278	40.178	61.154	2.118	251.4	532.7	114.55	1404.25	1518.80
77	1.282	41.865	59.486	2.186	261.4	571.3	116.06	1503.83	1622.89
78	1.286	43.630	57.702	2.259	271.8	614.0	117.57	1621.13	1738.86
79	1.290	45.454	55.878	2.340	282.4	661.0	119.07	1745.90	1864.97

续表

温度/℃	干煤气体积/m³	饱和煤气中的水汽分压/kPa	煤气分压/kPa	0℃时体积为1m³的干煤气经水汽饱和后所具有的体积/m³	1m³饱和煤气中的水汽含量/g	0℃时体积为1m³的干煤气经水汽饱和后其中的水汽含量/g	0℃时体积为1m³的干煤气的焓/(kJ/m³)	0℃时体积为1m³的干煤气经水汽饱和后其中水汽的焓/(kJ/m³)	0℃时体积为1m³的干煤气经水汽饱和后的总焓/(kJ/m³)
80	1.293	47.347	53.986	2.429	293.3	712.5	120.58	1882.80	2003.38
81	1.297	49.298	52.034	2.527	304.6	769.9	122.09	2036.50	2158.55
82	1.300	51.318	50.014	2.634	316.2	832.8	123.59	2204.35	2327.94
83	1.304	53.397	47.935	2.758	328.4	905.6	125.10	2398.20	2523.30
84	1.308	55.564	45.768	2.898	340.8	987.2	126.61	2615.91	2742.52
85	1.311	57.800	43.532	3.053	353.7	1079	128.11	2863.35	2991.47
86	1.315	60.105	41.227	3.243	366.8	1186	129.62	3148.05	3277.68
87	1.319	62.478	38.854	3.441	380.4	1308	131.13	3475.04	3606.17
88	1.322	64.949	36.383	3.684	394.4	1453	132.64	3861.90	3994.54
89	1.326	67.480	33.853	3.970	408.7	1623	134.15	4316.59	4450.57
90	1.330	70.108	31.224	4.317	423.6	1828	135.65	4865.06	5000.71
91	1.333	72.814	28.518	4.739	438.9	2079	137.16	5534.95	5672.28
92	1.337	75.609	25.723	5.270	454.7	2396	138.67	6384.87	6523.45
93	1.340	78.492	22.840	5.948	470.9	2801	140.17	7465.06	7605.32
94	1.344	81.464	19.868	6.860	487.7	3345	141.68	8922.07	9061.49
95	1.348	84.533	16.799	8.132	505.1	4106	143.19	10961.0	11104.2
96	1.352	87.691	13.641	10.050	522.6	5253	144.70	14034.2	14179.0
97	1.355	90.947	10.385	13.270	540.6	7173	146.20	19175.5	19321.7
98	1.359	94.311	7.022	19.610	559.3	10970	147.71	29349.5	29497.3
99	1.363	97.772	3.560	38.830	578.7	22460	149.22	60122.4	60271.5
100	1.366	101.33	0	—	598.7	—	150.72	—	—

注：本表中3和4两栏总和约为101.33kPa。

附表2　不同温度和压力下焦炉煤气中萘饱和蒸气含量

温度/℃	压力/kPa									
	−5.884	−3.923	−1.961	0	4.903	9.807	14.710	19.613	24.517	29.42
	萘饱和蒸气含量/(g/1000m³)									
0	2.81	2.75	2.70	2.64	2.52	2.41	2.31	2.21	2.13	2.05
5	6.10	5.97	5.86	5.74	5.47	5.23	5.01	4.80	4.62	4.44
10	12.46	12.21	11.96	11.73	11.18	10.68	10.23	9.81	9.42	9.07
15	24.19	23.70	23.22	22.77	21.70	20.73	19.84	19.02	18.27	17.58
20	44.83	43.90	43.01	42.16	40.17	38.36	36.71	33.19	33.80	32.51
25	79.82	78.16	76.56	75.03	71.46	68.22	65.26	62.54	60.04	57.73
30	137.20	134.30	131.50	128.9	122.7	117.1	111.9	107.2	102.9	98.92
35	228.50	223.70	219.00	214.4	204.0	194.6	185.9	178.0	170.7	164.1
40	370.70	362.60	354.90	347.5	330.2	314.6	300.4	287.4	275.6	264.6
45	587.80	574.70	562.10	550.1	522.2	497.0	474.1	453.2	434.1	416.5
50	915.10	893.90	873.80	854.5	809.8	769.6	733.1	700.0	669.8	642.0
55	1404	1371	1338	1308	1237	1173	1116	1064	1016	972.7
60	2137	2083	2031	1982	1869	1768	1678	1596	1522	455
65	3240	3151	3068	2989	2807	2647	2504	2375	2259	2154
70	4932	4785	4646	4515	4218	3958	3728	3523	3340	3174
75	7628	7370	7130	6905	6399	5962	5581	5246	4949	4684
80	12196	11708	11258	10842	9924	9149	8486	7913	7413	6972

附表 3　结晶温度与含萘量关系

结晶温度/℃	含萘量/%	结晶温度/℃	含萘量/%	结晶温度/℃	含萘量/%	结晶温度/℃	含萘量/%
60.0	62.95	65.5	71.85	71.0	81.95	76.5	92.85
60.5	63.65	66.0	72.75	71.5	82.85	77.0	93.85
61.0	64.35	66.5	73.70	72.0	83.80	77.5	94.95
61.5	65.10	67.0	74.65	72.5	84.75	78.0	96.05
62.0	65.90	67.5	75.50	73.0	85.70	78.5	97.20
62.5	66.65	68.0	76.35	73.5	86.70	79.0	98.40
63.0	67.50	68.5	77.20	74.0	87.70	79.5	99.30
63.5	68.35	69.0	78.05	74.5	88.70	80.2	00.00
64.0	69.20	69.5	79.00	75.0	89.75		
64.5	70.05	70.0	80.00	75.5	90.80		
65.0	70.95	70.5	81.00	76.0	91.80		

参 考 文 献

[1] 于振东，郑文华. 现代焦化生产技术手册. 北京：冶金工业出版社，2010.
[2] 范守谦，谢兴衍. 焦炉煤气净化生产设计手册. 北京：冶金工业出版社，2012.
[3] 肖瑞华. 煤化学产品工艺学. 第 2 版. 北京：冶金工业出版社，2012.
[4] 库咸熙. 化产工艺学. 北京：冶金工业出版社，1995.
[5] 郭树才，胡浩权. 煤化工工艺学. 第 3 版 . 北京：化学工业出版社，2012.
[6] 贺永德. 现代煤化工技术手册. 北京：化学工业出版社，2003.
[7] 冶金工业信息标准研究所. 中国标准出版社第二编辑室. 焦化产品及其试验方法标准汇编. 第 2 版. 北京：中国标准出版社，2003.
[8] 范伯云，李哲浩. 焦化厂化产生产问答. 第 2 版. 北京：冶金工业出版社，2003.
[9] 中国冶金百科全书总编辑委员会. 中国冶金百科全书. 炼焦化工卷. 北京：冶金工业出版社，1992.
[10] 姚仁仕. 焦炉煤气脱硫脱氰的生产. 北京：冶金工业出版社，1994.
[11] 焦化设计参考资料编写组. 焦化设计参考资料（下）. 北京：冶金工业出版社，1980.
[12] 徐一. 炼焦与煤气精制. 北京：冶金工业出版社，1985.
[13] 肖瑞华. 煤焦油化工学. 第 2 版 . 北京：冶金工业出版社，2009.
[14] 姒德孙. 横管式煤气初冷器的应用及改进. 煤化工，1993，62（1）：44-48.
[15] 邱训一. 喷淋式饱和器的应用. 炼焦化学论文集，154-161. 鞍山：中国金属学会焦化学会，1994.
[16] 库咸熙. 炼焦焦化学产品回收与加工 . 北京：冶金工业出版社，1984.
[17] 任庆烂. 炼焦化学产品的精制. 北京：冶金工业出版社，1987.
[18] 刘振华. 影响改良 ADA 法气体脱硫因素浅析. 煤化工，1995，73（4）：19-23.
[19] 任庆烂. 对焦炉煤气脱萘技术的评述. 炼焦化学论文选集. 鞍山：中国金属学会焦化学会，1994.
[20] 邬纫云. 煤炭气化. 徐州：中国矿业大学出版社，1989.
[21] 曲义年. 焦化粗苯加氢精制工艺的述评. 燃料与化工，1997，(4)：210-214.
[22] 王建华等. 粗苯低温催化加氢和萃取精馏精制. 煤气与热力，1998，18（5）：17-20.
[23] 周汝俊，申志强，常恨非，等. 仪表控制系统在化工粗苯生产过程控制中的应用. 自动化与仪器仪表，2000，(3)：1-4.
[24] 朱长光，吴江. 宝钢三期粗苯装置的特点. 燃料与化工，1999，(2)：79-80.
[25] 刘忠宽，高克萱. 新时期钢铁工业中焦炉煤气净化方向. 炼焦化学论文选集：第十卷，下册 . 鞍山：金属学会炼焦化学专业委员会，2000.
[26] 刘承钊，季广祥. 焦化厂优质硫酸铵生产. 北京：中国工业出版社，1965.
[27] 王箴. 化工辞典. 第四版. 北京：化学工业出版社，2000.
[28] 许晓海. 炼焦化工实用手册. 北京：冶金工业出版社，1999.
[29] 袁一. 化学工程师手册. 北京：机械工业出版社，2000.